住房和城乡建设部"十四五"规划教材
高职交通运输与土建类专业系列教材
高等职业教育新形态一体化教材

现代混凝土试验与检测

Modern Concrete Test and Inspection

何文敏　彭　磊　**主　编**
李炳良　姚永鹤　王小艳　**副主编**
　　　　陈华鑫　李　江　**主　审**

人民交通出版社股份有限公司
北　京

内 容 提 要

本书系统介绍了现代混凝土的组成材料（胶凝材料、集料、外加剂等）的技术性质及其检测方法，以及现代混凝土工作性、体积稳定性、耐久性的检测方法、影响因素与改善措施；集合了泵送混凝土、大体积混凝土、喷射混凝土、自密实混凝土、水下不分散混凝土、透水混凝土、轻集料混凝土等典型现代混凝土材料性能检测、组成设计、施工方法及代表性的工程应用案例。本书具有较强的技术实用性和针对性，突出复合型技术技能人才的培养，适合土木工程检测、施工类相关专业高校师生选作教材，也可供从事混凝土材料设计、制备、性能检测以及混凝土工程施工与管理的专业人员参考。

图书在版编目（CIP）数据

现代混凝土试验与检测／何文敏，彭磊主编. — 北京：人民交通出版社股份有限公司，2022.8
高职交通运输与土建类专业系列教材
ISBN 978-7-114-18061-3

Ⅰ.①现… Ⅱ.①何… ②彭… Ⅲ.①混凝土—材料试验—高等职业教育—教材②混凝土—检测—高等职业教育—教材 Ⅳ.①TU528

中国版本图书馆 CIP 数据核字（2022）第 108904 号

Xiandai Hunningtu Shiyan yu Jiance

书　　名：	现代混凝土试验与检测
著 作 者：	何文敏　彭　磊
责任编辑：	李　娜
责任校对：	赵媛媛
责任印制：	张　凯
出版发行：	人民交通出版社股份有限公司
地　　址：	（100011）北京市朝阳区安定门外外馆斜街3号
网　　址：	http://www.ccpcl.com.cn
销售电话：	（010）59757973
总 经 销：	人民交通出版社股份有限公司发行部
经　　销：	各地新华书店
印　　刷：	北京虎彩文化传播有限公司
开　　本：	787×1092　1/16
印　　张：	28.75
字　　数：	617 千
版　　次：	2022年8月　第1版
印　　次：	2023年8月　第2次印刷
书　　号：	ISBN 978-7-114-18061-3
定　　价：	75.00 元

（有印刷、装订质量问题的图书，由本公司负责调换）

前　言

《现代混凝土试验与检测》为"住房和城乡建设部'十四五'规划教材"，是国家职业教育土木工程检测技术专业教学资源库的专业核心课程"现代混凝土试验与检测"在线开放课程的配套教材，也是中国特色高水平学校陕西铁路工程职业技术学院高水平专业群高速铁道工程技术专业群重点支持编写的新形态一体化教材。

一、编写缘起

随着各种新技术在混凝土领域的不断应用，混凝土的性能不断得到改善，混凝土的应用范围也不断得到拓展。从施工性能上看，现代混凝土可以满足从碾压成型到泵送成型，直至自密实成型的各种要求；从服役性能看，现代混凝土的耐久性被提高到与强度等同的地位，从而形成了以高性能混凝土为代表的现代混凝土体系。

本书以2012年出版的《高性能混凝土试验与检测》为基础，紧密联系房屋建筑、桥梁、隧道、大坝等基础设施建设生产一线，新增了泵送混凝土、喷射混凝土、水下不分散混凝土、大体积混凝土、自密实混凝土、轻集料混凝土、纤维混凝土等10种应用广泛的混凝土品种。

二、教材结构

教材编写严格落实课程思政并突出职业教育特点，以培育德技双修的能工巧匠作为目标，内容优先选择适应我国经济需要、技术先进、应用广泛的混凝土类型及其相应的试验与检测技术和项目案例。教材设计与高等职业教育专科的教学组织形式及教学方法相适应，按照"课程思政→理论认知→试验检测能力培养→工程应用案例→创新能力培养"的组织模式，突出理实一体、项目导向、任务驱动等有利于学生综合能力培养的教学模式，新形态一体化设计。

全书分上、下两篇：上篇为现代混凝土通用技术技能的培养，从学生认知规律的角度将教学内容分为6个学习项目；下篇分为10个学习项目，详细介绍10种混凝土的试验检测方法、组成设计、施工方法及工程应用典型案例。

三、教材特点

特点1：思政元素契合专业内涵，提升立德树人的成效

深挖现代混凝土试验与检测中蕴含的思政元素，围绕传承中华优秀传统文化、坚定中国特色社会主义道路、创新精神与科技报国、践行职业精神和职业规范等多方面，系统设计课程思政内容，坚定学生理想信念，切实提升立德树人的成效。

特点2：教材内容吸纳四新技术，紧密联系生产一线

对接试验员岗位要求，通过试验员典型的工作任务来梳理和提炼内容，同时将现代混凝土的新方法、新理论、新工艺、新设备等四新技术融入教材，紧密联系生产一线实际，专业能力与创新创业能力融合培养。例如：试验与检测方法引用了最新的标准规范；工程案例均选自近5年国家重点工程项目；《试验报告册》内容参照中国中铁工地试验室标准化试验报告编制。

特点3：立体化资源一体化开发，支持线上线下教学

依托职业教育国家土木工程检测技术专业教学资源库，开发有微课等颗粒化资源900余个，搭建现代混凝土配合比设计平台1个，建立智享数据库1个，开发混凝土耐久性检测等耗时、耗材的虚拟工程检测项目18个，试验检测项目可实现手机端仿真操作，为混合式教学创造了条件。

四、教材使用

1. 教材内容学时安排

上篇，为基础内容，是各个专业的通用学习项目；下篇，不同专业可结合人才培养需求，选择不同的学习项目组合学习。例如：建筑工程类专业可以选择泵送混凝土、轻集料混凝土、高强混凝土等项目学习，道路桥梁、市政工程类专业侧重于透水混凝土、大体积混凝土、水下不分散混凝土等项目的学习，高速铁路施工、地下工程施工等专业应当分配一定学时学习喷射混凝土。建议授课（线下）40学时+自学（线上）24学时，可根据实际情况决定是否进行混合式教学。

2. 配套开发的教学资源

本书开发了丰富的数字化教学资源。列入教材的教学资源见表1。

课程资源一览表　　　　　　　　　　　　　　　　　表1

序号	资源名称	数量	表现形式与内涵
1	课程标准	1套	Word文档，包含课程性质与任务、项目任务学时安排、教学方法与教学手段、课程考核与评价、配套课程资源、教学团队要求、实践教学要求
2	混合式课堂教学设计	1套	Word文档，每2个课时给出课堂教学设计，包括课堂教学重难点，课前、课中、课后教师活动及学生活动具体内容及学时安排
3	课程思政案例	16个	Word文档，包含"中国混凝土科学一代宗师吴中伟院士事迹""最难建的铁路——川藏铁路""港珠澳大桥大体积混凝土施工难题"等思政案例17个
4	虚拟仿真训练	18个	三维虚拟交互技术，支持PC端和安卓端两个端口，包含混凝土抗渗性、抗冻性等18个完整的试验检测项目。支持教学模式、实训模式、考核模式三大模式，内含指引操作、下达实训任务、操作记录、智能成绩统计等功能
5	微课视频	61个	MP4文件，其中课程思政点17个，其他为试验操作、知识点讲解等
6	动画	14个	MP4文件，包含试验原理、难点解析
7	电子课件	25个	PPT文件（PowerPoint2016版），教师可根据实际教学需要修改后使用
8	试验报告册	1套	Word文档，内容参照中国中铁工地试验室标准化试验报告编制，其格式依据现行《公路水运试验检测数据报告编制导则》（JT/T 828）

五、特别致谢

教材由双高院校与领军企业联合开发，邀请高校及行业知名专家把脉指导，由中国特色高水平学校陕西铁路工程职业技术学院、金华职业技术学院牵头，安徽交通职业技术学院参与，中铁一局集团有限公司、中国铁路北京局集团有限公司、陕西卓信工程检测有限公司等3家知名企业联合共同开发。陕西铁路工程职业技术学院何文敏、彭磊担任主编，由"教育部新世纪优秀人才支持计划""陕西省中青年科技创新领军人才"教育部交通铺面材料工程研究中心主任长安大学陈华鑫博导与国家建筑材料工业技术情报研究所首席专家、中国建筑材料联合会培训中心主任、全国建材职业教育教学指导委员会秘书长李江担任主审。

教材编写及数字化资源制作主要人员有：

（1）院校教师：陕西铁路工程职业技术学院何文敏、王闯、彭磊、李炳良、王小艳、高妮、丰瑛、赵亚丽、王永维、夏雨，金华职业技术学院姚永鹤、李丽琴，安徽交通职业技术学院叶生、杨锐。

（2）行业企业专家：全国劳动模范、全国五一劳动奖章、全国工程建设"优秀项目经理"中铁一局城轨公司副总经理梁西军，全国技术能手、北京市劳模中国铁路北京局集团有限公司中心试验室主任梁迪，陕西卓信工程检测有限公司副总工程师惠海涛等。此外，特别感谢西安创美数码科技有限公司在虚拟仿真资源开发中的技术支持。

本教材虽经几次修改，但由于编者能力所限，不足之处在所难免，敬请专家和读者批评指正。

编　者

2022 年 5 月

课程思政资源列表

项目序号	项目名称	课程思政
项目一	现代混凝土概述	思政案例:全球检测行业发展趋势。 价值引领:激励学生树立宏远的职业理想
项目二	现代混凝土外加剂试验与检测	思政案例:中国混凝土科学一代宗师吴中伟院士事迹。 价值引领:激励学生科技报国的家国情怀和使命担当
项目三	现代混凝土拌合物性能试验检测	思政案例:"30s"测定混凝土坍落度值的由来。 价值引领:培养学生用发展的观点观察和处理问题以及精益求精的大国工匠精神
项目四	现代混凝土的体积稳定性试验检测	思政案例:成语"千里之堤,溃于蚁穴"的寓意。 价值引领:教育引导学生深刻理解中华优秀传统文化,自觉培养严谨细致的作风
项目五	现代混凝土的耐久性试验检测	思政案例:"最难建的铁路"——川藏铁路的建设意义。 价值引领:弘扬以爱国主义为核心的民族精神
项目六	现代混凝土的配合比设计	思政案例:"全国五一巾帼标兵"程会娥事迹。 价值引领:教育引导学生深刻理解并自觉实践工程建设行业的职业精神和职业规范
项目七	泵送混凝土	思政案例:天津117大厦超高泵送混凝土施工技术。 价值引领:弘扬以改革创新为核心的时代精神
项目八	自密实混凝土	思政案例:我国自主知识产权的新型SCC核心技术。 价值引领:增强学生勇于探索的创新精神、善于解决问题的实践能力
项目九	水下不分散混凝土	思政案例:各国水下不分散混凝土核心技术的研究。 价值引领:深刻理解国家自主创新的意义
项目十	高强混凝土	思政案例:"五位一体"总体布局和"创新、协调、绿色、开放、共享"新发展理念。 价值引领:增强对党的创新理论的政治认同、思想认同、情感认同,坚定中国特色社会主义道路自信、理论自信、制度自信、文化自信
项目十一	大体积混凝土	思政案例:我国创造性解决港珠澳大桥大体积混凝土施工难题。 价值引领:培养学生精益求精的大国工匠精神,激发学生科技报国的家国情怀和使命担当
项目十二	喷射混凝土	思政案例:《中华人民共和国职业病防治法》的意义。 价值引领:提高学生运用法治思维和法治方式维护自身权利、参与社会公共事务、化解矛盾纠纷的意识和能力

续上表

项目序号	项目名称	课 程 思 政
项目十三	轻集料混凝土	思政案例：我国轻集料的应用现状。 价值引领：引导学生推动绿色发展，促进人与自然和谐共生
项目十四	泡沫混凝土	思政案例：泡沫混凝土装配式建筑升级改造农村住宅。 价值引领：引导学生实施乡村振兴战略，解决"三农"问题
项目十五	透水混凝土	思政案例：透水混凝土是一种环境负荷减少型混凝土。 价值引领：引导学生积极贯彻新型城镇化和水安全战略，促进人与自然和谐发展
项目十六	纤维混凝土	思政案例：南京江心洲长江大桥桥面创新技术——钢纤维混凝土的应用。 价值引领：激发学生创新精神，科技报国

现代混凝土试验与检测虚拟仿真项目列表

序号	实训室	项目名称	虚拟仿真二维码
1	胶凝材料检测实训室	水泥比表面积试验[《水泥比表面积测定方法 勃氏法》(GB/T 8074—2008)]	
2	胶凝材料检测实训室	水泥凝结时间试验[《水泥标准稠度用水量、凝结时间、安定性检验方法》(GB/T 1346—2011)]	
3		水泥体积安定性试验[《水泥标准稠度用水量、凝结时间、安定性检验方法》(GB/T 1346—2011)]	
4	集料检测实训室	细集料亚甲蓝试验[《公路工程集料试验规程》(JTG E42—2005)]	
5		细集料砂当量试验[《公路工程集料试验规程》(JTG E42—2005)]	
6		粗集料含泥量试验[《公路工程集料试验规程》(JTG E42—2005)]	
7	混凝土物理与力学性能检测实训室	混凝土静压弹性模量试验[《混凝土物理力学性能试验方法标准》(GB/T 50081—2019)]	
8		混凝土轴向拉伸试验[《混凝土物理力学性能试验方法标准》(GB/T 50081—2019)]	
9		混凝土凝结时间试验[《普通混凝土拌合物性能试验方法标准》(GB/T 50080—2016)]	

续上表

序号	实训室	项目名称	虚拟仿真二维码
10	混凝土物理与力学性能检测实训室	混凝土的搅拌、运输、浇筑[《混凝土泵送施工技术规程》（JGJ/T 10—2011）]	
11		喷射混凝土抗压强度[《喷射混凝土应用技术规程》（JGJ/T 372—2016）]	
12		喷射混凝土黏结强度[《喷射混凝土应用技术规程》（JGJ/T 372—2016）]	
13	混凝土耐久性检测实训室	抗氯离子渗透试验—电通量法[《普通混凝土长期性能和耐久性能试验方法标准》（GB/T 50082—2009）]	
14		抗氯离子渗透试验—RCM法[《普通混凝土长期性能和耐久性能试验方法标准》（GB/T 50082—2009）]	
15		碳化试验[《普通混凝土长期性能和耐久性能试验方法标准》（GB/T 50082—2009）]	
16		抗渗试验—抗渗等级法[《普通混凝土长期性能和耐久性能试验方法标准》（GB/T 50082—2009）]	
17		抗渗试验—透水高度法[《普通混凝土长期性能和耐久性能试验方法标准》（GB/T 50082—2009）]	
18		收缩试验—非接触法[《普通混凝土长期性能和耐久性能试验方法标准》（GB/T 50082—2009）]	

目 录

➡ 上 篇

项目一　现代混凝土概述 …………… 1
　　任务一　了解混凝土的发展 ………… 3
　　任务二　混凝土的种类认知 ………… 5
　　任务三　混凝土的试验检测认知 …… 7
　　创新能力培养 ……………………… 10
　　思考与练习 ………………………… 11

**项目二　现代混凝土外加剂试验
　　　　　与检测** ……………………… 13
　　任务一　矿物外加剂试验与检测 …… 15
　　任务二　化学外加剂试验检测 ……… 41
　　任务三　水泥与减水剂之间的
　　　　　　适应性检测 ………………… 64
　　创新能力培养 ……………………… 71
　　思考与练习 ………………………… 72

**项目三　现代混凝土拌合物性能
　　　　　试验检测** …………………… 75
　　任务一　认知混凝土拌合物性能 …… 77
　　任务二　现代混凝土拌合物性能
　　　　　　试验检测 …………………… 85
　　创新能力培养 ……………………… 102
　　思考与练习 ………………………… 103

**项目四　现代混凝土的体积稳定性
　　　　　试验检测** …………………… 105
　　任务一　收缩开裂试验与检测 ……… 107
　　任务二　徐变的检测 ………………… 117
　　创新能力培养 ……………………… 122
　　思考与练习 ………………………… 123

**项目五　现代混凝土的耐久性
　　　　　试验检测** …………………… 125
　　任务一　认知混凝土耐久性检测
　　　　　　规则 ………………………… 127
　　任务二　抗冻性试验与检测 ………… 127
　　任务三　抗渗性试验与检测 ………… 143
　　任务四　混凝土的碳化试验
　　　　　　与检测 ……………………… 154
　　任务五　混凝土的碱-集料反应
　　　　　　试验与检测 ………………… 158
　　思考与练习 ………………………… 166

**项目六　现代混凝土的配合比
　　　　　设计** ………………………… 169
　　任务一　认知现代混凝土配合比
　　　　　　设计的特点 ………………… 171
　　任务二　现代混凝土的配合比
　　　　　　设计 ………………………… 171
　　任务三　正交试验法在配合比
　　　　　　设计中的应用 ……………… 173
　　创新能力培养 ……………………… 182
　　思考与练习 ………………………… 201

➡ 下 篇 ⬅

项目七　泵送混凝土 ………………… 207
　　任务一　泵送混凝土的配合比
　　　　　　设计 ………………………… 209
　　任务二　泵送混凝土施工技术
　　　　　　认知 ………………………… 213
　　创新能力培养 ……………………… 220
　　思考与练习 ………………………… 221

项目八　自密实混凝土 …… 225
任务一　自密实混凝土的发展认知 …… 227
任务二　自密实混凝土的原材料认知 …… 228
任务三　自密实混凝土的性能认知 …… 230
任务四　自密实混凝土配合比设计 …… 231
任务五　自密实混凝土的工程应用 …… 234
创新能力培养 …… 237
思考与练习 …… 237

项目九　水下不分散混凝土 …… 239
任务一　水下不分散混凝土的发展认知 …… 241
任务二　水下不分散混凝土的组成材料认知 …… 243
任务三　水下不分散混凝土主要技术性能认知 …… 244
任务四　絮凝剂性能试验检测 …… 246
任务五　水下不分散混凝土的试验检测 …… 250
任务六　水下不分散混凝土的工程应用 …… 251
创新能力培养 …… 254
思考与练习 …… 254

项目十　高强混凝土 …… 257
任务一　高强度混凝土的发展认知 …… 259
任务二　高强混凝土的特点与分类认知 …… 261
任务三　高强混凝土的组成材料认知 …… 263
任务四　高强混凝土主要技术性能认知 …… 265
任务五　高强混凝土配合比设计 …… 268
任务六　高强混凝土的工程应用 …… 268
创新能力培养 …… 273
思考与练习 …… 274

项目十一　大体积混凝土 …… 275
任务一　大体积混凝土认知 …… 277
任务二　大体积混凝土配合比设计及养护认知 …… 278
任务三　大体积混凝土施工温控 …… 280
任务四　大体积混凝土的工程应用 …… 287
创新能力培养 …… 289
思考与练习 …… 289

项目十二　喷射混凝土 …… 291
任务一　喷射混凝土的发展认知 …… 293
任务二　喷射混凝土的分类认知 …… 294
任务三　湿喷射混凝土的组成材料认知 …… 296
任务四　喷射混凝土主要技术性能认知 …… 298
任务五　湿喷射混凝土的试验检测 …… 300
任务六　喷射混凝土的工程应用 …… 305
创新能力培养 …… 306
思考与练习 …… 306

项目十三　轻集料混凝土 …… 309
任务一　轻集料混凝土的发展认知 …… 311
任务二　轻集料混凝土的分类认知 …… 312
任务三　轻集料混凝土的组成材料认知 …… 313
任务四　轻集料混凝土主要技术性能认知 …… 314
任务五　轻集料混凝土试验检测 …… 316

任务六　轻集料混凝土的配合比设计 ……………………… 321
任务七　轻集料混凝土的工程应用 ……………………… 327
创新能力培养 …………………………… 328
思考与练习 ……………………………… 329

项目十四　泡沫混凝土 …………… 331
任务一　泡沫混凝土的认知与分类 ……………………… 333
任务二　泡沫混凝土的特点与用途 ……………………… 334
任务三　泡沫混凝土的制备 ……… 339
任务四　泡沫混凝土性能检测 …… 343
任务五　泡沫混凝土填注的工程应用 …………………………… 348
创新能力培养 …………………………… 350
思考与练习 ……………………………… 351

项目十五　透水混凝土 …………… 353
任务一　透水混凝土的发展认知 … 355
任务二　透水混凝土的分类与铺装认知 …………………… 356
任务三　透水混凝土的组成材料认知 ……………………… 357

任务四　透水混凝土主要技术性能认知 …………………… 359
任务五　透水混凝土的试验检测 ……………………………… 360
任务六　透水混凝土的工程应用 ……………………………… 362
创新能力培养 …………………………… 362
思考与练习 ……………………………… 364

项目十六　纤维混凝土 …………… 367
任务一　纤维混凝土的发展认知 ……………………………… 369
任务二　纤维混凝土的组成材料认知 ……………………… 369
任务三　纤维混凝土的基本性能认知 ……………………… 374
任务四　钢纤维增强混凝土的试验检测 …………………… 377
任务五　聚丙烯纤维混凝土认知 ……………………………… 382
任务六　纤维混凝土的工程应用 ……………………………… 383
创新能力培养 …………………………… 387
思考与练习 ……………………………… 387

参考文献 …………………………… 389

上篇

项目一

现代混凝土概述

【项目概述】

本项目主要介绍了混凝土发展历程与发展趋势,混凝土的分类与各种混凝土的特性,以及混凝土试验检测的内容及程序。

【学习目标】

1. 素质目标:培养学习者具有混凝土材料节能、节材、节水、减排、减碳的绿色低碳发展理念。

2. 知识目标:了解现代混凝土的发展历程及发展趋势,能按照不同分类方法列举典型混凝土品种,明确现代混凝土的主要检测指标。

3. 能力目标:掌握现代混凝土材料试验检测程序。

 课程思政

1. 思政元素内容

第三方检测行业通常也被称为 TIC 行业,包含检测(Testing)、检验(Inspection)和认证(Certification)三大类。TIC 行业在全球有近 200 年的历史,凭借其雄厚的资本实力和丰富的运作经验,国内检测市场份额的 30% 被外资机构占有。我国的检验检测行业发展较晚,1989 年,《中华人民共和国进出口商品检验法》的颁布标志着我国检验检测行业正式起步,这一时期以国有机构为主;2003 年,检验检测行业向民营检测机构开放;2005 年,外资检测机构被允许进入中国市场;2010 年后,食品、环保、贸易、医疗行业均发布相关政策推进第三方检测机构建设,我国检验检测行业开始实现快速发展;2011 年,检测行业被确立为独立的高新技术服务业;2015 年随着"中国制造 2025"战略的启动,检验检测行业作为优先重点发展的高技术服务业,得到了连续八项国家政策的积极推动,迎来快速发展的新时期。目前,中国已与30多个"一带一路"沿线国家和地区建立双边合作关系。实际调研结果表明,"一带一路"沿线国家的合格评定制度发展是不均衡的,涉及的标准、法规有较大差异。

众所周知,近年来我国轨道交通行业,尤其是高铁产业的质量管理水平已跃居世界同行前列,为中国高铁"走出去"提供技术支撑,这就需要我们用开放的姿态,开放的理念与"一带一路"沿线国家共同开创国家铁路检验检测的新局面,共同构建"一带一路"铁路检验检测国际合作互认机制,推动中国铁路产品检测结果、认证证书的国际互认。

2. 课程思政契合点

现代混凝土试验与检测是建筑检测行业的重要内容。建筑检测行业在逐渐规范化、正规化的市场经济中不断地转变。拥有一只强大的专业技术力量,保持各技术领域的先进性,是检测行业的重要保障。

3. 价值引领

青年是国家的未来,是民族的希望。党的二十大报告指出,广大青年要坚定不移听党话、跟党走,怀抱梦想又脚踏实地,敢想敢为又善作善成,立志做有理想、敢担当、能吃苦、肯奋斗的新时代好青年,让青春在全面建设社会主义现代化国家的火热实践中绽放绚丽之花。作为新时代青年,我们要切实把习近平总书记的期望和嘱托转化为思想自觉和行动自觉,树立服务于国家战略需求与社会发展的正确的学习观与价值观,做一名有理想、有激情、正直而富于诚信的检测人,在国家开启新时代、行业发展进入新阶段的关键时期贡献个人力量!

思政点　以中国标准打造一带一路标志工程

任务一　了解混凝土的发展

一、发展历史

水泥混凝土材料的发展在历史上可以追溯到很古老的年代。相传数千年前,我国劳动人民及埃及人就用石灰与砂混合配制成的砂浆砌筑房屋,后来罗马人又使用石灰、砂及石子配制成混凝土,并在石灰中掺入火山灰配成用于海岸工程的混凝土。这类混凝土强度不高,使用范围有限。

1824年英国人阿斯普丁(J. Aspdin)发明了波特兰水泥,使混凝土胶结材料发生了质的变化,大大提高了混凝土强度,并改善了其他性能。此后混凝土的生产技术迅速发展,用量剧增,使用范围日益扩大。特别是近几十年内,混凝土材料经历了许多重大变革。

视频:混凝土的前世今生

1850年法国人朗波特(Lambot)发明用钢筋加强混凝土,并首次制成了钢筋混凝土船,弥补了混凝土抗拉及抗折强度低的缺陷。随后1892年瑞士Wiggen市修建了第一座钢筋混凝土桥梁。

1918年美国人艾布拉姆斯(D. A. Abrams)发表了著名的计算混凝土强度的水灰比理论。

1928年法国佛列西涅(E. Freyssinet)发明了预应力钢筋混凝土施工工艺,并提出了混凝土收缩和徐变理论,使混凝土技术出现了一次飞跃,为钢筋混凝土结构在大跨度桥梁等结构物中的应用开辟了新的途径。钢筋和预应力的使用均改善了混凝土构件的性能,但并没有提升混凝土材料自身的性能。

引入纤维材料提升混凝土基体抗拉强度与断裂性能,将混凝土的研究与应用推向了一个新高度。其中,1902年诞生了石棉纤维混凝土的第一项专利申请,1923年左右引入钢纤维,1950年耐碱玻璃纤维被开发并用于消除石棉的有害特性,而聚合物纤维则在玻璃纤维出现之后产生。混凝土的有机化又使混凝土这种结构材料进入了一个新的发展阶段,如聚合物混凝土及树脂混凝土,不仅其抗压、抗拉、抗冲击强度都有大幅度提高,而且具有高抗腐蚀性等特点。

伴随上述纤维材料在混凝土中应用,减水剂的发明降低了混凝土用水量同时提高了混凝土工作性,被公认为是继钢筋和预应力混凝土技术之后混凝土领域的第三次技术飞跃。1960年前后各种混凝土外加剂不断涌现,特别是减水剂、流化剂的大量应用,不仅改善了混凝土的各种性能,而且为混凝土施工工艺的发展变化创造了良好条件,如泵送混凝土、流态自密实混凝土等都与高效减水剂的研制成功与应用有关。用于混凝土中的其他多种类型的外加剂(如早强剂、缓凝剂等)也对改善混凝土的施工性能和服役性能起到了十分重要的作用。因此,混凝土外加剂被称为混凝土的"第五组分"。

矿物外加剂(如矿渣、粉煤灰)被引入混凝土是混凝土技术发展的又一个重要里程碑。这些被称为矿物外加剂的粉体,通常是工业废渣,但在混凝土中却成为改善混凝土性能、降低混凝土成本的绝佳成分。继水泥、砂、石子、水和化学外加剂之后,矿物外加剂已经成为现代混凝土的"第六组分"。

1990年5月,美国国家标准与技术研究所(NIST)和美国混凝土协会(ACI)在美国马里兰州盖瑟斯堡召开的会议上首先正式提出高性能混凝土（High Performance Concrete，简称HPC）这一名词的定义。目前，不同国家、不同地区、不同学者对高性能混凝土含义的理解和见解还不统一。我国《高性能混凝土应用技术指南》将高性能混凝土定义为：以建设工程设计、施工和使用对混凝土性能特定要求为总体目标，选用优质常规原材料，合理掺加化学外加剂和矿物外加剂，采用较低水胶比并优化配合比，通过预拌和绿色生产方式以及严格的施工措施，制成具有优异的拌合物性能、力学性能、耐久性能和长期性能的混凝土。其后20年，在国际高性能混凝土技术的带动下，在大量基础设施建设的推动下，我国混凝土生产和制备技术也取得了不少突破性进展。高性能混凝土被推广应用到三峡工程、青藏铁路、南水北调、首都机场新航站楼、田湾核电站、京沪高铁等多个国家重点工程中。随着各种新技术在混凝土领域的不断应用，混凝土的性能不断得到改善，应用范围也不断得到拓展，从而形成了以高性能混凝土为代表的现代混凝土体系。

高性能混凝土有时也被称为"绿色混凝土"。绿色混凝土具有环境友好性，包括材料组成、生产过程、产品性能。绿色混凝土同样是一个理念，而不是一种特殊的混凝土。绿色混凝土与高性能混凝土互有关联，但侧重点有所不同。

 发展趋势

1. 机制砂高性能化学外加剂

近年来，基于机械工艺生产的"机制砂"（指经除土处理，由机械破碎、筛分制成的粒径小于4.75mm的岩石颗粒）用量逐步增加，其占砂石使用总量比例已超过50%。相比于天然砂，机制砂原料充足，城市建筑废料和矿山尾矿也可开发成机制砂原料，其应用已成为现代混凝土未来发展的主要趋势。然而，机制砂级配不良，粒形不规整，石粉含量波动较大（往往含量较高），其中的黏土含量同样存在波动，导致混凝土黏度更大、流动性损失快，减水剂掺量高，在高流动性混凝土中易发生离析泌水，施工性较差。此外，对于不同矿物组成的机制砂，聚合物超塑化剂的吸附特性不同，导致其适应性不佳，减水剂用量随机制砂品种波动较大，对应用造成了较大困难。如何科学地生产、使用机制砂，发展适用于不同品质、组成等特性的机制砂高性能化学外加剂，有效调控机制砂混凝土流动性，使其满足高流态、高强和高耐久的现代混凝土发展需求是未来一段时间需要关注的重点。

2. 混凝土耐久性提升技术及评价方法

近年来基础设施逐步扩展到西部盐湖与盐渍土、北方冻融与除冰盐，以及南部海洋高温、高盐与高湿的严酷环境，对钢筋混凝土的服役性能提出了更高的要求。随着港珠澳大桥、深中通道两项国家重大工程的建设，其设计服役年限须达到120年的新要求，对现有混凝土耐久性保障与提升技术提出挑战。

在耐久性提升技术的评价方面，应重点解决面向设计使用年限的耐久性提升技术加速评价方法。现有试验室模拟评价方法为人工加速手段，不能真正模拟实际工程中多因素环境耦合的劣化条件，故导致实际工程中耐久性提升技术往往较早、较快地出现破坏与失效，与试验室模拟结果难以吻合。因此，应针对实际混凝土工程的服役环境与设计寿命需求，建立试验室人工加速老化结果和实际户外暴露结果的相关性，完善耐久性提升技术的评价方法。

3. 多功能混凝土

改变传统混凝土的组成或添加特殊功能型组分，利用传统或特殊工艺可以制备出具有特

殊功能(譬如:超疏水、透水、自修复、自催化等)的混凝土是未来发展方向。超疏水改性混凝土在提升混凝土抗冻性、抗离子侵蚀性能以及自清洁方面效果突出,已探明固体表面疏水性能取决于微观结构和表面自由能,目前已制备出低表面能、可形成微纳米结构并与混凝土紧密连接的超疏水材料,未来将聚焦于提高超疏水材料的黏结强度、耐久性和环境适应性。透水混凝土因其多孔隙特征能够过滤净化、存蓄滞留雨水,是我国"海绵城市"建设过程的重要材料之一,目前已探明胶材用量、水胶比、增强剂、集料粒径与压碎值等对透水混凝土黏聚性、工作性、透水性能及强度的影响,未来将聚焦于透水混凝土的可预拌化,以节约资源、能源,提升建设效率和施工质量。自修复混凝土在普通混凝土拌和时添加特定矿物掺合料、含有胶黏剂的微胶囊或微生物等组分,在混凝土开裂部位进行自感知、自修复,最终提高混凝土的安全性和耐久性,下一步工作将集中探讨微胶囊尺寸大小、掺量优化的理论依据以及微生物的适应性问题。自催化混凝土利用光催化反应,缓解城市气候环境污染带来的生存问题或改善高速公路及城市道路对自然环境的污染,未来将聚焦于提高光催化剂在水泥基材料中利用率、光催化效果与耐久性方面。

4. 混凝土材料再生循环利用

将废弃混凝土回收再利用制备新混凝土,可以减少天然集料的开采与消耗,解决大量废弃混凝土污染生态环境的难题。现有研究已聚焦再生混凝土的集料特性与处理工艺、工作与力学性能、耐久性能,并在理论研究与初步应用方面取得了重要进展,已从理论研究向推广应用发展。然而,当前再生混凝土的研究大部分还是停留在材料层次,缺少大量结构性能的研究,未来需关注再生混凝土结构构件的承载能力与结构耐久性研究。

微课:天然集料和再生集料的区别

任务二 混凝土的种类认知

一 定义

混凝土是指由水泥、石灰、石膏类无机胶凝材料和水或沥青、树脂等有机胶凝材料的胶状物与集料按一定比例拌和,并在一定条件下硬化而成的人造石材。此外,常在混凝土中加入各种外加剂以改善混凝土性能。

二 分类

混凝土可以看成一种复合材料,水泥浆体就是基体,砂和石子就是增强体。如果对于基体或增强体的类型加以改变,或者增加某些新的组分,就可以获得许许多多不同的组合,也就获得很多性能、功能不同的混凝土品种。目前混凝土的品种日益增多,一般可按胶结材料、集料品种、混凝土用途及施工工艺等进行分类。如表1-1~表1-5所示。

混凝土按胶结材料分类 表1-1

分类方法		名 称	特 性
无机胶结材料	水泥类	水泥混凝土	以硅酸盐水泥及各种混合水泥为胶结料,可用于各种混凝土结构
	石灰类	石灰混凝土	以石灰、天然水泥、火山灰等活性混合材料或铝酸盐与消石灰的混合物为胶结料
	石膏类	石膏混凝土	以天然石膏及工业废料石膏为胶结料,可做天花板或内隔墙等

续上表

分类方法	名称	特性
无机胶结料	硫黄	硫黄混凝土	硫黄、砂石、矿物填料等混合再加热到一定温度下熔融搅拌冷却成型,具有致密、不透水、快硬、高强、耐腐蚀特性,特别适用于低温防腐蚀工程
	水玻璃	水玻璃混凝土	以钠水玻璃或钾水玻璃为胶结料,耐大多数无机酸、有机酸和侵蚀性气体的腐蚀,同时具有耐强氧化性酸的性能,可做耐酸结构及防水结构
	碱-矿渣类	碱-矿渣混凝土	又称碱激活矿渣混凝土,以水淬矿渣或其他工业废渣及碱溶液为胶结料,可做各种结构
有机胶结料	沥青类	沥青混凝土	以天然或人造沥青为胶结料,可做路面及耐酸、碱地面
	合成树脂+水泥	聚合物水泥混凝土	以水泥为主要胶结料,掺入少量乳胶或水溶性树脂,能提高混凝土的抗拉、抗弯强度及抗渗、抗冻、耐磨性能
	树脂	树脂混凝土	以聚酯树脂、环氧树脂、尿醛树脂等为胶结料。适于在侵蚀介质中使用
	聚合物单体	聚合物浸渍混凝土	以低黏度的聚合物单体浸渍水泥混凝土,然后以热催化法或辐射法处理,使单体在混凝土孔隙中聚合,能改善混凝土的各种性能

混凝土按集料品种分类　　　　　　　　　　　　　　　　　　　　　　　表1-2

分类方法	名称	特性
按集料品种分类	重集料	重混凝土	用密度较大的重晶石、铁矿石、钢屑等重集料和钡水泥、锶水泥等重水泥配制而成,混凝土表观密度大于2800kg/m³,又称防辐射混凝土,用于防射线混凝土工程
	普通集料	普通混凝土	用普通的砂、石为集料和水泥配制而成,混凝土表观密度在2000~2800kg/m³之间,为土木工程中常用的混凝土,可做各种结构
	轻集料	轻集料混凝土	用天然或人造轻集料配制而成,混凝土表观密度小于1950kg/m³,主要用作轻质结构材料或保温隔热材料
	无细集料	大孔混凝土	用轻粗集料或普通粗集料配制而成,混凝土密度800~1850kg/m³,适于做墙板或墙体
	无粗集料	细集料混凝土	用砂和水泥配制而成,可用于钢丝网水泥结构

混凝土按用途分类　　　　　　　　　　　　　　　　　　　　　　　　表1-3

分类方法	名称	特性
按用途分类	水工混凝土	用于大坝等水工构筑物,多数为大体积工程,要求有抗冲刷、耐磨及抗大气腐蚀性,不同使用条件可选用普通水泥、矿渣或火山灰水泥及大坝水泥等
	海工混凝土	用于海洋工程(海岸及离岸工程),要求具有抗海水腐蚀、抗冻性及抗渗性
	防水混凝土	抗渗等级大于或等于P6级别的混凝土。主要用于工业、民用建筑地下工程,取水构筑物以及干湿交替作用或冻融作用的工程
	道路混凝土	用于路面的混凝土,可用水泥或沥青做胶结料,要求具有足够的耐候性及耐磨性
	耐热混凝土	以铬铁矿、镁砖或耐火砖碎块等为集料,以硅酸盐水泥、矾土水泥及水玻璃等为胶结料的混凝土,可长期在200~900℃状态下使用,并保持所需物理力学性能和体积稳定性
	耐酸混凝土	以水玻璃为胶结料,加入固化剂和耐酸集料配制而成的混凝土,具有优良的耐酸及耐热性能
	防辐射混凝土	能屏蔽x、γ射线及中子射线的重混凝土,又称屏蔽混凝土,是原子能反应堆、粒子加速器等常用的防护材料
	结构混凝土	用于各种建筑结构

混凝土按施工工艺分类 表1-4

分类方法	名称	特性
现浇类	普通浇筑混凝土	用一般现浇工艺施工的塑性混凝土
	喷射混凝土	压缩空气喷射施工的混凝土,多用于井巷及隧道的衬砌工程
	泵送混凝土	用混凝土泵或泵车沿输送管运输和浇筑混凝土拌合物,尤其适合于大体积混凝土和高层建筑混凝土的运输和浇筑
	自密实混凝土	在自身重力作用下,能够流动、密实,即使存在致密钢筋也能完全填充模板,同时获得很好均质性,并且不需要附加振动的混凝土
	真空吸入混凝土	在混凝土浇筑振捣完毕而尚未凝固之前,采用真空方法将混凝土中多余的水分抽出来使混凝土更加密实
预制类	振压混凝土	采用振动加压工艺生产的混凝土,用于制作混凝土板类构件
	挤压混凝土	以挤压机成型的混凝土,用于长线台座法的空心楼板、T形小梁等构件生产
	离心混凝土	装有混凝土拌合物的构件模板绕自身纵轴高速旋转,在离心力作用下混凝土被均匀甩于模板内壁。用于混凝土管、电杆等管桩构件的生产

混凝土按配筋方式分类 表1-5

分类方法	名称	特性
无筋类	素混凝土	用于基础或垫层的低强度等级混凝土
配筋类	钢筋混凝土	用普通钢筋加强的混凝土,其应用最广
	钢丝网混凝土	用钢筋网加强的无粗集料混凝土,又称钢丝网砂浆,可用于制作薄壳、船等薄壁构件
	纤维混凝土	用各种纤维加强的混凝土,常用纤维有钢纤维、玻璃纤维、聚丙烯纤维、碳纤维、植物纤维和合成纤维,可用于路面、桥面、隧道衬砌等
	预应力混凝土	用先张法、后张法或化学方法使混凝土预压,以提高其抗拉、抗弯强度的配筋混凝土,可用于各种工程的构筑物及建筑结构,特别是大跨度桥梁

任务三 混凝土的试验检测认知

一 混凝土试验检测的内容

1. 原材料

混凝土的原材料试验检测主要包括水泥、矿物外加剂(矿物掺合料)、化学外加剂、粗细集料、水等材料技术性能的检测。由于生产地、供应商不同,导致原材料质量存在较大差异,伴随着日益枯竭的砂石资源及高压环保政策,砂石、水泥供不应求且质量波动大,因此加强材料质量检测十分必要。通过试验检测,得出检验结论,并填写试验检测报告,能获取原材料详细的技术指标参数。

2. 混凝土拌合物性能试验与检测

混凝土各组成材料按一定比例配合,拌制而成的尚未凝结硬化的塑性状态拌合物,称为混凝土拌合物,也称为新拌混凝土。混凝土拌合物试验与检测的主要内容有表观密度、流动性、保塑性、泌水性、抗离析性、含气量、凝结时间等。反应流动性的指标主要有坍落度、扩展度、间隙通过性等;反应保塑性的指标主要有坍落度经时损失、坍落扩展度经时损失等;反应泌水性的指标主要是泌水率及压力泌水率。

3. 混凝土体积稳定性试验与检测

混凝土在荷载作用下会产生弹性变形或非弹性变形,在硬化过程中和干湿、冷热作用下会产生收缩或膨胀,在复合作用下会产生徐变。我国混凝土裂缝治理专家王铁梦说:80%的开裂都是由于混凝土变形引起的,只有很小一部分是由于承载力不足引起的。混凝土的收缩主要分为:塑性收缩、沉降收缩、化学收缩、自收缩、干燥收缩、温度收缩及碳化收缩。

4. 混凝土力学性能及耐久性检测

混凝土力学性能检测可分成混凝土抗压强度、抗拉强度、抗折强度、静力受压弹性模量等检测项目。混凝土耐久性指标一般包括:抗渗性、抗冻性、抗侵蚀性、碱集料反应。

三 试验检测程序

试验室是专门从事检验测试工作的实体。试验室工作的最终成果是检测报告。检测报告就是试验室的产品,同样有一个质量形成过程。为了确保检测数据的准确可靠,以确保检测报告的质量,就必须明确它的质量形成过程和过程的各个阶段可能影响检测报告质量的各项因素。从而对这些因素采取相应的措施,加以管理和控制,使其过程处于受控状态,以保证最终产品——检测报告的质量。

比较典型的质量形成过程,如图 1-1 所示,大体上包括以下各阶段:

1. 明确检测依据

接受某项检测任务,首先要明确检测依据的技术标准和技术规范,熟悉和正确掌握它的技术要求和检测条件。必要时,在完全理解检测依据的基础上,编制便于操作的具体的检测程序和方法。以防止在掌握检测依据上出现偏差,保证具体操作上的一致性,避免发生质量问题。

2. 样品的抽取

为了使抽取的样品具有代表性,且真实完整,应制订合理的随机抽样方案,明确抽样、封样、记录、取送方式等各项质量要求或严格按检验规程规定进行抽样工作。

3. 样品的管理和试样的制备

为了保证样品的完好,不污染、不损坏、不变质,符合检测技术要求,应编制样品的交接、保管、使用、处置的质量控制措施。需要制备试样时,还应制定制备程序和方法,对制样的工具、模具等也应进行质量控制。

4. 外部供应的物品

对检测工作需用的从外部购进的材料、药品、试剂、器件等物品,应有明确的质量要求和进行验收的质量控制措施。

5. 环境条件

应有满足符合技术要求的工作环境,并有必要的监控环境技术参数的技术措施。

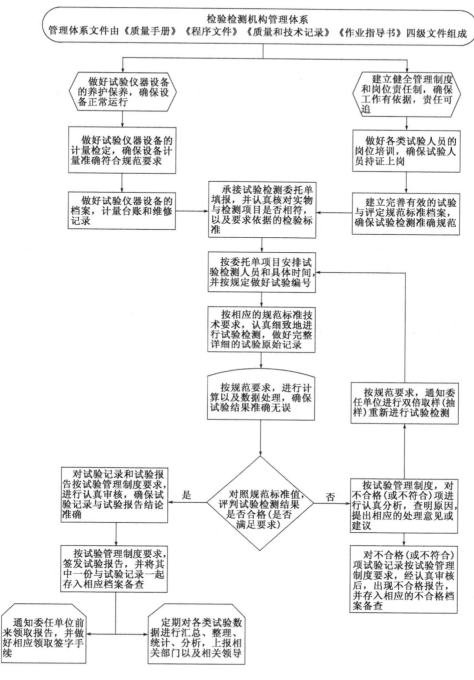

图 1-1　试验检测程序

6. 检测操作

检验人员要依据技术标准和检验规范规定的方法,正确、规范地进行检测操作,及时准确地记录和采集检测数据。

7. 计算和数据处理

依据检验规范的有关规定,对检测数值进行正确的计算和数据处理,并经过校对验证,以确保结果正确无误。

8. 检测报告的编制和审定

检测报告的内容应完整，填写应规范、正确、清晰、判定准确，并严格执行校核、审批程序。

分析检测质量形成过程，准确地找出可能影响检测工作质量的各项因素，使其持续地处于受控状态。这是建立质量管理体系的一项基本要求。一个完善的试验室质量管理体系，应能实现纠正和预防质量问题的发生，即使出现质量问题，也能及时发现，迅速予以纠正和改进。

 创新能力培养

超高性能混凝土

超高性能混凝土（Ultra-High Performance Concrete，简称UHPC），因为一般需掺入短切钢纤维或聚合物纤维，也被称作超高性能纤维增强混凝土（Ultra-High Performance Fibre Reinforced Concrete，简称UHPFRC）。超高性能混凝土还没有形成国际上统一的定义，中国建筑材料协会标准《超高性能混凝土基本性能与试验方法》（T/CBMF 37—2018）将其定义为：超高性能混凝土是指兼具超高抗渗性能和力学性能的纤维增强水泥基复合材料。该定义虽然是描述性的，但对UHPC材料的性能要求是定量化的，体现在标准中各等级UHPC需要满足的技术要求。

超高性能混凝土主要特性如下：

（1）是一种组成材料颗粒的级配达到最佳的水泥基复合材料；水胶比小于0.25，含有较高比例的微细短钢纤维增强材料；

（2）抗压强度不低于120MPa；具有受拉状态的韧性，开裂后仍保持抗拉强度不低于5MPa（法国要求7MPa）；

（3）内部具有不连通孔结构，有很高抵抗气、液体浸入的能力，与传统混凝土和高性能混凝土（HPC）相比，耐久性可大幅度提高。

UHPC不同于传统的高强混凝土（High-Strength Concrete，简称HSC）和钢纤维混凝土（Steel Fiber Reinforced Concrete，简称SFRC），也不是传统意义"高性能混凝土（HPC）"的高强化，而是性能指标明确的新品种水泥基结构工程材料。与高强和高性能混凝土（HSC/HPC）结构对比：从表观密度比较，UHPC的稍高。UHPC似乎不能算是"轻质材料"。然而，在力学性能方面，UHPC大幅度超越了HSC/HPC，从强度/质量比（比强度）和刚度/质量比（比刚度）以及可建造的轻质高强结构来分析对比，UHPC应归入"轻质高强"材料。UHPC适合于建造"细、薄、巧、轻"的混凝土结构，改变了混凝土结构"肥梁胖柱"的面貌。在耐久性方面，UHPC也比HPC有了长足的进步。从理论上和目前试验结果分析，在大多数恶劣自然环境中，UHPC的结构寿命预期是HPC结构寿命的至少2倍以上。在海洋环境中，UHPC结构的工作寿命超过200年是完全可能的。

商业化生产供应的UHPC产品均为专利配方产品，有独自的名称或商标。最早的UHPC专利是丹麦H. H. Bache在1979年申请的。2019年中国混凝土与水泥制品协会（China Concrete & Cement-Based Products Association，简称CCPA）会长徐永模在首届CCPA-UHPC论坛开幕式上的讲话：UHPC突破了水泥基材料性能和应用领域的很多极限。无论是结构材料组分的复合、水泥基材料本身的性能、与纤维增强材料的复合，还是与其他结构材料的"组合"，应该说都打开了许多发展空间，为我们创新者提供许多想象空间。目前UHPC在各种工程上的应用还只是开始,一旦UHPC的性能和优势被认识,将很快形成UHPC的开发和应用高潮。希望UHPC的发展起始于国外,成长在中国,成就在中国!

思考与练习

一、填空题

1. 现代混凝土的六组分是_____、_____、_____、_____、_____、_____。
2. 现浇混凝土按施工工艺可分为_____、_____、_____等。
3. 混凝土拌合物试验与检测的主要内容有:表观密度、流动性、_____、_____、_____、_____等。

二、判断题

1. 配制高性能混凝土必须选用优质的常规原材料。（　　）
2. 凡拌合物性能、力学性能、耐久性能和长期性能优异的混凝土就可以称为高性能混凝土。（　　）
3. 超高性能混凝土就是高强高性能混凝土。（　　）

三、简答题

1. 高性能混凝土的总体目标是什么?
2. 机制砂与天然砂性能检测指标主要差异有哪些?
3. 对检测不合格的来样,试验人员通常应当做哪些工作?
4. 用自己的方式画出试验室的试验检测程序。

项目二

现代混凝土外加剂试验与检测

【项目概述】

本项目重点介绍了现代混凝土外加剂(矿物外加剂、化学外加剂)的定义、分类、技术性能及其检测方法,对混凝土性能的影响及作用机理,以及水泥与外加剂相容性检测方法。

【学习目标】

1. 素质目标:培养学习者具有正确的规范意识、环保意识、质量意识、创新意识、社会责任感及科学严谨的学习和工作态度。

2. 知识目标:熟悉水泥、粗细集料等现代混凝土主要组成材料的检测指标;了解矿物外加剂分类方法,掌握常用矿物外加剂粉煤灰、矿渣粉、硅灰、石灰石粉等的技术指标要求及检测方法;了解缓凝剂、引气剂、速凝剂、早强剂等常用化学外加剂定义、分类、作用,掌握减水剂的分类方法、作用机理及技术性能要求;理解水泥与减水剂的相容性概念及判定方法。

3. 能力目标:利用相关规范,具有迁移水泥细度、胶砂强度、胶砂流动度等检测方法的能力,能独立完成矿物外加剂物理性能检测,能合作完成减水剂固含量、减水率、与水泥相容性等检测。

 课程思政

1. 思政元素内容

1951年9月5日,时任交通部部长章伯钧任主任委员的塘沽建港委员会成立,确定天津塘沽新港建设计划分两期实施。天津气候四季分明,冬季1月最冷,平均气温 $-5 \sim -1℃$。这种环境下混凝土有冻融循环破坏现象,如果按正常环境混凝土配比配制,设计寿命很难达到要求,因此一定要配制适合环境要求的抗冻混凝土，提高混凝土的耐久性。为解决这个问题，吴中伟院士与王季周合作研制了中国最早的混凝土外加剂——引气剂，成功用于塘沽新港，改善了工程用混凝土的抗冻性，提高了有冻融破坏混凝土的耐久性。此后，随着施工工艺的发展对材料性能要求的不断提高，陆续出现了减水剂、缓凝剂、速凝剂等化学外加剂，改善了混凝土的综合性能，满足了商混、泵送等工艺要求，形成了混凝土的第五组分。1997年吴中伟院士提出"环保型胶凝材料"与"绿色高性能混凝土"的新概念，建议大量使用工业废渣作为混凝土胶凝材料代替部分水泥，使水泥与混凝土逐渐成为环境友好型的大宗建筑材料。吴中伟院士著有《高性能混凝土》一书，对于环保型胶凝材料做了详细的介绍。

吴中伟，中国工程院院士，建筑材料与土木工程专家。长期从事于水泥、混凝土的科学研究，为混凝土组成材料的可持续发展及混凝土性能的不断改善做出了伟大的贡献，是我国水泥与混凝土材料科学的开拓者、奠基人。

2. 课程思政契合点

混凝土最初由水泥、砂、石子、水4种材料组成。吴中伟院士结合混凝土特点及组成材料要求，研发创新了化学外加剂和矿物外加剂，使得混凝土组成材料由最初的4种，发展成为满足各个方面、性能优良、绿色环保的6种材料。

3. 价值引领

吴中伟院士爱岗敬业、无私奉献、开拓创新的职业品格和行为习惯，值得我们每一个人尊敬和学习。他把马克思主义方法论和科学精神相结合，依据行业发展方向、工程实际问题和市场需求，不断探索问题、分析问题、解决问题，展示了我们土木人的职业素养和终身追求，增强了我们探索未知、追求真理、勇攀科学高峰的责任感和职业使命感，激发科技报国的家国情怀和使命担当。

思政点　吴中伟院士回忆录

随着现代混凝土技术的发展，混凝土组分的多元化已经成为一种趋势。除硅酸盐水泥、砂、石、水外，现代混凝土还包括两种重要的外掺物：以高效减水剂、缓凝剂等为代表的化学外加剂和以磨细矿渣粉、粉煤灰为代表的矿物外加剂(Mineral Admixtures)。使用新型的高效减水剂和磨细的矿物外加剂(或称矿物掺合料)是使混凝土达到高性能的主要技术措施。前者能降低混凝土的水胶比，增大混凝土和控制混凝土的坍落度损失，赋予混凝土高的致密性和良好的工作性；后者能填充胶凝材料的孔隙，参与胶凝材料的水化，除提高混凝土的致密性外，还可改善混凝土的界面结构，提高混凝土的耐久性与强度。以下重点介绍现代混凝土用矿物外加剂与化学外加剂的技术要求及检测方法。

任务一 矿物外加剂试验与检测

一 矿物外加剂的发展认知

早在20世纪30年代，美国学者R.E.Davis就利用粉煤灰代替部分的波特兰水泥，制造出一种新型混凝土，即粉煤灰水泥混凝土。从此，矿物外加剂家族的第一个成员——粉煤灰就诞生了。随后德国学者R.Grunt在1942年公开发表了《高炉矿渣在水泥工业中的应用》一文，这标志着除粉煤灰外，又一新的矿物外加剂也开始应用于水泥混凝土。70年代末，以O.E.Gjorv为代表的挪威技术研究院第一次对硅灰在混凝土中的应用做了系统深入及长期的研究，取得了重大成果，开发出一种新的矿物外加剂——硅灰。

我国关于粉煤灰、矿渣作为水泥混凝土矿物外加剂的研究开始于20世纪五六十年代，70年代初中国建筑材料科学研究院就首先开始将钢渣作为水泥混合材进行了相关的研究，从80年代中后期到现在，国内不同研究单位除相继研究出矿物外加剂粉煤灰、磨细矿渣、硅灰外，还研究开发出了磨细石灰石粉、偏高岭土、天然沸石粉等新型矿物外加剂。

二 矿物外加剂的分类

根据《高强高性能混凝土用矿物外加剂》(GB/T 18736—2017)，水泥混凝土矿物外加剂定义为：在混凝土搅拌过程中加入的、具有一定细度和活性的、用于改善新拌混凝土和硬化混凝土性能(特别是混凝土耐久性)的某些矿物类产品。矿物外加剂用代号MA表示。

1. 矿物外加剂分类

1) 按照矿物组成分类

按照《高强高性能混凝土用矿物外加剂》(GB/T 18736—2017)，矿物外加剂根据矿物组成，分为5种：粉煤灰、粒化高炉矿渣粉、硅灰、天然沸石、偏高岭土。按照《矿物掺合料应用技术规范》(GB/T 51003—2014)，矿物外加剂根据矿物组成分为7种：粉煤灰、磨细矿渣、硅灰、石灰石粉、钢渣粉、磷渣粉、沸石粉。

2) 按性能特点分类

按照性能特点分为4类：

(1) 有胶凝性(或称潜在活性)的，如粒化高炉矿渣。

(2) 有火山灰性的，如粉煤灰、硅灰、磨细天然沸石、偏高岭土。火山灰性系指本身没有或极少有胶凝性，但其粉末状态在有水存在时，能与$Ca(OH)_2$在常温下发生化学反应，生成具有胶凝性的组分。

(3) 同时具有胶凝性和火山灰性的,如高钙粉煤灰、粒化高炉矿渣等。

(4) 其他未包括在上述三类中的本身具有一定化学反应性的材料,如磨细的石灰岩、石英砂、白云岩以及各种硅质岩石。这些材料过去一直被看作惰性的物质。

《高强高性能混凝土用矿物外加剂》(GB/T 18736—2017)规定了常用的矿物外加剂(磨细矿渣、硅灰、粉煤灰、偏高岭土和磨细天然沸石 5 类产品)的技术性能要求。各类矿物外加剂用不同代号表示:粉煤灰 FA、磨细矿渣 S、硅灰 SF、磨细天然沸石 Z、偏高岭土 MK。这 5 种矿物外加剂是当前使用中量大面广、条件较成熟的,其他种类的矿物外加剂(如煅烧煤矸石、磨细石灰石等)也有研究和应用,但实际用量相对较少。

2. 矿物外加剂的标记

矿物外加剂的标记依次为:矿物外加剂-分类-等级标准号。例如:磨细矿渣标记为:MA-S-I GB/T 18736—2017;粉煤灰标记为:MA-FA GB/T 18736—2017;硅灰标记为:MA-SF GB/T 18736—2017。

三 矿物外加剂性能认知

下面主要介绍粉煤灰、粒化高炉矿渣、硅灰等 7 种矿物外加剂的技术要求及其对现代混凝土性能的影响规律。

(一) 粉煤灰认知

微课:粉煤灰基础
知识认知

粉煤灰又叫飞灰(Fly Ash),是从电厂煤粉炉烟道气体中收集的粉末。其中含有大量的球状玻璃珠(中空或实心的),以及莫来石、石英和少量矿物结晶相(方解石、钙长石、赤铁矿和磁铁矿等)。粉煤灰综合利用的渠道主要集中在建材、建筑工程、道路工程及农业用灰等方面。

1. 粉煤灰分类

根据燃煤品种,粉煤灰分为 F 类粉煤灰(由无烟煤或烟煤煅烧收集的粉煤灰)和 C 类粉煤灰(由褐煤或次烟煤煅烧收集的粉煤灰,氧化钙含量一般大于或等于 10%)。根据用途,粉煤灰分为拌制砂浆和混凝土用粉煤灰、水泥活性混合材料用粉煤灰两类。

2. 粉煤灰的质量等级

依据《用于水泥和混凝土中的粉煤灰》(GB/T 1596—2017),拌制砂浆和混凝土用粉煤灰质量等级分为三个等级:Ⅰ级、Ⅱ级、Ⅲ级,水泥活性混合材用粉煤灰不分等级。

3. 粉煤灰的技术要求

粉煤灰的性能变化很大,与许多因素有关,例如煤的品种和质量、煤粉细度、燃点、氧化条件、预处理及燃烧前的脱硫、粉煤灰的收集和存储方法等。我国火力发电厂排放和生产的粉煤灰其成分为:SiO_2 40%~50%,Al_2O_3 20%~30%,Fe_2O_3 20%~30%,CaO 2%~5%,烧失量 3%~8%。

1) 粉煤灰的外观要求

(1) 颜色:粉煤灰外观类似水泥,因此在工程使用中必须谨防混杂和误用。燃烧条件不同以及粉煤灰的组成、细度、含水率等变化,都会影响粉煤灰的颜色。颜色直接反映粉煤灰的含碳量和细度,特别是组分中含碳量的变化,可以使粉煤灰的颜色从浅灰色到灰黑色变化。对于表观和色调有要求的混凝土,应选用浅色和匀质的粉煤灰。

(2)形状:粉煤灰颗粒形状多为球状玻璃体,如图2-1所示,表面光滑无棱角,性能稳定,在混凝土泵送、振捣过程中起类似润滑的作用,故加入混凝土中,拌合物需水量小、和易性好。优质粉煤灰中含有70%以上的球状玻璃体。

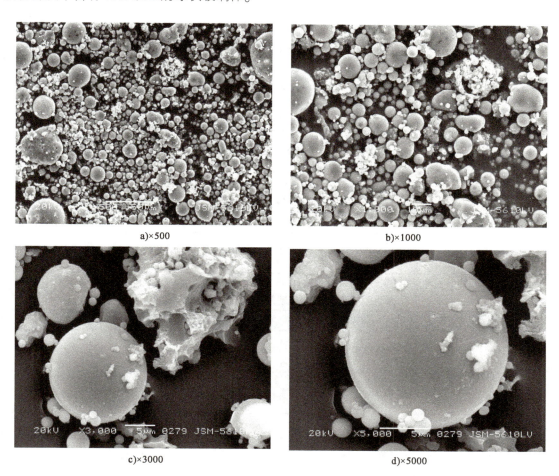

图2-1 某电厂粉煤灰的形貌图

2)粉煤灰的理化性能要求

拌制砂浆和混凝土用粉煤灰应符合表2-1要求,水泥活性混合材料用粉煤灰应符合表2-2要求。

拌制砂浆和混凝土用粉煤灰的理化性能要求　　表2-1

项　目		理化性能要求		
		Ⅰ	Ⅱ	Ⅰ、Ⅱ
细度(0.045mm方孔筛筛余)(%)	F类	≤12.0	≤30.0	≤45.0
	C类			
需水量比(%)	F类	≤95	≤105	≤115
	C类			

续上表

项 目		理化性能要求		
		Ⅰ	Ⅱ	Ⅰ、Ⅱ
烧失量(Loss)(%)	F类	≤5.0	≤8.0	≤10.0
	C类			
含水率(%)	F类	≤1.0		
	C类			
三氧化硫(SO_3)质量分数(%)	F类	≤3.0		
	C类			
游离氧化钙(f-CaO)质量分数(%)	F类	≤1.0		
	C类	≤4.0		
二氧化硅(SiO_2)、三氧化二铝(Al_2O_3)和三氧化二铁(Fe_2O_3)总质量分数(%)	F类	≥70.0		
	C类	≥50.0		
密度(g/cm³)	F类	≤2.6		
	C类			
安定性(雷氏法)(mm)	C类	≤5.0		
强度活性指数(%)	F类	≥70.0		
	C类			

注:本表引自《用于水泥和混凝土中的粉煤灰》(GB/T 1596—2017)。

水泥活性混合材料用粉煤灰的理化性能要求　　　　表2-2

项 目		理化性能要求
烧失量(Loss)(%)	F类	≤8.0
	C类	
含水率(%)	F类	≤1.0
	C类	
三氧化硫(SO_3)质量分数(%)	F类	≤3.5
	C类	
游离氧化钙(f-CaO)质量分数(%)	F类	≤1.0
	C类	≤4.0
二氧化硅(SiO_2)、三氧化二铝(Al_2O_3)和三氧化二铁(Fe_2O_3)总质量分数(%)	F类	≥70.0
	C类	≥50.0
密度(g/cm³)	F类	≤2.6
	C类	
安定性(雷氏法)(mm)	C类	≤5.0
强度活性指数(%)	F类	≥70.0
	C类	

注:本表引自《用于水泥和混凝土中的粉煤灰》(GB/T 1596—2017)。

3)放射性要求

粉煤灰的放射性符合现行《建筑材料放射性核素限量》(GB 6566)中建筑主体材料规定指标要求。

4)碱含量要求

碱含量用 $Na_2O + 0.658K_2O$ 计算值表示。当粉煤灰应用中有碱含量要求时,由供需双方协商确定。

5)半水亚硫酸钙含量

采用干法或半干法脱硫工艺排出的粉煤灰应检测半水亚硫酸钙($CaSO_3 \cdot 1/2H_2O$)含量,其含量不得大于 3.0%。

6)均匀性

均匀性以细度表征。单一样品的细度不应超过前 10 个样品细度平均值(如样品少于 10 个时,则为所有前试样品试验的平均值)的最大偏差,最大偏差范围由买卖双方协商确定。

微课:粉煤灰
密度试验

视频:粉煤灰
细度试验

微课:粉煤灰
需水量比试验

4. 检验规则与包装储运

1)编号及取样

粉煤灰出厂前,按同品种、同等级编号和取样。散装粉煤灰和袋装粉煤灰应分别编号和取样。不超过 500t 为一编号,每一编号为一取样单位。当散装粉煤灰运输工具的容量超过该厂规定出厂编号吨数时,允许该编号的吨数超过取样规定吨数。粉煤灰质量按干灰(含水率小于 1%)的质量计算。

取样方法按现行《水泥取样方法》(GB/T 12573)进行。取样应有代表性,可连续取,也可从 10 个以上不同部位取等量样品,总量至少 3kg。对于拌制砂浆和混凝土用粉煤灰,必要时,买方可对其进行随机抽样检验。

2)出厂检验与判定规则

(1)拌制砂浆和混凝土用粉煤灰:出厂检验项目为表 2-1 中除烧失量和强度活性指数以外的所有项目;采用干法或半干法脱硫工艺排出的粉煤灰增加半水亚硫酸钙($CaSO_3 \cdot 1/2H_2O$)含量检测项目。检测项目符合要求判为出厂检验合格,若其中任何一项不符合要求,允许在同一编号中重新取样进行全部项目的复检,以复检结果判定。

(2)水泥活性混合材用粉煤灰:出厂检验项目为表 2-2 中除强度活性指数以外的所有项目;采用干法或半干法脱硫工艺排出的粉煤灰增加半水亚硫酸钙($CaSO_3 \cdot 1/2H_2O$)含量检测项目。检测项目符合要求判为出厂检验合格,若其中任何一项不符合要求,允许在同一编号中重新取样进行全部项目的复检,以复检结果判定。

(3)对粉煤灰质量有争议时,相关单位应将认可的样品签封,送省级或省级以上国家认可的质量监督检验机构进行仲裁检验。

(4)检验报告内容包括:出厂编号、出厂检验项目、分类、等级。当用户需要时,生产者应在粉煤灰发出日起 7d 内寄发除强度活性指数以外的各项检验结果,32d 内补报强度活性指数检验结果,检测报告样例如图 2-2 所示。

3)包装、标志、运输与储存

(1)包装:粉煤灰可以袋装或散装,如图 2-3、图 2-4 所示。袋装每袋净含量为 25kg 或 40kg,每袋净含量不得少于标志质量的 99%。其他包装规格由买卖双方协商确定。

粉煤灰产品质量检验报告单(合格证)

生产厂家 ×××电厂　　　生产日期 20200302
产品名称 F类Ⅱ级　　　发证日期 20200305
产品代号 FD21　　　证　　号 00302-05
产品批号 TD200302　　交货数量 _____ (t)
产品数量 200 (t)　　用户单位 ××××××××有限公司

序号	指标	标准指标 (TB 10424—2018) Ⅰ级	标准指标 (TB 10424—2018) Ⅱ级	检测结果
1	细度(0.045mm方孔筛的筛选,%)	≤12.0	≤30.0	17.6
2	需水量比(%)	≤95	≤105	100
3	烧失量(%)	≤5.0	≤8.0	5.6
4	氯离子含量(%)	≤0.02		0.01
5	含水率(%)	≤1.0		0.33
6	三氧化硫(%)	≤3.0		2.2
7	CaO含量(%)	≤10.0(对于硫酸盐侵蚀环境)		6.3
8	游离氧化钙含量(%)	≤1.0		0.30
9	碱含量(%)	—		1.1
10	结论：该批次经检验结果符合TB 10424—2018中第6.2.2条的技术要求，评为Ⅱ级粉煤灰。		生产单位 (盖章)	

负责 ×××　　校核 ×××　　检测 ×××
说明：1.试验方法按GB/T 1596—2017规定。
　　　2.每一样品编号代表量200t。

图 2-2　粉煤灰出厂检验报告

图 2-3　袋装粉煤灰包装

图 2-4　散装粉煤灰运输车

(2) 标志:散装粉煤灰应提供卡片,包括产品名称、分类、等级、净含量、批号、执行标准号、生产厂名称和地址、生产日期。

袋装粉煤灰的包装袋上应标明与散装粉煤灰卡片相同的内容。

(3) 运输与储存:粉煤灰在运输和储存时不得受潮、混入杂物,同时应防止污染环境。

5. 粉煤灰对混凝土性能的影响

实践证明,掺用粉煤灰的混凝土,其耐久性能可得到大幅度改善,对延长结构物的使用寿命有重要意义。粉煤灰的作用机理,除火山灰材料特性的作用(消耗了水泥水化时生成薄弱的且富集在过渡区的氢氧化钙片状结晶,由于水化缓慢,只在后期才生成少量 C-S-H 凝胶,填充于水泥水化生成物的间隙,使其更加密实)以外,对于高性能混凝土用的优质和磨细粉煤灰,还存在着形态效应和微集料效应等。

1) 粉煤灰对新拌混凝土工作性的影响

(1) 对混凝土和易性的影响:掺粉煤灰的明显好处是增大了浆体的体积。用粉煤灰取代等质量的水泥,粉煤灰的体积要比水泥约大 30%。在根据强度要求用粉煤灰超量取代水泥时,多加的粉煤灰增大了细屑含量,因此增大了浆体与集料的比例。大量的浆体填充了集料间的空隙,包裹并润滑了集料颗粒,从而使混凝土拌合物具有更好的黏聚性和可塑性。粉煤灰可以减少浆体集料界面的摩擦,从而改善了新鲜混凝土的和易性,随着水胶比的降低,不掺粉煤灰的水泥胶砂需借助于较多的高效减水剂才能达到理想的流动性,而掺入细度、粒形较好的粉煤灰能明显改善胶砂的流动性,使减水剂的用量大大减少。粉煤灰的掺入可以补偿细集料中细屑不足,中断砂浆基体中泌水渠道的连续性,同时粉煤灰作为水泥的取代材料在同样稠度下会使混凝土的用水量有不同程度的降低,因而掺用粉煤灰对防止新拌混凝土的泌水是有利的。

(2) 对混凝土凝结时间的影响:掺粉煤灰一般会使混凝土的凝结时间延长,粉煤灰导致的缓凝受其掺量、细度、化学成分等的影响。在工程中,对于低水胶比的砂浆和混凝土,由于水化后形成的水泥石结构非常致密,水不容易渗入内部,为保证水泥初凝后的水化能够正常进行,应该在初凝后立即进行洒水保湿养护。当掺入粉煤灰取代部分水泥时,随粉煤灰掺量的增加,其凝结时间延长;而在高性能混凝土中,对凝结时间有显著影响的还有水泥性能、用水量、环境温度等,因此,应该通过试验预测凝结时间,以确定试件开始浸水养护的时间。

2) 掺粉煤灰对混凝土力学性能的影响

掺粉煤灰的胶砂试件其强度发展对养护温度十分敏感。养护温度提高,能够明显加快早期的水化反应,使得试件强度快速增长,在短期内达到最终强度。

粉煤灰高性能混凝土是由水泥、粉煤灰、化学外加剂、砂、石和水所组成的复合材料,物料的均匀程度对混凝土强度有较大影响。掺粉煤灰的混凝土应注意保证搅拌的均匀性。粉煤灰是一种极细的粉料,遇水后易黏结成团。为避免搅拌不均匀的现象产生,在采用干粉煤灰时,必须把它与水泥和集料同时投入搅拌机中,先干拌均匀后再加水。为保证拌合物的均匀性,宜比普通混凝土增加搅拌时间。由于物料的水胶比较小,宜采用强制式混凝土搅拌机。另外,由于粉煤灰混凝土浇筑后早期强度较低,为保证质量,特别要做好早期养护。综合采取这些措施,才能保证粉煤灰高强混凝土强度的发展。

3) 掺粉煤灰对混凝土水化热的影响

混凝土中水泥的水化反应是放热反应,在混凝土中掺入粉煤灰可以降低水化热,这是由于减少了水泥的用量。水化放热的多少和速度取决于掺入粉煤灰的比例。

4) 掺粉煤灰对混凝土耐久性的影响

质量差的粉煤灰随掺量增加,使混凝土的抗冻融耐久性剧烈降低。若掺入质量较好的粉煤灰同时适当降低水灰比,则可以收到改善抗冻融耐久性的效果。粉煤灰的细度和烧失量,特别是烧失量对粉煤灰混凝土的抗冻性影响最大,随着粉煤灰细度和烧失量的增大,粉煤灰混凝土的抗冻性降低。近年来的工程调研资料表明,防止掺粉煤灰混凝土碳化,首要因素是确保粉煤灰混凝土的密实度。只有密实度得到保证,抗碳化能力才能得以提高。国内外实践表明,粉煤灰对抑制混凝土中的碱-集料反应是有利的。在计算混凝土的总碱量时,粉煤灰带入的有效碱量按照粉煤灰总碱量的15%计算。

(二)磨细矿渣认知

磨细矿渣,也叫粒化高炉矿渣粉(Ground Granulated Blast Furnace Slag Powder),是以粒化高炉矿渣为主要原料,可掺加少量天然石膏,磨细制成的一定细度的粉体。

矿渣(Slag)是在炼铁炉中浮于铁水表面的熔渣,排出时用水急冷,得到的水淬矿渣。生产矿渣水泥和磨细矿渣用的都是这种粒状渣。磨细矿渣是将这种粒状高炉水淬渣干燥,再采用专门的粉磨工艺(助磨剂掺量不大于产品质量的0.5%)磨至规定细度,在混凝土配制时掺入的一种矿物外加剂。

1. 磨细矿渣的化学成分和技术要求

1)化学成分

磨细矿渣的主要化学组成为 CaO、SiO_2、Al_2O_3 和 Fe_2O_3 等。一般用质量系数 K 评价粒化高炉矿渣的活性,$K=(CaO+Al_2O_3+MgO)$ 的百分含量/$(SiO_2+MnO+TiO_2)$ 的百分含量。质量系数 K 越大,矿渣的活性越高。用于生产高性能混凝土用的矿物外加剂的矿渣质量系数 K 应该大于1.2。矿渣的活性,还与成料条件(淬冷前熔融矿渣的温度、淬冷方法以及淬冷速度等)有关。要特别注意磨细矿渣中的一些有害物质含量不应超过国家标准的要求,如对钢筋有锈蚀作用的氯离子含量、影响混凝土碱-集料反应的碱含量、影响混凝土体积稳定性的氧化镁和三氧化硫含量等。

2)技术要求

磨细矿渣技术指标符合表2-3要求。磨细矿渣细度对混凝土性能影响很大。随着磨细矿渣比表面积的增大,矿渣的平均粒径减小。当比表面积是 $300m^2/kg$ 时,平均粒径为 $21.2\mu m$;比表面积为 $400m^2/kg$ 时,平均粒径为 $14.5\mu m$。粒径大于 $45\mu m$ 的矿渣颗粒很难参与水化反应,因此要求用于高性能混凝土的矿渣粉磨至比表面积超过 $400m^2/kg$,以较充分地发挥其活性,减少泌水性。矿渣粉磨得越细,其活性越高,掺入混凝土后,早期产生的水化热越大,越不利于混凝土的温升;当矿渣的比表面积超过 $400m^2/kg$,用于很低水胶比的混凝土以后,混凝土早期的自收缩随掺量的增加而增大;粉磨矿渣要消耗能量,成本较高;矿渣磨得越细,掺量越大,则低水胶比的高性能混凝土拌合物越黏稠。

磨细矿渣粉的技术要求 表2-3

项目		级别		
		S105	S95	S75
密度(g/cm³)		≥2.8		
比表面积(m²/kg)		≥500	≥400	≥300
活性指数(%)	7d	≥95	≥70	≥55
	28d	≥105	≥95	≥75
流动度比(%)		≥95		
初凝时间比(%)		≤200		

续上表

项目	级别		
	S105	S95	S75
含水率(质量分数)(%)	≤1.0		
三氧化硫(质量分数)(%)	≤4.0		
氯离子(质量分数)(%)	≤0.06		
烧失量(质量分数)(%)	≤1.0		
不溶物(质量分数)(%)	≤3.0		
玻璃体含量(质量分数)(%)	≥85		
放射性	$I_{Ra}≤1.0$ 且 $I_{\gamma}≤1.0$		

注：本表引自《用于水泥、砂浆和混凝土中的粒化高炉矿渣粉》(GB/T 18046—2017)。

2. 检验规则与包装储运

1) 取样

取样方法，按现行《水泥取样方法》(GB/T 12573)规定进行，取样应有代表性，可连续取样，也可以在20个以上部位取等量样品，总量至少20kg。试样应混合均匀，按四分法取出比试验量大一倍的试样。

2) 出厂检验与判定

出厂检验项目为密度、比表面积、活性指数、流动度比、初凝时间比、含水率、三氧化硫、烧失量、不溶物。检验结果符合表2-3技术要求的为合格品，任何一项技术要求不符合表2-3要求的则为不合格品。

3) 检验报告

矿渣粉检验指标如表2-4所示。检验报告内容包括批号、检验项目、石膏和助磨剂的品种和掺量及合同约定的其他技术要求，还应包括对比水泥物理性能检验报告。当用户需要时，生产者应在矿渣粉发出日起11d内寄发除28d活性指数以外的各项试验结果，28d活性指数应在矿渣粉发出之日起32d内补报。

矿渣粉检验指标　　　　　表2-4

标准条款	检验项目		标准要求(S95级)	实测值	单项结论
5	密度(g/cm³)		≥2.8	2.92	合格
	比表面积(m²/kg)		≥400	430	合格
	活性指数(%)	7d	≥75	81	合格
		28d	≥95	103	合格
	流动度比(%)		≥95	108	合格
	含水率(%)		≤1.0	0.2	合格
	三氧化硫(%)		≤4.0	0.3	合格
	氯离子(%)		≤0.06	0.03	合格
	烧失量(%)		≤3.0	0.9	合格
	玻璃体含量(%)		≥85	90	合格
	放射性		合格	合格	合格
检验依据	所检项目符合《用于水泥、砂浆和混凝土中的粒化高炉矿渣粉》(GB/T 18046—2017)标准中的S95标准				

注：1. 矿渣粉在运输与储存时不得受潮和混入杂物，考虑到活性、流动性等，存放时间最好不要超过3个月。
　　2. 根据客户需要，28d活性指数在矿渣粉发出之日起32d内补报。
　　3. 初次使用该产品的用户，需要根据自己的材料进行试验，调整合适的配合比，以达到质量优良、经济效益好的效果。

4)交货与验收

(1)交货时矿渣粉的质量验收可抽取实物试样以其检验结果为依据,也可以买卖双方同批号矿渣粉的检验报告为依据。采取何种方法验收由买卖双方协商,并在合同或协议中注明。卖方有告知买方验收方法的责任。当无书面合同或协议,或未在合同、协议中注明验收方法的,卖方应在发货票上注明"以本厂同批号矿渣粉的检验报告为验收依据"字样。

(2)以抽取实物试样的检验结果为验收依据时,买卖双方应在发货前或交货地共同取样和签封。取样方法按现行《水泥取样方法》(GB/T 12573)进行,取样数量为10kg,缩分为二等份,一份由卖方保存40d,另一份由卖方按《用于水泥、砂浆和混凝土中的粒化高炉矿渣粉》(GB/T 18046—2017)规定的项目和方法进行检验。

(3)仲裁:在40d以内,买方检验认为产品质量不符合标准要求,而卖方又有异议时,则双方应将卖方保存的另一份试样送双方共同认可的具有资质的检测机构进行仲裁检验。在2个月内,买方对矿渣粉质量有疑问时,则买卖双方应将共同认可的样品送双方共同认可的具有资质的检测机构进行仲裁检验。

5)磨细矿渣的包装、标志与储运

(1)包装:矿渣粉可以袋装或散装。袋装每袋净含量50kg,且不得少于标志质量的99%,随机抽取20袋,总量不得少于1000kg(包含装袋),其他包装形式由供需双方协商确定。矿渣粉包装袋应符合现行《水泥包装袋》(GB/T 9774)的规定。

(2)标志:包装袋上应清楚标明生产厂名称、产品名称、等级、包装日期和批号。掺有石膏的还应标上"掺石膏"的字样。散装时应提交与袋装标志相同内容的卡片。

(3)储运:磨细矿渣在储存和运输过程中不得受潮和混入杂质。

3.磨细矿渣对混凝土性能的影响

在水泥水化初期,胶凝材料系统中的矿渣微粉分布并包裹在水泥颗粒的表面,能起到延缓和减少水泥初期水化产物相互搭接的隔离作用,从而改善混凝土的工作性。磨细矿渣在碱激发、硫酸盐激发或复合激发下具有反应活性,与水泥水化所产生的$Ca(OH)_2$发生二次反应,生成低钙型的水化硅酸钙凝胶,在水泥水化过程中激发、诱增水泥的水化程度,加速水泥水化的反应进程,还能改善混凝土的界面结构,从而显著地改善并提高混凝土的强度和耐久性性能。所以,一般来说磨细矿渣掺入混凝土中能够改善混凝土的综合性能。

1)磨细矿渣对胶凝材料系统需水性的影响

胶凝材料的需水性直接影响了其在混凝土中的使用。相同水胶比条件下,胶凝材料的需水性越小,其浆体的流动性也越大,对混凝土拌合物的流动性也有利。在相同用水量的条件下,单掺硅灰,胶砂流动性下降,单掺不同比表面积及不同比例的磨细矿渣,均不同程度地改善胶砂的流动性;同时掺入硅灰和磨细矿渣时,磨细矿渣可以改善因掺入硅灰流动性下降的性能。

2)磨细矿渣对胶凝材料系统水化热的影响

胶凝材料系统水化反应放热的过程与材料的水化反应性能密切相关,同时胶凝材料系统的水化热对混凝土体积稳定性有直接关系。矿渣对系统水化热的影响随比表面积的不同而有不同,而且与矿渣的掺量也有明显关系。由于磨细矿渣的加入,延缓了胶凝材料的水化速度,使混凝土的凝结时间延长了,这一性质的变化对高温季节混凝土的输送和施工有利,但在冬季施工时要注意防冻,掺加适量的早强剂、防冻剂可以得到要求的性能指标。

3)磨细矿渣对混凝土抗硫酸盐性能的影响

用磨细矿渣替代部分硅酸盐水泥,可改善混凝土的抗硫酸盐性。足够量的磨细矿渣替代硅酸盐水泥,改善混凝土的抗硫酸盐性能的原因是:

（1）随着磨细矿渣的加入，混凝土拌合物中的 C_3A 含量降低。矿渣的取代率越大，C_3A 含量降低得越多。

（2）由于形成水化硅酸钙，可溶性的氢氧化钙减少，这样减少了形成硫酸钙的条件。

（3）抗硫酸盐腐蚀在很大程度上取决于混凝土的渗透性，而且硅酸钙水化物在微孔中形成时，一般有碱及钙的氢氧化物，降低了混凝土的渗透性，从而防止了侵蚀性硫酸盐浸入而提高了混凝土的抗硫酸盐性能。

4）磨细矿渣抑制碱-集料反应

碱-集料反应是集料中活性氧化硅和混凝土中的碱发生反应生成吸水产物，体积增大，导致混凝土的膨胀和开裂，从而导致失去强度、弹性模量和耐久性。国内外实践表明，当混凝土中掺入矿渣后，矿渣对抑制混凝土中的碱-集料反应是有利的。

5）磨细矿渣对混凝土泌水的影响

磨细矿渣加入混凝土后，混凝土的凝结时间会延长。平滑、致密、吸附性较水泥粒子差的磨细矿渣可能会使混凝土的泌水增大。但泌水性还与取代水泥的磨细矿渣的细度有关，若磨细矿渣的比表面积大于水泥，则泌水就会减少。磨细矿渣的比表面积越大，减水泌水的效果越加明显。反之，则泌水率增大。

（三）硅灰认知

硅灰（Silica Fume）是在冶炼硅铁合金或工业硅时，通过烟道排出的硅蒸气氧化后，经收尘器收集得到的以无定形二氧化硅为主要成分的粉体材料。北欧各国将硅灰又称为凝聚硅灰（Condensed Silica Fume），在美国和加拿大称为硅灰（Silica Dust），也有叫微硅粉的。

1. 硅灰的物理性质和化学成分

（1）颜色：随着有、无热回收系统装置的不同，收集的硅灰的含碳量及颜色也不一样。带热回收系统回收的硅灰，由于回收系统温度高（700~800℃），能使硅灰中所含的大部分碳都燃烧掉，收集的硅灰含碳量很少（一般小于2%），产品呈白色或灰白。无热回收装置的系统，由于气体温度低（200~300℃），硅灰中含有一定的未完全燃烧的碳，产品呈暗灰色。

（2）形状：一般硅灰颗粒是以成块的形式存在的，分散的硅灰颗粒的球形形状可以通过电子显微镜观察到，如图2-5所示。

图2-5 硅灰的形貌图

2. 技术要求

硅灰的技术指标应符合表2-5的要求。

硅灰的技术要求　　　　表2-5

项　目	技术指标	项　目	技术指标
比表面积（m^2/kg）	≥15000	含水率（%）	≤3.0
28d活性指数（%）	≥85	需水量比（%）	≤125
烧失量（%）	≤6.0	氯离子含量（%）	≤0.02
二氧化硅含量（%）	≥85		

注：本表引自《矿物掺合料应用技术规范》（GB/T 51003—2014）。

3. 硅灰的检验规则

1）取样规则

（1）硅灰出厂前应按同类同等级进行编号和取样。每一编号为一取样单位。30t 为一取样单位，数量不足者也以一个取样单位计。

（2）散装取样：应从每批连续购进的 3 个罐体各取等量试样一份，每份不少于 5.0kg，混合搅拌均匀，用四分法缩取比试验需要量大一倍的试样。

（3）袋装取样：应从每批中任抽 10 袋，从每袋中各取等量试样一份，每份不少于 1.0kg。试样混合均匀后，用四分法缩减取比试验用量大一倍的试样。

2）检验规则与包装储运

（1）硅灰的出厂检验项目包括：表 2-5 中的项目。

（2）硅灰的验收检验项目有：需水量比、烧失量。

3）验收规则

（1）硅灰的验收应按批进行，符合检验项目规定技术要求的方可使用。

（2）当其中任一检验项目不符合规定要求时，应降级使用或不宜使用；也可根据工程和原材料实际情况，通过混凝土试验论证，确能保证工程质量时方可使用。

4. 硅灰的包装与储运

1）包装

硅灰可以袋装或散装，硅灰浆用密封的容器包装，应考虑环保，如图 2-6 所示。每个袋装或容器的净质量不得少于标志质量的 100%。其他包装型式由供需双方协商确定。

图 2-6 硅灰包装

2）运输和储存

硅灰是一种极细的材料，密度又很小（$180 \sim 230 kg/m^3$），不宜储存、运输，运输和工程应用中有时很难处理，所以对于改进其储存、包装和运输方式，国外进行了广泛的研究。硅灰常以料浆或高密度状态（凝聚体）供应。非凝聚硅灰是一种灰尘，移动困难，运费高，不经济；凝聚硅灰不起尘，也没有固结，容易流动，输送方便也经济。水与硅灰混合成浆状硅灰，比没有凝聚的硅灰输送价格低，而且与化学外加剂容易混合，使用方便。

硅灰储存期超过3个月时,应进行复验。

5. 硅灰对混凝土性能的影响

1)加速胶凝材料系统的水化

表2-6为用直接法测定的胶凝材料系统的水化热。从表中可以看出,用硅灰替代等量水泥后,系统3d和7d水化热大大增加。需要早期控制水化热的工程在选择时应特别注意这一点。

硅灰对胶凝材料系统水化热的影响(直接法测定)　　　表2-6

系统	组成	放热量(J/g)	
		3d	7d
E	100%水泥	273	293
K	90%水泥+10%硅灰	282	316
L	60%水泥+30%矿渣(800m²/kg+10%硅灰)	256	284

2)提高混凝土的强度

当硅灰与高效减水剂复合使用时,可使混凝土的水胶比降至0.13~0.18,水泥颗粒之间被硅粉填充密实,混凝土的抗压强度为不掺硅粉的数倍。有研究表明,硅灰掺量过高,混凝土后期强度有下降趋势。硅灰的早期强度高,常用于抢修工程和高层、大跨度、耐磨、抗腐等特殊工程上。有资料介绍,硅灰高强混凝土能提高抗冲磨强度3倍,抗空蚀强度14倍,在水下工程中使用有突出优势。

3)增加致密度

硅灰颗粒很细小,可以填塞水泥颗粒之间的空隙。颗粒密堆积,可以减少泌水,减小毛细孔的平均孔径,并减少需水量。硅灰的掺量在5%~10%时,可以获得良好的掺加效果。应采用减水剂,增加硅灰在水泥中的分散效果。

4)改善混凝土离析和泌水性

浇筑混凝土后,往往产生水从混凝土中分离出来的现象,即在表层形成水膜,也称之为浮浆,使上层混凝土分布不均匀,影响建筑质量。国外研究证明,硅灰掺入量即Si/(Si+C)越多,混凝土材料越难以离析和泌水。当取代率达15%时,混凝土坍落度即使达15~20cm,也几乎不产生离析和泌水;当取代率达20%~30%时,该混凝土直接放入自来水中也不易产生离析。由于硅灰对混凝土离析和泌水能力的改善,使掺硅灰混凝土可以用作海港、隧道等水下工程。

5)提高混凝土的抗渗性、抗化学腐蚀性

由于硅灰的掺入提高了混凝土的密实性,大大减少了水泥空隙,所以提高了硅灰混凝土的抗渗性、抗化学腐蚀性,而且对钢筋的耐腐蚀性也有改善。这是因为密实性的提高有效阻止了酸离子的侵入和腐蚀作用。

6)硅灰对混凝土抗冻性的影响

关于硅灰对混凝土抗冻性的影响,国内外的大量研究表明,在等量取代的情况下,掺量小于15%的硅灰混凝土,其抗冻性基本相同,有时还会提高(如掺量5%~10%时),但掺量超过20%会明显降低硅灰混凝土的抗冻性。在高性能混凝土中,从减少早期塑性收缩和干燥考虑,一般把硅灰掺量控制在胶凝材料总量的10%以内。

7) 硅灰与碱-集料反应

碱-集料反应是集料中的活性二氧化硅和水泥中的碱发生反应生成吸水产物,体积增大,导致混凝土的膨胀和开裂。当向混凝土中掺入硅灰后,硅灰和水泥中的碱反应,能够防止这种过度的膨胀。国内外实践表明,硅灰对抑制混凝土中的碱-集料反应是有利的。在计算混凝土的总碱含量时,硅灰带入的有效碱量按照其总碱含量的50%计算。

由于硅灰的比表面积大,掺入硅灰后,混凝土的用水量增大,需改变高效减水剂的掺量来调节混凝土的用水量。高性能混凝土中硅灰的掺量宜控制在5%~10%,这是因为硅灰会引起早期收缩过大的问题。另外,硅灰的价格较贵,考虑到混凝土的成本,一般在C70以下的混凝土中未必需要掺入硅灰。

(四) 天然沸石粉认知

天然沸石岩即沸石凝灰岩,是在长期压力、温度和水作用下,一部分已经发生沸石化的凝灰岩。沸石岩中具有火山灰活性的是其中无定形的凝灰岩,其火山灰性不仅仅是活性SiO_2和Al_2O_3,而且还有沸石特殊的结构所起的作用。

沸石是一组架状构造的含水铝硅酸盐矿物。在沸石的结晶骨架内,主要含有Na、Ca及少数的Sr、Ba、K、Mg等金属离子。其Si/Al比和阳离子都是变值。我国建筑材料中常用的沸石为丝光沸石和斜发沸石。

丝光沸石的化学组成式为$Na_8[Al_8Si_{40}O_{96}]\cdot 24H_2O$。有时含有Ca、K,其含量Na、Ca>K,Si/Al=4.17~5.0,为斜方晶系。斜发沸石的化学组成式:$Na_6[Al_6Si_{30}O_{72}]\cdot 24H_2O$。有时含K、Ca及Mg等,其含量K、Na>Ca、Mg,Si/Al=4.25~5.25,为单斜晶系。

以沸石为主要矿物的岩石称之为沸石岩(或称之为天然沸石岩)。我国天然沸石储量丰富,分布面广,利于开发利用。

磨细天然沸石粉指以天然沸石岩为原料,经破碎、磨细制成的产品。与粉煤灰、矿渣、硅灰等玻璃态的工业废渣不同,磨细天然沸石是一种含多孔结构的微晶矿物,是一种矿产资源。

现在有不少国家都注重开发天然沸石作为水泥混凝土原材料的研究。迄今为止,我国天然沸石在建筑材料中的应用有以下几个方面:作为水泥混合材,用以提高水泥产量和改善水泥的性能,特别有效地解决水泥体积安定性不良的问题;作为混凝土的矿物外加剂;用作轻集料的原料,生产优质陶粒;用作硅钙合成材料的原料,生产特种功能的硅钙制品。

1. 天然沸石粉的技术要求

天然沸石粉的技术指标应符合表2-7、表2-8要求。

普通混凝土中磨细天然沸石粉的技术要求　　表2-7

项 目	技术指标	
	I 级	II 级
28d 活性指数(%)	≥75	≥70
细度(80μm 方孔筛筛余)(%)	≤4	≤10
需水量比(%)	≤125	≤120
吸铵值(mmol/100g)	≥130	≥100

注:本表引自《矿物掺合料应用规范》(GB/T 51003—2014)。

高强高性能混凝土中磨细天然沸石粉的技术要求　　　　表 2-8

项　　目	技 术 要 求
细度(45μm 方孔筛筛余)(%)	≤5.0
28d 活性指数(%)	≥90
氯离子(质量分数)(%)	≤0.06
吸铵值(mmol/100g)	≥1000
需水量比(%)	≤115

注:本表引自《高强高性能混凝土用矿物外加剂》(GB/T 18736—2017)。

2. 磨细天然沸石粉的检验规则

1) 取样规则

磨细天然沸石粉出厂前应按同类同等级进行编号和取样。每一编号为一取样单位。120t 为一取样单位,数量不足者也以一个取样单位计。

2) 取样和留样

(1) 取样:取样应随机,要有代表性。可以连续取样,也可以在 20 个以上不同部位取等量样品。每样总质量至少 4kg。试样混合均匀后,用四分法缩减取比试验用量多 1 倍的试样。

(2) 留样:生产厂每一编号的试样应分为 2 等份,一份供产品出厂检验用,另一份密封保存 6 个月,以备复验或仲裁时用。

3) 检验

(1) 磨细天然沸石粉的出厂检验项目有:细度(45μm 方孔筛筛余)、需水量比、活性指数(28d)。

(2) 判定规则:出厂检验项目细度、需水量比、活性指数全部符合表 2-8 中的技术要求,则判定为合格品。如果有一项不符合,则判定为不合格品。

3. 磨细沸石粉的包装、标志、运输和储存

1) 包装

磨细沸石粉可以袋装和散装。袋装每袋净质量不得少于标志质量的 99%,随机抽取 20 袋,其总质量不得少于标志质量的 20 倍。包装袋应符合现行《水泥包装袋》(GB 9774) 的规定。散装由供需双方商量确定,但有关散装质量的要求应符合上述原则规定。

2) 标志

应在包装袋明显位置注明以下内容:执行的国家标准号、产品名称、等级、净质量、生产厂名。生产日期及出厂编号应在产品合格证上注明。

3) 运输与储存

运输过程中应防止淋湿及包装破损,或混入其他产品。在正常运输、储存条件下,储存期从产品生产之日起计算为 180d。过期产品,应进行复检,检验合格后才能出库使用。

4. 天然沸石粉对混凝土性能的影响

磨细天然沸石粉作为混凝土的一种矿物外加剂,在 C45 以上的混凝土中取代水泥的取代率宜在 10% 以下。它既能改善混凝土拌合物的均匀性与和易性、降低水化热,又能提高混凝土的抗渗性与耐久性,还能抑制水泥混凝土中碱-集料反应的发生。磨细天然沸石粉适宜配制泵送混凝土、大体积混凝土、抗渗防护混凝土、抗硫酸盐和抗软水腐蚀混凝土,以及高强混凝土,也适用于蒸养混凝土、轻集料混凝土。

(五)偏高岭土认知

偏高岭土(Metakaolin,简称 MK)是以高岭土($Al_2O_3 \cdot 2SiO_2 \cdot 2H_2O$,简称 AS_2H_2)为原料,在适当温度(600~900℃,当温度升至925℃以上时,开始结晶并转化为莫来石和方石英,此时就失去了水化活性)下经脱水形成的以无定型铝硅酸盐为主要成分的产品,具有很高的火山灰活性。高岭土属于层状硅酸盐结构,层与层之间由范德华键结合,OH^-离子在其中结合得较牢固。高岭土在空气中受热时,会发生几次结构变化,加热到大约600℃时,高岭土的层状结构因脱水而破坏,形成结晶度很差的过渡相——偏高岭土。由于偏高岭土的分子排列是不规则的,呈现热力学介稳状态,在适当激发下具有胶凝性。

1. 偏高岭土的物化性能和技术要求

1) 物化性能

偏高岭土是一种高活性的人工火山灰材料,可与 $Ca(OH)_2$ 和水发生火山灰反应,生成与水泥类似的水化产物。利用这一特点,在用作水泥的掺合料时,与水泥水化过程中产生的 $Ca(OH)_2$ 反应,可改善水泥的某些性能。偏高岭土用作混凝土矿物掺合料时,主要是 AS_2、$Ca(OH)_2$ 与水的反应,随 $AS_2/Ca(OH)_2$ 的比率及反应温度的不同,会生成不同的水化产物,包括托勃莫来石、水化钙铝黄长石(C_2ASH_8)、水化铝酸四钙(C_4AH_{13})和水化铝酸三钙(C_3AH_6)。

处于介稳状态的偏高岭土无定形硅铝化合物,经碱性或硫酸盐等激活剂及促硬剂的作用,硅铝化合物由解聚到再聚合后,会形成类似于地壳中一些天然矿物的铝硅酸盐网络状结构。其成型反应过程中由水作传质介质及反应媒介,最终产物不像传统的水泥那样以范德华键和氢键为主,而是以离子键和共价键为主、范德华键为辅,因而具有更优越的性能。根据这一矿物特征,将这种经激发得到的类似于水泥的产物称为麦特林水泥(Metakaolin Cement)。该水泥具有早期强度高的特点,20℃养护4h 的抗压强度达15~20MPa,而且具有较强的耐腐蚀性和良好的耐久性,在5%酸性条件下,其强度损失仅为硅酸盐水泥的1/13。

2) 技术要求

偏高岭土的技术指标符合表2-9要求。

高强高性能混凝土中偏高岭土的技术要求　　　　　　　　　　表2-9

项目		技术要求
细度(45μm 方孔筛筛余)(%)		≤5.0
活性指数(%)	3d	≥85
	7d	≥90
	28d	≥105
氧化镁(质量分数)(%)		≤4.0
含水率(质量分数)(%)		≤1.0
三氧化硫(质量分数)(%)		≤1.0
氯离子(质量分数)(%)		≤0.06
烧失量(质量分数)(%)		≤1.0
三氧化二铝(质量分数)(%)		≥35
二氧化硅(质量分数)(%)		≥50
游离氧化钙(质量分数)(%)		≤1.0
需水量比(%)		≤120

注:本表引自《高强高性能混凝土用矿物外加剂》(GB/T 18736—2017)。

2. 偏高岭土的检验规则

1）取样规则

偏高岭土出厂前应按同类同等级进行编号和取样。每一编号为一取样单位。120t 为一取样单位，数量不足者也以一个取样单位计。

（1）取样：取样应随机，要有代表性。可以连续取样，也可以在 20 个以上不同部位取等量样品。每样总质量至少 12kg。试样混合均匀后，用四分法缩减取比试验用量多 1 倍的试样。

（2）留样：生产厂每一编号的试样应分为 2 等份，一份供产品出厂检验用，另一份密封保存 6 个月，以备复验或仲裁时用。

2）检验

（1）出厂检验

偏高岭土的出厂检验项目有：二氧化硅、三氧化二铝、含水率、细度（45μm 方孔筛筛余）、需水量比、活性指数（3d、7d、28d）。

（2）判定规则

出厂检验项目二氧化硅、三氧化二铝、含水率、细度、需水量比、活性指数全部符合表 2-9 中的技术要求，则判定为合格品。如果有一项不符合，则判定为不合格品。

3. 包装、标志、运输和储存

1）包装

磨细沸石粉可以袋装或散装。袋装每袋净质量不得少于标志质量的 99%，随机抽取 20 袋，其总质量不得少于标注质量的 20 倍。包装袋应符合现行《水泥包装袋》（GB/T 9774）的规定。散装由供需双方商量确定，但有关散装质量的要求应符合上述原则规定。

2）标志

应在包装袋明显位置注明以下内容：执行的国家标准号、产品名称、等级、净质量、生产厂名。生产日期及出厂编号应在产品合格证上注明。

3）运输和储存

运输过程中应防止淋湿及包装破损，或混入其他产品。在正常运输、储存条件下，储存期从产品生产之日起计算为 180d。过期产品，应进行复检，检验合格后才能出库使用。

4. 偏高岭土对混凝土性能的影响

1）对混凝土工作性的影响

钱晓倩等的研究结果表明，偏高岭土掺量在 5% 时，混凝土的流动性影响较小，当掺量提高到 10%～15% 时，混凝土的流动性有所下降，当同时掺入适量高效减水剂时，能保持与基准混凝土相同的流动度和黏聚性。Michael A. 等用高活性偏高岭土或硅灰作混凝土掺合料做了对比试验，在相同掺量、相同坍落度的情况下，掺偏高岭土时拌合物黏稠性小，比掺硅灰时可节约高效减水剂 25%～35%，因而其表面易抹平，成本也低。Wilt. S. 等的研究结果还表明，双掺偏高岭土和粉煤灰的混凝土的流动性优于单掺偏高岭土混凝土的流动性。

2）对混凝土力学性能的影响

偏高岭土中的 SiO_2 与 Al_2O_3 可吸收水泥水化析出的氢氧化钙生成二次 C-S-H 和具有胶凝性质的 C_2ASH_8，所以，在混凝土中掺入偏高岭土，能显著提高其早期强度和长期抗压强度、抗弯强度及劈裂抗拉强度。与硅灰的对比试验还表明，加入偏高岭土后增强效果明显，后期强度不断增长，甚至赶上并超过硅灰的作用。偏高岭土还能增加钢纤维高性能混凝土的抗弯韧性。

3) 抑制碱-硅酸反应

碱-硅酸反应是碱-集料反应中的一种,即碱与集料中的活性 SiO_2 发生反应。集料中的活性 SiO_2 包括无定形、结晶度差、受应力大的 SiO_2 及玻璃体,如蛋白石、玉髓、玛瑙、磷石英、方石英、波状消光石英及火山玻璃体等。混凝土中掺入适量(取代波特兰水泥约20%)偏高岭土矿物掺合料,可以抑制这类碱-硅酸反应,其机理是由于掺入偏高岭土而形成的辅助水化产物包裹了孔溶液中的 K^+、Na^+ 离子并降低了孔溶液的 pH 值。

4) 减少水泥石的自收缩

自收缩主要发生在混凝土凝结硬化后的初期,高水灰比的普通混凝土由于毛细空隙中储存有大量水分,并且因空隙尺寸较大,自干燥引起的收缩张力小,自收缩数值小。但与低水灰比的高强混凝土不同,根据清华大学的研究结果,水灰比 0.27 的混凝土 1 周龄期自收缩 320×10^6,相当于温度变化35℃的干缩量。水灰比越低,自收缩越大。主要原因是偏高岭土加入混凝土后,增大了固相与孔中水的接触角,从而减小了孔中水的负压。

(六) 石灰石粉认知

石灰石粉是石灰石经细磨形成的粉体。石灰石主要成分为碳酸钙($CaCO_3$)。石灰石粉在国外早已被用作混凝土的掺合料,对改善混凝土的工作性,提高混凝土早期强度均有一定作用。目前国内对石灰石粉对混凝土性能的影响也做了大量的研究。将石灰石粉作为一种矿物掺合料,可以缓解粉煤灰和矿渣粉等日益紧缺的问题,对于解决混凝土工程资源分配不均、降低工程造价、减少工程的环境负荷有重大的实用价值。

1. 石灰石粉的物化性能和技术要求

1) 物化性能

石灰石是地球上常见的岩石,其主要成分是碳酸钙,动物背壳和蜗牛壳的主要成分也是碳酸钙。碳酸钙主要以方解石和文石两种矿物存在于自然界。方解石属三方晶系,六角形晶体,纯净的方解石无色透明,一般为白色,含有 56% CaO,44% CO_2,密度为 $2.715 g/cm^3$,莫氏硬度为 3,性质较脆。

石灰石最主要的化学性质就是在较高温度下分解成氧化钙和二氧化碳;石灰石与所有的强酸都发生反应,生成钙盐和放出二氧化碳,反应速度取决于石灰石所含杂质含量及它们的晶体大小。杂质含量越高、晶体越大,反应速度越慢。

研究发现,$CaCO_3$ 可加速 C_3A、C_4AF 反应,生成碳铝酸盐。同时 $CaCO_3$ 对 C_3S 水化起晶核作用,加速 C_3S 水化。

2) 技术要求

石灰石粉的技术指标应符合表 2-10 要求。

普通混凝土石灰石粉的技术要求　　　　表 2-10

项目		技术要求
细度(45μm 方孔筛筛余)(%)		≤15
活性指数(%)	7d	≥60
	28d	≥60
碳酸钙含量(%)		≥75
流动度比(%)		≥100
含水率(%)		≤1.0
亚甲蓝值(g/kg)		≤1.4

注:本表引自《矿物掺合料应用技术规范》(GB/T 51003—2014)。

2. 石灰石粉的检验规则

1) 取样规则

石灰石粉出厂前应按同类同等级进行编号和取样。每一编号为一取样单位。200t 为一取样单位,数量不足者也以一个取样单位计。

2) 验收取样

（1）散装取样:应从每批连续购进的 3 个罐体各取等量试样一份,每份不少于 5.0kg,混合搅拌均匀,用四分法缩取比试验需要量大一倍的试样。

（2）袋装取样:应从每批中任抽 10 袋,从每袋中各取等量试样一份,每份不少于 1.0kg。试样混合均匀后,用四分法缩减取比试验用量大一倍的试样。

3) 检验项目

石灰石粉的出厂检验项目包括表 2-10 中的项目。石灰石粉的验收检验项目有:细度（45μm 方孔筛筛余）、流动度比、安定性、活性指数(7d、28d)。

4) 验收规则

（1）石灰石粉的验收应按批进行,符合检验项目规定技术要求的方可使用。

（2）当其中任一检验项目不符合规定要求时,应降级使用或不宜使用;也可根据工程和原材料实际情况,通过混凝土试验论证,确能保证工程质量时方可使用。

3. 石灰石粉的包装、标志、运输和储存

1) 包装

石灰石粉可以袋装或散装,其他包装形式由供需双方协商确定。

2) 标志

石灰石粉包装袋上应清楚标明:生产厂名称、产品名称、等级、净质量、包装日期和出厂编号。散装时应提交与袋装标志相同内容的卡片。

3) 运输和储存

石灰石粉运输和存储时,应符合有关环境保护的规定,不得与其他材料混合。储存期超过 3 个月时,应复验。

4. 石灰石粉对混凝土性能的影响

1) 填充效应

石灰石粉经破碎粉磨后,比表面积在 $400 \sim 1000 m^2/kg$,且 $3\mu m$ 以下的颗粒较多,而水泥、矿渣粉、粉煤灰中 $3\mu m$ 以下的颗粒较少。因此,石灰石粉能够与水泥及其他矿物掺合料互相补充,形成良好的级配,达到提高密实度的效果。

2) 保水作用

石灰石粉颗粒表面光滑,水分在其表面附着力小,可以起到一定的物理减水作用。石灰石粉在混凝土拌合物中开始阶段吸水,等混凝土硬化后,其吸入的水分又慢慢释放出来,补偿混凝土后期水化,减小混凝土收缩。同时,石灰石粉还可以降低混凝土的黏滞性。

3) 微晶粒效应

水泥水化产生的 C-S-H 和 $Ca(OH)_2$ 可生长在石灰石 $CaCO_3$ 的表面,防止 $Ca(OH)_2$ 在水泥石和集料界面生成大晶体,增强界面黏结,同时降低了液相离子浓度,从而加速 C_3S 的水化,有利于混凝土早期强度的提高。

(七) 钢渣粉认知

钢渣粉(Steel Slag Powder)是指从炼钢炉中排出的,以硅酸盐为主要成分的熔融物,是由符合现行《用于水泥中的钢渣》(YB/T 022)标准规定的转炉或电炉钢渣(简称钢渣),经磁选除铁处理后粉磨达到一定细度的产品。

1. 钢渣粉的技术要求和检验方法

1) 技术要求

钢渣粉的技术指标符合表 2-11 要求。

钢渣粉的技术要求　　　　表 2-11

项　目		技术要求	
		一级	二级
比表面积(m²/kg)		≥350	
密度(g/cm³)		≥3.2	
含水率(质量分数)(%)		≤1.0	
游离氧化钙含量(质量分数)(%)		≤4.0	
三氧化硫含量(质量分数)(%)		≤4.0	
氯离子含量(质量分数)(%)		≤0.06	
活性指数(%)	7d	≥65	≥55
	28d	≥80	≥65
流动度比(%)		≥95	
安定性	沸煮法	合格	
	压蒸法	6h 压蒸膨胀率≤0.5%	

注:本表引自《用于水泥和混凝土中的钢渣粉》(GB/T 20491—2017)。钢渣粉中 MgO 含量不大于5%时,可不检验压蒸安定性。

2) 试验方法

(1) 比表面积:按现行《水泥比表面积测定方法　勃氏法》(GB/T 8074)进行。

(2) 密度:按现行《水泥密度测定方法》(GB/T 208)进行。

(3) 含水率:按《矿物掺合料应用技术规范》(GB/T 51003—2014)附录 C 进行。

(4) 游离氧化钙:按现行《钢渣中游离氧化钙含量测定方法》(YB/T 4328)进行。

(5) 三氧化硫:按现行《水泥化学分析方法》(GB/T 176)进行。

(6) 活性指数与流动度比:按《矿物掺合料应用技术规范》(GB/T 51003—2014)附录 B 进行。检验用水泥采用《混凝土外加剂》(GB/T 8076—2008)的混凝土外加剂性能检验用基准水泥,试验样品为钢渣粉和基准水泥按质量比3:7混合制成。

(7) 安定性测定:压蒸法检验按《水泥压蒸安定性试验方法》(GB/T 750—1992)进行,压蒸时间为 6h。沸煮法检验按《水泥标准稠度用水量、凝结时间、安定性检验方法》(GB/T 1346—2011)中试饼法的规定进行。检验用水泥采用符合《混凝土外加剂》(GB/T 8076—2008)的混凝土外加剂性能检验用基准水泥,试验样品为钢渣粉和基准水泥按质量比 3:7 混合制成。

2. 钢渣粉的检验规则

1) 取样

取样按现行《水泥取样方法》(GB/T 12573)规定进行,取样应有代表性,可连续取样,也可以在 20 个以上部位取等量样品,总量至少 20kg。试样应混合均匀,按四分法取出比试验量大一倍的试样。

2）检验

经确认钢渣粉各项技术指标及包装符合要求时即可出厂。

出厂检验项目为表 2-11 中规定的比表面积、含水率、游离氧化钙、三氧化硫、活性指数、流动度比、安定性。

3）出厂判定规则

检验结果符合表 2-11 技术要求为合格品。

检验结果不符合表 2-11 技术要求为不合格品。除安定性指标外，若其中任何一项不符合要求，应重新加倍取样，对不合格的项目进行复检，评定时以复检结果为准。活性指数复检后可降低等级使用。安定性不合格不可复检，作为不合格品。

4）检验报告

检验报告内容包括检验项目和合同约定的其他技术要求。当用户需要时，生产者应在钢渣粉发出日起 11d 内寄发除 28d 活性指数以外的各项试验结果，28d 活性指数应在钢渣粉发出之日起 32d 内补报。

5）交货与验收

（1）交货时钢渣粉的质量验收可抽取实物试样以其检验结果为依据，也可以同批号钢渣粉的检验报告为依据。采取何种方法验收由买卖双方协商，并在合同或协议中注明。卖方有告知买方验收方法的责任。当无书面合同或协议，或未在合同、协议中注明验收方法的，卖方应在发货票上注明"以本厂同批号钢渣粉的检验报告为验收依据"字样。

（2）以抽取实物试样的检验结果为验收依据时，买卖双方应在发货前或交货地共同取样和签封。取样方法按现行《水泥取样方法》（GB/T 12573）进行，取样数量为 10kg，缩分为二等份，一份由卖方保存 40d，另一份由卖方按《用于水泥和混凝土中的钢渣粉》（GB/T 20491—2017）规定的项目和方法进行检验。在 40d 以内，买方检验认为产品质量不符合标准要求，而卖方又有异议时，则双方应将卖方保存的另一份试样送双方共同认可的具有资质的检测机构进行仲裁检验。在 90d 内，买方对钢渣粉质量有疑问时，则买卖双方应将共同认可的样品送省级或省级以上国家认可的建材产品质量监督检验机构进行仲裁检验。

3. 钢渣粉的包装、标志、运输和储存

1）包装

钢渣粉可以袋装或散装。袋装每袋净含量 50kg，且不得少于标志质量的 99%，随机抽取 20 袋，总量不得少于 1000kg（包含装袋），其他包装形式由供需双方协商确定。钢渣粉包装袋应符合现行《水泥包装袋》（GB/T 9774）的规定。

2）标志

包装袋上应清楚标明：生产厂名称、产品名称、等级、净质量、包装日期和出厂编号。散装时应提交与袋装标志相同内容的卡片。

3）运输与储存

钢渣粉在运输和储存过程中不得受潮和混入杂物。

4. 钢渣粉对混凝土性能的影响

1）掺钢渣粉对混凝土工作性的影响

钢渣粉作为矿物掺合料掺入混凝土中后，经试验研究，混凝土的初凝时间和终凝时间明显

延长,而且使得化学外加剂缓凝剂、减水剂的效果更加明显,与粉煤灰对混凝土凝结时间的影响基本相同。

2) 掺钢渣粉对混凝土力学性能的影响

钢渣粉作为矿物掺合料掺入混凝土中,随着掺量的逐渐增大,混凝土的强度明显呈下降趋势。根据邹启贤等人的研究,当钢渣粉取代水泥量为10%时,混凝土强度几乎不下降,甚至90d时,强度还略高于空白混凝土;当钢渣粉取代量为20%时,混凝土的抗压强度降低幅度则很小;当钢渣粉取代量为30%时,混凝土强度降低幅度很大。相对于粉煤灰和矿渣粉,钢渣粉对混凝土的贡献相对小一些。但当钢渣粉与粉煤灰和矿渣粉复合掺加时,可以更好地发挥超叠加效应。

3) 掺钢渣粉对混凝土干燥收缩的影响

混凝土随着龄期的延长,干燥收缩逐渐增大。且28d龄期前混凝土的干缩率增长迅速,28d后增长趋于平缓。根据邹启贤等人的研究,28d前掺钢渣粉的混凝土干缩率较空白混凝土增长更快;但混凝土90d的总干缩率接近于空白混凝土。

4) 掺钢渣粉对混凝土耐久性的影响

根据邹启贤等人的试验研究,随着钢渣粉掺量的增加,混凝土抗氯离子性能提高,且钢渣粉可以比粉煤灰和矿渣粉更好地提高混凝土抗氯离子性能;钢渣粉对混凝土抗冻性的影响,和粉煤灰和矿渣粉基本相同,当掺量低于20%时,对混凝土抗冻性无不良影响。

(八) 磷渣粉认知

粒化电炉磷渣粉(Ground Granulated Electric Furnace Phosphorous Slag Power),是以粒化电炉磷渣为主,与少量石膏共同粉磨制成一定细度的粉体,简称磷渣粉。

1. 磷渣粉物化性能及技术要求

1) 磷渣粉的物化性能

电炉法制取黄磷时,每生产1t黄磷,副产磷渣8~10t。磷渣外观为黑色固体,主要成分为黄磷矿物残渣,其特性易燃、有毒。电炉磷渣是一种水淬渣,其化学成分为:CaO 47%~52%、SiO_2 40%~43%、P_2O_5 0.8%~2.5%、Al_2O_3 2%~5%、Fe_2O_3 0.8%~3.0%、F 2.5%~3%,潜在矿物相为假硅灰石、枪晶石及少量的磷灰石。其结构90%左右为玻璃体。磷渣粉作为混凝土(特别是水工混凝土)掺合料使用。

2) 技术要求

磷渣粉的技术指标符合表2-12要求。

普通混凝土中磷渣粉的技术要求　　　　表2-12

项目		技术指标		
		级别		
		L95	L85	L70
比表面积(m^2/kg)		≥350		
活性指数(%)	7d	≥70	≥60	≥50
	28d	≥95	≥85	≥70
密度(g/cm^3)		≥2.8		
流动度比(%)		≥95		

续上表

项 目	技术指标		
	级别		
	L95	L85	L70
五氧化二磷含量(%)	≤3.5		
碱含量($Na_2O + 0.658K_2O$)(%)	≤1.0		
三氧化硫含量(%)	≤4.0		
氯离子含量(%)	≤0.06		
烧失量(%)	≤3.0		
含水率(%)	≤1.0		
玻璃体含量(%)	≥80		

注：本表引自《矿物掺合料应用技术规范》(GB/T 51003—2014)。

3) 试验方法

(1) 比表面积：按现行《水泥比表面积测定方法 勃氏法》(GB/T 8074)的要求进行。

(2) 活性指数及流动度比：按《用于水泥和混凝土中的粒化电炉磷渣粉》(GB/T 26751—2011)附录A的方法进行。

(3) 密度：按现行《水泥密度测定方法》(GB/T 208)的要求进行。

(4) 五氧化二磷、碱含量、三氧化硫、氯离子、烧失量：按现行《粒化电炉磷渣化学分析方法》(JT/C 1088)的要求进行。

(5) 含水率：按《用于水泥、砂浆和混凝土中的粒化高炉矿渣粉》(GB/T 18046—2017)附录B的方法进行。

(6) 玻璃体含量：按GB/T 18046—2017附录C的方法进行。

2. 磷渣粉的检验规则

1) 取样

取样按现行《水泥取样方法》(GB/T 12573)规定进行，取样应有代表性，可连续取样，也可以在20个以上部位取等量样品，总量至少20kg。试样应混合均匀，按四分法缩取5kg磷渣粉。

2) 出厂检验与判定规则

经确认磷渣粉各项技术指标及包装符合要求时即可出厂。出厂检验项目为表2-12中规定的密度、比表面积、活性指数(7d、28d)、流动度比、含水率、三氧化硫、五氧化二磷、碱含量(如掺有石膏，出厂检验项目还应增加烧失量)。

检验结果符合表2-12技术要求为合格品。检验结果不符合表2-12技术要求为不合格品。若其中任何一项不符合要求，应重新取样进行复检，评定时以复检结果为最终检验结果。

3) 检验报告

检验报告内容包括出厂检验项目、石膏和助磨剂的品种和掺量以及合同约定的其他技术要求。当用户需要时，生产者应在磷渣粉发出日起11d内寄发除28d活性指数以外的各项试验结果，28d活性指数应在磷渣粉发出之日起32d内补报。

4) 交货与验收

(1) 交货时磷渣粉的质量验收可抽取实物试样以其检验结果为依据，也可以同批号磷渣粉的检验报告为依据。采取何种方法验收由买卖双方协商，并在合同或协议中注明。

(2) 以抽取实物试样的检验结果为验收依据时，买卖双方应在发货前或交货地共同取样和签封。取样方法按现行《水泥取样方法》(GB/T 12573)进行,取样数量为10kg,缩分为二等份,一份由卖方保存40d,另一份由卖方按《用于水泥和混凝土中的粒化电炉磷渣粉》(GB/T 26751—211)规定的项目和方法进行检验。在40d以内,买方检验认为产品质量不符合标准要求,而卖方又有异议时,则双方应将卖方保存的另一份试样送双方共同认可的具有资质的检测机构进行仲裁检验。在90d内,买方对钢渣粉质量有疑问时,则买卖双方应将共同认可的样品送省级或省级以上国家认可的建材产品质量监督检验机构进行仲裁检验。

3. 磷渣粉的包装、标志、运输和储存

1)包装

磷渣粉可以袋装或散装。袋装每袋净含量50kg,且不得少于标志质量的99%,随机抽取20袋,总量不得少于1000kg(包含装袋),其他包装形式由供需双方协商确定。矿渣粉包装袋应符合现行《水泥包装袋》(GB/T 9774)的规定。

2)标志

包装袋上应清楚标明:生产厂名称、产品名称、等级、净质量、包装日期和出厂编号。掺石膏的磷渣粉,还应注明"掺石膏"字样。散装时应提交与袋装标志相同内容的卡片。

3)运输与储存

磷渣粉在运输和储存过程中不得受潮和混入杂物。

4. 磷渣粉对混凝土性能的影响

根据清华大学冷发光等人的研究,磷渣粉掺入混凝土中,有以下几个方面的影响:

(1)延长混凝土拌合物的凝结时间、降低水化热。

磷渣粉对混凝土的缓凝机理,主要有两方面的原因,一是 P_2O_5 与石膏共存时,它们的复合作用,延缓了 C_3A 的整个水化过程,即停留在生成"六方水化物"层阶段,既没有 AFt 生成,也没有 C_3AH_6 生成;二是 P_2O_5 和 F 与水泥水化生成的 $Ca(OH)_2$,生成难溶的氟羟磷灰石和磷酸钙,沉淀于水泥熟料颗粒表面生成保护性薄膜,阻止水化而延长凝结时间。

磷渣粉作为矿物外加剂,代替部分水泥掺入混凝土中,一方面减少了水泥的用量,降低了混凝土水化热;另一方面,磷渣粉延缓了混凝土的凝结时间,即延缓了水泥的水化过程,降低了水化速率,从而降低了水化热。

(2)提高混凝土强度和耐久性。

混凝土中掺入磷渣粉后,由于磷渣有较高的活性,其火山灰反应比较完全,能够增加混凝土中的有效胶结产物的数量,并改善孔结构,细化孔径,降低孔隙率,从而提高混凝土的强度和抗渗性。同时,掺入磷渣后,对混凝土的碱度影响不大,因而其抗碳化能力和抗冻性有所提高。

四 矿物外加剂试验与检测

(一)矿物外加剂含水率的测定方法

1. 试验适用范围

本试验适用于磨细矿渣、粉煤灰、硅灰、磨细天然沸石、偏高岭土及其复合的矿物外加剂胶砂含水率的测试方法。

2. 原理

将矿物外加剂放入规定温度的烘干箱内烘至恒重,以烘干前和烘干后的质量之差与烘干前的质量之比确定矿物外加剂的含水率。

3. 仪器

(1) 烘干箱:温度范围 0~200℃。

(2) 天平:最小分度值 0.01g。

4. 试验步骤

(1) 称取矿物外加剂试样约 50g,准确至 0.01g,倒入蒸发皿中。

(2) 将烘干箱温度调整并控制在 105~110℃。

(3) 将矿物外加剂试样放入烘干箱内烘干至恒重,取出后放在干燥器中冷却至室温后称量,准确至 0.01g。

5. 计算

(1) 矿物外加剂含水率按式(2-1)计算,计算结果精确至 0.1%:

$$w = \frac{m_1 - m_0}{m_0} \times 100 \tag{2-1}$$

式中:w——矿物外加剂含水率,%;

m_1——烘干前试样质量,g;

m_0——烘干后试样质量,g。

(2) 含水率取两次试验结果的平均值,精确至 0.1%。

(二) 矿物外加剂需水量与活性指数试验

1. 试验适用范围

本试验适用于磨细矿渣、粉煤灰、硅灰、磨细天然沸石、偏高岭土及其复合的矿物外加剂胶砂需水量比及活性指数的测试方法。

2. 原理

(1) 测试受检胶砂和基准胶砂相同流动度时的用水量,以两者用水量之比评价矿物外加剂的需水量之比。

(2) 测试受检胶砂和基准胶砂的抗压强度,采用两种胶砂同龄期的抗压强度之比评价矿物外加剂的活性指数。

3. 试验仪器

(1) 采用现行《水泥胶砂强度检验方法(ISO 法)》(GB/T 17671)中规定的试验用仪器。

(2) 采用现行《水泥胶砂流动度测定方法》(GB/T 2419)中规定的试验用仪器。

(3) 天平:分度值 0.01g。

4. 试验材料

1) 水泥

采用现行《混凝土外加剂》(GB/T 8076)中规定的基准水泥。在因故得不到基准水泥时,允许采用 C_3A 含量 6%~8%,总碱量(Na_2O% + 0.658K_2O%)不大于 1% 的熟料和二水石膏、矿渣共同磨制的强度等级不大于(含)42.5 级的普通硅酸盐水泥,但仲裁仍需用基准水泥。

2) 砂

符合现行《水泥胶砂强度检验方法(ISO 法)》(GB/T 17671)规定的 ISO 标准砂。

3）水

采用自来水或蒸馏水。

4）矿物外加剂

受检的矿物外加剂。

5）化学外加剂

化学外加剂符合现行《混凝土外加剂》(GB/T 8076)要求的粉体萘系标准型高效减水剂。技术要求如表2-13所示。

粉体萘系标准型高效减水剂技术要求 表2-13

项目	减水率(%)	泌水率比(%)	含气量(%)	凝结时间差(min)		抗压强度比(%)≥				硫酸钠含量(%)
				初凝	终凝	1d	3d	7d	28d	
性能指标	≥14	≤90	≤3.0	-90~+120		140	130	125	120	≤5.0

5. 试验条件

试验室应符合现行《水泥胶砂强度检验方法(ISO法)》(GB/T 17671)中的规定。试验所用材料和用具应预先放在试验室内,使其达到与试验室相同的温度。试体成型时,试验室的温度应保持在20℃±2℃,相对湿度应不低于50%。试体带模养护的养护箱或雾室温度保持在20℃±1℃,相对湿度不低于90%。试体养护池水温度应在20℃±1℃范围内。试验用各种材料和用具应预先放在试验室内,使其达到试验室相同的温度。

6. 试验步骤

(1) 胶砂配比如表2-14、表2-15所示。

需水量比胶砂配比(单位:g) 表2-14

材料	基准胶砂	受检胶砂				
		磨细矿渣	粉煤灰	磨细天然沸石	硅灰	偏高岭土
基准水泥	450±2	225±1	315±1	405±1	405±1	382±1
矿物外加剂	—	225±1	135±1	45±1	45±1	68±1
ISO砂	1350±5	1350±5	1350±5	1350±5	1350±5	1350±5
水	225±1	使受检胶砂流动度达基准胶砂流动度值±5mm范围内				

注:表中所示为一次搅拌量。

活性指数胶砂配比(单位:g) 表2-15

材料	基准胶砂	受检胶砂				
		磨细矿渣	粉煤灰	磨细天然沸石	硅灰	偏高岭土
基准水泥	450±2	225±1	315±1	405±1	405±1	382±1
矿物外加剂	—	225±1	135±1	45±1	45±1	68±1
ISO砂	1350±5	1350±5	1350±5	1350±5	1350±5	1350±5
水	225±1	225±1	225±1	225±1	225±1	225±1

注:1. 检测时,受检胶砂流动度小于基准胶砂流动度的,使用表2-13要求的粉体萘系标准型高效减水剂。调整受检胶砂,使受检胶砂流动度达基准胶砂流动度值±5mm范围内。

2. 当受检胶砂流动度大于基准胶砂流动度时,不做调整,直接成型。

3. 表中所示为一次搅拌量。

（2）把水加入搅拌锅内，再加入预先混匀的水泥和矿物外加剂、化学外加剂，把锅放置在固定架上，上升至固定位置。然后按《水泥胶砂强度检验方法（ISO 法）》（GB/T 17671—2021）中的搅拌方法进行搅拌，开动机器后，低速搅拌30s 后，在第二个30s 开始同时均匀地将砂加入。当各级砂是分装时，从最粗粒级开始，依次将所需的每级砂量加完。把机器转至高速再拌30s。停拌90s，在第一个15s 内用一胶皮刮具将叶片和锅壁上的胶砂，刮入锅内。在高速下继续搅拌60s。各个搅拌阶段，时间误差应在±1s 以内。

（3）需水量比测试。

胶砂流动度按现行《水泥胶砂流动度测定方法》（GB/T 2419）进行，调整胶砂用水量使受检胶砂流动度达基准胶砂流动度值±5mm 之内。

（4）试件的制备养护。

试件的制备与养护参照现行《水泥胶砂强度检验方法（ISO 法）》（GB/T 17671）的规定进行。

（5）强度试验试体的龄期。

试件龄期是从水泥和水搅拌开始试验时算起，不同龄期强度试验在下列时间里进行：72h±45min；7d±2h；28d±8h。

7. 结果处理

（1）需水量比计算

根据表2-14 的配比，测得受检胶砂的需水量，按式（2-2）计算相应矿物外加剂的需水量之比：

$$R_w = \frac{W_t}{225} \times 100 \tag{2-2}$$

式中：R_w——受检胶砂的需水量比，%；

W_t——受检胶砂的用水量，g；

225——基准胶砂的用水量，g。

（2）矿物外加剂活性指数计算

在测得相应龄期基准胶砂和试验胶砂的抗压强度后，矿物外加剂的活性指数按式（2-3）计算：

$$A = \frac{R_t}{R_0} \times 100 \tag{2-3}$$

式中：A——矿物外加剂的活性指数，%；

R_t——受检胶砂相应龄期的抗压强度，MPa；

R_0——基准胶砂相应龄期的抗压强度，MPa。

任务二　化学外加剂试验检测

一　化学外加剂定义与分类

1. 定义

混凝土化学外加剂是这样一类物质：它在混凝土拌和过程中以很少的掺量加入混凝土中，能有效改善混凝土的物理力学性能，提高混凝土的强度、耐久性，减少水泥用量，缩小构筑物尺寸,从而达到节约能耗、改善环境的功效。混凝土外加剂在混凝土中所占比例很少,多属于有机物质,它的掺入可改变混凝土的物化性能,同时提高混凝土的施工性能、力学性能和耐久性能,实现混凝土的高流态、高强度、自密实、免收缩、水中不分散等特性,大大拓展了混凝土的应用范围,使混凝土在工程建设中成为最重要的一种工程材料。在混凝土中普遍使用外加剂已经成为提高混凝土强度、改善混凝土综合性能、降低生产能耗、实现保护环境等方面的最有效措施。

根据《混凝土外加剂术语》(GB/T 8075—2017)的定义:混凝土外加剂是混凝土中除胶凝材料、集料、水和纤维组分以外,在混凝土拌制之前或拌制过程中加入的,用以改善新拌混凝土和(或)硬化混凝土性能,对人、生物及环境安全无有害影响的材料。

2. 分类

混凝土外加剂按其主要使用功能分为:
(1) 改善混凝土拌合物流变性能的外加剂,如各种减水剂和泵送剂等。
(2) 调节混凝土凝结时间、硬化过程的外加剂,如缓凝剂、早强剂、促凝剂和速凝剂等。
(3) 改善混凝土耐久性的外加剂,如引气剂、防水剂和阻锈剂等。
(4) 改善混凝土其他性能的外加剂,如膨胀剂、防冻剂和着色剂等。

按其化学成分可分为:
(1) 有机类。这类物质种类很多,其中大部分属于表面活性剂的范畴,有阴离子、阳离子、非离子型以及高分子型表面活性剂,这类物质大多用作减水剂、高效减水剂、引气剂等。
(2) 无机类。包括各种无机盐类、一些金属单质和少量氢氧化物等。这类物质大多用作早强剂、膨胀剂、速凝剂、着色剂及加气剂等。
(3) 有机无机复合类。这类物质主要用作早强减水剂、防冻剂、灌浆剂等。

减水剂认知

1. 减水剂定义与分类

混凝土减水剂是在保持新拌混凝土和易性相同的情况下,能显著降低用水量的外加剂,又称为分散剂或塑化剂,它是最常用的一种混凝土外加剂。减水剂用在混凝土拌合物中,可以起到三种不同的作用:在不改变混凝土组分,特别是不减少单位用水量的条件下,改善混凝土施工工作性,提高流动性;在给定工作性条件下减少拌和用水量和降低水灰比,提高混凝土强度,改善耐久性;在给定工作性和强度的条件下,减少水和水泥用量,从而节约水泥,减少干缩、徐变和水泥水化引起的热应力。

按照《混凝土外加剂术语》(GB/T 8075—2017)规定,将减水率大于等于8%的减水剂称为普通减水剂或塑化剂;减水率大于等于14%的减水剂则称为高效减水剂或超塑化剂。主要成分:普通减水剂(以木质素磺酸盐类为代表)、高效减水剂(包括萘系、密胺系、氨基磺酸盐系、脂肪族系等)和高性能减水剂(以聚羧酸系高性能减水剂为代表)。普通减水剂(Water Reducing Admixture)是指在混凝土坍落度基本相同的条件下,能减少拌和用水量的外加剂;高效减水剂(Superplasticizer)是指在混凝土坍落度基本相同的条件下,能大幅度减少拌和用水量的外加剂;高性能减水剂(High Performance Water Reducer)是比高效减水剂具有更高减水率、更好坍落度保持性能、较小干燥收缩,且具有一定引气性能的减水剂。按照《混凝土外加剂》（GB 8076—2008）中的标准，高性能减水剂、高效减水剂和普通减水剂的性能要求见表2-16。

减水剂性能要求   表2-16

性　能		高性能减水剂			高效减水剂		普通减水剂		
		早强型	标准型	缓凝型	标准型	缓凝型	早强型	标准型	缓凝型
减水率(%) ≥		25	25	25	14	14	8	8	8
泌水率(%) ≤		50	60	70	90	100	95	100	100
含气量(%) ≤		6.0	6.0	6.0	3.0	4.5	4.0	4.0	4.5
凝结时间之差(min)	初凝	−90～+90	−90～+120	+90	−90～+90	+90	−90～+90	−90～+120	+90
	终凝			—		—			—
1h经时变化量	坍落度(mm)	—	≤80	≤60	—	—	—	—	—
	含气量(%)	—	—	—	—	—	—	—	—
抗压强度比 ≥	1d	180	170	—	140	—	135	—	—
	3d	170	160	—	130	—	130	115	—
	7d	145	150	140	125	25	110	115	110
	28d	130	140	30	120	20	100	110	10
收缩率比(%) ≤	28d	110	110	10	135	135	135	135	35
相对耐久性(200次)(%) ≥		—	—	—	—	—	—	—	—

注：1. 表中抗压强度比、收缩率比为强制性指标，其余为推荐性指标。
2. 除含气量，表中所列数据为掺外加剂混凝土与基准混凝土的差值或比值。
3. 凝结时间之差性能指标中的"−"号表示提前，"+"号表示延缓。
4. 1h含气量经时变化量指标中的"−"号表示含气量增加，"+"号表示含气量减少。
5. 其他品种的外加剂是否需测定相对耐久性指标，由供需双方协商确定。

2. 普通减水剂

普通减水剂是较早开发和使用的减水剂，属于阴离子性高分子表面活性剂，主要成分为木质素磺酸盐，以木钙、木钠为代表，通常由亚硫酸盐法生产纸浆的废液，经生物发酵提取酒精后的残渣，再用石灰乳(碱性物质)中和、过滤、喷雾干燥而制得的棕黄色粉末，减水率一般在10%左右。常用普通减水剂有木钙、木钠和木镁。其具有一定的缓凝、减水和引气作用。以其为原料，加入不同类型的调凝剂，可制得不同类型的减水剂，如早强型、标准型和缓凝型的减水剂。木质素磺酸盐系减水剂的主要化学结构如图2-7所示。

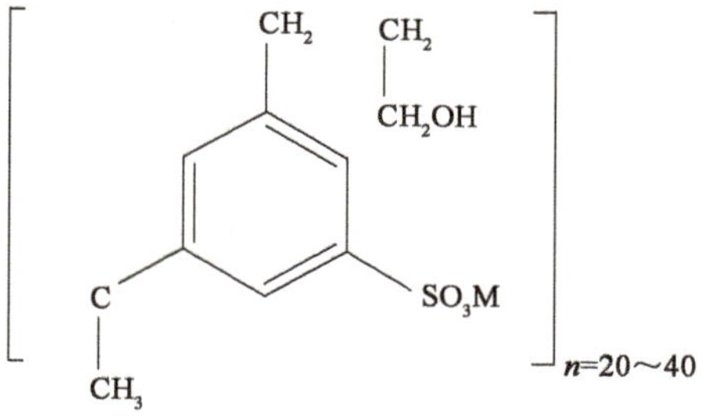

图2-7 木质素磺酸盐系减水剂的主要化学结构式

木质素磺酸钙的主要性能特点如下：

（1）改善混凝土性能。当水泥用量相同时，坍落度与空白混凝土相近，可减少用水量10%左右，28d强度可提高10%～20%，一年强度提高10%左右，同时抗渗性、抗冻性、耐久性等也能明显提高。

(2) 节约水泥。当混凝土坍落度与强度相近时,可节约 5%~10%。

(3) 改善混凝土和易性。当混凝土的水泥用量和用水量不变时,低塑性混凝土的坍落度可增加 2 倍左右,早期强度比未掺者低,其他各龄期的抗压强度与未掺者接近。

(4) 有缓凝作用。掺入 0.25% 的木钙减水剂后,在保持混凝土坍落度基本一致时,初凝时间可延缓 1~2h(普通水泥)及 2~3h(矿渣水泥);终凝时间延缓 2h(普通水泥)及 2~3h(矿渣水泥)。若不减小用水量而增大坍落度时,或保持相同的坍落度而用以节省水泥用量时,则凝结时间延缓程度比减水更大。

(5) 能降低水泥早期水化热。放热峰出现时间比未掺者有所推迟,普通水泥 3h,矿渣水泥约 8h,大坝水泥在 11h 以上。放热峰最高温度与未掺者比较,普通水泥略低,比矿渣水泥及大坝水泥均低 3℃ 以上。

(6) 混凝土含气量有所增加。空白混凝土的含气量为 2%~2.5%,掺 0.25% 木钙后的混凝土含气量为 4%。

(7) 泌水率减小。在混凝土的坍落度基本一致的情况下,掺木钙的泌水率比不掺者可降低 30% 以上。在保持水灰比不变、增大坍落度的情况下,也因木钙亲水性及引入适量的空气等原因,使泌水率下降。

(8) 干缩性能,初期(1~7d)与未掺减水剂者相比,基本接近或略有减小;28d 及后期强度(节约水泥者除外),略有增加,但增加均未超过 0.01%。

(9) 对钢筋无锈蚀危害。木质素减水剂的特点是掺加量低,综合性能好;木质素高效化是其主要发展方向。

3. 高效减水剂

高效减水剂不同于普通减水剂,具有较高的减水率,较低引气量,是我国使用量大、面广的外加剂品种。目前,我国使用的高效减水剂品种较多,主要有萘系高效减水剂、三聚氰胺磺酸盐系高效减水剂、氨基磺酸盐系高效减水剂、脂肪族高效减水剂等。

1) 萘系高效减水剂

萘系高效减水剂主要成分是 β-萘磺酸甲醛缩合物,属于阴离子型表面活性剂。它的结构特点是憎水性的主链为亚甲基连接的双环或多环芳香烃,亲水性的官能团为连接在芳烃上的—SO_3H 等,其结构式如图 2-8 所示。

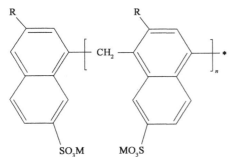

图 2-8 萘系高效减水剂结构式

萘系高效减水剂具有较强的固-液界面活性作用,吸附在水泥颗粒表面后,能使水泥颗粒的 ζ 负电位大幅度降低(绝对值增大),因此萘系高效减水剂分散减水作用机理是以静电斥力作用为主,兼有其他作用力;萘系减水剂的气-液界面活性小,几乎不降低水的表面张力,因而起泡作用小,对混凝土几乎无引气作用;不含羟基(—OH)、醚基(—O—)等亲水性强的极性基团,对水泥无缓凝作用。

萘系高效减水剂掺量为水泥质量的 0.3%~0.8%,最佳掺量为 0.5%~0.8%,减水率为 15%~25%。在混凝土中掺入萘系高效减水剂,在水泥用水量及水灰比相同的情况下,混凝土坍落度值随其掺量的增加而明显增大,但混凝土的抗压强度并不降低。在保持水泥用量及坍落度值相同的条件下,减水率及混凝土抗压强度将随减水剂掺量的增大而增大,开始时增大速度较快,但当掺量达到一定值以后,增大速度则迅速降低。

萘系减水剂对不同品种水泥的适应性强,可配制早强、高强和蒸养混凝土,也可配制免振捣自密实混凝土。萘系高效减水剂用于减少混凝土用水量而提高强度或节约水泥时,混凝土收缩值小于不掺的空白混凝土。同时,萘系高效减水剂对混凝土徐变的影响与对收缩影响的规律相同,只是当掺高效减水剂而不节约水泥时,抗压强度明显提高,而徐变明显减小。另外,萘系高效减水剂还能显著提高混凝土的抗渗性能、抗冻性能。在混凝土中掺入萘系高效减水剂,在水泥用水量及水灰比相同的情况下,混凝土坍落度值随其掺量的增加而明显增大,但混凝土的抗压强度并不降低。在保持水泥用量及坍落度值相同的条件下,减水率及混凝土抗压强度将随减水剂掺量的增大而增大,开始时增大速度较快,但当掺量达到一定值以后,增大速度则迅速降低。

2)三聚氰胺磺酸盐系高效减水剂

三聚氰胺磺酸盐系高效减水剂是以三聚氰胺、甲醛、亚硫酸氢钠为主要原料,在一定条件下经羟甲基化、磺化、缩聚而成的一种外加剂。三聚氰胺磺酸盐系减水剂为三聚氰胺磺酸盐甲醛缩合物。主链中三聚氰胺由亚甲基交替连接而成,合成过程中需严格控制各反应阶段体系的温度和酸碱度,防止胶凝化和副反应的发生。其结构特点是憎水性的主链为亚甲基 N 或含 O 的六元或五元杂环,亲水性的官能团是连接在杂环上的带—SO_3H 等官能团的取代支链,其结构式如图 2-9 所示。

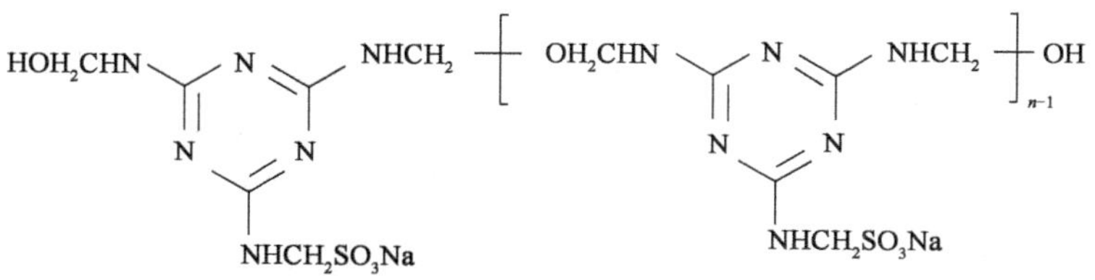

图 2-9 三聚氰胺磺酸盐系高效减水剂结构式

三聚氰胺磺酸盐系减水剂也是一种阴离子表面活性剂,此类减水剂与萘系减水剂同样拥有以下基本特征:对水泥有强的分散作用,能提高新拌混凝土的流动性,或大幅度减少用水量(减水率可达 18%~25%);具有无缓凝作用,早强效果好,引气作用小等优点;不含氯离子,对钢筋无腐蚀;同时对蒸养混凝土制品的适应性好;由于该类减水剂颜色呈浅色(无色或白色),常被用于装饰混凝土等领域。

3)氨基磺酸盐系高效减水剂

氨基磺酸盐系高效减水剂为氨基苯磺酸-苯酚-甲醛的缩合物。主链中苯酚和对氨基苯磺酸钠由亚甲基交替连接而成,在主链单环上接有—SO_3H、—OH、—NH 和—COOH 的亲水性官能团、烷基、烷氧基等取代基,其结构式如图 2-10 所示。

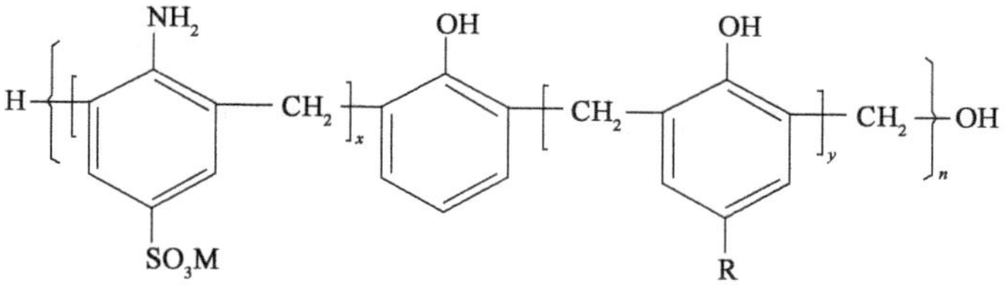

图 2-10 氨基磺酸盐系高效减水剂结构式

氨基磺酸盐系减水剂的分子结构中含有多种极性基团,分子极性较强。一般为浓度为

25%~55%的棕红色液体产品以及浅黄褐色粉末状的粉剂产品。该类减水剂的主要特点之一是 Cl^- 含量低(0.01%~0.1%)和 Na_2SO_4 含量低(0~4.2%)。

氨基磺酸盐系高效减水剂的掺量低于萘系高效减水剂。按有效成分计算,氨基磺酸盐系减水剂掺量一般为0.5%~1.0%(占胶凝材料的质量),最佳掺量为0.5%~0.75%,在此掺量下,对流动性混凝土的减水率为20%~30%。

该类减水剂在水泥颗粒表面呈环状、引线状和齿轮状吸附,能显著降低水泥颗粒表面的ζ电位,因此其分散减水作用机理仍以静电斥力为主。同时,减水剂具有强亲水性羟基(—OH),能使水泥颗粒表面形成较厚的水化膜,故具有水化膜润滑作用以及缓凝作用。氨基磺酸盐系减水剂无引气作用,具有显著的早强和增强作用,掺该类减水剂的混凝土,其早期强度比掺萘系的混凝土早期强度增长更快。

4)脂肪族高效减水剂

脂肪族高效减水剂的结构特点是憎水基主链为脂肪族的烃类,而亲水基主要为—SO_3H、—COOH、—OH等,其结构式如图2-11所示。

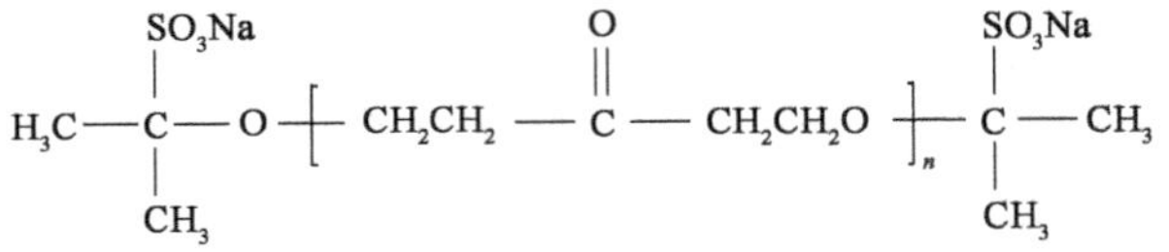

图2-11 脂肪族高效减水剂的结构式

脂肪族高效减水剂的成品一般为红棕色液体,有一定黏性,固含量为35%~40%;本品与萘系高效减水剂、缓凝组分复配使用具有良好的控制混凝土坍落度损失的效果,推荐掺量为1.5%。

在配制高强流态混凝土时,掺脂肪族高效减水剂对早期强度的增长非常有利。一般3d强度可达到28d强度的70%~80%,7d强度可达28d强度的80%~90%。所存在的主要问题仍然是在配制大流动性混凝土时坍落度的损失较大。通过化学合成样品中加入其他有效成分可达到在掺量为0.75%的条件下使坍落度在120min内损失小于10%。作为配制高强高流态混凝土的高效减水剂有很好的应用前景。但是,掺脂肪族高效减水剂会使混凝土表面颜色变深,因此影响了其广泛应用。目前主要用于地下混凝土工程和高强混凝土桩。

4. 高性能减水剂

高性能减水剂主要以聚羧酸系高性能减水剂为代表,在《聚羧酸系高性能减水剂》(JG/T 223—2010)中,明确了聚羧酸系高性能减水剂的概念:聚羧酸系高性能减水剂(Polycarboxylates High Performance Water-reducing Admixture)是以羧基不饱和单体和其他单体合成的聚合物为母体的减水剂。实际的聚羧酸系减水剂可由二元、三元、四元等单体共聚而成。所选单体不同,则分子组成不同。无论组成如何,聚羧酸系减水剂分子大多呈梳形结构。其特点是:主链上带有多个活性基团,并且极性较强;侧链上带有亲水性活性基团,并且数量多;疏水基的分子链较短、数量少,不同品种的聚羧酸系减水剂其化学结构式有所不同。通用的化学结构如图2-12所示。

聚羧酸系减水剂呈梳状吸附在水泥颗粒表面,侧链伸入液相,从而使水泥颗粒之间具有显著的空间位阻斥力作用;同时,侧链上带有许多亲水性活性基团(如—OH、—O—、—COO^- 等),它们使水泥颗粒与水的亲和力增大,水泥颗粒表面溶剂化作用增强,水化膜增厚。因此,该类减水剂具有较强的水化膜润滑减水作用。聚羧酸系减水剂分子中含有大量羟基

（—OH）、醚基（—O—）及羧基（—COO⁻），这些极性基具有较强的液-气界面活性，因而该类减水剂还具有一定的引气隔离"滚珠"减水效应。综上所述，聚羧酸系高效减水剂的分散减水作用机理以空间位阻斥力作用为主，其次是水化膜润滑作用和静电斥力作用，同时还具有一定的引气隔离"滚珠"效应和降低固-液界面能效应。

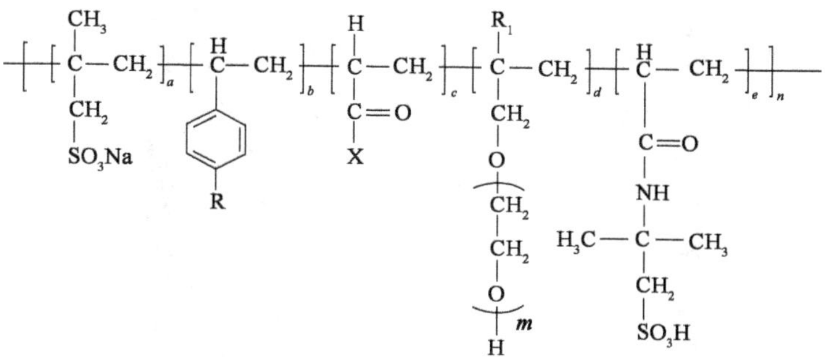

$X=OH, NH_2, OCH_2CH_2OH$
$m=26,53,94$
$R=H, SO_3Na$
$R_1=H, CH_3$

图 2-12 聚羧酸系减水剂的结构通式

因此，聚羧酸系减水剂具有一定的引气性和轻微的缓凝性。除了掺量小、对水泥颗粒的分散作用强、减水率高等优点外，保塑性强是聚羧酸系高效减水剂最大的优点，在对混凝土硬化时间影响不大的前提下，能有效地控制混凝土拌合物的坍落度经时损失。聚羧酸系减水剂对混凝土不但具有良好的增强作用，而且具有抗缩性，能更有效地提高混凝土的抗渗性、抗冻性。

5. 减水剂的作用机理

将减水剂加入水泥中，能显著地改善拌合物的工作性，对其准确的作用机理，主要包括以下几个方面。

1）吸附分散作用

水泥在加水搅拌和凝结硬化过程中，会产生一些絮凝状结构，这些絮凝状结构中包裹了很多的水，因而降低了新拌混凝土的工作性。产生絮凝状结构物的原因是多方面的，主要是由于水泥矿物（C_3A、C_4AF、C_3S、C_2S）所带的电荷不同，C_3A、C_4AF 带正电，而 C_3S、C_2S 带负电，异性电荷相互吸引而产生絮凝；另外，由于水泥颗粒在溶液中的热运动，颗粒棱角相互碰撞，增大了这些部位的表面能而相互吸引；还有诸如粒子间的范德华力作用等也会引起絮凝。

加入减水剂以后，减水剂的疏水基团定向吸附于水泥质点表面，亲水基团则指向水溶液，形成了单分子层或多分子层吸附膜。由于减水剂分子的定向吸附，使水泥质点表面上带有同性电荷，彼此间产生斥力，在这种电性斥力的作用下，使水泥在加水初期所形成的絮凝状结构分散解体，释放出其中的水，使浆体的流动性增加，见图 2-13。这样，在流动性一定的条件下，可使总的拌和水量减少，从而达到减水目的。

通过紫外光谱分析，可测得减水剂在水泥颗粒上的吸附情况，发现在水泥与减水剂溶液拌和后 5 min 内，已有约 80% 的减水剂被水泥颗粒吸附。因此可以说由于减水剂分子在水泥颗粒上的吸附而引起的分散作用是减水剂能起减水作用的主要原因。

2) 络合作用

许多化学外加剂,例如,蔗糖类和羟基羧酸,可以通过联合或络合使离子团溶液化,如图 2-14 所示。一方面,络合反应能使溶解过程和初始反应速率加快(如蔗糖吸附于 C_3A);另一方面,络合反应允许液相中离子基团的浓度较高,从而延迟了不溶水化物的沉淀。

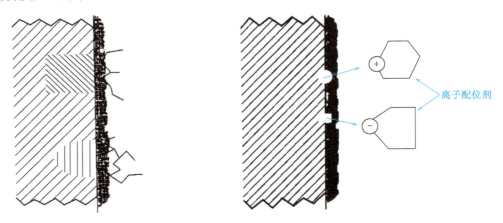

图 2-13 活性表面区域的选择性吸附　　　　图 2-14 化学外加剂的络合作用

Ca^{2+} 能与聚羧酸减水剂中的羧基形成络合物,以钙配位化合物形式存在。Ca^{2+} 还能以磺酸钙形式与外加剂结合,所以聚羧酸减水剂以 Ca^{2+} 为媒介吸附在水泥颗粒上。溶解到搅拌水中的 Ca^{2+} 被捕捉后,由于 Ca^{2+} 浓度降低,从而抑制了水泥的水化。

3) 静电斥力与空间位阻

除了水泥相和化学外加剂之间的化学反应,吸附的化合物将改变水泥颗粒的表面特性,从而影响其与液相以及其他水泥颗粒之间的相互作用。吸附的阴离子表面活性剂和聚合物会向颗粒表面传递带负电的静电荷,即负电位,这会引起相邻水泥粒子间的排斥并且有助于提高分散效果,见图 2-15。

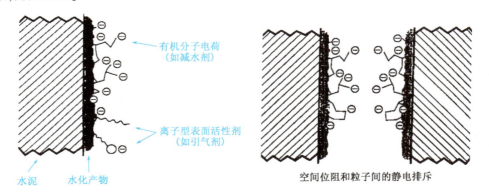

图 2-15 空间位阻与粒子间的静电斥力

减水剂吸附在水泥颗粒表面,形成一层有一定厚度的聚合物分子吸附层。当水泥颗粒相互靠近时,吸附层相互重叠,在水泥颗粒间会产生斥力作用,重叠越多,斥力越大,称之为空间位阻斥力。

一般认为所有离子型聚合物都会引起静电斥力和空间位阻两种作用,都有助于提高水泥浆的流动性能,大小取决于所用溶液中离子的浓度、聚合物的分子结构和摩尔质量。如:聚羧酸高效减水剂由于其侧链较长,吸附层相互重叠,导致水泥粒子之间相互排斥而分散,从而具有较大的空间位阻斥力作用,所以,在掺量较小的情况下便对水泥颗粒具有显著的分散作用。

4) 水化膜润滑及润湿作用

减水剂离解后的极性亲水基团定向吸附于水泥颗粒表面,很容易和水分子以氢键形式缔合。这种氢键缔合作用的作用力远大于该分子与水泥颗粒间的分子引力。当水泥颗粒吸附足够的减水剂后,借助于极性亲水基团与水分子中氢键的缔合作用,再加上水分子间的氢键缔合,使水泥颗粒间形成一层稳定的溶剂化水膜,阻止了水泥颗粒间的直接接触,并在颗粒间起润滑作用。另外,掺入减水剂后,将引入一定量的微细气泡,它们被减水剂定向吸附的分子膜包围,并与水泥质点吸附膜带有相同符号的电荷,气泡与水泥颗粒间的电性斥力使得水泥颗粒分散从而增加了水泥颗粒间的滑动能力,如同滚珠轴承一样。

聚羧酸盐系高效减水剂分子主链上较强的水化基团很容易与极性水分子以氢键的形式缔合,在水泥颗粒表面形成一层稳定的具有一定机械强度的水化膜,水化膜的形成使水泥颗粒湿润,并易于滑动,阻止了水泥颗粒的相互聚结,保持水泥浆较好的流动性。减水剂被吸附于水泥颗粒和水之间的界面上,从而使界面张力降低,在与外界成分封闭的系统情况下,可使润湿面积增大。由于润湿作用会增大水泥颗粒的水化面积,从而影响水泥的水化速度。

三 引气剂认知

引气剂是一种低表面张力的表面活性剂,在混凝土搅拌过程中,掺入微量该外加剂,即能在新拌和硬化混凝土中引入适量微小的独立分布气泡。这些气泡的特点是:微细、封闭、互不连通。混凝土中引入这些气泡后,毛细管变得细小、曲折、分散,渗透通道减少,在混凝土中掺用优质引气剂已成为提高混凝土耐久性的重要措施。引气剂引入的微细气泡在新拌混凝土中类似滚珠轴承,帮助填充集料与胶凝材料之间空隙,可以提高新拌混凝土的流动性和施工性。由于气泡包裹于胶凝材料浆体中,相当于增加新拌混凝土胶凝材料浆体的体积量,可以提高混凝土的和易性,减少新拌混凝土的泌水和离析。

1. 引气剂的种类

从表面活性剂理论来分类,可以分为阴离子、阳离子、非离子与两性离子等类型,但使用较多的是阴离子表面活性剂。以下是几种使用比较广泛的引气剂。

(1) 松香类引气剂。该类引气剂是目前国内外最常使用的引气剂。松香的改性方法很多,不同的改性方法制得的松香衍生物的性能也各不相同。松香类引气剂又分为松香皂类与松香热聚物类两种引气剂。松香皂是最早生产及用于砂浆和混凝土中的引气剂,该类引气剂松香是由松树采集的松树脂制得。松香酸遇碱后产生皂化反应生成松香酸酯,又称松香皂。松香热聚物类引气剂的改性是通过对松香分子中的羧基改性,其中改性剂为苯酚,改性反应为松香分子的羧基与苯酚分子的羟基之间的酯化反应。松香热聚物性能与松香皂化物相似,但成本略高,且反应中引入了更多疏水基团,水溶性更差,加之在生产过程中要使用对环境有污染的苯酚,该产品用量越来越少。

(2) 烷基苯磺酸盐类引气剂。其最具代表性的产品为十二烷基苯磺酸盐,属于阴离子表面活性剂,易溶于水而产生气泡。另外,此类产品还包括烷基苯酚聚氧乙烯醚(OP)、烷基磺酸盐等。

(3) 皂角苷类引气剂。多年生乔木皂角树果实皂角中含有一种味辛辣刺鼻的物质,其主要成分为三萜皂苷,具有很好的引气性能。三萜皂苷属非离子型表面活性剂。当三萜皂苷溶于水后,大分子被吸附在气-液界面上,形成两条基团的定向排列,从而降低了气-液界面的张力,使新界面的产生变得容易。若用机械方法搅拌溶液,就会产生气泡,且由于三萜皂苷分子结构较大,形成的分子膜较厚,气泡壁的弹性和强度较高,气泡能保持相对的稳定。

2. 引气剂对混凝土性能的影响

1) 对混凝土含气量的影响

对于混凝土拌合物,均存在为防止冻害所必需的最小气泡体积。掺入少量引气剂可使含气量提高约 4%,在绝大多数自然环境中均可获得良好的抗冻性能。有研究发现,采用皂角苷与十二烷基二甲基胺氧化物稳定剂复合得到的新型引气剂,当复合引气剂掺量为 0.14%(质量分数)时,混凝土含气量达 5.3%。原因主要是该新型引气剂含有憎水基和亲水基。当分子溶于水后,分子就定向排列在气-液界面上,形成单分子吸附膜层,显著降低溶液表面张力和表面能,产生大量微小气泡。并且随着掺量的增加,这种作用就会越明显,从而使含气量增加。

2) 对混凝土泌水率的影响

混凝土的离析和泌水会对混凝土质量、特别是表层的质量产生非常不利的影响,不仅降低混凝土的均匀性(大体积混凝土中尤其严重),而且将在表面形成一层水灰比大、多孔、薄弱和耐久性差的硬化层,同时产生大量自底部向顶层发展的毛细管通道网。这些通道网增加了混凝土的渗透性,使得盐溶液和水分,以及其他有害的化学物质容易进入混凝土中,使混凝土表面易于破坏,特别当除冰盐存在时更是如此。但是通过引气可以明显降低因离析和泌水带来的这些不利影响,显著地改善混凝土的质量。有研究发现,当复合型引气剂掺量 0.12% 时,混凝土拌合物泌水率为 7.21%;掺量增加到 0.14% 时,泌水率降低到 7.05%。因为复合型引气剂引入大量细小、均匀而稳定的气泡,切断了泌水通道。

3) 对混凝土凝结时间的影响

混凝土拌合物的凝结时间是采用贯入阻力法进行测定的。混凝土拌合物的初凝和终凝时间是从实用角度人为确定的,用初凝时间表示施工时间的极限,终凝时间表示混凝土力学强度的开始发展。掺加引气剂会延缓混凝土的凝结时间,能够保证混凝土较长时间处于可塑性状态,满足远距离运输和泵送要求。按 Khalil S. M. 等的试验,水泥开始水化时,由于引气剂兼有的减水作用,阻碍了水泥与水的反应,使水化放热量降低,混凝土的水化速率减慢,因此推迟了新晶体的生成,延缓了混凝土的凝结时间。

复合引气剂能明显延缓混凝土拌合物的凝结时间。有研究表明,复合引气剂掺量 0.14% 时,缓凝时间为 $80 \sim 120$ min,原因主要是复合引气剂的某些有效组分,在不同程度上降低了水泥的水化速度,并限制了混凝土的水化速度和温升。即水化速率延缓,放热峰降低,混凝土的凝结时间延长。

4) 对混凝土强度的影响

掺入引气剂的混凝土,抗压强度会随着引气剂掺量的增加而降低。大量试验研究结果表明混凝土中引入大量微小气泡会引起混凝土抗压强度的降低,特别当气泡结构较差,存在较多的聚合气泡和异型气泡时,其强度损失更大。根据《混凝土外加剂应用技术规范》(GB 50119—2013)规定,一般情况下,混凝土含气量每增加 1%,混凝土抗压强度约降低 4% ~ 6%,抗折强度降低 2% ~ 3%。同时,因为引气剂都有减水作用,它能明显地改变和易性,因此,在相同和易性下掺引气剂可以减少用水量,能够或多或少地减少一些引气剂带来的强度损失。研究表明,引气引起的混凝土劈裂抗拉强度降低率远小于抗压强度的降低率,即引气可以提高混凝土的抗压比或者说韧性。

对掺不同量的复合型引气剂混凝土 3d、7d、28d、60d 的抗压强度和劈裂抗拉强度进行测试,随着复合型引气剂掺量的增加,混凝土的抗压强度、劈裂抗拉强度均有所降低,但劈裂抗拉强度损失率远小于抗压强度损失率,且混凝土劈裂抗拉强度损失率与抗压强度的损失率之比小于1,说明混凝土的韧性较好。原因主要是复合型引气剂的掺入使混凝土内部引入大量均匀、稳定、封闭而细小的气泡。

5)对混凝土抗冻性的影响

米伦兹(Mielenz)和鲍威尔斯(Powers)等认为,要使混凝土的抗冻融性能良好,气泡间隔系数 L 值最好控制在 $100 \sim 200 \mu m$。试验表明,混凝土含气量大小与抗冻融性能密切相关。含气量与耐久性指数 DF 的关系式如下:

$$DF(\%) = (P \times N \div 300) \times 100\% \tag{2-4}$$

式中:P——相对动弹性模量,通常以60%为准;若降不到60%,则冻融循环次数持续到300次,以实测的相对动弹性模量计算;

　N——相对动弹性模量达60%时的循环次数;若降不到60%,则以实际循环300次计算。

一般认为耐久性指数小于40%的混凝土抗冻融性能不良;介于40%~60%之间的混凝土抗冻融性能看法有异议;达60%以上的混凝土抗冻性效果较满意。

在实际应用中,引气的混凝土除考虑耐久性之外,还应综合兼顾和易性和强度两个方面。试验结果表明,抗压强度和单位用水量是随着含气量的增加而降低,耐久性随着含气量的加大而剧增,但含气量若超过6%时,抗冻融耐久性不再提高,反而有下降趋势。砂浆的最佳含气量为9%,相当于混凝土中的含气量为3%~6%。混凝土含气量除受外加剂影响外,还随着水泥品种、粗集料的最大粒径、集料级配及混凝土的温度等因素而变化。因此,混凝土适宜含气量的选择应结合现场具体条件而定。

6)对混凝土抗渗性的影响

混凝土拌合物由于施工工艺的要求,在搅拌时,一般总是掺入大于水泥水化所需要的拌和用水。这些过量的水在凝结、硬化过程中将产生泌水、沉降,形成通道,在硬化后期,过剩水被蒸发造成孔隙。其次,水泥水化产物绝对体积的变小,即自缩,也会造成孔隙或缝道。上述通道和孔隙,使混凝土具有一定的渗透性。提高混凝土抗渗性的措施有降低泌水性、减少游离水(降低水灰比)和提高混凝土本身的密实度(堵塞通道和孔隙)。

由于掺用引气剂或引气减水剂后,混凝土用水量减少,同时,泌水、沉降率降低,使混凝土内部大的毛细孔(在水泥石与集料交界面上产生,比水泥石中的毛细孔至少大数十倍)减少。同时,大量微小的气泡占据着混凝土的自由空间,切断了毛细管的通道,使混凝土的抗渗性得到改善。尤其是掺用引气减水剂还能使水泥颗粒有效地分散,水泥浆体内部结构得到改善,抗渗性能显著提高。

四 发泡剂认知

1.发泡剂的概念

发泡剂是能使其水溶液在机械作用力引入空气的情况下,产生大量泡沫的一类物质,这类物质就是表面活性剂或表面活性物质。前者如阴离子表面活性剂、阳离子表面活性剂、非离子表面活性剂等;后者如动物蛋白、植物蛋白、纸浆废液等。发泡剂均具有较高的表面活性,能有效降低液体的表面张力,并在液膜表面双电子层排列而包围空气,形成气泡,再由单个气泡组成泡沫。

混凝土发泡剂是针对制备泡沫混凝土所需的特种发泡剂所提出的新概念,它属于表面活性剂或者表面活性物质中的一种。

混凝土发泡剂通过机械设备充分发泡,制备出的所需泡沫应该具备以下三个特征:必须与水泥等胶凝材料相适应,即所谓的不消泡;必须高稳定,能承载一定的重力和压力,即所谓的不塌模;必须细腻,泡径一般控制在0.1mm以下。

2. 混凝土发泡剂的发泡机理

混凝土发泡剂的发泡机理主要是表面活性剂或表面活性物在溶剂水中形成一种双电子层的结构,包裹住空气形成气泡。表面活性剂和表面活性物的分子微观结构由性质截然不同的两个部分组成,一部分是与油有亲和性的亲油基;另一部分是与水有亲和性的亲水基,溶解于水中后,亲水基受到水分子的吸引,而亲油基则受到水分子的排斥。为了克服这样的不稳定状态,表面活性剂或表面活性物只有占据溶液的表面,亲油基伸向气相中,亲水基伸入水中。混凝土发泡剂溶于水后,经机械搅拌引入空气形成气泡,再由单个的气泡组成泡沫。

混凝土发泡剂浓度过高或过低均影响泡沫的稳定性。表面活性剂和表面活性物质经过机械方式引入气体形成气泡,气泡的泡壁是个双电子层。双电子层是否稳定直接关系到气泡的稳定性。如果混凝土发泡剂浓度很大,活性物质会在泡壁中形成胶束,增大泡壁的重量和厚度,严重影响泡壁的稳定,会出现泌水和气泡串通现象,直接影响泡沫的稳定性,无形中提高了泡沫混凝土的成本。如果混凝土泡沫剂使用浓度很小,气泡会出现发泡率低和形成的泡沫量减少、泡壁的双电子层活性物质不足、单位体积内活性物质不足等问题,使用这样的泡沫剂会影响泡沫混凝土的各种性能。

五 缓凝剂认知

1. 定义

缓凝剂是一种能延迟水泥水化反应,延长混凝土或砂浆的初、终凝时间,使新拌混凝土或砂浆能较长时间保持塑性,方便浇筑,提高施工效率,同时对混凝土后期各项性能不会造成不良影响的外加剂。缓凝剂按性能可分为仅起延缓凝结时间作用的缓凝剂和兼具缓凝与减水作用的缓凝减水剂两种。

缓凝剂和缓凝减水剂正随着复杂条件下的混凝土施工技术的发展而不断拓展其应用领域。在夏季高温环境下浇筑或运输预拌混凝土时,采取缓凝剂与高效减水剂复合使用的方法可以延缓混凝土的凝结时间,减少坍落度损失,避免混凝土泵送困难,提高工效,同时延长混凝土保持塑性的时间,有利于混凝土振捣密实,避免蜂窝、麻面等质量缺陷。在大体积混凝土施工,尤其是重力坝、拱坝等重要水工结构施工中掺用缓凝剂可延缓水泥水化放热,降低混凝土绝对温升,并延迟温峰出现,避免因水化放热产生温度应力而使混凝土产生裂缝,危及结构安全。缓凝剂和缓凝减水剂除了在大跨度、超高层结构等预应力混凝土构件中使用之外,还在填石灌浆施工或管道施工的水下混凝土、滑模施工的混凝土以及离心工艺生产混凝土排污管等混凝土制品中得到广泛的应用。

2. 缓凝剂的分类

缓凝剂主要功能在于延缓水泥凝结硬化速度,使混凝土拌合物在较长时间内保持塑性。缓凝剂种类较多,按其化学成分可分为无机缓凝剂和有机缓凝剂;按其缓凝时间可分为普通缓凝和超缓凝剂。无机缓凝剂包括磷酸盐、锌盐、硫酸铁、硫酸铜、硼酸盐、氟硅酸盐等。有机缓凝剂包括羟基羧酸及其盐、多元醇及其衍生物、糖类及碳水化合物等。缓凝减水剂是兼具缓凝和减水功能的外加剂，其主要品种有木质素磺酸盐类、糖蜜类及各种复合型缓凝减水剂等。

3. 缓凝剂作用机理

一般来讲，多数有机缓凝剂有表面活性，它们在固—液界面上产生吸附，改变固体粒子表面性质，或是通过其分子中亲水基团吸附大量水分子形成较厚的水膜层，使晶体间的相互接触受到屏蔽，改变了结构形成过程；或是通过其分子中的某些官能团与游离的 Ca^{2+} 生成难溶性的钙盐吸附于矿物颗粒表面，从而抑制水泥的水化进程，起到缓凝效果。大多数无机缓凝剂能与水泥水化产物生成复盐（如钙矾石），沉淀于水泥矿物颗粒表面，抑制水泥水化。

4. 缓凝剂对混凝土性能的影响

1）对混凝土和易性的影响

木钙、糖钙等缓凝剂掺入混凝土中，在适量掺量范围内，混凝土拌合物的和易性均可获得一定的改善，其流动性能随缓凝剂的掺量增加而增大，从而提高了拌合物的稳定性和均匀性，对防止混凝土早期收缩和龟裂较为有利。但当掺量达到某一值以后，随着掺量的增加，和易性无明显改善或有降低。在混凝土和易性得到改善的同时，由于水泥水化速度的降低，混凝土可以保持较长时间的塑性，对提高混凝土施工质量，减少混凝土早期收缩裂缝以及保证泵送施工都是有利的。由于部分缓凝剂具有一定的减水效果，在保持混凝土坍落度不变和适宜的掺量情况下，掺量越大，混凝土拌和用水量越少，水灰比越小，有助于混凝土提高强度。但是，如果缓凝剂的掺量过大，会使缓凝时间过长，引气量过大，从而导致混凝土早期强度偏低，甚至会出现混凝土长时间不凝固、验收强度达不到设计要求等工程事故，应引起注意。

2）对混凝土强度的影响

缓凝剂对混凝土的作用主要是物理作用，即它们不参与水泥的水化反应，也不产生新的水化产物，只是在不同程度上减缓（甚至停止）反应的进程，类似于惰性催化剂的作用。因此它们对混凝土强度的影响主要来自对硬化后结构的改变。从强度的发展来看，适量掺加缓凝剂后的混凝土早期强度（7d 左右）比未掺的要低，但一般 7d 以后就可以赶上或超过未掺者，28d 强度比未掺者有较明显的提高。有研究资料表明，90d 强度仍然可以保持高于后者的趋势。对混凝土抗弯强度的影响规律类似于抗压强度，但没有抗压强度明显。其原因在于，掺入一定量的缓凝剂后，减缓了水泥的水化速度（对硅酸盐水泥和普通硅酸盐水泥的影响尤为显著），使得水泥颗粒周围溶液中的水化硅酸钙等水化产物的分布更加均匀，有利于水泥颗粒充分水化，提高混凝土的中后期强度。

随着缓凝剂掺量的加大，混凝土早期强度降低，强度增长速度变慢，达到设计强度的时间更长。如果缓凝剂品种选择不当或超掺量使用，不但会严重降低混凝土早期强度，而且会降低中后期强度。主要原因是过度缓凝，混凝土长时间不凝结硬化，会造成混凝土内部水分过量的蒸发和散失，使水泥水化反应过缓甚至停止，水化程度低，水化产物过少，对混凝土强度造成不可恢复的损失。因此，在选择缓凝剂的种类时应充分考虑混凝土原材料之间的匹配适应状况、施工季节、施工工艺、成本等因素，确定所需缓凝剂种类以及所需缓凝时间，使用时应严格控制缓凝剂的掺量。

3）对混凝土耐久性的影响

混凝土中掺入适量缓凝剂会对耐久性有不同程度的改善。这主要是因为缓凝剂减慢了混凝土早期强度的增长，从而使水泥水化更充分，水化产物分布更趋均匀，凝胶体网架结构更致密,结构缺陷数量下降,因而提高了混凝土的抗渗性能和抗冻性,耐久性随之得到改善。另外,部分缓凝剂因兼具减水功能,可以明显降低混凝土单位用水量,减小水灰比,使混凝土内部结构更加密实,强度进一步提高,这对提高混凝土的耐久性也十分有利。除此以外,如果将木钙或糖蜜类缓凝剂与引气剂复合使用,通过向混凝土中引入适量微小气泡,还可以阻塞连通毛细管的孔道,明显减少混凝土内部开口孔隙数量,从更大程度上提高混凝土的抗渗透性,进而提高混凝土抵抗环境中有害介质侵蚀的能力以及延缓混凝土的碳化进程。

六 早强剂认知

能加速混凝土早期强度发展且对后期强度发展无显著影响的外加剂叫作早强剂。早强剂的主要用途有两种:加速水泥水化速度,提高混凝土早期强度,提前拆除模板,增加混凝土构件产量或加快混凝土工程进度;用于冷天混凝土施工,提高低温下混凝土的早期强度,避免混凝土遭受冻害,减少防护费用,保证施工正常进行。

1. 早强剂的种类

早强剂可分成无机盐类、有机物类、复合型早强剂三大类。无机盐类早强剂主要有氯化物、硫酸盐、硝酸盐及亚硝酸盐、碳酸盐等。有机物类早强剂主要是指三乙醇胺、三异丙醇胺、甲酸、乙二醇等。复合型早强剂是指有机与无机盐复合型早强剂。

1)无机盐类早强剂

无机盐类早强剂主要有氯化钙、氯化钠、氯化铁、硫酸钠、硫酸钙、硝酸盐类早强剂和碳酸盐类早强剂等,各有其特点,如氯化钙具有明显的早强作用,特别是低温早强和降低冰点作用。在混凝土中掺氯化钙后能加快水泥的早期水化,提高早期强度。当掺1%以下时对水泥的凝结时间无明显影响,掺2%时凝结时间提前0.67~2h,掺4%以上就会使水泥速凝。而硫酸钠很容易溶解于水,在水泥硬化时,与水泥水化时产生的$Ca(OH)_2$发生下列反应:

$$Na_2SO_4 + Ca(OH)_2 + 2H_2O \rightarrow CaSO_4 \cdot 2H_2O + 2NaOH$$

所生成的二水石膏颗粒细小,它比水泥熟料中原有的二水石膏能更快地参加水化反应:

$$CaSO_4 \cdot 2H_2O + 3CaO \cdot Al_2O_3 + 12H_2O \rightarrow 3CaO \cdot Al_2O_3 \cdot CaSO_4 \cdot 14H_2O$$

更快地生成水化产物硫铝酸钙,加快水泥的水化硬化速度。早期水化物结构形成得较快,结构致密程度较差一些,后期28d强度会略有降低,早期强度越是增加得快,后期强度就越容易受影响,因而硫酸钠掺量应有一个最佳控制量,一般为1%~3%,掺量低于1%早强作用不明显,掺量太大后期强度损失也大,一般在1.5%左右为宜。

2)有机物类早强剂

有机醇类、胺类以及一些有机酸均可作为混凝土早强剂,如甲醇、乙醇、乙二醇、三乙醇胺、三异丙醇胺、二乙醇胺、尿素等,常用的是三乙醇胺。

三乙醇胺早强剂因掺量小,低温早强作用明显,而且有一定的后期增强作用,因此在与无机早强剂复合作用时效果更好。

三乙醇胺的早强作用是能促进C_3A的水化。在C_3A—$CaSO_4$—H_2O体系中,它能加快钙矾石的生成,有利于混凝土早期强度的发展。三乙醇胺分子中因有N原子,它有一对未共用电子,很容易与金属离子形成共价键,发生络合,形成较为稳定的络合物。这些络合物在溶液中形成了许多的可溶区,从而提高了水化产物的扩散速率,缩短水泥水化过程中的潜伏期,提高早期强度。

当三乙醇胺掺量过大时,水泥矿物中 C_3A 与石膏在它的催化下迅速生成钙矾石而缩短了凝结时间。三乙醇胺对 C_3S、C_2S 水化过程则有一定的抑制作用,这又使得后期的水化产物得以充分地生长、致密,保证了混凝土后期强度的提高。

三乙醇胺作为早强剂时,掺量为 0.02%~0.05%,当掺量大于 0.1% 时则有促凝作用。

3) 复合型早强剂

复合型早强剂各种外加剂都有其优点和局限性。例如,氯化物有腐蚀钢筋的缺点,但其早强效果好、能显著降低冰点,如果与阻锈剂复合使用则能发挥其优点,克服其缺点;有些无机化合物有使混凝土后期强度降低的缺点,而一些有机外加剂,虽能提高后期强度但单掺早强作用不大,如果将两者合理组合,则不但能显著提高早期强度,而且后期强度也得到提高,并且能大大减少无机化合物的掺入量,这有利于减少无机化合物对水泥石的不良影响。因此使用复合早强剂不但可显著提高混凝土早强效果,而且可大大拓展早强剂的应用范围。

复合早强剂可以是无机材料与无机材料的复合,也可以是有机材料与无机材料的复合或有机材料与有机材料的复合。复合早强剂往往比单组分早强剂具有更优良的早强效果,掺量也可以比单组分早强剂有所降低。众多复合型早强剂中以三乙醇胺与无机盐型复合早强剂效果较好,应用最广。

2. 早强剂对混凝土性能的影响

1) 对混凝土含气量的影响

早强剂本身无引气性,但早强减水剂所复合的减水剂影响早强减水剂的引气性能。使用较为普遍的木钙与早强剂复合的减水剂可使混凝土的含气量提高到 3%~4%。而早强剂如与高效减水剂复合一般不会增加混凝土含气量。

2) 对混凝土含碱量的影响

只有无机盐类含 K^+、Na^+ 的早强剂会增加混凝土的含碱量。如 Na_2SO_4、K_2SO_4、$NaCl$、$NaNO_2$、$NaNO_3$、Na_2CO_3、K_2CO_3 等,它们均有较好的早强性能。在工程应用中应注意,在遇到活性集料时要慎用。

3) 对混凝土强度的影响

早强剂对混凝土的早期强度有十分明显的影响,1d、3d、7d 强度都能大幅度提高。以较具代表性的木钙、硫酸钠复合早强剂为例,在相同掺量下,加入单组分早强剂的混凝土强度比加入复合早强剂的混凝土强度低一些,尤其是 28d 强度。早强减水剂由于加入了减水剂,可以通过降低水灰比来进一步提高早期强度,同时也可以弥补早强剂后期强度的不足,使 28d 强度也有所提高。

4) 对混凝土收缩性能的影响

掺无机盐类早强剂,由于促进了早期的水化,混凝土的体积要比不加的略有增大,而后期的收缩与徐变也会有所增加。这主要是因为早强剂对早期水化的促进作用,使水泥浆体在初期有较大的水化物表面积,产生一定的膨胀作用,使整个混凝土体积略有增加。

掺早强剂混凝土较不掺者早期收缩值较小,这是由于早期水化生成的较多的水化硅酸钙凝胶和较多的钙矾石晶体,具有补偿收缩能力所致。随着水化消耗水和干燥失水,毛细孔的负压逐渐增大,所生成的产物不足以抵消颗粒紧缩所造成的收缩,致使 7d 后混凝土的收缩又比基准混凝土大。当早强剂的掺量达到 5% 时,生成了更多的水化产物,补偿收缩作用更加明显,收缩值降低。可见掺入的早强剂在混凝土中可以起到补偿收缩的作用,这对于预防混凝土的早期失水、干缩开裂是非常重要的。但早期的不够致密的水化物结构将影响混凝土内部的孔隙率、结构密度等。这样在后期就会造成一定的干缩,特别是氯化钙早强剂。而硫酸钠早强剂若掺量太高(超过>2%)还会产生有害的硫铝酸盐反应,应当控制其掺量。

5) 对混凝土耐久性的影响

近年来提高混凝土的耐久性和延长混凝土的使用寿命是高性能混凝土与绿色混凝土追求的主要目标。

在无机盐类早强剂中氯化物与硫酸盐是常用的早强剂。氯化物中含有一定量的氯离子,会加速混凝土中钢筋锈蚀作用从而影响混凝土的耐久性。硫酸盐早强剂因含有钠盐应注意它可能会与带有活性二氧化硅的集料产生碱-集料反应而导致耐久性降低。对于氯化物能促进钢筋的锈蚀这一点是十分明确的。不掺外加剂时,由于在水泥水化的碱性环境中(pH>12),钢筋被包裹在混凝土中是不容易锈蚀的,只有当周围环境处于低碱或中性时,在周围有氧气和水分时,会破坏钢筋的钝化膜而产生锈蚀。氯离子的存在同样会破坏钝化膜和促进钢筋锈蚀。

七 其他外加剂认知

1. 膨胀剂

混凝土裂缝长期以来困扰着工程技术人员,混凝土裂缝的防治便成为工程界长期致力研究的问题。实际上,结构的裂缝是不可避免的,在保证结构安全和耐久性的前提下,裂缝是人们可以接受的材料特征。自从1964年美国学者Klein利用硫铝酸钙的膨胀性获得了制造膨胀水泥的专利权后,日本首先开始将膨胀剂作为单独成分从膨胀水泥中分出来,随后世界各国都开始了对膨胀剂的研究和应用。

膨胀剂是指与水泥、水拌和后经水化反应生成钙矾石,或钙矾石和氢氧化钙,或氢氧化钙产物,从而使混凝土产生膨胀的物质。根据混凝土膨胀率的大小,可配制补偿收缩混凝土或自应力混凝土,用来抵消混凝土的全部或大部分收缩,从而避免或大大减轻混凝土的开裂,提高混凝土的耐久性。目前常用的混凝土膨胀剂有硫铝酸钙类膨胀剂、石灰类膨胀剂、氧化镁类膨胀剂、氧化铁类膨胀剂、复合膨胀剂。

2. 养护剂

养护剂又称保水剂,是一种喷涂在新浇混凝土或砂浆表面能有效阻止内部水分蒸发的混凝土外加剂。新浇筑的混凝土必须保持表面湿润才能保证水泥颗粒的充分水化,从而满足强度、耐久性等技术指标。

混凝土拌合物用水量要大于水泥水化的需水量,当混凝土初凝之后,由于蒸发或其他原因造成的水分损失会影响水泥的充分水化,尤其是在混凝土的表面层,当混凝土干燥到相对湿度为80%以下时,水泥水化就趋于停止,使混凝土各项性能受到损害。表层混凝土对混凝土结构的耐久性、耐磨性和外观相当重要,因此表面混凝土的养护十分重要。为此,人们使用养护剂进行养护,在被养护的混凝土表面喷洒或涂刷一层成膜物质,使混凝土表面与空气隔绝,以防止混凝土内部水分蒸发,保持混凝土内部湿度,达到长期养护的效果。

混凝土养护剂大致可以分为树脂型、乳胶型、乳液型和硅酸盐型四种。国外常用树脂型和乳胶型,而国内采用的养护剂常为乳液型和硅酸盐型。硅酸盐型是以水玻璃为主要成分的养护剂。

3. 脱模剂

随着混凝土新技术、新工艺的不断发展,不仅对混凝土工作性、耐久性等性能的要求越来越高,而且对混凝土外观质量的要求也越来越高。从混凝土的成型工艺来看,不管是预制构件,还是现浇混凝土,为了保证硬化后混凝土表面的光滑平整,不出现蜂窝麻面,除了要求混凝土具有良好的和易性、保水性和高密实性以外,还要求混凝土模板内表面光滑,与混凝土黏结性弱,模板吸水率低。因此,工程中往往采用一种能涂抹在模板上,减少混凝土与模板的黏着力,使模板易于脱离,从而保证混凝土表面光洁的外加剂,称之为脱模剂。脱模剂主要用于混凝土大模板施工、滑模施工和预制构件生产。

脱模剂机理是克服模板和混凝土之间的黏结力或表层混凝土自身内聚力,使之脱离模板。脱模剂的种类较多,常可分为纯油类脱模剂、乳化油类脱模剂、皂化油类脱模剂、石蜡类脱模剂、化学活性剂类脱模剂、油漆类脱模剂、合成树脂类脱模剂和其他用纸浆废液、海藻酸钠等配制而成的脱膜剂等。

4. 阻锈剂

混凝土的碱度降低和混凝土中电解质(尤其是 Cl^-)的影响是引起混凝土中钢筋或预埋铁件发生锈蚀的主要原因。阻锈剂是为了防止或减免混凝土中钢筋锈蚀的问题而诞生的。能阻止或减小混凝土中钢筋或金属预埋铁件发生锈蚀作用的外加剂叫阻锈剂。

常用的阻锈剂按所用物质分为有机与无机两大类,根据阻锈机理的不同,可将阻锈剂分为阳极型、阴极型和复合型三种。

5. 保水剂和增稠剂

应用于干粉砂浆及混凝土的保水剂和增稠剂为纤维素醚和淀粉醚。

1) 纤维素醚

纤维素醚是由纤维素制成的具有醚结构的高分子化合物。在干粉砂浆中,纤维素醚的添加量很低,但能显著改善砂浆的性能,是影响砂浆施工性能的一种主要添加剂。

纤维素醚主要采用天然纤维通过碱溶、接枝反应、水洗、干燥、研磨等工序加工而成。天然纤维作为主要原材料可分为棉花纤维、杉树纤维等,聚合度的不同将影响其产品的最终强度。目前,主要的纤维素厂家都使用棉花纤维作为主要原材料。

纤维素醚在混凝土和砂浆以及抹灰灰浆中应用广泛。它用于水泥瓷砖胶黏剂以及抹灰灰浆,能提高保水性,避免砂浆中的水被基材过快吸收,使水泥有足够的水进行水化,砂浆的保水性随纤维素醚掺量的增加而提高。纤维素醚还可以提高砂浆的可塑性,改善流变性能,延长瓷砖胶黏剂的调整时间和开放时间。当纤维素醚用于高流动性可泵送混凝土和自密实混凝土中时,可以提高水相的黏度,减少或防止泌水和离析。另外,纤维素醚也可用于水下不分散混凝土。

2) 淀粉醚

淀粉醚是从天然植物中提取的多糖化合物,与纤维素相比具有相同的化学结构和类似的性能。淀粉醚用于建筑砂浆中,能影响以石膏、水泥和石灰为基料的砂浆的稠度,改变砂浆的施工性和抗流挂性能。淀粉醚通常与非改性及改性纤维素醚配合使用,它对中性和碱性体系都适合,能与石膏和水泥制品中的大多数添加剂相容(如表面活性剂、纤维素醚、淀粉等水溶性聚合物)。

用于水泥砂浆和混凝土的淀粉是经过化学改性的淀粉,可以溶解于冷水中。某些改性淀粉可以赋予改性砂浆特殊的流变性能,用这种淀粉改性的瓷砖胶黏剂具有非常好的抗下垂性能。

淀粉醚是改性淀粉的一种，主要包括羧甲基淀粉、羟烷基淀粉、烃基淀粉和阳离子淀粉。在建筑行业中可以用于以水泥和石膏为基料的手工或机喷砂浆、嵌缝料和胶黏剂、瓷砖胶黏剂和砌筑砂浆等。

八、化学外加剂试验与检测

（一）化学外加剂的检验规则

1. 取样及批号

1) 点样和混合样

点样是在一次生产产品时所取得的一个试样。混合样是三个或更多的点样等量均匀混合而取得的试样。

2) 批号

生产厂应根据产量和生产设备条件，将产品分批编号。掺量大于1%（含1%）同品种的外加剂每一批号为100t，掺量小于1%的外加剂每一批号为50t。不足100t或50t也应按一个批量记，同一批号的产品必须混合均匀。

3) 取样数量

每一批号取样量不少于0.2t水泥所需用的外加剂。

2. 试样及留样

每一批号取样应充分混匀，分为两等份，一份按规定检测项目检验，另一份密封保存半年，以备有疑问时，提交国家指定的检验机关复检或仲裁。

3. 检验分类

1) 出厂检验项目

根据其品质不同按表2-17规定的项目进行检验。

外加剂检验项目　　　　　表2-17

测定项目	高性能减水剂 HPWR 早强性A	高性能减水剂 HPWR 标准型S	高性能减水剂 HPWR 缓凝型R	高效减水剂 HWR 标准型S	高效减水剂 HWR 缓凝型R	普通减水剂 WR 早强型A	普通减水剂 WR 标准型S	普通减水剂 WR 缓凝型R	引气减水剂 AEWR	泵送剂 PA	早强剂 Ac	缓凝剂 Re	引气剂 AE	备注
含固量														液体必检
含水率														粉状必检
密度														液体必检
细度														粉状必检
pH值	√	√	√	√	√	√	√	√	√	√	√	√	√	
氯离子	√	√	√	√	√	√	√	√	√	√	√	√	√	每3月必检一次
硫酸钠				√	√						√			
总碱量	√	√	√	√	√	√	√	√	√	√	√	√	√	每年必检一次

2) 型式检验

型式检验项目包括所有的检验项目性能指标。有下列情形之一时,应进行型式检验:

(1) 新产品投产时;
(2) 原材料产源或生产工艺发生变化时;
(3) 正常生产时每年进行一次;
(4) 长期停产后恢复生产时;
(5) 出厂检验结果与型式检验有较大差异时;
(6) 国家质量监督机构提出型式检验要求时。

4. 判定规则

1) 出厂检验判定

型式检验报告在有效期内,且出厂检验结果符合均质性检验指标要求,可判定为该批产品检验合格。

2) 型式检验判定

产品经检验,均质性检验结果符合指标要求;各种类型外加剂受检混凝土性能指标中,高性能减水剂及泵送剂的减水率和坍落度的经时变化量,其他减水剂的减水率、缓凝型外加剂的缓凝时间差、引气型外加剂的含气量及其经时变化量、硬化混凝土的各项性能符合规范中受检混凝土性能指标要求,则判定该批号外加剂合格。如不符合上述要求时,则判该批号外加剂不合格。其余项目可作参考指标。

3) 复检

复检以封存样进行。如使用单位要求现场取样,应事先在供货合同中规定,并在生产和使用单位人员在场的情况下于现场取混合样,复检按型式检验项目检验。

(二) 试验材料准备

1. 试验用材料

1) 水泥

采用基准水泥。基准水泥是检验混凝土外加剂性能的专用水泥,是由符合下列品质指标的硅酸盐水泥熟料与二水石膏共同磨细而成的 42.5 级 P.I 型硅酸盐水泥。基准水泥的品质除满足 42.5 级强度等级硅酸盐水泥技术要求外,还应满足熟料中 C_3A 含量 6%~8%,C_3S 含量 55%~60%,f-CaO 不大于 1.2%,碱含量 ($NaO + 0.658KO$) 不大于 1%,水泥比表面积 $(350 \pm 10) m^2/kg$。

2) 砂

符合《建筑用砂》(GB 14684—2011) 中 Ⅱ 区要求的中砂,但的细度模数 2.6~2.9,含泥量小于 1%。

3) 石子

符合《建筑用卵石、碎石》(GB 14685—2011),要求公称粒径为 5~20mm 的碎石或卵石,采用二级配,其中 5~10mm 占 40%,10~20mm 占 60%,满足连续级配要求,针片状含量小于 10%,空隙率小于 47%,含泥量小于 0.5%。如有争议,以碎石结果为准。

4) 水

饮用水,符合现行《混凝土用水标准》(JGJ 63) 的要求。

5) 外加剂

需要检测的外加剂。

2. 配合比

基准混凝土配合比按现行《普通混凝土配合比设计规程》(JGJ 55)进行设计。

1) 水泥用量

掺高性能减水剂或泵送剂的基准混凝土和受检混凝土的单位水泥用量为 360kg/m³；掺其他外加剂的基准混凝土和受检混凝土的单位水泥用量为 330kg/m³。

2) 砂率

掺高性能减水剂或泵送剂的基准混凝土和受检混凝土的砂率均为 43%～47%；掺其他外加剂的基准混凝土和受检混凝土的砂率为 36%～40%。但掺引气减水剂和引气剂的混凝土砂率应比基准混凝土低 1%～3%。

3) 外加剂掺量

按生产厂指定的掺量。

4) 用水量

掺高性能减水剂或泵送剂的基准混凝土和受检混凝土的坍落度应控制在 (210±10) mm 时的最小用水量；掺其他外加剂的基准混凝土和受检混凝土应控制在 (80±10) mm。用水量包括液体外加剂、砂、石材料中所含的水量。

3. 混凝土搅拌

采用符合《混凝土试验用搅拌机》(JG 244—2009) 要求的公称容量为 60L 的单卧轴强制式混凝土搅拌机，搅拌机的拌合量应不小于 20L，不宜大于 45L。外加剂为粉状时，将水泥、砂、石、外加剂一次投入搅拌机，干拌均匀，再加拌和水，一起搅拌 2min；外加剂为液体时，将水泥、砂、石一次投入搅拌机，干拌均匀，再加入掺有外加剂的拌和水一起搅拌 2min。出料后在铁板上用人工翻拌至均匀，再进行试验。各种混凝土试验材料及环境温度均应保持在 (20±3)℃。

4. 试验项目及所需试件数量(表2-18)

试验项目及所需试件数量　　　　表2-18

试验项目		外加剂类别	试验类别	试验所需数量			
				混凝土拌和批数	每批取样数目	基准混凝土总取样数目	受检混凝土总取样数目
减水率		除早强剂、缓凝剂外各种外加剂	混凝土拌合物	3	1次	3次	3次
1h经时变化量	坍落度	高性能减水剂、泵送剂		3	1个	3个	3个
	含气量	引气剂、引气减水剂		3	1个	3个	3个
含气量		各种外加剂		3	1个	3个	3个
泌水率比				3	1个	3个	3个
凝结时间差				3	1个	3个	3个

续上表

试验项目	外加剂类别	试验类别	试验所需数量			
			混凝土拌和批数	每批取样数目	基准混凝土总取样数目	受检混凝土总取样数目
抗压强度比	各种外加剂	硬化混凝土	3	6、9或12块	18、27或36块	18、27或36块
收缩率比			3	1条	3条	3条
相对耐久性指标	引气减水剂、引气剂	硬化混凝土	3	1条	3条	3条

注:1. 试验时,检验同一种外加剂的三批混凝土的制作宜在开始试验一周内的不同日期完成。对比的基准混凝土和受检混凝土应同时成型。
2. 试验龄期参考表中试验项目栏。
3. 试验前后应仔细观察试样,对有明显缺陷的试样和试验结果都应舍除。

(三) 坍落度和坍落度经时变化量测定

1. 坍落度测定

混凝土坍落度按照现行《普通混凝土拌合物性能试验方法标准》(GB/T 50080)测定;但坍落度为 (210 ± 10) mm 的混凝土,分两层装料,每层装入高度为筒高的一半,每层用捣棒插捣15次。

2. 坍落度1h经时变化量测定

当要求测定此项时,应将搅拌好的混凝土留下足够一次混凝土坍落度的试验数量,并装入用湿布擦过的试样筒内,容器加盖,静置至1h(从加水搅拌时开始计算),然后倒出,在铁板上用铁锹翻拌至均匀后,再按照坍落度测定方法测定坍落度。计算出机时和1h之后的坍落度之差值,即得到坍落度的经时变化量。

坍落度1h经时变化量按下式计算:

$$\Delta sl = sl_0 - sl_{1h} \tag{2-5}$$

式中:Δsl——坍落度经时变化量,mm;

sl_0——出机时测得的坍落度,mm;

sl_{1h}——1h后测得的坍落度,mm。

3. 结果评定

每批混凝土取一个试样。坍落度和坍落度1h经时变化量均以三次试验结果的平均值表示。三次试验的最大值和最小值与中间值之差有一个超过10mm时,将最大值和最小值一并舍去,取中间值作为该批的试验结果;最大值和最小值与中间值之差均超过10mm时,则应重做。

坍落度及坍落度1h经时变化量测定值以mm表示,结果修约到5mm。

(四) 减水率测定

1. 减水率测试

减水率为坍落度基本相同时基准混凝土和受检混凝土单位用水量之差与基准混凝土单位用水量之比。减水率按下式计算:

$$W_R = \frac{W_0 - W_1}{W_0} \tag{2-6}$$

式中：W_R——减水率，%；
　　　W_0——基准混凝土单位用水量，kg/m³；
　　　W_1——受检混凝土单位用水量，kg/m³。

2. 结果评定

试验以三批试验的算数平均值计，精确至1%。若三批试验的最大值或最小值中有一个值与平均值的差值超过中间值的15%时，则取中间值作为最后结果，若最大值和最小值与中间值之差都超过了15%时，则重新做试验。

(五) 泌水率比测定

1. 泌水率比定义

泌水率比为受检混凝土的泌水率与基准混凝土泌水率之比。

2. 泌水率比与泌水率计算

(1) 泌水率比按下式计算：

$$B_R = \frac{B_t}{B_c} \times 100\% \tag{2-7}$$

式中：B_R——泌水率比，%；
　　　B_t——掺外加剂混凝土的泌水率，%；
　　　B_c——基准混凝土的泌水率。

(2) 泌水率按下式计算：

$$B = \frac{V_W}{\frac{W}{G} \times G_W} \times 100\% \tag{2-8}$$

$$G_W = G_1 - G_0 \tag{2-9}$$

式中：B——泌水率，%；
　　　V_W——泌水总质量，g；
　　　W——混凝土拌合物的用水量，g；
　　　G——混凝土拌合物的总质量，g；
　　　G_W——试样质量，g；
　　　G_1——筒及试样质量，g；
　　　G_0——筒质量，g。

3. 测定方法

先用湿布润湿容积为5L的带盖容器（内径为18.5cm，高20cm），将混凝土拌合物一次装入，在振动台上振动20s，然后用抹刀轻轻抹平，加盖，以防水分蒸发，试样表面应比筒口边低约2cm，自抹面开始计算时间，在前60min每隔10min用吸液管吸出泌水一次，以后每隔20min吸水一次，直至连续3次无泌出水为止，每次吸水前5min，应将筒底一侧垫高约2cm，使筒倾斜，以便于吸水。吸水后，将筒轻轻放平盖好。将每次吸出的水都注入带塞的量筒，最后计算出总的泌水量，精确至1g。

4. 结果评定

试验时,每批混凝土拌合物取一个试样,泌水率取三个试样的算术平均值,精确至 0.1%。如果其中一个与中间值之差大于中间值的 15%,则取中间值作为结果,如果最大与最小值与中间值之差均大于中间值的 15% 时,则应重做。

(六) 含气量和含气量 1h 经时变化量的测定

1. 含气量的测定

按《普通混凝土拌合物性能试验方法标准》(GB/T 50080—2016) 用气水混合式含气量测定仪,并按该仪器说明进行操作,将混凝土拌合物一次装满并稍高于容器,用振动台振实 15~20s。

2. 含气量经时变化量的测定

当要求测定此项时,应将搅拌好的混凝土留下足够一次混凝土含气量试验的数量,并装入用湿布擦过的试样筒内,容器加盖,静置至 1h(从加水搅拌时开始计算),然后倒出,在铁板上用铁锹翻拌至均匀后,再按照含气量测定方法测定含气量。计算出机时和 1h 之后的含气量之差值,即得到含气量的经时变化量。

含气量 1h 经时变化量按下式计算:

$$\Delta A = A_0 - A_{1h} \tag{2-10}$$

式中:ΔA——含气量经时变化量,%;
　　　A_0——出机时测得的含气量,%;
　　　A_{1h}——1h 时后测得的含气量,%。

3. 结果评定

试验时,从每批混凝土拌合物取一个试样,以三个试样测值的算术平均值来表示。若三个试样中的最大值或最小值中有一个与中间值之差超过 0.5% 时,将最大值与最小值一并舍弃,取中间值作为该批的试验结果;如果最大值和最小值与中间值之差均超过 0.5%,则应重做。

(七) 凝结时间差测定

1. 凝结时间差计算

凝结时间差按下式计算:

$$\Delta T = T_t - T_c \tag{2-11}$$

式中:ΔT——凝结时间之差,min;
　　　T_t——受检混凝土的初凝或终凝时间,min;
　　　T_c——基准混凝土的初凝或终凝时间,min。

2. 凝结时间测定

凝结时间采用贯入阻力仪测定,仪器精度为 10N,凝结时间测定方法如下:

(1) 将混凝土拌合物用 5mm(圆孔筛) 振动筛筛出砂浆,拌匀后装入上口内径为 160mm,下口内径为 150mm,净高 150mm 的刚性不渗水的金属圆筒,试样表面应略低于筒口约 10mm,用振动台振实,3~5s,置于 (20±2)℃ 的环境中,容器加盖。

(2) 一般基准混凝土在成型后 3~4h,掺早强剂的在成型后 1~2h,掺缓凝剂的在成型后 4~6h 开始测定,以后每 0.5h 或 1h 测定一次,但在临近初、终凝时,可以缩短测定间隔时间。

(3) 每次测点应避开前一次测孔,其净距为试针直径的 2 倍,但至少不小于 15mm,试针与容器边缘之距离不小于 25mm。测定初凝时间用截面积为 100mm² 的试针,测定终凝时间用 20mm² 的试针。

(4) 测试时,将砂浆试样筒置于贯入阻力仪上,测针端部与砂浆表面接触,然后在 (10±2)s 内均匀地使测针贯入砂浆 (25±2) mm 深度。记录贯入阻力,精确至 10N,记录测量时间,精确至 1min。贯入阻力按下式计算,精确至 0.1MPa。

$$R = \frac{P}{A} \tag{2-12}$$

式中:R——贯入阻力值,MPa;
P——贯入深度达 25mm 时所需的净压力,N;
A——贯入阻力仪试针的截面积,mm²。

(5) 根据计算结果,以贯入阻力值为纵坐标,测试时间为横坐标,绘制贯入阻力值与时间关系曲线,求出贯入阻力值达 3.5MPa 时,对应的时间作为初凝时间;贯入阻力值达 28MPa 时,对应的时间作为终凝时间。从水泥与水接触时开始计算凝结时间。

3. 结果评定

试验时,每批混凝土拌合物取一个试样,凝结时间取三个试样的平均值。若三批试验的最大值或最小值之中有一个与中间值之差超过 30min,把最大值与最小值一并舍去,取中间值作为该组试验的凝结时间。若两测值与中间值之差均超过 30min,则试验结果无效,应重做。凝结时间以 min 表示,并修约到 5min。

任务三 水泥与减水剂之间的适应性检测

减水剂与水泥的适应性问题影响了减水剂的作用效果和混凝土的各项性能,同时也影响了减水剂的推广应用和实际混凝土工程的质量。

一 适应性的概念

水泥与混凝土外加剂之间的适应性 (Compatibility),也被称为水泥与混凝土外加剂之间的相容性。可以这样定性地理解相容性的概念,按照《混凝土外加剂应用技术规范》(GB 50119—2013),将经检验符合有关标准的外加剂掺加到按规定可以使用该品种外加剂的水泥所配制的混凝土中,若能产生应有的效果,就认为该水泥与这种外加剂是适应的;相反若不能产生应有的效果,就认为该水泥与这种外加剂不适应。

就减水剂而言,按照《水泥与减水剂相容性试验方法》(JC/T 1083—2008),水泥与减水剂的适应性定义为:使用相同减水剂或水泥时,由于水泥或减水剂的质量而引起水泥浆体流动性、经时损失的变化程度以及获得相同的流动性时减水剂用量的变化程度。然而在实际应用中,同一减水剂在有的水泥系统中,在常用掺量下,即可达到通常的减水率;而在另一些水泥系统中,要达到此减水率,则减水剂的量要增加很多,有的甚至在其掺量增加 50% 以上时,仍不能达到其应有的减水率。并且,同一减水剂在有的水泥系统中,在水泥和水接触后的 60~

90min 内大坍落度仍能保持,并且没有离析和泌水现象;而在另一些情况下,则不同程度地存在坍落度损失快的问题。这时我们认为:前者,减水剂和水泥是适应的,后者则是不适应的。另外,同一种水泥,当使用不同厂家生产的同一类型的减水剂时,即使水灰比和减水剂掺量相同,也会出现明显不同的使用效果;即使是同一减水剂使用在同一品牌、同一种类的水泥时,其减水效果也会因水泥的矿物组成、粉磨细度等因素的变动而出现明显的差异。

二、适应性的衡量

加拿大 Aitcin 等研究者采用 Marsh Cone(锥形漏斗法)和 Mini-Slump(微型坍落度仪)等研究水泥-高效减水剂适应性的试验方法,经过大量探索试验,得出了有益的结论。根据 Aitcin 等人的工作,认为水泥与高效减水剂适应性可以用初始流动性、是否有明确的饱和点以及流动性损失三方面来衡量,固定水灰比,测定在不同高效减水剂掺量条件下水泥浆体的流动性指标,所得到的适应性特征曲线有四种类型[a)、b)、c)、d)],如图 2-16 所示。

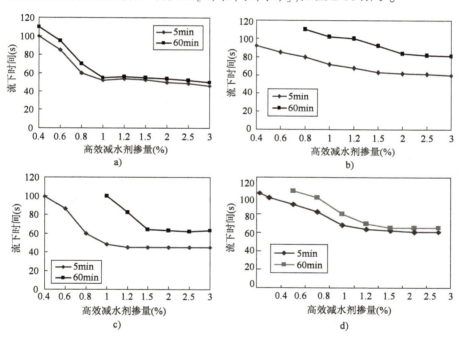

图 2-16　四种水泥与高效减水剂的适应性试验结果

图 2-16 所示的曲线是在水灰比为 0.32、试验温度为 22℃ 的条件下,不同品种的水泥浆体随着高效减水剂掺量的增加,其流动性指标(流下时间)的变化曲线,这里的流下时间是反映浆体流动性的指标,与浆体的黏性密切相关,流下时间越大,表明浆体的流动性越差。

(1)适应性优良,图 a)所示的曲线,饱和点明显,减水剂的饱和点掺量不大,为 0.8% ~ 1.0%,水泥浆体的初始流动性较好,且静停 1h 后浆体的流动性损失小,表明该水泥与高效减水剂的适应性优良。

(2)适应性最差,图 b)所示的类型,减水剂的饱和掺量最大,在 1.5% 左右,且水泥浆体的初始流动性不好,静停 1h 后浆体的流动性损失大,表明该水泥与高效减水剂的适应性差。

(3) 初始适应性较好，但浆体的流动性损失明显，图 c) 所示的适应性介于（1）和（2）之间。

(4) 初始适应性不良，减水剂的饱和掺量较大，但浆体的流动性损失不大，图 d) 所示的适应性介于（1）和（2）之间。

三 适应性的检测方法

评价水泥与外加剂适应性最直接的方法就是混凝土坍落度法。目前，国内外也都在积极探索利用其他方法来评价水泥与减水剂的适应性，以便快速、简捷地得到结果，这主要是利用减水剂在水泥砂浆或水泥净浆中的作用效果来代替其在混凝土中的效果来进行评价，它的原理与混凝土坍落度相似，但设备的体积小，也经常被用于化学外加剂对水泥浆体流变性能的影响。

1. 混凝土坍落度法

由于水泥与减水剂的适应性的问题是在混凝土的生产使用中发现并开始研究的，所以最初都直接用混凝土来评价，评价指标为混凝土坍落度，所用设备为坍落度筒（为圆锥截筒，其尺寸为：上口直径100mm，下口直径200mm，高300mm）。具体试验方法为：保持混凝土的配合比和水灰比不变，将搅拌一定时间的混凝土，按一定方法灌满坍落度筒（如我国标准要求分三层装满，每层插捣25次，以保证混凝土充分填充坍落度筒），然后向上竖直提起坍落度筒，静停后测定坍落下来的高度，即为坍落度，混凝土流开的直径即为坍落扩展度。分别测定混凝土在加完拌和水后搅拌出机和静置若干时间（0.5h、1h 等）的坍落度和坍落扩展度。一般来说，坍落度越大，坍落流动度值越大；静置后流动度指标损失越小，则混凝土的工作性越好，即此水泥与该减水剂间的适应性就越好。

由于混凝土的坍落度会受到混凝土中粗、细集料和搅拌机类型等因素的影响，再现性相对较差，并且试验所用的原材料（水泥、砂、石和减水剂）的数量较多，因此，目前这种测试方法一般只在最后的混凝土施工时使用。

2. 微坍落度法（Mini-Slump Test）

微坍落度法可用于测定水泥净浆或水泥砂浆，但用于水泥净浆和水泥砂浆微坍落度仪尺寸和试验中的具体操作方法有所差异，而微坍落度仪的尺寸基本上都已不再与坍落度筒的尺寸呈严格的比例。截锥圆模为国内外研究者广泛采用。但各国研究者所用的截锥尺寸有较大差异。用于砂浆和用于净浆的截锥圆模尺寸也相差较大。一般评价指标有：浆体流动度——流下浆体圆饼的平均直径；流动面积——流下浆体圆饼的面积；或者，相对流动面积——流下浆体扩散的圆环面积（圆饼面积减去所用试模底面面积）与所用试模底面面积之比。流动度、流动面积、相对流动面积越大，则浆体的流动性越好，说明该水泥与这种减水剂间的适应性越好。

3. 漏斗（Cone）法

测试砂浆和净浆工作性的漏斗尺寸有多种，但其原理都是测定一定体积的新拌砂浆和净浆从漏斗口流下的时间。流下的时间越短，则浆体的流动性越好；相反流下的时间越长，则浆体的流动性越差。

4. 水泥浆体稠度法

国内外都有用水泥浆体稠度法来评价水泥与减水剂之间适应性的，在水灰比和减水剂掺量一定时,水泥浆体的稠度越小,则表明浆体的流动性越好。在试验时常用锥体在水泥浆体中沉入度的变化来反映高效减水剂的作用效果。高效减水剂掺入后,锥体的沉入度的增加值越大,则减水剂的作用效果越好,相应的这种水泥与减水剂之间的适应性就越好。

5. 水泥净浆流动度

按《混凝土外加剂匀质性试验方法》(GB/T 8077—2012)要求,采用水泥净浆流动度来检测水泥-减水剂的适应性时影响因素相对较少,它有以下明显优点:试验材料用量少;测试所需工作量小;评价指标全面。

该方法所用的装置包括净浆搅拌机、测定流动度的截锥圆模(截锥体的尺寸为上口直径36mm,下口直径63mm,高60mm)、玻璃板与直尺。

以某种水泥和高效减水剂为试验对象,固定水灰比,改变外加剂的掺量拌制水泥净浆。

四 适应性的影响因素

(一)减水剂的性能对水泥和外加剂适应性的影响

1. 减水剂的平均分子量

减水剂的平均分子量在一定范围内越大,减水效果越好。根据有关资料介绍,萘系减水剂分子的核体数(亦称聚合度)的多少直接影响其对水泥的分散效果,其最佳核体数为 7~13。

2. 萘环上磺酸基的位置

以萘系减水剂为例,只有 β-萘磺酸盐才能很好地起到对水泥的分散、减水和增强效果。如果在磺化过程中因温度、时间、水解过程控制不好,磺化产物中 β-萘磺酸所占比例少,而大量的是多萘磺酸和 α-萘磺酸,不仅会影响产品质量,也会影响水泥与高效减水剂的适应性。

3. 聚合物链的长度和位置

聚羧酸系高效减水剂的吸附量和 ξ 电位的绝对值小,但很小的掺量就可以使拌合物获得优越的流动性,就是由于在侧链上连接的亲水基团所致。

4. 减水剂中存在的平衡阳离子

减水剂中存在的平衡阳离子对减水剂的性能也有较大的影响。平衡阳离子的种类(如 Na^+、Ca^{2+}、Mg^{2+}、NH_4^+ 等)和浓度不同时,减水剂对水泥的分散效果也会有所差异。就木质素磺酸钙而言,只有在高离子强度条件下,分子量大的分子才能显示出更好的分散效果。

5. 减水剂的状态

试验表明,在相同掺量的条件下,液态减水剂的减水率会稍高于固态的减水剂。

(二)水泥的物理、化学性能对水泥和外加剂适应性的影响

水泥特性方面影响水泥和外加剂适应性的因素主要有水泥熟料的矿物组成、水泥细度、水泥颗粒级配、游离氧化钙含量、石膏加入量及形态、水泥熟料碱含量、碱的硫酸饱和度、混合材种类及掺量、水泥助磨剂等。

1. 水泥的矿物组成对适应性的影响

水泥的四大主要矿物成分中,硅酸盐矿物(主要指 C_3S 和 C_2S)的 ξ 电位为负值,因而对阴

离子型的减水剂吸附量较小。而铝酸盐矿物(主要指 C_3A 和 C_4AF)的 ξ 电位为正值,因而对阴离子型的减水剂吸附量较大,会较多地吸附阴离子型的减水剂,从而使溶液中减水剂浓度降低。因此在硅酸盐水泥的四大矿物组成中,影响水泥与高效减水剂的主要因素是 C_3A 和 C_4AF 的含量,含量越低,水泥与高效减水剂的适应性越好,且 C_3A 含量对适应性的影响远比和 C_4AF 大。这是由于高效减水剂首先吸附于 C_3A 或其初期水化物的表面,同时 C_3A 的水化速度比 C_4AF 快,且随水泥细度的加大而增大。

高性能混凝土以低水胶比为特征,水泥中硫酸钙的溶解速率,或液相中 SO_4^{2-} 的浓度成为控制拌合物流变行为的主要因素。因为 C_3A 的水化速度最快,所以当水泥中含有较多的 C_3A 矿物成分时,用于溶解硫酸盐的水分就变得很少,从而产生的 SO_4^{2-} 的量也少,使液相中的高效减水剂的量下降,失去对水泥的分散作用,加速流动性损失。

2. 水泥细度对适应性的影响

水泥的细度对高效减水剂的分散效果有较明显的影响。在未掺减水剂的水泥浆体中,水泥越细,絮凝作用越大;为破坏这种絮凝结构,所需加入的减水剂的量就越大。因而,原则上讲,水泥越细时,为了达到同样的效果,就要相应地增加减水剂的掺量。水泥的比表面积提高后,减水剂对水泥的饱和掺量有所增大,水泥浆体的流动度及保持效果变差。

3. 水泥颗粒的级配

在水泥比表面积相近时,水泥颗粒级配对水泥适应性的影响主要表现在水泥颗粒中微细颗粒含量的差异,特别是小于 3μm 部分颗粒的含量,这部分微细颗粒对减水剂的作用影响很大。水泥比表面积相近时,水泥颗粒中微细部分颗粒的含量对减水剂的饱和掺量影响不大,但对水泥浆体的初始流动度及 1h 后的流动度有明显的影响。微细颗粒含量较大时,只有提高水灰比或增大减水剂的掺量,水泥浆体才能获得较好的初始流动性,同时,微细颗粒含量的增加加剧了水泥浆体流动度的损失。

4. 水泥颗粒的球形度

球形度是指将与粒子投影面积相等的圆的周长除以粒子投影的轮廓长度所得到的值,颗粒形状越接近于球形,球形度值就越大。水泥球形度提高后,减水剂的饱和掺量影响不大;但可使水泥浆体的初始流动度增大,且在 W/C 较低或减水剂掺量较小的情况下,这种增大效果更为明显。此外,水泥颗粒球形度提高,还可使水泥浆体的流动度保持效果得到改善。

5. 混合材

我国水泥中普遍掺有不同种类和数量的混合材。实践表明,减水剂对以矿渣和粉煤灰做混合材的水泥适应性较好;而对以火山灰、煅烧煤矸石或窑灰做混合材的水泥适应性相对较差,这时要达到预期的减水效果,需要相应减水剂的掺量。水泥中混合材的掺量和细度也对减水剂与水泥之间的适应性有一定的影响。

6. 水泥的陈放时间

水泥陈放时间越短,水泥越新鲜,高效减水剂对其塑化效果越差。因为新鲜水泥的正电性强,吸附阴离子型表面活性剂的数量就多,所以使用刚出磨的水泥和出磨温度还较高的水泥,就会出现减水率低、坍落度损失快的现象。使用陈放时间稍长的水泥,就可以避免出现上述现象。

7. 水泥中的碱含量

碱含量（Na_2O、K_2O）对水泥与高效减水剂的适应性也有重要的影响。水泥中碱的存在会使减水剂对水泥浆体的塑化效果变差、水泥浆体的流动性变小，随着水泥碱含量的增大，高效减水剂对水泥的塑化效果变差，也会导致混凝土的凝结时间缩短和坍落度经时损失变大。另外，水泥中碱的形态对减水剂的作用效果的影响有一定差异，一般认为：以硫酸盐形式存在的碱对减水剂作用效果的影响要小于以氢氧化钙形式存在的碱的影响。

8. 水泥中的石膏

水泥中石膏的掺量可延缓水泥的水化，减少水泥水化产物对减水剂的吸附，从而改善水泥与减水剂之间的适应性。这是由于石膏与 C_3A 反应生成钙矾石覆盖了 C_3A 颗粒的表面，阻止了 C_3A 的进一步水化，从而减弱了 C_3A 颗粒对减水剂的吸附。水泥中硫酸盐的数量及其溶解度是很重要的，这实际上与水泥中石膏的形态有关，不同形态的石膏的溶解度是不一样的。

五 改善水泥与混凝土外加剂适应性的措施

1. 加强磨机内物料温度的控制

由于控制 C_3A 的水化取决于孔隙溶液中硫酸盐离子的平衡，所以加强磨机内物料温度的控制，保持水泥中石膏组成和含量的稳定性，对于控制高效减水剂和水泥之间的适应性十分重要。

2. 单独磨细水泥混合材

水泥中超细的混合材可以起到辅助"减水"作用，提高水泥中混合材的细度，在不降低混合材掺量的条件下，可提高水泥的强度；在保持强度的条件下，可以增加混合材的掺量，降低水泥生产成本，改善水泥与减水剂之间的适应性。因此，在水泥厂单独磨细水泥混合材是生产优质水泥的可行技术措施之一。

3. 改善减水剂的掺加方法

配置混凝土时，可以采用后掺法或分批添加法等措施掺加减水剂，改善混凝土的工作性。后掺时，高效减水剂仅有少量被初期新生成的水化产物包裹或吸附，所以坍落度损失小。

4. 使用反应性高分子化合物

使用反应性高分子化合物作为混凝土的外加剂，使该化合物在水泥水化的碱性条件下缓慢反应，从而使坍落度经时损失小，也是改善混凝土工作性的措施之一。

总之，水泥与外加剂的适应性成为国内外混凝土研究领域的热点，是一个十分错综复杂的问题。工程现场如果遇到水泥与外加剂不相适应的问题，必须采用试验的方法尝试着去解决。

六 混凝土外加剂相容性快速试验方法

（一）适用范围

混凝土外加剂相容性快速试验方法适用于含减水组分的各类混凝土外加剂与胶凝材料、细集料和其他外加剂的相容性试验。

(二) 仪器设备

试验所用仪器设备应符合下列规定：
(1) 水泥胶砂搅拌机应符合现行《行星式水泥胶砂搅拌机》(JC/T 681) 的有关规定。
(2) 应采用内壁光滑无接缝的筒状金属制品，如图 2-17 所示，尺寸应符合下列要求：
① 筒壁厚度不应小于 2mm；
② 上口内径 d 尺寸为 50mm ± 0.5mm；
③ 下口内径 D 尺寸为 100mm ± 0.5mm；
④ 高度 h 尺寸为 150mm ± 0.5mm。
(3) 捣棒应采用直径为 8mm ± 0.2mm、长为 300mm ± 3mm 的钢棒，端部应磨圆；玻璃板的尺寸应为 500mm × 500mm × 5mm；应采用量程为 500mm、分度值为 1mm 的钢直尺；应采用分度值为 0.1s 的秒表；应采用分度值为 1s 的时钟；应采用量程为 100g、分度值为 0.01g 的天平；应采用量程为 5kg、分度值为 1g 的台秤。

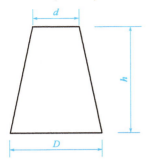

图 2-17　砂浆扩展度筒示意

(三) 材料与环境

试验所用原材料、配合比及环境条件应符合下列规定：
(1) 应采用工程实际使用的外加剂、水泥和矿物掺合料。
(2) 工程实际使用的砂，应筛除粒径大于 5mm 以上的部分，并应自然风干至气干状态。
(3) 砂浆配合比应采用与工程实际使用的混凝土配合比中去除粗集料后的砂浆配合比，水胶比应降低 0.02，砂浆总量不应小于 1.0L。
(4) 砂浆初始扩展度应符合下列要求：
① 普通减水剂的砂浆初始扩展度应为 260mm ± 20mm；
② 减水剂、聚羧酸系减水剂和泵送剂的砂浆初始扩展度应为 350mm ± 20mm；
③ 试验应在砂浆成型室标准试验条件下进行，试验室温度应保持在 20℃ ± 2℃，相对湿度不应低于 50%。

(四) 试验步骤

试验方法应按下列步骤进行：
(1) 将玻璃板水平放置，用湿布将玻璃板、砂浆扩展度筒、搅拌叶片及搅拌锅内壁均匀擦拭，使其表面润湿。
(2) 将砂浆扩展度筒置于玻璃板，并用湿布覆盖待用。
(3) 按砂浆配合比的比例分别称取水泥、矿物掺合料、砂、水及外加剂待用。
(4) 外加剂为液体时，先将胶凝材料、砂加入搅拌锅内预搅拌 10s，再将外加剂与水混合均匀加入；外加剂为粉状时，先将胶凝材料、砂及外加剂加入搅拌锅内预搅拌 10s，再加入水。
(5) 加水后立即启动胶砂搅拌机，并按胶砂搅拌机程序进行搅拌，从加水时刻开始计时。
(6) 搅拌完毕，将砂浆分两次倒入砂浆扩展度筒，每次倒入约筒高的 1/2，并用捣棒自边缘向中心按顺时针方向均匀插捣 15 下，各次插捣应在截面上均匀分布。插捣筒边砂浆时，捣棒可稍微沿筒壁方向倾斜。插捣底层时，捣棒应贯穿筒内砂浆，插捣顶层时，捣棒应插透本层至下一层的表面。插捣完毕后，砂浆表面应用刮刀刮平，将筒缓慢匀速垂直提起，10s 后用钢直尺量取相互垂直的两个方向的最大直径，并取其平均值为砂浆扩展度。

（7）砂浆初始扩展度未达到要求时，应调整外加剂的掺量，并重复第 1~6 条的试验步骤，直至砂浆初始扩展度达到要求。

（8）将试验砂浆重新倒入搅拌锅内，并用湿布覆盖搅拌锅，从计时开始后 10min（聚羧酸系减水剂应做）、30min、60min，开启搅拌机，搅拌 1min，按第 6 步测定砂浆扩展度。

（五）测试结果分析

试验结果评价应符合下列规定：
（1）应根据外加剂掺量和砂浆扩展度经时损失判断外加剂的相容性。
（2）试验结果有异议时，可按实际混凝土配合比进行试验验证。
（3）应注明所用外加剂、水泥、矿物掺合料和砂的品种、等级、生产厂及试验室温度、湿度等。

创新能力培养

随着预拌混凝土技术的发展，高质量粉煤灰供不应求，致使很多问题粉煤灰逐渐流入原材料市场，如：脱硫灰、浮黑粉煤灰、磨细粉煤灰、混有石灰石粉粉煤灰、脱硝粉煤灰等。这些粉煤灰通过外观很难识别，但在成分和性质上有别于普通粉煤灰，使用时会出现水泥安定性不良、混凝土和易性较差等现象。近年来，我国因为问题粉煤灰导致的工程质量事故有很多，因此，粉煤灰的性能检测和质量监控对于混凝土生产和应用有非常重要的意义。

问题粉煤灰进厂很难通过标准验收发现质量问题，其应用于混凝土生产中，会出现一系列较为严重的质量问题和缺陷。粉煤灰进厂复验时在进行细度、需水比检验后，还要对其是否掺有石灰石粉、铵离子和铝离子等危害混凝土质量的因素进行检测，确保混凝土质量合格，减少工程损失，避免质量事故发生。

1. 微观结构检测法

将粉煤灰样品置于显微镜下观测（采用 100 倍以上的显微镜），观测样品微观形貌是否为玻璃微珠状态，检验其是否掺有粉煤灰以外的物质，如大量存在非玻璃微珠状态物质，则判定粉煤灰不合格。正常粉煤灰在显微镜下呈玻璃球状，问题粉煤灰在显微镜下呈棱角状。

2. 基于混入石灰石粉的粉煤灰快速检测方法

粉煤灰不与盐酸反应，石灰石粉与盐酸反应剧烈且有大量 CO_2 溢出。化学反应式：

$$CaCO_3 + 2HCl = CaCl_2 + H_2O + CO_2$$

1g 纯石灰石粉与盐酸完全反应，放出 0.44g CO_2，CO_2 与饱和 $Ca(OH)_2$ 反应生成白色 $CaCO_3$ 沉淀，可定性判断粉煤灰中含石灰石粉杂质；利用 CO_2 在水中溶解度小的特点，通过电子分析天平称量反应物质量损失，定量检测粉煤灰中石灰石粉的含量。

请设计脱硝粉煤灰铵根离子和金属铝含量超标的快速检测方法。

一、填空题

1. 现代混凝土用胶凝材料主要有_____、_____、_____和_____。
2. 在检测外加剂技术指标试验过程中,混凝土拌和用水量,掺高性能减水剂或泵送剂的基准混凝土和受检混凝土的坍落度应控制在_____mm 时的最小用水量;掺其他外加剂的基准混凝土和受检混凝土应控制在_____mm。
3. 混凝土用粉煤灰常检测的技术指标有_____、_____、_____和_____。
4. 水泥与外加剂相容性可以从_____、_____、_____三方面衡量。
5. 在混凝土拌合物中加入减水剂,会产生下列各效果:当原配合比不变时,可提高拌合物的_____;在保持混凝土强度和坍落度不变的情况下,可减少_____及节约_____;在保持流动性和水泥用量不变的情况下,可以减少_____和提高_____。
6. 可以改善混凝土流变性能的化学外加剂有_____、_____、_____;可以改善混凝土凝结时间的化学外加剂有_____、_____。

二、简答题

1. 何为绿色高性能混凝土?试从原材料、生产工艺、使用过程、废弃处理几个方面分别说明。
2. 简述引气剂在混凝土中的主要作用。
3. 硅灰掺入混凝土中为何要与减水剂"双掺"效果较好?
4. 何为潜在水硬性?何为火山灰性?
5. 矿物外加剂加入高性能混凝土中的主要作用是什么?
6. 简述高性能混凝土用集料与普通混凝土用集料的不同点。

三、计算题

1. 在测定水泥比表面积试验过程中,经标定后,比表面积仪试料筒体积为 1.87cm^3,测定标准水泥试样时,压力计中液面降落的时间 $T_s = 78\text{s}$,测定待检测水泥试样时,压力计中液面降落的时间 $T = 60\text{s}$。标准水泥试样试料层的空隙率 $\varepsilon_s = 0.500$,待检测水泥试样试料层的空隙率 $\varepsilon = 0.530$。标准水泥比表面积 $S_s = 335\text{m}^2/\text{kg}$,标准水泥密度 $\rho_s = 3.0\text{g/cm}^3$,待检测水泥密度 $\rho = 3.1\text{g/cm}^3$。

(1) 计算该试验标准水泥试样与待检测水泥试样分别需要多少 g?
(2) 计算待检测水泥试样的比表面积 S。

2. 在测定减水剂减水率试验过程中,基准混凝土用水泥 $m_{c0} = 360\text{kg/m}^3$,水 $m_{w0} = 250\text{kg/m}^3$,砂率取 45%,砂为 $m_{s0} = 750\text{kg/m}^3$,石子为 $m_{g0} = 1020\text{kg/m}^3$。待检测混凝土用水泥 $m_{c0} = 360\text{kg/m}^3$,水 $m_{w0} = 180\text{kg/m}^3$,砂率取 45%,砂为 $m_{s0} = 760\text{kg/m}^3$,石子为 $m_{g0} = 980\text{kg/m}^3$,减水剂掺量为 1%。用该配比拌制混凝土,用 5L 容积筒制样,通过测定泌水量,基准混凝土泌水为 220mL,筒内混凝土质量 $G_{wc} = 12.36\text{kg}$。待检测混凝土泌水为 50mL,筒内混凝土质量 $G_{wt} = 11.96\text{kg}$。

(1)计算该减水剂减水率。
(2)计算该减水剂泌水率比。

四、试验分析题

水泥密度测试中,根据现行 GB/T 208 的规定,李氏瓶法测水泥密度试验过程中:
(1)将无水煤油注入李氏瓶中"0mL"至"1mL"刻度线之间;
(2)称取水泥试样 60g;
(3)把水泥装入加入煤油的李氏瓶,摇匀恒温;
(4)此时煤油和水泥混合物液面线应处于"18mL"至"24mL"刻度线范围。
李氏瓶的尺寸示意图如图 2-18 所示。

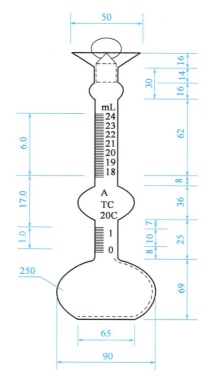

图 2-18　李氏瓶尺寸示意图(尺寸单位:mm)

请问:测粉煤灰密度时,完全依据上述方法和过程,会出现什么问题?为什么?
问题引导:
(1)依据现行《用于水泥和混凝土中的粉煤灰》(GB/T 1596)规定,粉煤灰密度检测依据_____进行。
(2)李氏瓶中水泥可占据的体积为_____ mL。
(3)水泥的密度范围是_____。
(4)根据 $V=\dfrac{m}{\rho}$,60g 水泥的体积范围为_____。
(5)粉煤灰的密度范围是_____。

（6）根据 $V=\dfrac{m}{\rho}$，60g 粉煤灰的体积范围为＿＿＿＿＿＿。

（7）那么，粉煤灰密度检测时，李氏瓶中粉煤灰的质量为＿＿＿＿＿＿。

（8）同理，磨细矿渣粉李氏瓶法测密度时的质量为＿＿＿＿＿＿。

（9）同理，硅灰李氏瓶法测密度时的质量为＿＿＿＿＿＿。

五、拓展题

1. 应用膨胀剂有哪些注意事项？
2. 不同原材、不同合成工艺所生成的聚羧酸类减水剂的性能与应用有何差异？
3. 根据粉煤灰中碱含量的测定数据，用 excel 绘制关系曲线和回归方程，如图 2-19、图 2-20 所示。

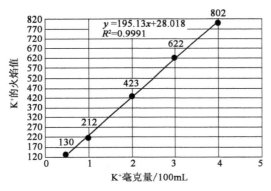

图 2-19　K^+ 回归曲线和回归方程

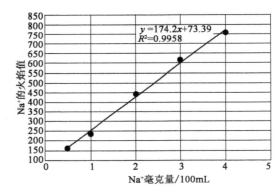

图 2-20　Na^+ 回归曲线和回归方程

项目三

现代混凝土拌合物性能试验检测

【项目概述】

本项目主要介绍了混凝土拌合物工作性的定义、影响因素以及改善措施;混凝土流动性经时损失的机理、危害、影响因素与改善措施;混凝土拌合物坍落度、扩展度、凝结时间、泌水率、压力泌水率等指标的检测方法。

【学习目标】

1. 在素质目标:培养学习者具有正确的质量意识、职业健康与安全意识、诚实守信的职业道德以及社会责任感。

2. 知识目标:了解现代混凝土拌合物工作性基本概念;了解影响混凝土拌合物性能的主要因素,熟练掌握各项性能指标的检测方法。

3. 能力目标:能准确检测与评估混凝土拌合物的工作性;能分析混凝土流动性经时损失情况并改善经时损失过大的情况。

 课程思政

1. 思政元素内容

《普通混凝土拌合物性能试验方法标准》(GB/T 50080—2016),自 2017 年 4 月 1 日起实施。原《普通混凝土拌合物性能试验方法标准》(GB/T 50080—2002)同时废止。

新标准修订增加了坍落度测定的时间,规定"不再继续坍落或坍落时间达 30s 时"测量,对于坍落度变化较慢的混凝土拌合物"不再继续坍落"较难判断,可在坍落时间达 30s 时测定其坍落度值,增加了试验的可操作性。

为了研究坍落度测定的时间,标准组选取强度等级为 C35、C50、C70 坍落度范围 120~260mm 的混凝土为研究对象,分别测试 20s、30s、40s、50s、60s 时混凝土拌合物坍落度值,经过大量的试验研究结果表明:大流动性混凝土拌合物在坍落度筒提起30s后,坍落度值达到稳定;塑性和流动性混凝土在坍落度筒提起20s后,坍落度值便达到稳定。原因分析:在坍落度筒提起后,混凝土拌合物在重力作用下克服屈服剪切应力向下坍落。塑性混凝土屈服剪切应力较大,在一定重力条件下,拌合物内部质点移动相对困难,故在坍落度筒提起后较短的时间内便稳定下来。而大流动性混凝土拌合物的屈服剪切应力相对较小,在拌合物流动过程中,还可能会受拌合物塑性黏度影响,增大坍落度稳定所需的时间。故在坍落度筒提起后,大流动性混凝土坍落度的稳定时间大于塑性混凝土。即使大流动性混凝土拌合物30s测试结果与最终坍落度值存在差值,但差值在修约精度要求5mm内,因而30s测得的坍落度值能够代表混凝土拌合物最终坍落度值,而且30s有利于缩短试验时间,提高试验效率。

2. 课程思政契合点

随着经济的发展和新材料、新技术的不断应用,技术标准需要持续不断的改进与完善。没有最好,只有更好。新的试验标准是标准编写组在广泛调研、认真总结实践经验、参考国外先进标准、广泛征求意见的基础上,对原标准的修订。

3. 价值引领

世界上的万事万物是变化发展的。因此我们不能用一成不变的眼光看待人和事。人们要正确地认识事物、分析问题,就必须用发展的观点观察和处理问题。

坚持用发展的眼光看问题,就是要把事物如实地看成一个变化发展的过程,要明确发展的实质是"进步",是"新事物的产生和旧事物的灭亡"。党的二十大报告指出,我们必须坚持解放思想、实事求是、与时俱进、求真务实。

思政点　如何理解用发展的眼光看问题

由水泥、砂、石、水、化学外加剂及矿物掺合料等拌制成的混合料，称为混凝土拌合物，又称新拌混凝土（Fresh Concrete）。

混凝土拌合物的流动性、离析、泌水、坍落度损失、凝结时间等性能和指标非常重要，因为它们会影响混凝土结构的强度、变形和耐久性等长期性能。为了保证最终混凝土在结构上满足设计要求，除了控制好早期的施工操作，还应当调节好混凝土拌合物的性能。

混凝土拌合物由于浇筑前后工作性的损失、捣实时的泌水和离析以及过缓的凝结和强度发展等因素产生的缺陷，会影响混凝土产品最终质量，从而缩短使用年限。因此，要特别关注混凝土拌合物，保证混凝土拌合物的性能。

由于混凝土配比的细小变化都会引起混凝土工作性的敏感变化，加之混凝土的突出特点之一是在新拌状态下具有与施工方法相适应的优良的工作性，混凝土拌合物工作性的测试和现场检验就变得更为重要。

混凝土的优良工作性，既包括传统混凝土拌合物工作性中的流动性、黏聚性（抗材料分离性）和泌水性等方面，又包括现代混凝土为适应泵送、免振等施工要求的大流动性、坍落度维持能力等方面。为使硬化后的混凝土具有较高的强度和密实度，混凝土中胶凝材料用量增大，除水泥之外，往往还要掺入 1~2 种矿物外加剂，同时使用高效减水剂，在较低的水胶比条件下获得高流动性，因此拌合物的黏性增大，变形需要一定的时间。所以，继续采用单一的坍落度值不能全面地反映混凝土的工作性。如何全面地评价这种流动性大且黏性较高的混凝土的工作性，是混凝土研究领域的一个新课题。

任务一　认知混凝土拌合物性能

一　工作性定义

工作性是指混凝土拌合物从搅拌开始到抹平结束，整个施工过程中易于运输、浇筑、振捣，不产生组分离析，容易抹平，并获得体积稳定、结构密实的混凝土的性质。

现代混凝土拌合物的工作性不仅仅包括流动性、黏聚性、保水性等含义，还包括充填性、可泵性和稳定性（即抗泌水和抗离析性）等概念。

1. 流动性

流动性（Flowability）是指混凝土拌合物在本身自重或机械振捣作用下产生流动，能均匀密实流满模板的性能，它反映了拌和混凝土的稀稠程度及充满模板的能力。

现代混凝土由于水胶比很低，必须使用高效减水剂来实现高流动性。在掺入高效减水剂后，拌合物的流动性增大，但流动速率却慢得多，而且还往往造成很大的坍落度损失。

目前，混凝土流动性主要通过坍落度试验、维勃稠度试验、扩展度试验、扩展时间试验等方法检测。

2. 充填性

充填性（Concrete Filling Capability）即混凝土拌合物通过钢筋间距等狭窄空间流到模板的各个角落不被堵塞且均匀填充的性质。

混凝土不仅应具有高流动性,而且应具有高抗堵塞能力。在配筋密集、模板形状复杂的情况下,流动性不足的混凝土充填性能差。流动性主要受含水率的控制。随着含水率的增加,流动性会逐渐增加,充填性也随之提高;但只由增加含水率而提高的流动性增加到一定程度后,会产生流动性很大而黏聚性不足的情况,此时粗集料在钢筋等障碍物处被堵塞,充填性不再提高,甚至下降。因此,现代混凝土尤其是自密实混凝土,不能只考虑其流动性。流动性很大的拌合物,不一定就具有良好的填充性。

目前,混凝土充填性常用间隙通过性试验、漏斗试验等方法检测。

3. 可泵性

可泵性(Pumpability)是指在泵送压力下,混凝土拌合物在管道中通过的能力。可泵性好的混凝土应该是:输送过程中与管道之间的流动阻力尽可能小;有足够的黏聚性,保证在泵送过程中不泌水,不离析。

目前,对低、中强度等级的泵送混凝土的可泵性,主要通过坍落度试验和压力泌水试验等方法检测。而对于高强泵送混凝土,由于其黏性很大,黏性的大小对可泵性产生重要影响,因此用坍落度值和压力泌水率值来评价不够全面,还需结合其他衡量混凝土拌合物黏性的指标来评价,也可用L型流动试验来综合评价其可泵性。

4. 稳定性

稳定性(Stability)是指在外力作用下,新拌混凝土保持所要求的均匀性的能力。

混凝土组分的增加、石子含量的降低等因素使得现代混凝土对匀质性的要求更高。混凝土材料控制所需要达到的首要目标是:尽可能实现混凝土从生产到浇筑成型全过程的"动态"均匀性。另外,集料除骨架作用外,还有应力分散的作用,这就需要混凝土具有合适的浆集比和胶砂比,使得集料能够良好地分散因水泥石收缩产生的拉应力。

混凝土的稳定性包含静态稳定性和动态稳定性两方面的内容。静态稳定性是指混凝土浇筑完成后至初凝前,粗集料能稳定悬浮在砂浆中的能力;动态稳定性是指新拌混凝土在运输、浇筑、泵送等工程操作中粗集料保持与砂浆同步流动的能力。混凝土不稳定的两个最普遍的表现是离析和泌水现象。

目前,混凝土拌合物的稳定性主要通过泌水试验、均匀性试验与抗离析试验等方法检测与评价。

工作性影响因素与改善措施

影响新拌混凝土工作性的因素主要有:材料组成、外观形态及其用量、施工条件和环境条件等。

1. 各组成材料的性质

1) 水泥

水泥在混凝土中是一种胶凝材料,起着胶结作用,包裹集料的表面并填充集料的空隙,使混合物有利于施工的工作性,确保硬化混凝土具有所需的强度、耐久性等。而水泥的品种、细度,矿物的组成及掺量都会影响混凝土的施工和易性。通常普通水泥的混凝土拌合物比矿渣和火山灰水泥的工作性好;矿渣水泥混合物的流动性虽然大,但黏聚性差,易泌水离析;火山灰水泥流动性差,但黏聚性好。此外水泥的细度对拌合物的工作性亦有一定的影响,在相同用水量情况下,水泥的细度越细,其新拌混凝土流动性越小,但可改善混凝土拌合物的黏聚性、保水性、减少泌水和离析现象。因此,在实际工作中应根据实际情况对水泥的品种进行选择。

2) 砂

砂在混凝土中是一种细集料,起次要骨架作用。优质的混凝土应选用具有密实度高和比表面积小的砂,既能保证硬化后混凝土的强度、耐久性满足要求,又能保证在施工中具有适宜的工作性,同时又节约水泥。砂的级配反映大小砂粒的搭配情况,级配影响砂的空隙率的大小。为节约水泥和提高混凝土的密实度,应该使用级配良好的砂以达到最小的空隙率。砂的粗细程度也会影响混凝土的工作性。如采用粗砂,拌制混凝土时其内摩阻力较大,保水性差,适宜配制水泥用量多的富混凝土或低流动混凝土;宜先选用中砂以配制不同等级混凝土;细砂配制的混凝土黏性较大,保水性能好,易插捣成型,但因其比表面积大,使用时宜降低砂率。

3) 石

石在混凝土中是一种粗集料,起主要骨架作用。石料的最大粒径、形状、表面特征与形态、级配等,都不同程度地影响混凝土的拌和质量。新拌混凝土随着石料最大粒径的增加,单位用水量相应减少,在固定用水量和水灰比的条件下,加大粒径,可获得较好的工作性;减少水灰比可提高混凝土的强度和耐久性。在选择石料时,用卵石比用碎石拌制而成的混凝土流动性大,但采用表面光滑的集料拌制的混凝土其强度将受到较大的影响。此外具有优良级配的集料拌制的混凝土流动性大,黏聚性和保水性较好。

4) 外加剂与掺合料

混凝土外加剂是在拌制混凝土过程中掺入,用以改善混凝土性质的物质。掺量一般不大于水泥质量的5%。混凝土拌合物的工作性能受混凝土外加剂的类型、品质和掺量等因素影响。掺合料是拌制混凝土时,为改善性能、节省水泥、降低成本而掺加的矿物质粉状材料。掺合料的种类、品质和掺量会影响新拌混凝土的工作性。混凝土多数都掺用粉煤灰、矿渣等掺合料,如果矿物掺合料的颗粒形态好,能有效地减少用水量,改善新拌混凝土的工作性。在水胶比基本相同的情况下,掺量不同对混凝土拌合物工作性的影响也有所不同。

2. 配合比参数对混凝土工作性影响

1) 水胶比

水胶比是指混凝土中水与水泥(胶凝材料)的质量之比。水胶比是调节水泥浆稠度的一个指标。在保持用水量不变的情况下,若增加水泥用量,即水胶比减小时,会使水泥浆变稠,拌合物流动性较小,而黏聚性和保水性较好;但当混凝土水泥用量过多时,在一定施工条件下难以密实成型,同时会使混凝土的设计强度达不到预期的要求,而且浪费过多的水泥。若水泥用量太少,即水胶比过大,此时过稀的水泥浆导致混凝土拌合物流动性过大,拌合物的黏聚性和保水性差,从而产生严重的离析和泌水现象,影响混凝土强度。因此,一定要选用科学合理的水胶比以确保混凝土的质量。

2) 浆集比

浆集比是指水泥浆质量与集料质量(包括砂和石)之比。混凝土拌合物中的水泥浆,除了填充集料间的空隙外,包裹在集料表面并稍有富余,以减少集料之间的摩擦力,使拌合物具有一定的流动性。在水胶比不变的条件下,水泥浆用量越多,浆集比越大,则拌合物的流动性越大,但水泥浆过多时,拌合物的黏聚性和保水性就会变差,不仅浪费水泥,同时对混凝土的强度和耐久性能会产生一定的影响;若水泥浆量过少,即浆骨比过小时,则不能完全地填充集料间的空隙及包裹集料表面,拌合物黏聚性就会很差,失去稳定性。因此,在配制混凝土时应根据实际情况确定水泥浆的用量,在满足工作性要求的前提下,兼顾强度、经济性和耐久性。

3)砂率

砂率是指砂的质量占砂、石总质量的百分比,它对混凝土集料间的空隙和总比面积影响较大。一般在砂石总量不变的情况下,砂率越小的,总比表面积越小,空隙越大,反之亦然。砂率对混凝土拌合物的工作性影响很大,一方面是砂形成的砂浆在粗集料间起润滑作用,在一定砂率范围内随砂率的增大,润滑作用越明显,流动性将提高;另一方面,在砂率增大的同时,集料的总表面积随之增大,需要的水泥浆量增多,在水泥浆用量一定的条件下,拌合物流动性降低,所以当砂率超过一定范围后,流动性反而随砂率的增大而降低。另外当砂率过小时,虽然集料的总比表面积减少,但由于砂浆量不足,不能在粗集料周围形成足够的砂浆层达到润滑作用,从而降低拌合物的流动性,更严重的将影响混凝土拌合物的黏聚性和保水性。因此,应在水灰比、集浆比不变的情况下,选取能够保证流动性、黏聚性和保水性的合理砂率。

3. 施工条件和环境条件

新拌混凝土的工作性在不同的施工、环境条件下往往会发生变化。影响新拌混凝土工作性的施工条件包括搅拌方式、搅拌时长等。若搅拌时长不足,混凝土的工作性就越差,质量也越不均匀。影响新拌混凝土工作性的环境条件包括温度、湿度、风速等。混凝土从拌和到振捣密实这段时间里,随着温度的升高,水泥的水化率、水分蒸发量将增大,同时水泥浆的流动性将会降低。同样风速和湿度也会影响拌合物的水分蒸发率,从而会影响混合物的坍落度。

改善混凝土拌合物工作性的主要措施有:

(1)选用适宜的水泥品种;

(2)改善砂、石料的级配,调整砂、石料的粒径,为加大流动性可加大粒径,若欲提高黏聚性和保水性可减小集料的粒径;

(3)通过试验,采用合理砂率;

(4)在水灰比不变的前提下,适当增加水泥浆的用量;

(5)掺加外加剂(如减水剂、引气剂、缓凝剂等),有效地改善混凝土拌合物的工作性;

(6)根据具体环境条件,尽可能缩小新拌混凝土的运输时间,若不允许,可掺缓凝剂、流变剂以减少坍落度损失。

三 混凝土流动性经时损失

水泥经加水搅拌后即开始水化。混凝土中的水由于水泥的水化而逐渐被消耗,同时也在空气中逐渐被蒸发。因此,混凝土的流动性随着时间的延续而逐渐降低,直到完全失去塑性而终凝,达到最终强度。新拌混凝土的流动性随时间的延续而逐渐减小的现象就是混凝土流动性经时损失,也称流动性损失、坍落度经时损失。

1. 流动性经时损失的机理

混凝土流动性损失是由水泥水化的过程以及自由水分的蒸发引起的。在混凝土中加入高效减水剂后,不仅可解放束缚水,而且能增加水泥水化的比表面积,延缓水泥的凝结时间。试验表明,水泥水化开始时,由于减水剂的存在,使得放热量降低;随后,水泥颗粒的分散作用使水泥颗粒的比表面积增大,水化过程加速,放热量增大。这是因为减水剂吸附在水泥颗粒上时,阻碍了水泥与水的反应,推迟了新晶体的生成,早期水化阶段明显推迟。但是,在第二阶段水化反应开始时,掺减水剂的拌合物中铝酸三钙(C_3A)与石膏反应生成的细小钙矾石不断形成,迅速从拌合物中吸水,使坍落度损失大大超过未掺减水剂的拌合物坍落度损失。通过调节石膏掺量,得到最佳 SO_3 含量,可改变浆体的初始结构和水化反应,显著减小坍落度经时损失。

现代混凝土大多数都加入了减水剂,使得混凝土单位用水量大幅度减少,而加减水剂与不加减水剂混凝土的水分蒸发量基本相近,所以掺高效减水剂的混凝土单位体积的水分蒸发率相对较大,因此掺减水剂的混凝土坍落度经时损失较大。

预拌混凝土从开始搅拌到施工浇筑之间有一个时间差,这段时间混凝土中的水泥水化、砂石润湿需要水,而且混凝土在运输中气泡不断外溢,水分不断蒸发,因此,预拌混凝土坍落度经时损失与现场搅拌混凝土相比要大得多。

2. 流动性经时损失过大对混凝土造成的不利影响

对普通混凝土来说,混凝土发生流动性经时损失是一种正常的现象,没有流动性经时损失混凝土就不会凝结硬化。而对于水胶比很低的现代混凝土,其高流变性是通过掺入高效减水剂来实现的。这种由于外加剂的作用而增大的流动性随时间下降得很快,有的 30min 可下降50%,60min 可回到原始状态,流动性保持的时间大大低于施工各工序要求的时间,为非正常的流动性损失。减水剂的减水率越大,这种损失越明显;温度越高,流动性损失越快。

预拌混凝土坍落度损失过大,会使混凝土水平方向的流动性变差,和易性和可泵性也随之变差,会造成混凝土泵送、浇筑、成型困难,而且混凝土施工时不易振捣密实,容易出现蜂窝麻面、空洞等质量缺陷,影响结构外观质量。

3. 影响混凝土流动性经时损失的主要因素

混凝土流动性经时损失过快是混凝土施工中的一种常见现象,直接影响到混凝土浇筑的操作性和施工进程。导致混凝土流动性经时损失过快的因素种类繁多,正确分析影响混凝土流动性经时损失过快的因素对提高混凝土施工效率,提高混凝土耐久性具有重要意义。

1) 原材料影响

(1) 水泥

水泥熟料的矿物组成及其形态,直接影响到水泥水化硬化的进程以及对外加剂的吸附,因此对混凝土的施工性能有很大的影响。水泥水化消耗自由水,并产生水化产物,使新拌混凝土的黏度增大是导致坍落度损失的主要原因。水泥熟料四大矿物为硅酸三钙(C_3S)、硅酸二钙(C_2S)、铝酸三钙(C_3A)、铁铝酸四钙(C_4AF)。其中 C_3A 水化最快,如果没有合适的调凝组分,C_3A 很快水化生成片状的水化 C_4A,这些水化产物相互搭接,致使新拌混凝土很快丧失流动性。C_3S 水化反应也很快,并且由于 C_3S 是水泥熟料中含量高的矿物,其水化程度直接影响浆体的凝结硬化。因此,熟料中 C_3A 和 C_3S 含量的水泥,特别是 C_3A 含量高的水泥,初期水化快,易造成混凝土坍落度损失。

水泥组分中的石膏也会对混凝土的坍落度产生很大影响。在水泥粉磨过程中,由于熟料温度很高,会使水泥所用的二水石膏发生脱水形成半水石膏、无水石膏,使硫酸盐的活性增加。因二水石膏的溶解度和溶解速率小于半水石膏,且大于无水石膏,故石膏能调节水泥硬化凝结时间。掺入一定量石膏后,会使水泥水化速度变慢,但掺入石膏量不足或过多时,反而会使水泥的水化速度增快,导致浆体丧失流动性。有石膏存在时,C_3A 与石膏反应生成钙矾石。如石膏的活性与 C_3A 匹配,则生成凝胶状钙矾石,覆盖在 C_3A 表面,抑制其水化,这时混凝土工作性良好;如果石膏活性不足,生成针棒状钙矾石及水化铝酸钙,则会造成水泥浆体流动性丧失;如石膏含量过大,则会生成条状次生石膏,从而导致流动性丧失。

水泥生产厂家为了提高水泥的标号,最简单的方法就是添加适量的助磨剂以提高水泥的比表面积,改变水泥颗粒级配,使水泥颗粒堆积体空隙率增大,需水量增大,导致水泥水化反应加快,坍落度损失增大,施工性较差。

水泥熟料在生产过程中由于原材料带入少量的碱,部分碱固熔到熟料矿物中,部分以可溶性碱的形式存在。可溶性碱对水泥的水化有促进作用,对混凝土的施工性和强度都产生影响。有专家针对碱与混凝土外加剂适应性问题开展研究,研究表明:可溶性碱加快了水泥的水化反应,从而导致了水泥的需水量增加,坍落度减小,坍落度损失增大。

(2) 外加剂

现如今,外加剂和水泥的种类繁多,不同的外加剂与不同种类的水泥之间的相容性也有很大的区别。水泥与外加剂的相容性与其对外加剂的吸附量有关。外加剂主要被吸附到水化产物表面。凡是水化快和产生的水化产物比表面积大的水泥,吸附的外加剂就越多,与外加剂的相容性就越差。水泥熟料的矿物组成中,水化最快的是 C_3A,其水化产物比表面积较大,因此对外加剂吸附能力较大。水泥中几种矿物对外加剂的吸附能力为: $C_3A > C_4AF > C_3S > C_2S$。

在水泥开始搅拌后,外加剂随之被吸附到水泥颗粒表面,首先吸附减水剂并迅速起水化反应的是 C_3A、C_4AF,而当在水泥矿物组成中占绝大部分的 C_3S 和 C_2S 开始吸附并水化反应时,液相中外加剂的浓度已经变得很低,而且水泥颗粒表面的电位值减小,因此混凝土的和易性变差,坍落度变小。

水泥和泵送剂是否匹配、适应,必须通过适应性检测来确定,泵送剂掺量要通过与水泥胶凝材料的适应性检测,确定最佳掺量。泵送剂中的引气、缓凝成分的含量,对混凝土坍落度损失影响较大,引气、缓凝成分多,混凝土坍落度损失慢,否则损失快。萘系高效减水剂配制的混凝土坍落度损失快,在低正温 +5℃ 以下时,损失较慢。

(3) 矿物掺合料

为了提高混凝土的性能、降低混凝土的成本,在混凝土配制过程中,往往将矿物掺合料掺加到混凝土中。矿物掺合料改善了水泥的颗粒级配,从而减少了需水量,有利于改善混凝土的流动性。同时,矿物掺合料的反应包括潜在的水化反应和火山灰效应,其降低了水化初期水泥对水的消耗,也有利于改善混凝土的流动性。但是,当粉煤灰的含碳量超过 5% 时,由于碳对水和外加剂的吸附,会导致混凝土坍落度降低,也增加了混凝土坍落度损失。

(4) 集料

普通混凝土中,集料的体积占到总体积的 60% 以上。集料是混凝土中承受荷载、抵抗侵蚀和增强混凝土体积稳定性重要的组成材料。因此,集料的性能对混凝土拌合物的性能有直接影响。若拌制混凝土时采用的集料比较干,且集料的吸水率较大,就会吸取混凝土中大量的水分,使自由水减少,从而导致混凝土拌合物的坍落度变小,即坍落度损失增大;若集料的级配不好,则会造成拌合物的和易性变差,易产生泌水、离析等问题;若集料过细,则比表面积增大,会加大对水分的吸收,所以在相同用水量的情况下,混凝土坍落度变小。

混凝土所用粗细集料的含泥量和泥块含量超标、碎石针片状颗粒含量超标等都会造成混凝土坍落度损失加快。如果粗集料吸水率大,尤其是使用碎石时,在夏季高温季节经高温暴晒后,一旦投入到搅拌机内它会在短时间内大量吸水,造成混凝土短时间内 (30min) 坍落度损失加快。

2) 配合比

(1) 水灰比的影响

混凝土水灰比大小对混凝土坍损能产生一定的影响。一般来说,水灰比越小坍损越大。

(2)砂率的影响

砂率对泵送混凝土的工作性有着双重影响。首先,在一定范围内,增大砂率能够加强砂浆所引起的润滑作用,从而提高泵送混凝土拌合物的和易性;其次,若砂率超过一定范围,由于细集料总表面积增加,其表面所需的湿润水增多,在一定用水量的条件下,砂浆会变得过黏,从而使泵送混凝土拌合物的流动性变差,坍落度损失变大。因此,在满足泵送前提下,应尽可能降低砂率。

(3)外加剂掺量

配合比中外加剂掺量偏低,外加剂用量不够,外加剂的分散作用不能充分发挥,也会造成坍落度损失。

(4)温度的影响

温度对混凝土坍落度损失的影响需要特别关注。炎热的夏季,气温大于30℃时,相对于20℃时的混凝土坍落度损失要加快50%以上;当气温低于5℃时,混凝土坍落度损失又很小甚至不损失。因此,泵送混凝土在生产和施工时,要密切关注气温对混凝土坍落度的影响。

原材料的使用温度过高,会造成混凝土出现温度升高和坍落度损失加快。一般要求混凝土出机温度应在5~35℃内,超出此温度范围,就要采取相应的技术措施。高于35℃时应加冷水、冰水、地下水以降温,低于5℃时应加热水和提高原材料温度等。

一般要求水泥、掺合料的使用温度最高不能超过50℃,冬期泵送混凝土加热水的使用温度不宜高于40℃,否则,不但造成混凝土坍落度损失加快,甚至会造成混凝土速凝,在搅拌机内出现假凝状态,导致混凝土出不了搅拌机或运到现场后卸料困难。

所用胶凝材料使用温度越高,泵送剂中的减水成分对混凝土塑化效果越差,混凝土坍落度损失会加快。混凝土温度变化与坍落度损失成正相关,混凝土每提高5~10℃,坍落度损失可达20~30mm。

3)混凝土生产、运输与施工

(1)混凝土搅拌

混凝土搅拌时间过长会造成集料吸水量加大,使混凝土熟料中的自由水分减少,造成坍落度损失。

(2)混凝土运输

混凝土静态比动态坍落度损失快。动态时,混凝土不断地受到搅拌,使泵送剂中的减水成分与水泥不能充分反应,阻碍了水泥水化进程,从而使坍落度损失变缓;静态时,减水成分与水泥接触充分,加速了水泥水化进程,因此混凝土坍落度损失加快。混凝土运输或在现场等待时间过长,混凝土熟料由于发生化学反应、水分蒸发、集料吸水等原因自由水分减少,也会造成坍落度损失。

(3)浇筑速度与时间

混凝土浇筑过程中,混凝土熟料到达仓面内的时间越长,因发生化学反应、水分蒸发、集料吸水等多方面原因,会使混凝土熟料中的自由水分迅速减少造成坍落度损失,特别是当混凝土暴露在皮带运输机上时,表面与外界环境接触面积较大,水分蒸发迅速,对混凝土坍落度损失的影响最大。根据实际测定,当气温在25℃左右时,混凝土熟料现场坍落度在半小时内损失可达40mm。

混凝土浇筑时间不同,也是造成混凝土坍落度损失的一个重要原因。早上和晚上影响较小,中午和下午影响较大,早上和晚上气温低,水分蒸发慢,中午和下午气温高水分蒸发快,水分损失越快,混凝土坍落度损失越大,混凝土的流动性、黏聚性等越差,质量越难保证。

4. 改善混凝土流动性经时损失的措施

控制混凝土坍落度损失的技术措施是多途径、多方面的,应根据混凝土坍落度损失的原因,有针对性地采取措施,才能取得立竿见影的效果,主要应采取以下措施。

1) 混凝土原材料方面

(1) 水泥

选用 C_3A 含量低(不大于8%)、碱含量小(不大于0.6%)、细度不要太大的水泥,或要求水泥厂对施工预拌混凝土企业实行专门生产专库供应。搅拌站试验室应按要求进行水泥与外加剂净浆试验,确保外加剂与水泥适应性良好。

(2) 砂石

严格进行砂石外观检验,控制砂石含泥量、针片状石子及石粉含量。

(3) 外加剂掺合料

混凝土内掺入引气剂或引气缓凝剂,可有效地减少混凝土坍落度损失,掺入量通过试验确定。掺入引气剂后,产生的大量细密气泡,可将大量分散的水泥粒子隔离,是减少水泥二次吸附、降低混凝土坍落度损失的有效途径,适宜的混凝土含气量也是提高混凝土和易性、黏聚性、保水性、可泵性的有效途径。

在夏季高温季节,通过试验确定可加大掺合料的掺量,可有效地减少混凝土坍落度损失。掺合料宜选用 S95 级矿粉(比表面积在 $400m^2/kg$ 左右),粉煤灰宜选用烧失量低的一、二级粉煤灰。

外加剂选用与水泥适应性好的品种,并按要求进行混凝土凝结时间及坍损试验,根据环境温度、混凝土的坍损情况,及时要求厂家调整外加剂缓凝组分以降低水泥水化速度和水化热峰值,从而减小坍落度损失。

2) 混凝土生产方面

(1) 配合比

夏季生产时,在满足强度的前提下,尽量降低单位混凝土的水泥用量,适量加大矿物掺合料用量,由于粉煤灰中球形颗粒的滚珠表面光滑所起的润滑作用,在新拌混凝土中能保持较长时间,可以减少损失。

在混凝土满足泵送的前提下,尽可能选用坍落度低的配合比,因为坍落度损失大小一般与初始坍落度成正比,初始越大,坍落度损失越大。

根据砂的粗细,选用合适的砂率(满足泵送情况下,选较低的砂率),并到料场指定用砂区域,使砂的粗细、含水率保持相对稳定。

考虑到夏季水分蒸发快的影响,拌制混凝时,生产配合比在上午10:00~下午4:00这个时间段可以每立方混凝土多用 3~5kg 水。

(2) 出场控制

应严格控制混凝土出机温度。夏季混凝土搅拌前,应对各种原材料温度进行测量,根据测温结果对混凝土的出机温度进行推算,当推算温度大于30℃时,应对材料采取降温措施。

夏季生产时控制水泥进入搅拌机的温度不高于40℃,控制水温不超过20℃(采用深井冷水),有条件的可直接从井中抽水,避免拌和水在水箱中长期存放。集料进行预吸水降温处理,在入机前一天对集料洒水湿润,将集料的吸水过程由混凝土拌制后移到拌制前,有效地消除由于集料的吸水造成的坍落度损失,单次洒水不宜太多,可多次喷洒,并在使用前将集料翻匀,以防料堆上下的含水率不均匀。

夏季在满足混凝土和易性的前提下,尽可能缩短混凝土的搅拌时间,对混凝土运输车罐体进行洒水降温,尽量缩短运输时间,运输过程中宜慢速搅拌混凝土。

对泵送管道采取遮光覆盖、敷设湿麻袋、洒冷水降温等措施,若泵车停泵时间超过半小时,收料斗应用湿麻袋覆盖,防止混凝土坍落度损失过大导致堵管。

对于运距较远的工程,外加剂可采取二次添加法,即生产时混凝土外加剂先掺设计量的三分之二,到工地后再将剩余的三分之一加入。

在不可预测的情况下造成商品混凝土坍落度损失过快而无法泵送时,可采取泵送剂后添加法的方法。加入泵送剂后,混凝土运输车必须快速运转 2min 后测定混凝土坍落度,符合要求方可使用,后加法的掺量,应预先通过试验确定,但不可多次任意掺入,如掺量超过界限,会造成混凝土数日不凝固。

(3)混凝土施工方面

泵送混凝土的坍落度损失会随时间的推移而加快,随温度的提高而加大。混凝土出机后应在 60~90min 内浇筑入模,混凝土在 60min 后坍落度损失会加快,特别在高温季节施工时更为明显,当日平均气温低于 25℃ 时,宜在出机后 90min 内入模,高于 25℃ 时宜在 60min 内入模。混凝土的生产、施工双方应加强联络、调度和指挥,据运距远近、浇筑速度发车,不要压车过多、过长,超过混凝土初凝时间的混凝土应废弃,不得使用。即使混凝土加了减水剂变稀后也不能用,一般不加缓凝剂的混凝土,超过 5~8h 就不能再使用了,掺加缓凝剂的混凝土,根据缓凝时间确定。

混凝土坍落度损失是一个比较常见的现象,它给工程浇筑带来很多麻烦,但此问题并不是不能解决,只要制订合理的施工方案,选定优质稳定的原材料,确定合理的施工配比,严格把控混凝土出厂质量,完善应急保证体系,混凝土坍损问题就会得到解决,预拌混凝土质量就能保证。

任务二　现代混凝土拌合物性能试验检测

一　现代混凝土拌合物检测规定

(一)一般规定

(1)集料最大公称粒径应符合现行《普通混凝土用砂、石质量及检验方法标准》(JGJ 52)的规定。

(2)试验环境相对湿度不宜小于 50%,温度应保持在 20℃ ±5℃,所用材料、试验设备、容器及辅助设备的温度宜与试验室温度保持一致。

(3)现场试验时,应避免混凝土拌合物试样受到风、雨雪及阳光直射的影响。

(4)制作混凝土拌合物性能试验用试样时,所采用的搅拌机应符合现行《混凝土试验用搅拌机》(JGJ 244)的规定。

(5)试验设备使用前应经过校准。

(二)取样及试样制备

1. 取样

(1)同一组混凝土拌合物的取样应从同一盘混凝土或同一车混凝土中完成。取样量应多于试验所需量的 1.5 倍且宜不小于 20L。

动画：混凝土制备

（2）混凝土拌合物的取样应具有代表性，宜采用多次采样的方法，一般应在同一盘混凝土或同一车混凝土中的约 1/4、1/2 和 3/4 处之间分别取样，并搅拌均匀；第一次取样和最后一次取样的时间间隔不宜超过 15min。

（3）宜在取样后 5min 内开始各项性能试验。

2. 试样的制备

在试验室制备混凝土拌合物的搅拌应符合下列规定：

（1）混凝土拌合物应采用搅拌机搅拌，搅拌前应将搅拌机冲洗干净，并预拌少量同种混凝土拌合物或水胶比相同的砂浆，搅拌机内壁挂浆后将剩余料卸出；

（2）称好的粗集料、胶凝材料、细集料和水应依次加入搅拌机，难溶和不溶的粉状外加剂宜与胶凝材料同时加入搅拌机，液体和可溶外加剂宜与拌和水同时加入搅拌机；

（3）混凝土拌合物宜连续搅拌 2min 以上，直至搅拌均匀；

（4）混凝土拌合物一次搅拌量不宜少于搅拌机公称容量的 1/4，不应大于搅拌机公称容量，且不应少于 20L；

试验室搅拌混凝土时，材料用量应以质量计量。集料的称量精度应为 ±0.5%；水泥、掺合料、水、外加剂的称量精度均应为 ±0.2%。

（三）拌合物性能检验频次

（1）在生产施工过程中，应在搅拌地点和浇筑地点分别对混凝土拌合物进行抽样检验。搅拌地点的检验属于生产企业的控制性自检，浇筑地点检验属于验收检验，但凝结时间检验可以在搅拌地点进行。

（2）混凝土拌合物的检验频率应符合下列规定：

①根据《混凝土强度检验评定标准》（GB/T 50107—2010），混凝土坍落度取样检验频率和数量应符合下列规定：

a. 每 100 盘，但不超过 100m³ 的同配合比混凝土，取样次数不应少于 1 次；

b. 每一工作班拌制的同配合比混凝土，不足 100 盘和 100m³ 时其取样次数不应少于 1 次；

c. 当一次连续浇筑的同配合比混凝土超过 1000m³ 时，每 200m³ 取样不应少于 1 次；

d. 对房屋建筑，每一楼层、同一配合比的混凝土，取样不应少于 1 次。

②同一工程、同一配合比、采用同一批次水泥和外加剂的混凝土的凝结时间应至少检验 1 次。

③同一工程、同一配合比的混凝土的氯离子含量应至少检验 1 次；同一工程、同一配合比和采用同一批次海砂的混凝土的氯离子含量应至少检验 1 次。

（3）混凝土拌合物性能应符合《混凝土质量控制标准》（GB 50164—2011）第 3.1 节的规定。

坍落度试验及坍落度经时损失试验

（一）坍落度试验（Tests of Slump）

1. 试验目的与适用范围

本方法宜用于集料最大公称粒径不大于 40mm、坍落度不小于 10mm 的混凝土拌合物坍落度的测定。

2. 试验设备及规定

（1）坍落度仪应符合现行《混凝土坍落度仪》（JG/T 248）的规定。

坍落度仪由坍落度筒、漏斗、钢尺、捣棒和底板等组成。

坍落度筒：坍落度筒内壁应光滑无凹凸。底面和顶面应互相平行并与锥体的轴线垂直。在坍落度筒外 2/3 高度处设置两只左右对称的把手，坍落度筒外表面距底部适当位置，应设置两只对称且略向上倾斜的脚踏板。筒的内部尺寸为：底部内径 200±1mm，顶部内径 100±1mm，高度 300±1mm。

金属捣棒：直径 16mm±0.2mm，长度 600mm±5mm，端部为弹头形。

坍落度筒及金属捣棒见图 3-1。

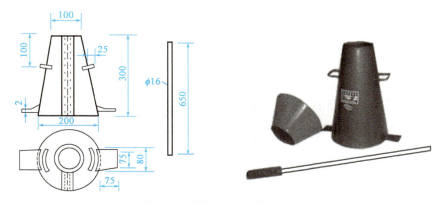

图 3-1　混凝土坍落度筒及金属捣棒（尺寸单位：mm）

（2）应配备 2 把钢尺，钢尺的量程不应小于 300mm，分度值不应大于 1mm。

（3）底板应采用平面尺寸不小于 1500mm×1500mm、厚度不小于 3mm 的钢板，其最大挠度不应大于 3mm。

（4）小铁铲、抹刀等。

3. 试验步骤

（1）坍落度筒内壁和底板应润湿无明水，底板应放置在坚实的水平面上，并把坍落度筒放在底板中心，然后用脚踩住两边的脚踏板，坍落度筒在装料时应保持在固定的位置。

（2）混凝土拌合物试样应分三层均匀地装入坍落度筒内，每装一层混凝土拌合物，应用捣棒由边缘向中心按螺旋形均匀插捣 25 次，捣实后每层混凝土拌合物试样高度约为筒高的三分之一。

（3）插捣底层时，捣棒应贯穿整个深度，插捣第二层和顶层时，捣棒应插透本层与下一层的顶面。

（4）顶层混凝土拌合物装料应高出筒口，插捣过程中，混凝土拌合物低于筒口时，应随时添加。

（5）顶层插捣完后，取下装料漏斗，应将多余混凝土拌合物刮去，并沿筒口抹平。

（6）清除筒边底板上的混凝土后，应垂直平稳地提起坍落度筒，并轻放于试样旁边；当试样不再继续坍落或坍落时间达 30s 时，用钢尺测量出筒高与坍落后混凝土试体最高点之间的高度差，作为该混凝土拌合物的坍落度值。

4. 结果处理

混凝土拌合物坍落度值以 mm 为单位，测量应精确至 1mm，结果应修约至最接近的 5mm。

5. 注意事项

（1）坍落度筒的提离过程时长宜控制在 3~7s；从开始装料到提坍落度筒的整个过程应连续进行，并应在 150s 内完成。

（2）将坍落度筒提起后混凝土发生一边崩坍或剪坏现象时，应重新取样另行测定；第二次试验仍出现一边崩坍或剪坏现象，应予记录说明。

（二）坍落度经时损失试验（Slump Loses through Time）

1. 试验目的与适用范围

本试验方法可用于混凝土拌合物的坍落度随静置时间变化的测定。

2. 试验设备及规定

坍落度经时损失试验的试验设备应符合的规定与坍落度试验相同。

3. 试验步骤

（1）应测量出机时的混凝土拌合物的初始坍落度值 H_0。

（2）将全部混凝土拌合物试样装入塑料桶或不被水泥浆腐蚀的金属桶内，应用桶盖或塑料薄膜密封静置。

（3）自搅拌加水开始计时，静置 60min 后应将桶内混凝土拌合物试样全部倒入搅拌机内，搅拌 20s，再次进行坍落度试验，得出 60min 坍落度值 H_{60}。

4. 结果处理

（1）计算初始坍落度值与 60min 坍落度值的差值，可得到 60min 混凝土坍落度经时损失试验结果。

（2）当工程要求调整静置时长时，则应按实际静置时长测定并计算混凝土坍落度经时损失。

5. 试验检测记录与示例

某高速公路项目试验室，检测一批桥梁、隧道、涵洞、路基防护工程用混凝土坍落度及坍落度经时损失，试验记录如表 3-1 所示。

坍落度试验及坍落度经时损失试验　　　　表 3-1

试验条件：温度：<u>19℃</u>；相对湿度：<u>57%</u>；混凝土种类：<u>水泥混凝土</u>
搅拌及振捣方式：<u>机械</u>；检测依据：<u>GB/T 50080—2016</u>

编　号	出机时混凝土拌合物坍落度（mm）		静置 60min 后混凝土拌合物坍落度（mm）		坍落度经时损失（mm）
	测量值	修约值	测量值	修约值	
1	194	195	187	185	10

三 扩展度试验及扩展度经时损失试验

（一）扩展度试验（Tests of Slump-flow）

1. 试验目的与适用范围

本试验方法宜用于集料最大公称粒径不大于 40mm、坍落度不小于 160mm 混凝土扩展度的测定。

2. 试验设备及规定

(1) 坍落度仪应符合现行《混凝土坍落度仪》(JG/T 248) 的规定。

(2) 钢尺的量程不应小于 1000mm，分度值不应大于 1mm。

(3) 底板应采用平面尺寸不小于 1500mm×1500mm、厚度不小于 3mm 的钢板，其最大挠度不应大于 3mm。

3. 试验步骤

(1) 试验设备准备、混凝土拌合物装料和插捣应符合坍落度试验步骤中第 (1)~(5) 的规定。

(2) 清除筒边底板上的混凝土后，应垂直平稳地提起坍落度筒，坍落度筒的提离过程时长宜控制在 3~7s；当混凝土拌合物不再扩散或扩散持续时间已达 50s 时，应使用钢尺测量混凝土拌合物展开的扩展面的最大直径以及与最大直径呈垂直方向的直径。

4. 结果处理

(1) 混凝土拌合物扩展度值测量应精确至 1mm，结果修约至最接近的 5mm。

(2) 当两直径之差小于 50mm 时，应取其算术平均值作为扩展度试验结果；当两直径之差大于或等于 50mm 时，应重新取样测定。

(3) 发现粗集料在中央堆集或边缘有浆体析出时，应记录说明。

5. 注意事项

扩展度试验从开始装料到测得混凝土扩展度值的整个过程应连续进行，并应在 4min 内完成。

(二) 扩展度经时损失试验 (Slump-flow Loses through Time)

1. 试验目的与适用范围

本试验方法可用于混凝土拌合物的扩展度随静置时间变化的测定。

2. 试验设备及规定

扩展度经时损失试验的试验设备应符合的规定与扩展度试验相同。

3. 试验步骤

(1) 应测量出机时的混凝土拌合物的初始扩展度值 L_0。

(2) 将全部混凝土拌合物试样装入塑料桶或不被水泥浆腐蚀的金属桶内，应用桶盖或塑料薄膜密封静置。

(3) 自搅拌加水开始计时，静置 60min 后应将桶内混凝土拌合物试样全部倒入搅拌机内，搅拌 20s，再次进行扩展度试验，得出 60min 扩展度值 L_{60}。

4. 结果处理

(1) 计算初始扩展度值与 60min 扩展度值的差值，可得到 60min 混凝土扩展度经时损失试验结果。

(2) 当工程要求调整静置时间时，则应按实际静置时间测定并计算混凝土扩展度经时损失。

5. 试验检测记录与示例

某高速公路中心试验室,检测水泥混凝土扩展度及扩展度经时损失,试验记录如表 3-2 所示。

混凝土扩展度及扩展度经时损失试验　　　　　表 3-2

试验条件:温度:<u>19℃</u>;相对湿度:<u>57%</u>;混凝土种类:<u>水泥混凝土</u>
搅拌及振捣方式:<u>机械</u>;检测依据:GB/T 50080—2016

样品编号	扩展度(mm)			静置 60 min 后混凝土拌合物扩展度(mm)			扩展度经时损失(mm)
	最大直径方向	最大直径垂直方向	测定值	最大直径方向	最大直径垂直方向	测定值	
1	448	422	435	405	395	400	35

四、间隙通过性试验(Test of Passing Ability)

动画:间隙通过性试验
(自密实混凝土 J 环)

1. 试验目的与适用范围

本试验方法宜用于集料最大公称粒径不大于 20mm 的混凝土拌合物间隙通过性的测定。

2. 试验设备及规定

(1)J 环应由钢或不锈钢制成,圆环中心直径应为 300mm,厚度应为 25mm;并应用螺母和垫圈将 16 根圆钢锁在圆环上,圆钢直径应为 16mm,高应为 100mm;圆钢中心间距应为 58.9mm(图 3-2)。

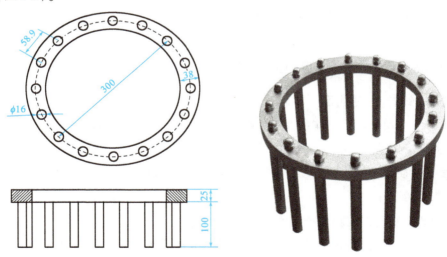

图 3-2 J 环(尺寸单位:mm)

(2)混凝土坍落度筒不应带有脚踏板,坍落度筒的材料和尺寸应符合现行《混凝土坍落度仪》(JG/T 248)的规定。

(3)底板应采用平面尺寸不小于 1500mm×1500mm、厚度不小于 3mm 的钢板,其最大挠度不应大于 3mm。

3. 试验步骤

(1)底板、J 环和坍落度筒内壁应润湿无明水,底板应放置在坚实的水平面上,J 环应放在底板中心。

（2）坍落度筒应正向放置在底板中心，并与J环同心，将混凝土拌合物一次性填满坍落度筒。

（3）用刮刀刮除坍落度筒顶部混凝土拌合物余料，应将混凝土拌合物沿坍落度筒口抹平，清除筒边底板上的混凝土后，应垂直平稳地向上提起坍落度筒至250mm±50mm高度，提离时间宜控制在3~7s；自开始入料至提起坍落度筒应在150s内完成；当混凝土拌合物不再扩散或扩散持续时间已达50s时，测量展开扩展面的最大直径以及与最大直径呈垂直方向的直径；测量应精确至1mm，结果修约至最接近的5mm。

4. 结果处理

（1）J环扩展度应为混凝土拌合物坍落扩展终止后扩展面相互垂直的两个直径的平均值，当两个直径之差大于50mm时，应重新试验测定。

（2）混凝土扩展度与J环扩展度的差值应作为混凝土间隙通过性性能指标结果。

5. 注意事项

集料在J环圆钢处出现堵塞时，应予记录说明。

6. 试验检测记录与示例

某预制构件厂试验室，检测某桥梁工程用自密实混凝土间隙通过性，试验记录如表3-3所示。

混凝土间隙通过性试验　　　　　　　表3-3

试验条件：温度：<u>19℃</u>；相对湿度：<u>57%</u>；混凝土种类：<u>水泥混凝土</u>
搅拌及振捣方式：<u>机械</u>；检测依据：<u>GB/T 50080—2016</u>

试样编号	扩展度（mm）			J环扩展度（mm）			间隙通过性性能指标（mm）
	最大直径方向	最大直径垂直方向	测定值	最大直径方向	最大直径垂直方向	测定值	
1	586	574	580	534	546	540	35
J环圆钢处是否出现集料堵塞				否			

五 凝结时间试验（Test of Setting Time）

1. 试验目的与适用范围

本试验方法宜用于从混凝土拌合物中筛出砂浆，用贯入阻力法测定坍落度值不为零的混凝土拌合物的初凝时间与终凝时间。

2. 试验设备及规定

（1）贯入阻力仪（图3-3）的最大测量值不应小于1000N，精度应为±10N；测针长100mm，在距贯入端25mm处应有明显标记；测针的承压面积应为100mm²、50mm²和20mm²三种。

（2）砂浆试样筒应为上口内径160mm，下口内径150mm，净高150mm的刚性不透水的金属圆筒，并配有盖子。

（3）试验筛应采用筛孔公称直径为5.00mm的方孔筛，并应符合现行《试验筛技术要求和检验　第2部分：金属穿孔板试验筛》（GB/T 6003.2）的规定。

（4）振动台应符合现行《混凝土试验用振动台》（JG/T 245）的规定。

（5）捣棒直径 16mm±0.2mm，长度 600mm±5mm，并应符合现行《混凝土坍落度仪》（JG/T 248）的规定。

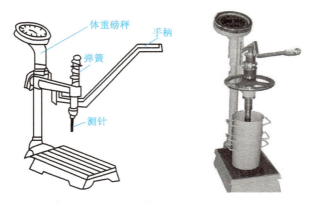

图 3-3　混凝土贯入阻力仪

3. 试验步骤

（1）应用试验筛从混凝土拌合物中筛出砂浆，然后将筛出的砂浆搅拌均匀；将砂浆一次分别装入三个试样筒中。取样混凝土坍落度不大于 90mm 时，宜用振动台振实砂浆。取样混凝土坍落度大于 90mm 时，宜用捣棒人工捣实；用振动台振实砂浆时，振动应持续到表面出浆为止，不得过振；用捣棒人工捣实时，应沿螺旋方向由外向中心均匀插捣 25 次，然后用橡皮锤敲击筒壁，直至表面插捣孔消失为止。振实或插捣后，砂浆表面宜低于砂浆试样筒口 10mm，并应立即加盖。

（2）砂浆试样制备完毕，应置于温度为 20℃±2℃ 的环境中待测，并在整个测试过程中，环境温度应始终保持 20℃±2℃。在整个测试过程中，除在吸取泌水或进行贯入试验外，试样筒应始终加盖。现场同条件测试时，试验环境应与现场一致。

（3）凝结时间测定从混凝土搅拌加水开始计时。根据混凝土拌合物的性能，确定测针试验时间，以后每隔 0.5h 测试一次，在临近初凝和终凝时，应缩短测试间隔时间。

（4）在每次测试前 2min，将一片 20mm±5mm 厚的垫块垫入筒底一侧使其倾斜，用吸液管吸去表面的泌水，吸水后应复原。

（5）测试时，将砂浆试样筒置于贯入阻力仪上，测针端部与砂浆表面接触，应在 10s±2s 内均匀地使测针贯入砂浆 25mm±2mm 深度，记录最大贯入阻力值，精确至 10N；记录测试时间，精确至 1min。

（6）每个砂浆筒每次测 1~2 个点，各测点的间距不应小于 15mm，测点与试样筒壁的距离不应小于 25mm。

（7）每个试样的贯入阻力测试不应少于 6 次，直至单位面积贯入阻力大于 28MPa 为止。

（8）根据砂浆凝结状况，在测试过程中应以测针承压面积从大到小顺序更换测针，更换测针应按表 3-4 的规定选用。

测针选用规定表　　　　　　　　　　　　　　　表 3-4

单位面积贯入阻力（MPa）	0.2~3.5	3.5~20	20~28
测针面积（mm²）	100	50	20

4. 结果处理

(1) 单位面积贯入阻力的结果计算以及初凝时间和终凝时间的确定应按下下列方法进行：

① 单位面积贯入阻力应按式(3-1)计算：

$$f_{PR} = \frac{P}{A} \tag{3-1}$$

式中：f_{PR}——单位面积贯入阻力，MPa，精确至 0.1 MPa；
P——贯入压力，N；
A——测针面积，mm^2。

② 凝结时间宜按式(3-2)通过线性回归方法确定；根据式(3-2)可求得当单位面积贯入阻力为 3.5 MPa 时对应的时间应为初凝时间，单位面积贯入阻力为 28 MPa 时对应的时间应为终凝时间。

$$\ln t = a + b\ln f_{PR} \tag{3-2}$$

式中：t——单位面积贯入阻力对应的测试时间，min；
a、b——线性回归系数。

③ 凝结时间也可用绘图拟合方法确定，应以单位面积贯入阻力为纵坐标，测试时间为横坐标，绘制出单位面积贯入阻力与测试时间之间的关系曲线；分别以 3.5 MPa 和 28 MPa 绘制两条平行于横坐标的直线，与曲线交点的横坐标分别为初凝时间和终凝时间。凝结时间结果应用 h:min 表示，精确至 5min。

(2) 一般情况下，应以三个试样的初凝时间和终凝时间的算术平均值作为此次试验初凝时间和终凝时间的试验结果；当三个测值的最大值或最小值中有一个与中间值之差超过中间值的 10% 时，应以中间值作为试验结果；当最大值和最小值与中间值之差均超过中间值的 10% 时，应重新试验。

5. 试验检测记录与示例

某高速公路中心试验室，检测混凝土拌合物凝结时间，试验记录如表 3-5 所示。

混凝土拌合物凝结时间试验　　表 3-5

试验条件：温度：<u>19℃</u>；相对湿度：<u>57%</u>；混凝土种类：<u>水泥混凝土</u>
搅拌及振捣方式：<u>机械</u>；检测依据：<u>GB/T 50080—2016</u>

强度等级		C30		成型时间				9:08				
				试样1			试样2			试样3		
序号	测试时间	时间(min)	ln t	测针面积(mm^2)	贯入压力(N)	贯入阻力(MPa)	$\ln f_{PR}$	测针面积(mm^2)	贯入压力(N)	贯入阻力(MPa)	$\ln f_{PR}$	测针面积(mm^2)	贯入压力(N)	贯入阻力(MPa)	$\ln f_{PR}$
1	13:18	250	5.5215	100	100	1.0	0.0000	100	110	1.1	0.0953	100	120	1.2	0.1823
2	13:48	280	5.6348	100	140	1.4	0.3365	100	150	1.5	0.4055	100	160	1.6	0.4700
3	14:18	310	5.7366	100	180	1.8	0.5878	100	190	1.9	0.6419	100	200	2.0	0.6931
4	14:48	340	5.8289	100	250	2.5	0.9163	100	260	2.6	0.9555	100	270	2.7	0.9933
5	15:18	370	5.9135	100	320	3.2	1.1632	100	330	3.3	1.1939	100	340	3.4	1.2238
6	15:48	400	5.9915	50	255	5.1	1.6292	50	260	5.2	1.6487	50	265	5.3	1.6677

续上表

序号	测试时间	时间(min)	ln t	试样1				试样2				试样3			
				测针面积 mm²	贯入压力 (N)	贯入阻力 (MPa)	$\ln f_{PR}$	测针面积 mm²	贯入压力 (N)	贯入阻力 (MPa)	$\ln f_{PR}$	测针面积 mm²	贯入压力 (N)	贯入阻力 (MPa)	$\ln f_{PR}$
7	16:18	430	6.0638	50	420	8.4	2.1282	50	430	8.6	2.1518	50	435	8.7	2.1633
8	16:48	460	6.1312	50	545	10.9	2.3888	50	550	11.0	2.3979	50	560	11.2	2.4159
9	17:18	490	6.1944	50	754	15.1	2.7147	50	759	15.2	2.7213	50	764	15.3	2.7279
10	17:48	520	6.2538	50	965	19.3	2.9601	50	970	19.4	2.9653	50	975	19.5	2.9704
11	18:18	550	6.3099	20	465	23.3	3.1485	20	470	23.5	3.1570	20	475	23.8	3.1697
12	18:48	580	6.3630	20	547	27.4	3.3105	20	552	27.6	3.3178	20	557	27.9	3.3286
13	19:18	610	6.4135	20	612	30.6	3.4210	20	617	30.9	3.4308	20	622	31.1	3.4372

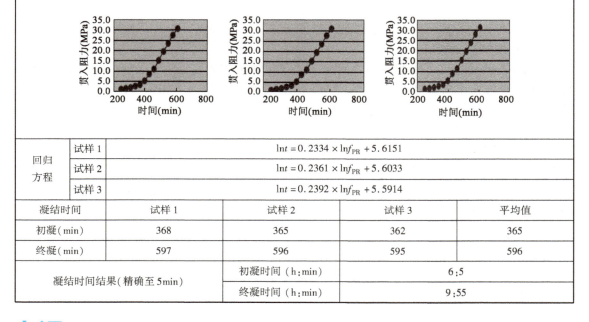

回归方程	试样1	$\ln t = 0.2334 \times \ln f_{PR} + 5.6151$		
	试样2	$\ln t = 0.2361 \times \ln f_{PR} + 5.6033$		
	试样3	$\ln t = 0.2392 \times \ln f_{PR} + 5.5914$		
凝结时间	试样1	试样2	试样3	平均值
初凝(min)	368	365	362	365
终凝(min)	597	596	595	596
凝结时间结果(精确至5min)	初凝时间(h:min)	6:5		
	终凝时间(h:min)	9:55		

六 泌水试验(Test of Bleeding)

1. 试验目的与适用范围

本试验方法宜用于集料最大公称粒径不大于40mm的混凝土拌合物泌水的测定。

2. 试验设备及规定

(1)容量筒容积应为5L,并应配有盖子。

(2)量筒应为容量100mL、分度值1mL,并应带塞。

(3)振动台应符合现行《混凝土试验用振动台》(JG/T 245)的规定。

(4)捣棒直径16mm±0.2mm,长度600mm±5mm,并应符合现行《混凝土坍落度仪》(JG/T 248)的规定。

(5)电子天平的最大量程应为20kg,感量不应大于1g。

3. 试验步骤

（1）用湿布润湿容量筒内壁后应立即称量，并记录容量筒的质量 m_1。

（2）混凝土拌合物试样应按下列要求装入容量筒，并进行振实或插捣密实，振实或捣实的混凝土拌合物表面应低于容量筒筒口 30mm±3mm，并用抹刀抹平。

①混凝土拌合物坍落度小于等于 90mm 时，宜用振动台振实，应将混凝土拌合物一次性装入容量筒内，持续振动至表面出浆为止，并应避免过振；

②混凝土拌合物坍落度大于 90mm 时，宜用人工插捣，应将混凝土拌合物分两层装入，每层的插捣次数为 25 次；捣棒由边缘向中心均匀地插捣，插捣底层时捣棒应贯穿整个深度，插捣第二层时，捣棒应插透本层至下一层的表面；每一层捣完后应使用橡皮锤沿容量筒外壁敲击 5~10 次，进行振实，直至混凝土拌合物表面插捣孔消失并不见大气泡为止；

③自密实混凝土应一次性填满，且不应进行振动或插捣。

（3）应将筒口及外表面擦净，称量并记录容量筒与试样的总质量 m_2，盖好筒盖并开始计时。

（4）在吸取混凝土拌合物表面泌水的整个过程中，应使容量筒保持水平、不受振动；除了吸水操作外，应始终盖好盖子；室温应保持在 20℃±2℃。

（5）计时开始后 60min 内，应每隔 10min 吸取 1 次试样表面泌水；60min 后，每隔 30min 吸取 1 次试样表面泌水，直至不再泌水为止。每次吸水前 2min，应将一片 35mm±5mm 厚的垫块垫入筒底一侧使其倾斜，吸水后应平稳地复原盖好。吸出的水应盛放于量筒中，并盖好塞子；记录每次的吸水量，并应计算累计吸水量 V_w，精确至 1mL。

4. 试验结果处理

（1）混凝土拌合物的泌水量应按式（3-3）计算。泌水量应取三个试样测值的平均值；当三个测值中的最大值或最小值，有一个与中间值之差超过中间值的 15% 时，应以中间值作为试验结果；当最大值和最小值与中间值之差均超过中间值的 15% 时，应重新试验。

$$B_a = \frac{V}{A} \tag{3-3}$$

式中：B_a——单位面积混凝土拌合物的泌水量，mL/mm²，精确至 0.01mL/mm²；

V——累计的泌水量，mL；

A——混凝土拌合物试样外露的表面面积，mm²。

（2）混凝土拌合物的泌水率应按式（3-4）和式（3-5）计算。泌水率应取三个试样测值的平均值；当三个测值中的最大值或最小值，有一个与中间值之差超过中间值的 15% 时，应以中间值为试验结果；当最大值和最小值与中间值之差均超过中间值的 15% 时，应重新试验。

$$B = \frac{V_w}{(W/m_T) \times m} \times 100 \tag{3-4}$$

$$m = m_2 - m_1 \tag{3-5}$$

式中：B——泌水率，%，精确至 1%；

V_w——泌水总量，mL；

m——混凝土拌合物试样质量，g；

m_T——试验拌制混凝土拌合物的总质量，g；

W——试验拌制混凝土拌合物拌和用水量，mL；

m_2——容量筒及试样总质量，g；

m_1——容量筒质量,g。

5. 试验检测记录与示例

某制梁场试验室,检测某铁路客运专线混凝土拌合物泌水率,试验记录如表 3-6 所示。

混凝土拌合物泌水率　　　　表 3-6

试验条件:温度:<u>19℃</u>;相对湿度:<u>57%</u>;混凝土种类:<u>水泥混凝土</u>
搅拌及振捣方式:<u>机械</u>;检测依据:<u>GB/T 50080—2016</u>

试样编号	容量筒质量 m_1 (g)	容量筒及试样质量 m_2 (g)	试样质量 m (g)	混凝土拌合物拌和总用水量 W (mL)	混凝土拌合物总质量 m_T (g)	泌水总量 V_W (mL)	泌水率 B (%) $B = \dfrac{V_m}{(W/m_T) \times m} \times 100$ 单值	平均值
1	2280	12140	9860	178000	2355000	80	11	10
2	2280	12100	9820	178000	2355000	77	10	
3	2280	12200	9920	178000	2355000	70	9	

七、压力泌水试验(Test of Pressure Bleeding)

微课:压力泌水率试验　　动画:混凝土压力泌水率试验　　视频:混凝土的压力泌水率检测

1. 试验目的与适用范围

本试验方法宜用于集料最大公称粒径不大于 40mm 的混凝土拌合物压力泌水的测定。

2. 试验设备及规定

(1)压力泌水仪(图 3-4)缸体内径应为 125mm ± 0.02mm,内高应为 200mm ± 0.2mm;工作活塞公称直径应为 125mm;筛网孔径应为 0.315mm。

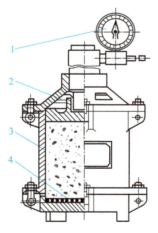
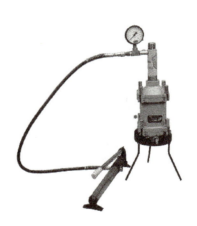

图 3-4　压力泌水仪
1-压力表;2-工作活塞;3-缸体;4-筛网

(2)捣棒直径 16mm ± 0.2mm,长度 600mm ± 5mm,并应符合现行《混凝土坍落度仪》(JG/T 248)的规定。

(3)烧杯容量宜为 150mL。

(4)量筒容量应为 200mL。

3. 试验步骤

（1）混凝土试样应按下列要求装入压力泌水仪缸体，并插捣密实，捣实的混凝土拌合物表面应低于压力泌水仪缸体筒口 30mm±2mm。

① 混凝土拌合物应分两层装入，每层的插捣次数应为 25 次；用捣棒由边缘向中心均匀地插捣，插捣底层时捣棒应贯穿整个深度，插捣第二层时，捣棒应插透本层至下一层的表面；每一层捣完后应使用橡皮锤沿缸体外壁敲击 5~10 次，进行振实，直至混凝土拌合物表面插捣孔消失并不出现大气泡为止。

② 自密实混凝土应一次性填满，且不应进行振动和插捣。

（2）将缸体外表擦干净，压力泌水仪安装完毕后应在 15s 以内给混凝土拌合物试样加压至 3.2MPa（此处规定的 3.2MPa 指混凝土试样所承受压力值，并非压力表读数值，混凝土试样所受压力值 3.2MPa 对应的压力表读数需根据仪器说明书要求确定），并应在 2s 内打开泌水阀门，同时开始计时，并保持恒压，泌出的水接入 150mL 烧杯里，并应移至量筒中读取泌水量，精确至 1mL。

（3）加压至 10s 时读取泌水量 V_{10}，加压至 140s 时读取泌水量 V_{140}。

4. 结果处理

压力泌水率应按式（3-6）计算：

$$B_V = \frac{V_{10}}{V_{140}} \times 100 \tag{3-6}$$

式中：B_V——压力泌水率，%，精确至 1%；
  V_{10}——加压至 10s 时的泌水量，mL；
  V_{140}——加压至 140s 时的泌水量，mL。

5. 试验检测记录与示例

某中心试验室，检测某泵送混凝土拌合物压力泌水率，试验记录如表 3-7 所示。

表 3-7 混凝土拌合物压力泌水

试验条件：温度：<u>19℃</u>；相对湿度：<u>57%</u>；混凝土种类：<u>水泥混凝土</u>
搅拌及振捣方式：<u>机械</u>；检测依据：<u>GB/T 50080—2016</u>

	压力泌水率	
加压 3.2MPa	至 10s 时泌水量	V_{10} = <u>20</u> mL
	至 140s 时泌水量	V_{140} = <u>65</u> mL
压力泌水率 B_V（%）	$B_V = V_{10}/V_{140} \times 100 = 31$	

八、表观密度试验（Test of Apparent Density）

1. 试验目的与适用范围

本试验方法可用于混凝土拌合物捣实后的单位体积质量的测定。

2. 试验仪器设备及规定

（1）容量筒应为金属制成的圆筒，筒外壁应有提手。集料最大公称粒径不大于 40mm 的混凝土拌合物宜采用容积不小于 5L 的容量筒，筒壁厚不应小于 3mm；集料最大公称粒径大于

40mm 的混凝土拌合物应采用内径与内高均大于集料最大公称粒 4 倍的容量筒。容量筒上沿及内壁应光滑平整,顶面与底面应平行并应与圆柱体的轴垂直。

(2) 电子天平的最大量程应为 50kg,感量不应大于 10g。

(3) 振动台应符合现行《混凝土试验用振动台》(JG/T 245) 的规定。

(4) 捣棒直径 16mm ± 0.2mm, 长度 600mm ± 5mm, 并应符合现行《混凝土坍落度仪》(JG/T 248) 的规定。

3. 试验步骤

(1) 容量筒容积的测定:

①应将干净容量筒与玻璃板一起称重。

②将容量筒装满水,缓慢将玻璃板从筒口一侧推到另一侧,容量筒内应满水并且不应存在气泡,擦干容量筒外壁,再次称重。

③两次称重结果之差除以该温度下水的密度应为容量筒容积 V;常温下水的密度可取 1kg/L。

(2) 容量筒内外壁应擦干净,称出容量筒质量 m_1,精确至 10g。

(3) 混凝土拌合物试样进行装料,并插捣密实:

①坍落度不大于 90mm 时,混凝土拌合物宜用振动台振实;振动台振实时,应一次性将混凝土拌合物装填至高出容量筒筒口;装料时可用捣棒稍加插捣,振动过程中混凝土低于筒口,应随时添加混凝土,振动直至表面出浆为止。

②坍落度大于 90mm 时,混凝土拌合物宜用捣棒插捣密实。插捣时,应根据容量筒的大小决定分层与插捣次数:用 5L 容量筒时,混凝土拌合物应分两层装入,每层的插捣次数应为 25 次;用大于 5L 的容量筒时,每层混凝土的高度不应大于 100mm,每层插捣次数应按每 10000mm² 截面不小于 12 次计算。各次插捣应由边缘向中心均匀地插捣,插捣底层时捣棒应贯穿整个深度,插捣第二层时,捣棒应插透本层至下一层的表面;每一层捣完后用橡皮锤沿容器外壁敲击 5~10 次,进行振实,直至混凝土拌合物表面插捣孔消失并不出现大气泡为止。

③自密实混凝土应一次性填满,且不应进行振动和插捣。

(4) 将筒口多余的混凝土拌合物刮去,表面有凹陷应填平;应将容量筒外壁擦净,称出混凝土拌合物试样与容量筒总质量 m_2,精确至 10g。

4. 结果处理

混凝土拌合物的表观密度应按式(3-7)计算:

$$\rho = \frac{m_2 - m_1}{V} \times 1000 \tag{3-7}$$

式中:ρ——混凝土拌合物表观密度,kg/m³,精确至 10kg/m³;

m_1——容量筒质量,kg;

m_2——容量筒和试样总质量,kg;

V——容量筒容积,L。

5. 试验检测记录与示例

某制梁场试验室,检测某铁路客运专线混凝土拌合物表观密度,试验记录如表 3-8 所示。

混凝土拌合物表观密度 表 3-8

试验条件:温度:<u>19℃</u>;相对湿度:<u>50%</u>;混凝土种类:<u>水泥混凝土</u>
搅拌及振捣方式:<u>机械</u>;检测依据:GB/T 50080—2016

容量筒质量(kg)	筒+混凝土总质量(kg)	容量筒容积(L)	表观密度(kg/m³)
1.189	12.939	5	2350

九、含气量试验(Test of Air Content)

1. 目的和适用范围

本试验方法宜用于集料最大公称粒径不大于 40mm 的混凝土拌合物含气量的测定。

动画:混凝土含气量测试原理

2. 试验设备及规定

(1)含气量测定仪(图 3-5)应符合现行《混凝土含气量测定仪》(JG/T 246)的规定:主要由容器和盖体两部分组成,容器内直径与深度应相等,容积应为 7000mL±25mL。

(2)捣棒直径 16mm±0.2mm,长度 600mm±5mm,并应符合现行《混凝土坍落度仪》(JG/T 248)的规定。

(3)振动台应符合现行《混凝土试验用振动台》(JG/T 245)的规定;

(4)电子天平的最大量程应为 50kg,感量不应大于 10g。

微课:混凝土含气量测定

视频:混凝土拌合物含气量试验

3. 集料含气量的测定

在进行拌合物含气量测定之前,应先按下列步骤测定所用集料的含气量:

(1)应按式(3-8)、式(3-9)计算试样中粗、细集料的质量:

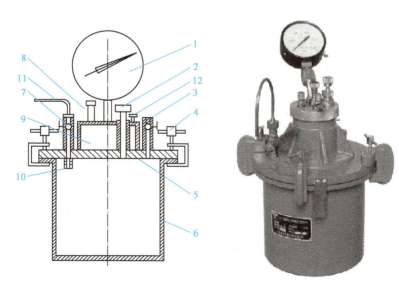

图 3-5 含气量测定仪

1-含气量-压力表;2-操作阀(压力平衡阀);3-排(水)气阀;4-固定卡子;5-盖体;6-容器;7-进水阀;8-手泵;9-气室;10-取水管;11-标定管;12-气室排气阀(微调阀)

$$m_{g} = \frac{V}{1000} \times m'_{g} \tag{3-8}$$

$$m_{s} = \frac{V}{1000} \times m'_{s} \tag{3-9}$$

式中：m_g、m_s——分别为每个试样中的粗、细集料质量，kg；

m'_g、m'_s——分别为混凝土配合比中每立方米混凝土的粗、细集料质量，kg；

V——含气量测定仪容器容积，L。

(2) 应先向含气量仪的容器中注入 1/3 高度的水，然后把质量为 m_g、m_s 的粗、细集料称好，搅拌均匀，倒入容器，加料的同时应进行搅拌；水面每升高 25mm 左右，应轻捣 10 次，加料过程中应始终保持水面高出集料的顶面；集料全部加入后，应浸泡约 5min，再用橡皮锤轻敲容器外壁，排净气泡，除去水面泡沫，加水至满，擦净容器口及边缘，加盖拧紧螺栓，保持密封不透气。

(3) 关闭操作阀和(气室)排气阀，打开排水阀和加水阀，通过加水阀，向容器内注入水；当排水阀流出的水流中不再出现气泡时，在注水的状态下，关闭加水阀和排水阀。

(4) 关闭(气室)排气阀，向气室打气，应加压至大于 0.1MPa(或初压点，不同仪器初压点不同)，且压力表显示值稳定，然后应打开(气室)排气阀调压至 0.1MPa(或初压点)，同时关闭(气室)排气阀。

(5) 开启操作阀，使气室里的压缩空气进入容器，待压力表显示值稳定后记录显示值，或根据含气量与压力值之间的关系曲线确定压力值对应的集料的含气量，精确至 0.1%，然后开启排气阀，压力表显示值应回零。

(6) 混凝土所用集料的含气量 A_g 应以两次测量结果的平均值作为试验结果，当两次测量结果的含气量相差大于 0.5% 时，应重新试验。

4. 试验步骤

(1) 应用湿布擦净混凝土含气量测定仪容器内壁和盖的内表面，装入混凝土拌合物试样。

(2) 混凝土拌合物的装料及密实方法根据拌合物的坍落度而定，并应符合下列规定：

①坍落度不大于 90mm 时，混凝土拌合物宜用振动台振实；振动台振实时，应一次性将混凝土拌合物装填至高出含气量测定仪容器口；振实过程中混凝土拌合物低于容器口时，应随时添加；振动直至表面出浆为止，并应避免过振。

②坍落度大于 90mm 时，混凝土拌合物宜用捣棒插捣密实。插捣时，混凝土拌合物应分 3 层装入，每层捣实后高度约为 1/3 容器高度；每层装料后由边缘向中心均匀地插捣 25 次，捣棒应插透本层至下一层的表面；每一层插捣后用橡皮锤沿容器外壁重击 5~10 次，进行振实，直至拌合物表面插捣孔消失。

③自密实混凝土应一次性填满，且不应进行振动和插捣。

(3) 刮去表面多余的混凝土拌合物，用抹刀刮平，表面有凹陷应及时填平抹光。

(4) 擦净容器口及边缘，加盖并拧紧螺栓，应保持密封不透气。

(5) 应按集料含气量的测定步骤中(3)~(5)的操作步骤测得混凝土拌合物的未校正含气量 A_0，精确至 0.1%。

(6) 混凝土拌合物未校正的含气量 A_0 应以两次测量结果的平均值作为试验结果，当两次测量结果的含气量相差大于 0.5% 时，应重新试验。

5. 试验结果

混凝土拌合物含气量可按式(3-10)计算:

$$A = A_0 - A_g \tag{3-10}$$

式中:A——混凝土拌合物含气量,%,精确至0.1%;

A_0——混凝土拌合物的未校正含气量,%;

A_g——集料的含气量,%。

6. 含气量测定仪的标定与率定

(1)擦净容器,并将含气量仪全部安装好,测定含气量仪的总质量m_{A1},精确至10g。

(2)向容器内注水至上沿,然后加盖并拧紧螺栓,保持密封不透气;关闭操作阀和排气阀,打开排水阀和加水阀,应通过加水阀向容器内注入水;当排水阀流出的水流中不再出现气泡时,在注水的状态下,关闭加水阀和排水阀;应将含气量测定仪外表面擦净,再次测定总质量m_{A2},精确至10g。

(3)含气量测定仪的容积应按式(3-11)计算:

$$V = \frac{m_{A2} - m_{A1}}{\rho_w} \tag{3-11}$$

式中:V——气量仪的容积,L,精确至0.01L;

m_{A1}——含气量测定仪的总质量,kg;

m_{A2}——水、含气量测定仪的总质量,kg;

ρ_w——容器内水的密度,kg/m³,可取1000kg/m³(1kg/L)。

(4)关闭(气室)排气阀,向气室打气,应加压至大于0.1MPa(或初压点),且压力表显示值稳定,然后应打开(气室)排气阀调压至0.1MPa(或初压点),同时关闭(气室)排气阀。

(5)开启操作阀,使气室里的压缩空气进入容器,压力表显示值稳定后测得压力值应为含气量为0时对应的压力值。

(6)开启排气阀,压力表显示值应回零;关闭操作阀、排水(气)阀和(气室)排气阀,开启加水阀,宜借助标定管在注水阀口用量筒接水;用气泵缓缓地向气室内打气,当排出的水是含气量测定仪容积的1%时,应按上面(4)~(5)的操作步骤测得含气量为1%时的压力值。

(7)应继续测取含气量分别为2%、3%、4%、5%、6%、7%、8%、9%、10%时的压力值。

(8)含气量分别为0、1%、2%、3%、4%、5%、6%、7%、8%、9%、10%的试验均应进行两次,以两次压力值的平均值作为测量结果。

(9)根据含气量0、1%、2%、3%、4%、5%、6%、7%、8%、9%、10%的测量结果,绘制含气量与压力值之间的关系曲线。

7. 注意事项

(1)混凝土含气量测定仪的标定和率定应保证测试结果准确。

(2)直读式仪器率定时不需要绘制压力—含气量曲线图,但应判定当排出的水是含气量测定仪容积的0%、1%、2%……10%时的含气量仪器示值的差值。

(3)使用时要注意先排放容器内的压力,再排放气室的压力,不要造成水泥浆倒流进气室,防止仪器损坏。

(4)使用后应将混凝土拌合物冲洗干净,特别要冲洗注水口使之畅通,然后用棉纱擦干净后放置。

（5）使用完后使表的指针回到垂直向下的位置。

（6）每次拧松微调阀排气时，使指针慢慢回到垂直向下位置，避免表针快速回转与右下方的挡柱相碰。

8. 试验检测记录与示例

某制梁场试验室，检测某铁路客运专线混凝土拌合物含气量，试验记录如表3-9所示。

混凝土拌合物含气量　　　　　　表3-9

试验条件：温度：<u>19℃</u>；相对湿度：<u>57%</u>；混凝土种类：<u>水泥混凝土</u>

搅拌及振捣方式：<u>机械</u>；检测依据：<u>GB/T 50080—2016</u>

拌合物未校正含气量 A_0（%）			集料含气量 A_g（%）			拌合物含气量代表值（%） $A = A_0 - A_g$
单值		平均值	单值		平均值	
I	II		I	II		
2.8	2.7	2.8	0.2	0.3	0.3	2.5

 创新能力培养

含气量是混凝土拌合物的重要技术指标，其对混凝土工作性、抗冻性、抗渗性等性能的影响较为显著，尤其在寒冷干燥地区，大量对混凝土冻融破坏机理的研究及实践证明，合理的混凝土含气量是有效提高混凝土抗冻耐久性的关键。因此，含气量测量准确度对混凝土质量乃至建筑物的安全具有重大的意义。而含气量测定仪作为测定含气量的重要仪器，其计量的准确度具有重要的实际意义。针对现行试验规程提出以下分析及改进措施：

1. 含气量测定仪存在误差

含气量测定仪的误差主要是由设备密封性以及气室状态、压力表精确度等方面造成的。由于测定仪盖子上有进水阀、排水阀、压力平衡阀、微调阀、打气阀等较多通道，会导致密封性不良；在进行集料或混凝土拌合物装填时，物料中的部分细颗粒可能会随着水的溢出而附着在容器口和密封圈附近，使容器盖密封时存在一定缝隙。当含气量测定仪存在漏气现象时，会导致压力表数值不稳定。因此，含气量测定仪在试验前应检查测定仪密封性，检查密封圈是否存在磨损或老化，保证密封圈的干净和完整，含气量测定试验完成后及时清洗阀门开关及管道，防止堵塞。

2. 含气量关系曲线标定的误差

含气量与压力值关系曲线是混凝土含气量测试中的关键，由于含气量的数值通过对应压力值显示数获得，因此含气量与压力值曲线的准确性决定最终结果是否存在较大误差。曲线标定过程中，容器内含气量的体积相当于排出水的体积，试验在排水操作过程中需要边观察量筒中排出水的体积，边控制排水阀，当排水体积达到容器体积1%时及时关闭排水阀。而在实际测量过程中，若排水阀控制不及时，会导致排水量大于容器体积的1%；量筒的读数也会受到量筒精度的影响，造成出现较大误差。因此，在排水操作中，当排水量接近1%时应减缓排水速度，同时采用精度较高的量筒；还可通过用电子秤称量排出水的质量，换算成排出水所占体积百分比并精确到千分之一，多次测量并分析绘制回归曲线作为含气量与压力关系曲线。

3. 集料含气量测定的误差

混凝土集料在进行含气量测定时，若集料插捣不够均匀，集料润湿时长不足，导致集料在进行测试加压时仍处于吸水状态,压力表数值不稳定且逐渐下降,同时导致集料含气量测定的最终结果偏大,甚至会出现集料含气量较混凝土拌合物含气量测定值更大,计算所得混凝土拌合物含气量不合理的情况。因此,在进行混凝土集料含气量测定时应进行充分的插捣,排除当中夹杂的空气,同时适当延长集料浸泡时间,除去水面泡沫,待集料稳定、饱和后进行测试。

试验操作中的细节决定成败。技术标准是根据一定时期的技术水平制定的,因而随着技术的发展与使用需求的不断提高,技术标准中的条文需要适时更新。因此,在学习中我们要时刻保持深入探究的学习精神。

请同学们针对以下问题发散思维、展开讨论,形成结论:
(1)研究压力泌水仪的手泵的结构工作原理;
(2)研究含气量试验的原理;
(3)试验操作中本着科学合理的前提,你认为试验仪器中哪些地方可以改进。

思考与练习

一、填空题

1. 当新拌水泥混凝土拌合物的坍落度大于_____时,用钢尺量测混凝土扩展后最终的_____和_____,在二者之差小于_____的条件下,用其算术平均值作为坍落扩展度值。

2. 混凝土拌合物坍落度和坍落扩展度值以毫米为单位,测量精确至_____,结果表达修约至_____。

3. 采用贯入阻力试验方法测定混凝土的凝结时间试验时,应从混凝土拌合物试样中取样,并应该使用_____标准筛筛出砂浆,每次应筛净,然后将其拌和均匀;贯入阻力值是测针在贯入深度为_____mm 时所受的阻力除以针头面积,通过绘制贯入阻力-时间关系曲线,当贯入阻力为_____MPa 时,对应确定混凝土的初凝时间;当贯入阻力为_____MPa 时,对应确定混凝土的终凝时间。

4. 混凝土拌合物压力泌水率的计算公式为_____,计算应精确至_____。

二、选择题

1. 坍落度为坍落后的试样顶部(　　)与坍落度筒高度之差。
   A. 最高点　　　B. 中心点　　　C. 最低点　　　D. 平均高度点

2. 混凝土扩展度试验量取扩展后直径的时间为(　　)。
   A. 拌合物扩展很慢的时间点　　　B. 拌合物不再扩展
   C. 扩展时间已达 30s　　　D. 扩展时间已达 60s

3. 试验室拌制混凝土时,材料称量精度为±0.5%的是(　　)。
   A. 水泥　　　B. 掺合料　　　C. 集料　　　D. 外加剂

三、简答题

1. 混凝土进行基准配合比设计时,混凝土拌合物和易性不良,应如何调整(表 3-10)?

配合比设计方案　　　　　　　　　表3-10

试拌混凝土拌合物的实测情况	调整方法
实测坍落度大于设计要求	
实测坍落度小于设计要求	
砂浆不足以包裹石子,黏聚性、保水性差	
趴底粘板	

2. 某工地施工人员拟采用以下几个方案(表3-11)来提高混凝土拌合物的流动性,试问下述方案是否可行？并说明理由。

提高混凝土拌合物流动性方案　　　　　表3-11

方　案	是否可行	理　由
直接向混凝土拌合物中加水		
增加砂石用量		
加入减水剂		
保持水灰比不变,增加水泥浆用量		
适当加强机械振捣		

3. 简述混凝土拌合物的凝结时间与水泥净浆的凝结时间的定义。
4. 简述压力泌水率试验步骤。

项目四

现代混凝土的体积稳定性试验检测

【项目概述】
　　本项目主要介绍了混凝土收缩类型及其成因,以及混凝土收缩开裂、徐变的检测方法。

【学习目标】
　　1. 素质目标:培养学习者良好的道德情操、高度的责任意识和质量意识、踏实的工作态度、严谨的工作作风,以及良好的集体观念和团队协作精神。
　　2. 知识目标:能区分混凝土收缩类型,理解收缩机理,认识收缩开裂不同测试方法的原理及适用范围,掌握试验操作步骤、数据处理及结果评定方法,认识徐变对混凝土收缩变形的影响。
　　3. 能力目标:利用相关规范,能够合作完成混凝土非接触法、接触法收缩和混凝土平板约束、环形约束抗开裂测试,独立完成试验数据处理及结果评定。

 课程思政

1. 思政元素内容
　　千里之堤,溃于蚁穴。意思是千里长的大堤,往往因蚂蚁(白蚁)洞穴而崩溃。比喻小事不慎将酿成大祸。**成语出处**:千丈之堤,以蝼蚁之穴溃;百尺之室,以突隙之烟焚。——先秦·韩非《韩非子·喻老》。**故事**:战国时期,魏国相国白圭在防洪方面很有成绩,他善于筑堤防洪,并勤查勤补,经常巡视,一发现小洞即使是极小的蚂蚁洞也立即派人填补,不让它漏水,以免小洞逐渐扩大、决口,造成大灾害。白圭任魏相期间,魏国没有闹过水灾。

2. 课程思政契合点

混凝土体积不稳定最终会导致混凝土开裂。这些裂缝对坚硬的混凝土结构来说看似微小，却往往成为有害介质的快速入侵通道，诱发混凝土耐久性问题，严重影响混凝土质量。

3. 价值引领

党的二十大报告指出，只要存在腐败问题产生的土壤和条件，反腐败斗争就一刻不能停，必须永远吹冲锋号。事情的发展是一个由小到大的过程，当存在微小的安全隐患时，如果不给予足够的重视和正确及时处理，就会留下无穷的后患。我们必须坚决杜绝麻痹思想、侥幸心理和松劲歇脚、疲劳厌战的情绪，坚持严的基调、严的措施、严的氛围，以刮骨疗毒、猛药祛疴的坚定信念，不断纯洁党的肌体，增强拒腐防变能力，使党始终保持旺盛生命力和强大战斗力。

思政点　千里之堤 溃于蚁穴

从混凝土成型之后开始的变形称之为体积变化,是从混凝土拌和开始,经历浇筑成型、初凝与终凝,以及强度发展的全过程。混凝土体积变化最终会导致混凝土开裂。裂缝的出现与扩展会引起混凝土与混凝土结构耐久性的降低。混凝土由于各种收缩而引起的开裂问题,一直是混凝土结构物裂缝控制的重点和难点。

在实际工程中,人们大多数都只关心混凝土最终的收缩,但混凝土最终收缩实际上却包括由各种原因引起的收缩。混凝土的收缩主要分为:塑性收缩、沉降收缩、化学收缩、自收缩、干燥收缩、温度收缩及碳化收缩。不同收缩开裂与混凝土龄期的关系,归纳如图4-1所示。

图 4-1　混凝土在不同龄期阶段的收缩变形

任务一　收缩开裂试验与检测

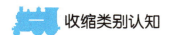收缩类别认知

(一) 塑性收缩 (Plastic Shrinkage)

塑性收缩是指,当混凝土还处于塑性状态时,由于干燥,水分从混凝土表面散失而产生的收缩。这种收缩常见于道路、地坪、楼板、机场跑道、桥面等大面积的工程,以夏季施工最为普遍。混凝土在新拌状态下,拌合物中颗粒间充满着水,如果养护不足,表面失水速率超过内部水向表面迁移的速率时,会造成毛细管中产生负压,使浆体产生塑性收缩而引起表面开裂。高性能混凝土的水灰比很低,自由水分少,矿物细掺料对水有更高的敏感性,在上述工程中容易发生塑性收缩而引起表面开裂。这种收缩一般发生在浇筑后至终凝之前,而且是暴露在不饱和空气环境下(相对湿度小于95%)、风速较大、气温较高时才会发生。水胶比过大,水泥用量大,外加剂保水性差,粗集料少,振捣不良,环境温度高等都能引起塑性收缩从而发生表面开裂的现象。塑性裂缝一般分布不规则,易出现龟裂状。

混凝土的塑性收缩虽然自混凝土表面发展,深浅不一,但如果不采取有效措施加以预防,不仅会影响混凝土的外观质量,当裂缝产生在钢筋附近时,还会加快钢筋锈蚀,影响混凝土结构的耐久性。

在混凝土浇筑后的最初几天,采用养护剂或湿麻布保护混凝土表面,避免其直接与大气接触,这种情况下能终止干缩,混凝土不会出现塑性裂缝。在掺用特殊的聚合物微纤维,增强水泥浆基体,提高抗拉强度的情况下,会出现塑性收缩,但不会开裂,因为纤维能够约束住水泥浆。在养护时及时进行表面收光,也是预防塑性收缩的有效措施。由于在混凝土初凝前后均可能出现塑性收缩裂缝,所以应该及时进行表面收光,特别是在由于环境、经济等因素的限制,不能避免混凝土表面的阳光直射、降低风速以及减少配合比中粉煤灰用量,或者由于技术上的要求需要使用缓凝型外加剂并掺加粉煤灰以延长混凝土的凝结时间等情况下,更需要进行多次收光。

(二) 沉降收缩 (Settling Shrinkage)

混凝土浇筑成型后,混凝土中密度大的组分(如砂、石)下沉,而水分则向上移动,遇到水平方向的钢筋时,下沉组分与上升组分均受到阻碍,容易沿着钢筋方向产生裂缝。由于构件的位置不同,产生裂缝的位置也不同。梁、板上面的混凝土,由于沉降开裂,裂缝沿着钢筋的正上方。而柱、墙体侧面的混凝土,裂缝沿着水平钢筋的方向。裂缝的深度是从混凝土表面达到钢筋的上表面。

单位体积混凝土中用水量大,或者高效减水剂掺量过大,容易产生离析;混凝土的流动性越大,越容易发生沉降开裂。从流变学方面分析,流变参数中屈服值小、黏性小的混凝土,更容易发生沉降裂缝。混凝土的结构黏度是抵抗开裂的直接抵抗力,结构黏度大的混凝土不容易发生沉降裂缝。在混凝土中掺入矿物超细粉,如硅灰、偏高岭土超细粉及天然沸石超细粉均能有效抑制沉降开裂。

(三) 干燥收缩 (Dry Shrinkage)

混凝土干燥收缩(简称混凝土干缩)是指混凝土停止养护后,在不饱和空气中失去内部毛细孔和凝胶孔的吸附水而发生的不可逆收缩,它不同于干湿交替引起的可逆收缩。在整个混凝土服役期间,只要环境相对湿度小于95%,硬化混凝土就会出现干缩。干缩是混凝土后期产生裂缝的主要原因。只要水中没有任何危险杂质,水的种类就不会对干缩产生影响。集料对混凝土的干缩影响显著,因为集料能够限制水化水泥浆的干缩,集料越坚硬,它限制水泥浆干缩的效果越好。如果高效减水剂用于减少水和水泥用量,则它也能减小干缩;但是,如果它用于提高工作性,不减少用水量,则会使混凝土的收缩最大提高5%,即使水胶比相同,干燥会随混凝土流动性增加而增大,特别是当坍落度大于150mm以后,情况更显著。随着粉煤灰掺量的增加,混凝土的干缩呈线性下降,粉煤灰的掺加能大大减小混凝土的干缩,如图4-2所示。

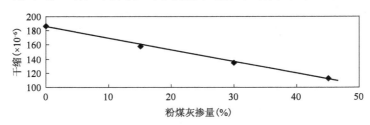

图4-2　粉煤灰对混凝土干缩的影响

(四) 化学收缩 (Chemical Shrinkage)

化学收缩为水泥和水发生水化反应所导致体积减小,反应物体积与生成物体积之差即为化学收缩,水泥熟料主要矿物组分水化反应如式(4-1)~式(4-4)所示。

$$2(3CaO \cdot SiO_2) + 6H_2O = 3CaO \cdot 2SiO_2 \cdot 3H_2O + 3Ca(OH)_2 \tag{4-1}$$

$$2(2CaO \cdot SiO_2) + 4H_2O = 3CaO \cdot 2SiO_2 \cdot 3H_2O + Ca(OH)_2 \tag{4-2}$$

$$3CaO \cdot Al_2O_3 + 6H_2O = 3CaO \cdot Al_2O_3 \cdot 6H_2O \tag{4-3}$$

$$4CaO \cdot Al_2O_3 \cdot Fe_2O_3 + 7H_2O = 3CaO \cdot Al_2O \cdot 6H_2O + CaO \cdot Fe_2O_3 \cdot H_2O \tag{4-4}$$

水泥熟料的各矿物组分的水化反应都需要水,这些反应均属于放热反应,反应过程也会导致体积收缩。化学收缩开始于水泥与水接触并发生反应的瞬间,并在水化反应初期的几个小时到几天内达到最大的化学减缩速率。当大部分硅酸盐水泥浆体完全水化后,体积减缩总量为 7%~9%。化学收缩率与水泥的组成有关。水泥中主要单矿物的收缩率见表4-1,其中C_3A的收缩率最大,约为C_3S和C_2S收缩率的3倍,约为C_4AF的4.5倍。C_3A的含量越大,水泥的化学收缩越大。水泥浆体的化学收缩率不受水灰比的影响,水灰比及水泥细度只会影响化学收缩的速率,当水化程度达100%时,最终的化学收缩只受水泥化学组成的影响。掺用矿物细掺料时,水泥的化学收缩和细掺料的活性有关。例如,磨细矿渣越细,活性越高,化学收缩越大。

水泥中主要单矿物的收缩率 表4-1

水泥矿物名称	收 缩 率
C_3A	0.00234 ± 0.000100
C_3S	0.00079 ± 0.000036
C_2S	0.00077 ± 0.000036
C_4AF	0.00049 ± 0.000114

(五) 自收缩 (Autogenous Shrinkage)

水泥石在与外界无水分交换时,在稳定的温度下,发生体积收缩而质量不变的现象称为混凝土自收缩。最早关于自生收缩的研究报道可追溯到20世纪30年代,Lynam 首次于1934年提出了"自生收缩"这个名词,并指出自生收缩是指不是由于温度原因或水分扩散到环境空气中的质量损失而引起的收缩,后来许多学者对此进行了深入研究。影响硬化水泥石浆体自收缩的因素很多,如水灰比、水泥类型和掺合料等。水灰比大于0.45的普通混凝土的自收缩可以忽略(1月约为50×10^{-6},5年约为100×10^{-6}),但水灰比低至0.20的高强混凝土的自收缩可高达700×10^{-6}。在外界水分供应不足的情况下,与普通混凝土相比,高性能、高强混凝土由于水灰比小,能提供水化的自由水分少,自收缩现象更加明显。自生收缩由化学收缩引起,却不完全等同于化学收缩,绝对体积的变化即为化学收缩,外观体积的减小则为自生收缩,二者需加以区别对待。

产生自收缩的必要条件是内部存在未水化的胶凝材料,充分条件是混凝土外界水无法满足内部水化的需要,充分认识混凝土自收缩产生的条件是避免混凝土自收缩危害的有效手段。通常可以采取的抑制高性能混凝土自收缩的措施主要有以下几个方面:选用合适的矿物外加剂,掺用粉煤灰可以降低高性能混凝土的自收缩;减缩剂通常为表面活性剂,可降低水表面张力及凹液面的接触角,因而降低自干燥产生的应力,减缩剂同样可以降低混凝土因干燥产生的自收缩;充分的水养护对保证水渗透是有益的,对减小高性能混凝土的自收缩非常有效;从材料角度出发,选用低C_3A和C_4AF、高C_2S的水泥可降低自收缩;掺入浸水的轻集料,通过轻集料内部水分向水泥石体系的供应,可以有效降低高性能混凝土的自收缩,并且不降低强度等其他性能。

(六) 温度收缩 (Thermal Shrinkage)

混凝土早期在水泥水化放热出现温度峰值后温度不断降低,在此降温过程中产生的体积收缩被定义为温度收缩。与温度相关的应变取决于材料的热膨胀系数和温度升降幅度。水泥在早期水化过程中将放出大量的热,一般每克水泥可放出约 502J 热量,随着混凝土水泥用量的提高,绝对温升可达 50~80℃。在没有缓凝剂的条件下,通常在浇筑后 12h 左右出现温度峰值。随后,由于水化反应放缓,放热速率减小,在与外界环境发生热交换条件下,温度开始下降。由于混凝土内、外散热条件的不一致,导致表层混凝土温度降低得快,沿混凝土传热方向出现温度梯度,进而引发温度收缩梯度,导致表层混凝土受拉。除了在极端气候条件下,周围的温度变化对普通混凝土结构危害很小,甚至没有危害,然而在大体积混凝土中,胶凝材料水化反应引发的温升现象尤为明显,中心温度峰值往往处于较高水平,且散热速率缓慢。因此,温度收缩及收缩梯度的产生,在很大程度上增加了大体积混凝土早期开裂的风险性。

混凝土的热胀系数因集料的热胀系数的不同而不同,通常为 $(6~12)\times10^{-6}/℃$。假定普通混凝土的热胀系数为 $10\times10^{-6}/℃$,则温度下降 15℃ 造成的冷缩量为 150×10^{-6}。如果混凝土的弹性模量为 30GPa,则冷缩受完全约束而产生的弹性拉应力为 4.5MPa。因此,冷缩常引起混凝土开裂。因此,降低温升、提高混凝土的抗拉强度、使用热胀系数低的集料(如石灰岩、辉长岩),有利于减少冷缩和防止开裂。为减少冷缩,应避免使用石英岩、砂岩等热胀系数大的集料。

(七)碳化收缩(Shrinkage of Carbonization)

混凝土硬化后,受环境因素的影响,如大气温、湿度和 CO_2 气体或作用介质等,在混凝土内部发生化学变化,导致混凝土体积变形,产生裂缝。碳化首先发生与 $Ca(OH)_2$ 的反应过程中,它与 CO_2 反应生成 $CaCO_3$,导致体积收缩。CO_2 碳化使水泥浆体中的碱度降低,继而有可能使 C-S-H 的硅钙比减小和钙矾石分解,加重碳化收缩。它们的反应过程是:

$$Ca(OH)_2 + CO_2 \xrightarrow{H_2O} CaCO_3 + H_2O \tag{4-5}$$

$$\text{C-S-H} + CO_2 \xrightarrow{H_2O} \text{C-S-H(低钙硅比)} + CaCO_3 + H_2O \tag{4-6}$$

$$C_3A \cdot 3CaSO_4 \cdot 32H_2O + CO_2 \xrightarrow{H_2O} C_3A \cdot CaSO_4 \cdot 12H_2O + CaCO_3 + H_2O \tag{4-7}$$

碳化速度取决于混凝土结构的密实度、孔洞溶液的 pH 值、混凝土的含水率、周围介质相对湿度以及二氧化碳的浓度。碳化作用只在适中的湿度(约 50%)才会较快地发生,这是因为过高的湿度(100%),使混凝土孔隙中充满了水,二氧化碳难以进入、碳化很难发生或是水泥石中的钙离子通过水扩散到混凝土表面,碳化生成的 $CaCO_3$ 把表面孔隙堵塞,碳化作用不易在内部发生,故碳化收缩更小;相反,过低的湿度(如 25%),孔隙中没有足够的水与 CO_2 反应形成碳酸,碳化作用也不易进行,碳化收缩也很小。碳化速度随 CO_2 浓度的增加而加快,尤其是对于水灰比大的混凝土更是如此。如果混凝土有足够的密实度,碳化就只限于表面层,而表面层的干燥速率也是最大的,干燥与碳化收缩的叠加受到内部混凝土的约束,会引起混凝土开裂。

二、收缩的检测

混凝土收缩变形的主要测试方法按照测试结果可大致分为两种:第一种是混凝土变形量的测试,主要采用体积测量和长度测量,用体积和长度变化量来表征混凝土的自变形(收缩)性能;第二种是给混凝土施加约束使混凝土自身变形和约束条件产生相对应力,使其在应力下产生开裂的测试方法,用开裂的裂纹宽度、裂纹长度、应力变化等参数来表征混凝土的变形抗开裂性能。

(一) 技能训练一　非接触法收缩的检测

1. 适用范围

本方法主要适用于测定早龄期混凝土的自由收缩变形,也可用于无约束状态下混凝土自收缩变形的测定。

本方法应采用尺寸为 100mm × 100mm × 515mm 的棱柱体试件,每组试验应包括 3 个试件。

2. 试验设备

(1) 非接触法混凝土收缩变形测定仪应设计成整机一体化装置,并应具备自动采集和处理数据、能设定采样时间间隔等功能。整个测试装置(含试件、传感器等)应固定于具有避震功能的固定式试验台面上。

(2) 应有可靠方式将反射靶固定于试模上,使反射靶在试件成型浇筑振动过程中不会发生移位偏斜,且在成型完成后应能保证反射靶与试模之间摩擦力尽可能小。试模应采用具有足够刚度的钢模,且自身的收缩变形较小。试模的长度应能保证混凝土试件的测量标距不小于 400mm。

(3) 传感器的测试量程不应小于试件测量标距长度的 0.5% 且量程不应小于 1mm,测试精度不应低于 0.002mm。应采用可靠方式将传感器测头固定,并能使测头在整个测量过程中与试模相对位置保持固定不变。试验过程中应能保证反射靶能够随着混凝土收缩而同步移动。

3. 试验步骤

(1) 试验应在温度为 20℃ ±2℃、相对湿度为 60% ±5% 的恒温恒湿条件下进行。非接触法收缩试验应带模进行测试。

(2) 试模准备时,应在试模内涂刷润滑油,然后应在试模内铺设两层塑料薄膜或者放置一片聚四氟乙烯片,并且在薄膜或者聚四氟乙烯片与试模接触的面上均匀涂抹一层润滑油,将反射靶固定在试模两端。

(3) 将混凝土拌合物浇筑入试模后,应振动成型并抹平,然后立即带模移入恒温恒湿室。成型试件的同时,应测定混凝土的初凝时间。混凝土初凝试验和早龄期收缩试验的环境应相同。当混凝土初凝时,开始测读试件左右两侧的初始读数,此后应至少每隔 1h 或按设定的时间间隔测定试件两侧的变形读数。

(4) 在整个测试过程中,试件在变形测定仪上放置的位置、方向均应始终保持固定不变(图 4-3)。

(5) 需要测定混凝土自收缩值的试件,应在浇筑振捣后立即采用塑料薄膜作密封处理。

4. 试验结果的计算和处理

(1) 混凝土收缩率应按照式(4-8)计算:

$$\varepsilon_{st} = \frac{(L_{10} - L_{1t}) + (L_{20} - L_{2t})}{L_0} \quad (4-8)$$

图 4-3　非接触法混凝土收缩变形测定

式中：ε_{st}——测试期为 $t(h)$ 的混凝土收缩率，t 从初始读数时算起；

L_{10}——左侧非接触法位移传感器初始读数，mm；

L_{1t}——左侧非接触法位移传感器测试期为 $t(h)$ 的读数，mm；

L_{20}——右侧非接触法位移传感器初始读数，mm；

L_{2t}——右侧非接触法位移传感器测试期为（h）的读数，mm；

L_0——试件测量标距，mm，等于试件长度减去试件中两个反射靶沿试件长度方向埋入试件中的长度之和。

（2）每组应取 3 个试件测试结果的算术平均值作为该组混凝土试件的早龄期收缩测定值，计算应精确到 1.0×10^{-6}。作为相对比较的混凝土早龄期收缩值应以 3d 龄期测试得到的混凝土收缩值为准。

（二）技能训练二　接触法收缩的检测

1. 适用范围

本方法适用于测定在无约束和规定的温度、湿度条件下硬化混凝土试件的收缩变形性能。

2. 试验仪器及设备

（1）试件和测头应符合下列规定：

①本方法应采用尺寸为 100mm×100mm×515mm 的棱柱体试件。每组试件应为 3 块。

②采用卧式混凝土收缩仪时，试件两端应预埋测头或留有埋设测头的凹槽，卧式收缩仪如图 4-4 所示。卧式收缩试验用测头（图 4-5）应由不锈钢或其他不宜锈蚀的材料制成。

图 4-4　卧式收缩试验仪

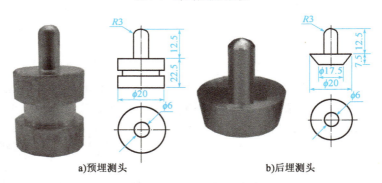

a）预埋测头　　　　　　b）后埋测头

图 4-5　卧式收缩试验用测头（尺寸单位：mm）

③采用立式混凝土收缩仪（图 4-6）时，试件一端中心应预埋测头。立式收缩试验用测头（图 4-7）的另外一端宜采用 M20mm×35mm 的螺栓（螺纹通长），并应与立式混凝土收缩仪底座固定。螺栓和测头都应预埋进去。

④采用接触法引伸仪时，所用试件的长度应至少比仪器的测量标距长出一个截面边长。测头应粘贴在试件两侧面的轴线上。

⑤使用混凝土收缩仪时，制作试件的试模应具有能固定测头或预留凹槽的端板。使用接

触法引伸仪时,可用一般棱柱体试模制作试件。

图4-6　立式收缩试验仪　　图4-7　立式收缩试验用测头
（尺寸单位:mm）

⑥收缩试件成型时不得使用机油等憎水性脱模剂。试件成型后应带模养护1~2d,并保证拆模时不损伤试件。对于事先没有埋设测头的试件,拆模后应立即粘或埋设测头。试件拆模后,应立即送至温度为20℃±2℃,相对湿度为95%以上的标准养护室内养护。

（2）测量混凝土收缩变形的装置应具有硬钢或石英玻璃制作的标准杆,应在测量前及测量过程中及时校核仪表的读数。

（3）收缩测量装置可采用下列形式之一:
①卧式混凝土收缩仪的测量标距应为540mm,并应装有精度为0.001mm的千分表或测微器。
②立式混凝土收缩仪的测量标距和测微器同卧式混凝土收缩仪。
③其他形式的变形测量仪表的测量标距不应小于100mm且不小于集料最大粒径的3倍,并至少能达到0.001mm的测量精度。

3. 试验步骤

（1）收缩试验应在恒温恒湿环境中进行,室温应保持在20℃±2℃,相对湿度应保持在60%±5%。试件应放置在不吸水的搁架上,底面应架空,每个试件之间的间隙应大于30mm。

（2）测定代表某一混凝土收缩性能的特征值时,试件应在3d龄期时（从混凝土搅拌加水时算起）从标准养护室取出,并立即移入恒温恒湿室测定其初始长度,此后应至少按下列规定的时间间隔测量其变形读数:1d、3d、7d、14d、28d、45d、60d、90d、120d、150d、180d、360d（从移入恒温恒湿室内开始计时）。

（3）测定混凝土在某一具体条件下的相对收缩值时（包括在徐变试验时的混凝土收缩变形测定）,应按要求的条件进行试验。对非标准养护试件,当需要移入恒温恒湿室进行试验时,应先在该室内预置4个小时,再测其初始值。测量时应记录试件的初始干湿状态。

（4）收缩测量前应先用标准杆校正仪表的零点,并应在测定过程中至少再复核1~2次,其中一次应在全部试件测读完后进行。当复核发现零点与原值的偏差超过±0.001mm时,应调零后重新测量。

（5）试件每次在卧式收缩仪上放置的位置和方向均应保持一致,试件上应标明相应的方向记号。试件在放置及取出时,应轻稳仔细,不得碰撞表架及表杆。当发生碰撞时,应取下试件,并重新用标准杆复核零点。

（6）采用立式混凝土收缩仪时,整套测试装置应放在不易受外部振动影响的地方。安装立式混凝土收缩仪的测试台应有减振装置。读数时宜轻敲仪表或者上下轻轻滑动测头。

（7）用接触法引伸仪测量时,应使每次测量时试件与仪表保持相对固定的位置和方向。

每次读数应重复3次。

4. 试验结果计算和处理

(1) 混凝土收缩率应按式(4-9)计算：

$$\varepsilon_{st} = \frac{L_0 - L_t}{L_b} \tag{4-9}$$

式中：ε_{st}——试验期为 $t(d)$ 的混凝土收缩率，t 从测定初始长度时算起；

L_0——试件长度的初始读数，mm；

L_t——试件在试验期为 $t(d)$ 时测得的长度读数，mm；

L_b——试件的测量标距，用混凝土收缩仪测量时应等于两测头内侧的距离，即等于混凝土试件长度（不计测头凸出部分）减去两个测头埋入深度之和，mm，采用接触法引伸仪时，即为仪器的测量标距。

(2) 每组应取3个试件收缩率的算术平均值作为该组混凝土试件的收缩率测定值，计算精确至 1.0×10^{-6}。

(3) 作为相互比较的混凝土收缩率值应为不密封试件于180d所测得的收缩率值。可将不密封试件于360d所测得的收缩率值作为该混凝土的终极收缩率值。

（三）技能训练三　早期抗裂试验

1. 适用范围

本方法适用于测试混凝土试件在约束条件下的早期抗裂性能。

2. 试验仪器及设备

(1) 本方法应采用尺寸为 800mm × 600mm × 100mm 的平面薄板型试件，每组应至少包括2个试件。混凝土集料最大公称粒径不应超过31.5mm。

(2) 混凝土早期抗裂试验装置（图4-8）应采用钢制模具，模具的四边（包括长侧板和短侧板）应采用槽钢或者角钢焊接而成，侧板厚度不应小于5mm，模具四边与底板应通过螺栓固定在一起。模具内应设有7根裂缝诱导器，裂缝诱导器应分别用 50mm × 50mm、40mm × 40mm 角钢与 5mm × 50mm 钢板焊接组成，并应平行于模具短边且应与底板固定。底板应采用不小于5mm厚的钢板，并应在底板表面铺设聚乙烯薄膜或者聚四氟乙烯片做隔离层。模具应作为测试装置的一个部分，测试时应与试件连在一起。

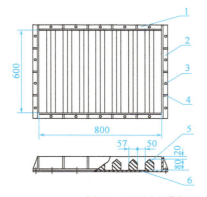

图4-8　混凝土早期抗裂试验装置示意图（尺寸单位：mm）
1-长侧板；2-短侧板；3-螺栓；4-加强肋；5-裂缝诱导器；6-底板

(3)风扇的风速应可调,并且应能够保证试件表面中心处的风速不小于 5m/s。

(4)温度计精度不应低于 ±0.5℃。相对湿度计精度不应低于 ±1%。风速计精度不应低于 ±0.5m/s。

(5)刻度放大镜的放大倍数不应小于 40 倍,分度值不应大于 0.01mm。

(6)照明装置可采用手电筒或者其他简易照明装置。

(7)钢直尺的最小刻度应为 1mm。

3. 试验步骤

(1)试验宜在温度为 20℃±2℃,相对湿度为 60%±5% 的恒温恒湿室中进行。

(2)将混凝土浇筑至模具内后,应将混凝土摊平,且表面应比模具边框略高。可使用平板表面式振捣器或者采用捣棒插捣,应控制好振捣时间,并应防止过振和欠振。

(3)在振捣后,应用抹子整平表面,并应使集料不外露,且应使表面平实。

(4)应在试件成型 30min 后,立即调节风扇位置和风速,应使试件表面中心正上方 100mm 处风速为 5m/s±0.5m/s。应使风向平行于试件表面和裂缝诱导器。

(5)试验时间应从混凝土搅拌加水开始计算,应在 24h±0.5h 测读裂缝。裂缝长度应用钢直尺测量,并应取裂缝两端直线距离为裂缝长度。当一个刀口上有两条裂缝时,可将两条裂缝的长度相加,折算成一条裂缝。

(6)裂缝宽度应采用放大倍数至少 40 倍的读数显微镜进行测量,得到每条裂缝的最大宽度。

(7)平均开裂面积、单位面积的裂缝数目和单位面积上的总开裂面积应根据混凝土浇筑 24h 测量得到裂缝数据来计算。

4. 试验结果计算

(1)每根裂缝的平均开裂面积应按式(4-10)计算:

$$a = \frac{1}{2N}\sum_{i=1}^{N}(W_i \times L_i) \tag{4-10}$$

(2)单位面积的裂缝数目应按式(4-11)计算:

$$b = \frac{N}{A} \tag{4-11}$$

(3)单位面积上的总开裂面积应按式(4-12)计算:

$$c = a \cdot b \tag{4-12}$$

式中:W_i——第 i 根裂缝的最大宽度,mm,精确到 0.01mm;

L_i——第 i 根裂缝的长度,mm,精确到 1mm;

N——总裂缝数目,根;

A——平板的面积,m^2,精确到小数点后两位;

c——单位面积上的总开裂面积,mm^2/m^2,精确到 1 mm^2/m^2;

a——每根裂缝的平均开裂面积,$mm^2/$根,精确到 1$mm^2/$根;

b——单位面积的开裂裂缝数目,根$/m^2$,精确到 0.1 根$/m^2$。

(4)每组应分别以 2 个或多个试件的平均开裂面积(单位面积上的裂缝数目或单位面积上的总开裂面积)的算术平均值作为该组试件平均开裂面积(单位面积上的裂缝数目或单位

面积上的总开裂面积)的测定值。混凝土早期抗裂等级划分如表 4-2 所示。

混凝土早期抗裂性能的等级划分　　　　表 4-2

等级	L-Ⅰ	L-Ⅱ	L-Ⅲ	L-Ⅳ	L-Ⅴ
单位面积上的总开裂面积(mm^2/m^2)	C≥1000	700≤C<1000	400≤C<700	100≤C<400	C<100

(四) 技能训练四　内养护剂抗裂性试验

1. 适用范围与原理

本方法适用于测试掺内养护剂混凝土硬化阶段的抗裂性。浇灌于圆环试模中的混凝土在硬化过程中产生自身收缩和干燥收缩,受到圆环的约束作用发生开裂。将浇灌于圆环试模中的混凝土从硬化至开裂所经历的时间,作为掺内养护剂混凝土抗裂的评价指标。

2. 试验设备及规定

(1) 试验模具见图 4-9,包括底板、内钢环和外环。内钢环壁厚 13mm ± 0.12mm。外径为 330mm ± 3.3mm,高为 152mm ± 6mm。环的内表面光滑,不可有凸起或凹陷。外环可用 PVC、钢或其他不吸水的材料制作,外环内径为 406mm ± 3mm,高为 152mm ± 6mm。模具安装完成后要保证内外环的间距为 38mm ± 3mm。底板要求表面光滑平整且不吸水。

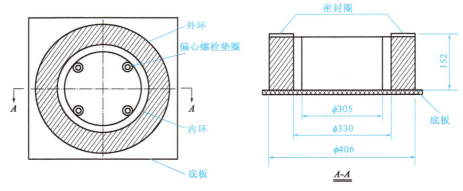

图 4-9　试验模具(尺寸单位:mm)

(2) 应变片:测量精度 $1\mu\varepsilon$。

(3) 数据采集系统:应能分别自动记录每片应变片的应变值,测量精度为 ±1μm/m,每次记录的时间间隔不应超过 30min。

3. 试验原材料及配合比

基准混凝土和受检混凝土的原材料和配合比应符合下列规定:

(1) 水泥、砂、石和水满足现行《混凝土外加剂》(GB 8076)的规定,减水剂满足现行《铁路混凝土》(TB/T 3275)的规定。

(2) 水泥用量为 $400kg/m^3$。

(3) 砂率为 38% ~ 42%。

(4) 内养护剂用量根据推荐掺量确定。

(5) 基准混凝土用水量为 $152kg/m^3$,受检混凝土用水量为 ($152kg/m^3$ + 内养护剂蓄水量)。内养护剂蓄水量根据推荐量确定。

(6) 减水剂用量以基准混凝土和受检混凝土坍落度达到 180mm ± 10mm 时为准。

4. 试验室温湿度

试验室温度为 20℃±5℃,相对湿度不低于 50%。

5. 试验步骤

(1) 将试验模具的内环外表面、外环内表面涂刷脱模剂,并在内环内表面粘贴应变片,然后将内外环固定在底板上。内环内表面上应至少粘贴两片应变片以监测钢环的应变发展,应变片应对称粘贴在钢环内表面中间高度处。

(2) 按受检混凝土配合比制备混凝土拌合物,用 9.5mm 标准筛筛出细石混凝土,并将细石混凝土分两层浇筑到试验模具中,采用插捣方式成型试件,每层插捣次数为 25 次。每组试验至少成型 3 个试件。

(3) 试件成型后 10min 内,将其移入温度为 20℃±2℃、相对湿度为 60%±5% 的恒温恒湿环境中,立即拧掉底板上的定位螺丝,并在 5min 内将应变片连接到数据采集系统上,开始测试。读取数据采集系统采集的第一个数据后 5min 内,在试件上表面覆盖一层薄膜。

(4) 当试件在恒温恒湿环境中放置 24h±1h 时(自加水时算起),拆除外环,并用石蜡或黏性铝锡薄膜密封试件上表面,以确保试件只通过外侧面失水。将试件上表面密封后读取第一个应变值的时间作为试件开始产生收缩变形的起始时间,精确至 1h。

(5) 持续监测由于试件收缩引起的钢环上的压缩应变。每天记录恒温恒湿环境的温度和相对湿度,并观测一次试件的开裂情况。每 3d 读取一次数据采集系统记录的压应变数据。

(6) 抗裂性试验出现下列情况之一时,可以停止试验:

① 试件出现裂缝时;

② 钢环上两个应变片的应变值突减不小于 30με 时;

③ 测试时间达到 28d 时。

6. 结果计算与处理

(1) 从试件上表面密封后读取第一个应变值时的时间开始算起,到钢环上两个应变片的应变值突减不小于 30με 时所经历的时间,作为试件的开裂龄期,精确至 1h。

(2) 取 3 个试件开裂龄期的中间值作为该组试件的开裂龄期,即抗裂性试验结果。

(3) 根据现行《铁路混凝土工程施工质量验收标准》(TB 10424)的规定,掺内养护剂的混凝土 28d 不开裂。

任务二　徐变的检测

一　弹性应变、徐变与松弛认知

混凝土徐变是指混凝土在长期应力作用下,其应变随时间而持续增长的特性。图 4-10 是典型的混凝土土试件应力—应变(σ-ε)曲线。参数"时间"并没有考虑,因为应力—应变曲线将时间假设为 0,完全忽略。当应力相对较小时,应力(σ)与应变(ε)呈线性关系,符合 Hooke 定律见式(4-13)。

$$\sigma = E\varepsilon \tag{4-13}$$

式中:ε——弹性应变,即试件的单位长度变化$\left(\dfrac{\Delta l}{l}\right)$;

E——弹性模量(Modulus of Elasticity),可以通过测定一定压应力或拉应力下的变形求得。比例极限 σ^* 和 ε^* 属于弹性范围,对应于图 4-11 的线性段和式(4-13)。通常线性段的比例极限(σ^*)占到强度的 30%~40%。

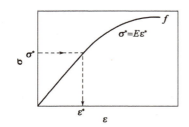

图 4-10 应力—应变曲线

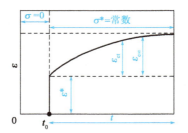

图 4-11 弹性应变(ε^*)与徐变应变(ε_{ct})关系曲线

另一方面,图 4-11 说明了当应力(σ^*)保持不变,应变(ε)随时间(t)的变化关系。应力(σ^*)并不是立即施加,而是在一定养护龄期(t_0)后施加。在瞬时弹性应变(ε^*)后,即使应力(σ^*)保持不变,也还会有附加应变(ε_{ct}),它随持荷时间缓慢增大。持续应力下的附加应变(ε_{ct})称为徐变应变(Creep Strain);经过很长时间后的 ε_{ct} 趋于稳定时,即为极限徐变($\varepsilon_{c\infty}$)。

在一般荷载条件下,测试应力-应变曲线所耗时间不可能为 0。这意味着测试的真实应变不仅包括弹性应变,也包括部分早期徐变;加荷速度越慢,早期徐变越大。这就是为什么要求测试应力-应变曲线及强度时采用统一的标准,这样可以避免测试结果出现差异。

在混凝土的初始应变(ε^*)保持不变时,应力会随时间逐渐减小,这种现象称为松弛(Relaxation)。松弛在下面两种重要情况下起着非常重要的作用。

(1)混凝土结构由于限制收缩而承受拉应力(σ_t),它与自由收缩(S)的关系为:

$$\sigma_t = E \cdot S \tag{4-14}$$

理论上,当收缩引起的拉应力(σ_t)大于抗拉强度时,混凝土就将开裂。但是,由于存在受拉徐变,拉应力会被松弛减小,因而开裂会被推迟,甚至可以避免。

(2)预应力混凝土是一种特殊的强制作用体系:混凝土承受压应力(σ_c),而预应力筋承受拉应力(σ_t)。预应力混凝土设计的原则是在混凝土结构加载前,用高强钢筋(或钢绞线)使其承受一定压应力,该压应力将抵消结构服役期间混凝土所受的拉应力。但是,混凝土的压应力(σ_c)和预应力筋的拉应力(σ_t)都可能被松弛部分消减。因此,在预应力混凝土中必须采用特殊的钢筋来减小松弛;另一方面,混凝土的受压徐变必须仔细控制,以减小和预测预应力混凝土结构的松弛行为。

徐变的最主要特征之一就是它与混凝土干缩的相互作用,包括以下三种情况:

(1)拆模后,混凝土放置于不饱和空气中,直至测试龄期(t_0);加载前,混凝土会出现干缩(S);

(2)如果混凝土一直处于潮湿环境下(相对湿度大于95%),不会出现干缩;养护至龄期(t_0)后施加压应力(σ_c),则应变包括瞬时弹性应变(ε_e)和徐变应变(ε_c),由于该徐变应变中不包括干缩,因而称为纯徐变(Pure Creep)或基本徐变(Basic Creep),混凝土的总应变 $\varepsilon_t = \varepsilon_e + \varepsilon_c$;

(3)拆模后养护至龄期 t_0,同时承受干缩(S)和压应力(σ_c),这种情况下,总应变 ε_t 更大,为三者之和,如式(4-15)所示。

$$\varepsilon_T > \varepsilon_e + \varepsilon_c + S \tag{4-15}$$

总应变 ε_t 与其他三个应变 $\varepsilon_e + \varepsilon_c + S$ 之差称为干燥徐变(Drying Creep,ε_d),见式(4-16)。

$$\varepsilon_d = \varepsilon_T - \varepsilon_e + \varepsilon_c + S \tag{4-16}$$

干燥徐变 ε_d 是混凝土的一种特殊收缩，是在施加应力 σ_c 作用下使水泥浆中的水挤出所致；由于干燥，失水将进一步增加。考虑到干燥徐变，式(4-16)可以转变为式(4-17)：

$$\varepsilon_T = \varepsilon_d + \varepsilon_e + \varepsilon_c + S = \varepsilon_e + \varepsilon_{ct} + S \tag{4-17}$$

$$\varepsilon_{ct} = \varepsilon_c + \varepsilon_d \tag{4-18}$$

式中：ε_{ct}——总徐变，包括基本徐变和干燥徐变。

混凝土的徐变主要跟施加荷载、弹性模量、环境相对湿度、加载前混凝土的养护龄期、混凝土的组成(水泥用量、水灰比)、持荷时长等参数有关。环境相对湿度对徐变影响显著，环境越干燥，徐变越大，这主要是由干燥徐变引起的；水泥强度等级相同时，混凝土的徐变应变随加荷时间的延后而减小，换句话说，混凝土加载时强度越高，徐变越小；水灰比一定时，水泥用量越少，徐变越小；当水泥用量一定时，徐变随水灰比减小而减小；混凝土的持荷时间越长，徐变越大。

徐变的检测

1. 适用范围

(1) 本方法适用于测定混凝土试件在长期恒定轴向压力作用下的变形性能。

(2) 对比或检验混凝土的徐变性能时，试件应在 28d 龄期时加荷。当研究某一混凝土的徐变特性时，应至少制备 5 组徐变试件并分别在龄期为 3d、7d、14d、28d、90d 时加荷。

2. 试验仪器与设备

(1) 徐变仪应符合下列规定：

①徐变仪应在要求时间范围内(至少一年)把所要求的压缩荷载加到试件上并应能保持该荷载大小不变。

②常用徐变仪可选用弹簧式或液压式，其工作荷载范围应为 180~500kN。

③弹簧式压缩徐变仪(图 4-12)应包括上下压板、球座或球铰及其配套垫板、弹簧持荷装置、以及 2~3 根承力丝杆。压板与垫板应具有足够的刚度。压板的受压面的平整度偏差不应大于 0.1mm/100mm，并能保证对试件均匀加荷。弹簧及丝杆的尺寸应按徐变仪所要求的试验吨位确定。在试验荷载下，丝杆的拉应力不应大于材料屈服点的 30%，弹簧的工作压力不应超过允许极限荷载的 80%，且工作时弹簧的压缩变形不得小于 20mm。

④当使用液压式持荷部件时，可通过一套中央液压调节单元同时加荷几个徐变架，该单元应由储液器、调节器、显示仪表和一个高压源(如高压氮气瓶或高压泵)等组成。

⑤有条件时可采用几个试件串叠受荷，上下压板之间的总距离不得超过 1600mm。

(2) 加荷装置应符合下列规定：

①加荷架应由接长杆及顶板组成。加荷时，加荷架应与徐变仪丝杆顶部相连。

②油压千斤顶可采用一般的起重千斤顶，其吨位应大于试验荷载的需求。

③测力装置可采用钢环测力计、荷载传感器或其他形式的压力测定装置，其测量精度应达到所加荷载的 ±2%，试件破坏荷载应不小于测力装置全量程的 20% 且不大于测力装置全量程的 80%。

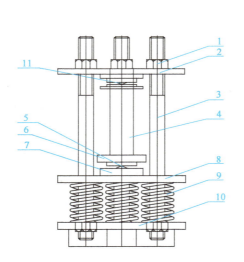

图 4-12 弹簧式压缩徐变仪
1-螺母;2-上压板;3-丝杆;4-试件;5-球铰;6-垫板 7-定心;8-下压板;9-弹簧;10-底盘;11-球铰

(3) 变形量测装置应符合下列规定:

①变形量测装置可采用外装式、内埋式或便携式,其测量的应变值精度不应低于 0.001mm/m。

②采用外装式变形量测装置时,应至少测量两个均匀地布置在试件周边的基线的应变。测点应精确地布置在试件的纵向表面的纵轴上,且与试件端头等距,与相邻试件端头的距离不应小于一个截面边长。

③采用差动式应变计或钢弦式应变计等内埋式变形测量装置时,应在试件成型时牢固地固定该装置,使其量测基线位于试件中部并与试件纵轴重合。

④采用接触法引伸仪等便携式变形量测装置时,测头应牢固附置在试件上。

⑤量测标距应大于混凝土集料最大粒径的 3 倍,且不少于 100mm。

3. 试件要求

(1) 试件的形状与尺寸应符合下列规定:

①徐变试验应采用棱柱体试件。试件的尺寸应根据混凝土中集料的最大粒径,按表 4-3 选用,长度应为截面边长尺寸的 3~4 倍。

徐变试验试件尺寸选用表　　　　　表 4-3

集料最大公称粒径(mm)	试件最小边长(mm)	试件长度(mm)
31.5	100	400
40	150	450

②当试件叠放时,应在每叠试件端头的试件和压板之间,加装一个未安装应变量测仪表的辅助性混凝土垫块,其截面边长尺寸应与被测试件的相同,且长度至少等于其截面尺寸的一半。

(2) 试件数量应符合下列规定:

①制作徐变试件时,应同时制作相应的棱柱体抗压试件及收缩试件。

②收缩试件应与徐变试件相同,并装有与徐变试件相同的变形测量装置。

③每组抗压、收缩和徐变试件的数量宜各为 3 个,其中每个加荷龄期的每组徐变试件应至少为 2 个。

(3)试件制备应符合下列规定:

①当要叠放试件时,宜磨平其端头。

②徐变试件的受压面与相邻的纵向表面之间的夹角与直角的偏差不应超过 1mm/100mm。

③采用外装式应变量测装置时,徐变试件两侧面应有安装量测装置的测头,测头宜采用埋入式,试模的侧壁应具有能在成型时使测头定位的装置。在对黏结的工艺及材料确有把握时,可采用胶粘。

(4)试件的养护与存放方式应符合下列规定:

①抗压试件及收缩试件应随徐变试件一起同条件养护。

②对于标准环境中的徐变,试件应在成型后不少于 24h 且不多于 48h 时拆模,在拆模之前,应覆盖试件表面。随后应立即将试件送入标准养护室养护到 7d 龄期(自混凝土搅拌加水开始计时),其中 3d 加载的徐变试验应养护 3d。养护期间试件不应浸泡于水中。试件养护完成后应移入温度为 20℃±2℃、相对湿度为 60%±5% 的恒温恒湿室进行徐变试验,直至试验完成。

③对于适用于大体积混凝土内部情况的绝湿徐变,试件在制作或脱模后应密封在保湿外套中(包括橡皮套、金属套筒等),且在整个试件存放和测试期间也保持密封。

④对于需要考虑温度对混凝土弹性和非弹性性质的影响等特定温度下的徐变,应控制好试件存放的试验环境温度,应使其符合期望的温度历史。

⑤对于需确定在具体使用条件下的混凝土徐变值等其他存放条件,应根据具体情况确定试件的养护及试验制度。

4. 试验步骤

(1)测头或测点应在试验前 1d 粘好,仪表安装好后应仔细检查,不得有任何松动或异常现象。加荷装置、测力计等也应予以检查。

(2)在即将加荷徐变试件前,应测试同条件养护试件的棱柱体抗压强度。

(3)测头和仪表准备好以后,应将徐变试件放在徐变仪的下压板后,使试件、加荷装置、测力计及徐变仪的轴线重合,并应再次检查变形测量仪表的调零情况,记下初始读数。当采用未密封的徐变试件时,应在将其放在徐变仪上的同时,覆盖参比用收缩试件的端部。

(4)试件放好后,应及时开始加荷。当无特殊要求时,应取徐变应力为所测得的棱柱体抗压强度的 40%。当采用外装仪表或者接触法引申仪时,应用千斤顶先加压至徐变应力的 20% 进行对中。两侧的变形相差应小于其平均值的 10%,当超出此值,应松开千斤顶卸荷,进行重新调整后,应再加荷到徐变应力的 20%,并再次检查对中的情况。对中完毕后,应立即继续加荷直到徐变应力,应及时读出两边的变形值。应将此时两边变形的平均值作为在徐变荷载下的初始变形值。从对中完毕到测初始变形值之间的加荷及测量时间不得超过 1min。随后应拧紧承力丝杆上端的螺母,并应松开千斤顶卸荷,且应观察两边变形值的变化情况。此时,试件两侧的读数相差不应超过平均值的 10%,否则应予以调整,调整应在试件持荷的情况下进行,调整过程中所产生的变形增值应计入徐变变形之中。然后应再加荷到徐变应力,并应检查两侧变形读数,其总和与加荷前读数相比,误差不应超过 2%。否则应予以补足。

(5)应在加荷后的 1d、3d、7d、14d、28d、45d、60d、90d、120d、150d、180d、270d 和 360d 测读试件的变形值。

(6)在测读徐变试件的变形读数的同时,应测量同条件放置参比用收缩试件的收缩值。

(7)试件加荷后应定期检查荷载的保持情况,应在加荷后 7d、28d、60d、90d 各校核一次,如荷载变化大于 2%,应予以补足。在使用弹簧式加载架时,可通过施加正确的荷载并拧紧丝杆上的螺母,来进行调整。

5. 试验结果计算及处理

(1)徐变应变应按式(4-19)计算:

$$\varepsilon_{ct} = \frac{\Delta L_t - \Delta L_0}{L_b} - \varepsilon_t \tag{4-19}$$

式中:ε_{ct}——加荷 $t(d)$ 后的徐变应变,mm/m,精确至 0.001mm/m;

ΔL_t——加荷 $t(d)$ 后的总变形值,mm,精确至 0.001mm;

ΔL_0——加荷时测得的初始变形值,mm,精确至 0.001mm;

L_b——测量标距,mm,精确到 1mm;

ε_t——同龄期的收缩值,mm/m,精确至 0.001mm/m。

(2)徐变度应按式(4-20)计算:

$$C_t = \frac{\varepsilon_{ct}}{\delta} \tag{4-20}$$

式中:C_t——加荷 $t(d)$ 的混凝土徐变度,1/MPa,计算精确至 10^{-6}/MPa;

δ——徐变应力,MPa。

(3)徐变系数应按式(4-21)、式(4-22)计算:

$$\varphi_t = \frac{\varepsilon_{ct}}{\varepsilon_0} \tag{4-21}$$

$$\varepsilon_0 = \frac{\Delta L_0}{L_b} \tag{4-22}$$

式中:φ_t——加荷 $t(d)$ 的徐变系数;

ε_0——在加荷时测得的初始应变值,mm/m,精确至 0.001mm/m。

(4)每组应分别以 3 个试件徐变应变(徐变度或徐变系数)的试验结果算术平均值作为该组混凝土试件徐变应变(徐变度或徐变系数)的测定值。

(5)作为供对比用的混凝土徐变值,应采用经过标准养护的混凝土试件,在 28d 龄期时经受 0.4 倍棱柱体抗压强度恒定荷载持续作用 360d 的徐变值。可用测得的 3 年徐变值作为终极徐变值。

 创新能力培养

尽管平板法、圆环法和长度法试验中采用在试模上涂抹润滑油、放置四氟乙烯片或特富纶薄片等方法来尽量减少试模对试件的约束,但这些方法也只能减少而无法消除约束,润滑油脂还有可能因吸盘效应将混凝土试件吸住,从而限制混凝土的变形。而在混凝土早龄期(振捣成型至终凝前)较长一段时间内,混凝土的弹性模量非常低,这种约束对混凝土早龄期的收缩变形影响无疑是巨大的。研究表明,在初凝至 1d 期间内,有无侧模约束的两组试件混凝土自干燥收缩值之比为 57%,有侧模约束的试件混凝土收缩值远小于无侧模约束。而试模的底模对试件的影响则更加普遍,由于尚无试验装置能够消除底模对混凝土的约束,所以无法测量底模对混凝土的约束具体有多大。如果不能对混凝土早龄期收缩进行准确测量就不能完整了解混凝土的收缩过程。同样，受试模约束影响，采用现有方法也无法准确测量混凝土早龄期膨胀变形。因而研发一种新的能够准确测量混凝土早龄期变形的试验方法是十分必要的。对此，你有哪些好的建议呢？

思考与练习

一、填空题

1. 接触法收缩试验应在恒温恒湿环境中进行，室温应保持在_____，相对湿度应保持在_____。试件应放置在不吸水的搁架上，底面应架空，每个试件之间的间隙应大于30mm。测定代表某一混凝土收缩性能的特征值时，试件应在_____龄期时（从混凝土搅拌加水时算起）从标准养护室取出，并应立即移入恒温恒湿室测定其初始长度，此后应至少按下列规定的时间间隔测量其变形读数：_____（从移入恒温恒湿室内计时）。

2. 产生自收缩的必要条件是_____，充分条件是_____。

3. 混凝土的徐变主要跟施加荷载、弹性模量、环境相对湿度、加载前混凝土的养护龄期、混凝土的组成（水泥用量、水灰比）、持荷时间等参数有关。环境越干燥，徐变越_____，水泥强度等级相同时，混凝土的徐变应变随加荷时间的延后而_____，换句话说，混凝土加载时强度越高，徐变_____。水灰比一定时，水泥用量越少，徐变_____；当水泥用量一定时，徐变随水灰比减小而。混凝土的持荷时间越长，徐变_____。

4. 测试掺内养护剂的混凝土抗开裂性，应当在_____粘贴应变片。

二、判断题

1. 非接触法主要适用于测定早龄期混凝土的自由收缩变形，也可用于约束状态下混凝土自收缩变形的测定。　　　　　　　　　　　　　　　　　　　　　　　　（　　）
2. 磨细矿渣越细，活性越高，化学减缩越大。　　　　　　　　　　　　　（　　）
3. 水泥熟料矿物组成 C_3S 的收缩最大，约为 C_3A 和 C_2S 收缩的3倍，约为 C_4AF 的4.5倍。　　　　　　　　　　　　　　　　　　　　　　　　　　　　　（　　）
4. 混凝土早期抗裂性试验，可以采用平板约束法，风扇的风向垂直于试件表面和裂缝诱导器。　　　　　　　　　　　　　　　　　　　　　　　　　　　　　（　　）
5. 可用测得的3年徐变值作为终极徐变值。　　　　　　　　　　　　　　（　　）

三、简答题

1. 概述混凝土收缩的类型及原因。
2. 解释弹性应变、徐变、松弛的含义。
3. 平板约束法测定混凝土的早期抗裂性，每根裂缝的平均开裂面积应按下式计算：

$$a = \frac{1}{2N}\sum_{i=1}^{N}(W_i \times L_i)$$

请解释公式中各字母及数字的含义。
4. 简述测定混凝土收缩的试验方法及适用范围。
5. 混凝土体积稳定性的意义是什么？

项目五

现代混凝土的耐久性试验检测

【项目概述】

本项目主要介绍了混凝土耐久性各项指标的含义及相关规定,以及混凝土抗冻性、抗渗性等耐久性指标的检测方法。

【学习目标】

1. 素质目标:培养学习者良好的道德情操、高度的责任意识和质量意识、严谨的工作作风、坚持坚守耐心专注的意志品质,以及良好的集体观念和团队协作精神。

2. 知识目标:熟悉混凝土抗冻性、抗渗性、碳化及碱集料反应检测的方法原理及适用范围,掌握试验操作步骤、数据处理及结果评定方法。

3. 能力目标:利用相关规范,能够合作完成混凝土抗冻性、抗渗性、碳化及碱集料反应的测试,独立完成试验数据处理及结果评定。

 课程思政

1. 思政元素内容

川藏铁路(Sichuan-Tibet Railway)是中国境内一条连接四川省与西藏自治区的快速铁路,东起四川省成都市、西至西藏自治区拉萨市,是中国国内第二条进藏铁路,川藏铁路集合了山岭重丘、高原高寒、风沙荒漠、雷雨雪霜等多种极端地理环境和气候特征,跨14条大江大河、21座4000m以上的雪山,被称为"最难建的铁路"。

2020年11月,中共中央总书记、国家主席、中央军委主席习近平对川藏铁路开工建设作出重要指示,建设川藏铁路是贯彻落实新时代党的治藏方略的一项重大举措。

作为雪域高原的第二条"天路"、世界铁路建设史上地形地质条件最为复杂的工程，川藏铁路肩负起了中国三代铁路建设者们的梦想，广大铁路建设者要发扬"两路"精神和青藏铁路精神，为全面建设社会主义现代化国家做出新的贡献。

2. 课程思政契合点

混凝土长期在冻融环境、氯盐环境、化学腐蚀环境等复杂环境中使用时，会出现冻胀开裂，氯离子进入混凝土内部会导致混凝土中钢筋锈蚀，从而造成混凝土结构安全性的降低，大大缩短混凝土的服役寿命。

3. 价值引领

党的二十大报告指出，教育、科技、人才是全面建设社会主义现代化国家的基础性、战略性支撑。必须坚持科技是第一生产力、人才是第一资源、创新是第一动力，深入实施科教兴国战略、人才强国战略、创新驱动发展战略，开辟发展新领域新赛道，不断塑造发展新动能新优势。混凝土耐久性是影响工程使用寿命的主要问题，我们应不断探索、反复试验、精益求精，采用新技术、新成果，改进和提高混凝土耐久性，延长混凝土结构使用寿命，保证我国建筑事业可持续发展。

思政点　共产党人的精神谱系—青藏铁路

任务一　认知混凝土耐久性检测规则

一　检验批及试验组数

(1) 强度等级、龄期、生产工艺和配合比相同的混凝土构成同一检验批。
(2) 对于同一工程、同一配比,检验批不少于一个。
(3) 对于同一检验批,设计要求的各个检验项目至少完成一组试验。

二　取样

(1) 符合现行《普通混凝土拌合物性能试验方法标准》(GB/T 50080)的规定。
(2) 在施工现场,随机从同一车(盘)中取样,不宜在首车(盘)中取样。从车中取样时,应将混凝土搅拌均匀,并应在卸料量的1/4～3/4之间取样。
(3) 取样数量应至少为计算试验用量的1.5倍。计算试验用量按现行《普通混凝土长期性能和耐久性能试验方法标准》(GB/T 50082)的规定计算。
(4) 每次取样应进行记录,取样记录至少包含下列内容:取样日期和时间、取样地点、混凝土强度等级、取样方法、取样编号、时间数量、环境温度及取样混凝土温度、取样后样品保存方法以及自取样到制作成型的时间。

三　试件制作与养护

(1) 制作试件应在现场取样后30min内进行。
(2) 制作和养护应符合现行《普通混凝土力学性能试验方法标准》(GB/T 50081)和《普通混凝土长期性能和耐久性能试验方法标准》(GB/T 50082)的规定。

四　检验结果

(1) 对于同一检验批只进行一组试验的检测项目,应将试验结果作为检验结果。对于抗冻试验、抗水渗透试验和抗硫酸盐侵蚀试验,当同一检验批进行一组以上试验时,应取所有组试验结果中的最小值作为检验结果。当检验结果介于相邻两个等级之间时,应取等级较低者作为检验结果。
(2) 对于抗氯离子渗透试验、碳化试验、早期抗裂试验,当同一检验批进行一组以上试验时,应取所有组试验结果中的最大值作为检验结果。

任务二　抗冻性试验与检测

抗冻性(Resistance of Concrete to Freezing and Thawing)是混凝土耐久性最主要的指标之一,混凝土的冻融破坏是我国建筑物老化病害的主要问题之一,严重影响了建筑物的长期使用和安全运行,为使这些工程继续发挥作用和效益,需要很大的代价来维修和重建,这已成为混凝土耐久性方面的主要问题之一。

混凝土抗冻性是指混凝土在吸水饱和状态下，经受多次冻融循环作用，能保持强度不显著降低和外观完整性的性能。

根据《混凝土质量控制标准》(GB 50164—2011)，混凝土的抗冻性基本都采用抗冻等级(快冻法)表示，符号F，划分为：F50、F100、F150、F200、F250、F300、F350、F400和>F400九个抗冻等级；建材行业中的混凝土制品基本还沿用抗冻标号(慢冻法)，符号D，划分为：D50、D100、D150、D200和>D200五个抗冻标号。

 混凝土的冻融机理

一般认为，吸水饱和的混凝土在其冻融的过程中，遭受的破坏应力主要由两部分组成。其一是当混凝土中的毛细孔水在0℃以下发生物态变化，由水转变成冰，体积膨胀约9%，因受毛细孔壁约束形成膨胀应力，从而在孔周围的微观结构中的迁移和重分布，引起了渗透压。由于表面张力的作用，混凝土毛细空隙中水的冰点随着孔径的减小而降低。凝胶孔水形成冰核的温度在-78℃以下，因而由冰与过冷水的饱和蒸汽压和过冷水之间的盐分浓度差引起水分迁移，从而形成渗透压力。

当混凝土受冻时，这两种压力会损伤混凝土内部微观结构。当经过反复多次冻融循环以后，损伤逐步积累不断扩大，发展成互相连通的裂缝，使混凝土的强度逐步降低，最后甚至完全丧失。从实际中不难看出，处在干燥条件的混凝土显然不存在冻融破坏的问题，所以保水状态是混凝土发生冻融破坏的必要条件之一；另一必要条件是外界气温正负变化，使混凝土空隙中的水反复发生冻融循环。这两个必要条件，决定了混凝土冻融破坏是从混凝土表面开始的层层剥蚀破坏。

 影响混凝土抗冻性的主要因素

1. 含气量

含气量是影响混凝土抗冻性的主要因素，尤其是加入引气剂形成的微小气孔对提高混凝土抗冻性尤为重要。为使混凝土具有较好的抗冻性，其最佳含气量约为5%~6%。加气的混凝土不仅对其耐久性有益，而且可以改善它的和易性。混凝土中加气与偶然截留的空气不同，加气的气泡直径的数量级为0.05mm，而偶然截留的空气一般都形成大得多的气泡。加气在水泥浆中形成彼此分离的孔隙，因此不会形成连通的透水孔道，这样就不会增加混凝土的渗透性。这些互不连通的微细气孔在混凝土受冻初期，能使毛细孔中的静水压力减小，即起到减压作用。在混凝土受冻结冰过程中，这些孔隙可阻止或抑制水泥浆中微小冰体的生成。为使混凝土具有较好的抗冻性，必须保证气孔在砂浆中分布均匀。

含气量是混凝土是否具有抗冻融性能的"传感器"。含气量增加，平均孔隙间距减小。在最佳含气量条件下，孔隙间距将会防止冻融造成的压力过大。研究表明，混凝土中含气量合适，抗冻性可大为提高。当滑模混凝土的含气量在4%左右时，抗冻标号可达500次左右冻融循环，达到超抗冻性混凝土的要求。若要求粉煤灰混凝土达到4%含气量，应视粉煤灰掺量成倍增大引气剂掺量。此时，粉煤灰混凝土的抗冻性也能达到300次以上冻融循环，能达到高抗冻性的要求。

为满足混凝土抗冻性和抗盐性要求，各国都提出了适宜含气量的推荐值，一般均在3%~6%之间。集料的最大粒径增大，则含气量减小。根据混凝土抗冻性机理研究得到的最大气泡间距系数应为 0.25mm,对应的最小拐点(临界)含气量为 3%。引气剂质量较好,气泡越小、表面积越大,临界含气量有减小趋势。试验表明,当混凝土含气量超过 6% 后,抗冻性不再提高。

2. 水灰比

水灰比的大小是影响混凝土各种性能(强度、耐久性等)的重要因素。在同样良好成型条件下,水灰比不同,混凝土的密实程度、孔隙结构也不同。由于多余的游离水分在混凝土硬化过程中会逐渐蒸发掉,形成大量开口孔隙,毛细孔又不能完全被水泥水化生成物填满,直至孔隙相互连通,最终形成毛细孔连通体系,具有这种孔隙结构的混凝土的渗透性、吸水性都很大,最容易使混凝土受冻破坏。因此,我们在考虑引气剂同时,必须考虑水灰比,在含气量相同时,气泡的半径随水灰比的降低而减少,孔隙结构得到改善,提高了混凝土的抗冻性。

当龄期和养护温度一定时,混凝土的强度取决于水灰比和密实度。在水泥水化过程中,水灰比对硬化水泥浆的孔隙率有直接的影响,而孔隙率的改变又影响了混凝土的密实度,从而影响混凝土的孔隙体积。孔隙体积的增加导致混凝土毛细孔径变大且连通,致使混凝土受冻后产生较大的膨胀压力,特别是承受反复的冻融循环后,混凝土将遭受严重的结构性破坏。因此,为提高混凝土的抗冻性,必须严格控制水灰比,必要时,甚至需人工干预,如加引气剂实施"人工造孔"。

从提高混凝土材料抗冻性而言,主要有两个技术手段:一是提供冻胀破坏的缓冲空腔,加引气剂就是最重要的基本手段;二是增强材料本身的冻胀抵抗力,控制较小水灰比和提高混凝土的抗压强度。

3. 混凝土的饱水状态

混凝土的冻害与其饱水程度有关。一般认为,含水率小于孔隙总体积的 91.7% 就不会产生冻结膨胀压力;在混凝土完全饱水状态下,其冻结膨胀压力最大。混凝土的饱水状态主要与混凝土结构的部位及其所处的自然环境有关。在大气中使用的混凝土结构,其含水率均达不到该值的极限,而处于潮湿环境的混凝土,其含水率要明显增大。最不利的部位是水位变化区,此处的混凝土经常处于干湿交替变化的环境中,受冻时极易破坏。此外,由于混凝土表层的含水率通常大于其内部的含水率,且受冻时表层的温度均低于其内部的温度,所以冻害往往是由表层开始逐步深入发展的。

4. 混凝土的受冻龄期

混凝土的抗冻性随龄期的增长而提高。因为龄期越长水泥水化越充分,混凝土强度越高,抵抗膨胀的能力越大,这一点对早期受冻的混凝土尤为重要。

5. 水泥品种及集料质量

混凝土的抗冻性随水泥活性增高而提高。普通硅酸盐水泥混凝土的抗冻性优于掺混合材硅酸盐水泥混凝土的抗冻性。这是由于掺混合材硅酸盐水泥需水量大所致。

集料对混凝土抗冻性影响主要体现在集料的吸水量及集料本身抗冻性的影响。一般碎石和卵石都能满足混凝土抗冻性的要求,自然风化岩等坚固性差的集料才会影响混凝土的抗冻性。对在严寒地区或经常处于潮湿或干湿交替作用状态下的室外混凝土,则应注意优选集料。

冻融破坏的程度和范围取决于石料的密度。因此,为了保证抗冻性,必须改变混凝土的宏观结构,其原则是:选用小碎石混凝土,在有条件的情况下,完全不用大石料,向耐久的细粒式宏观结构过渡。为了提高耐久性,应选用抗折强度较高的混凝土。在被改变了宏观结构的混凝土中,细粒式混凝土抗折强度最大;重混凝土中,小碎石混凝土抗折强度最大。

6. 外加剂的影响

引气剂、减水剂及引气型减水剂、纤维等外加剂均能提高混凝土的抗冻性。引气剂能增加混凝土的含气量且使气泡均匀分布，而减水剂则能降低混凝土的水灰比，从而减小孔隙率，提高混凝土的抗拉伸能力，最终都能提高混凝土的抗冻性。

三 抗冻性试验方法

目前，我国抗冻性的试验方法主要依据现行《普通混凝土长期性能和耐久性能试验方法标准》(GB/T 50082)的规定分为慢冻法、快冻法和单面冻融法(或称盐冻法)。

慢冻法简称"气冻水融"，以 N 次冻融循环后混凝土强度损失率和重量损失率作为评判标准。混凝土的抗冻标号，以同时满足强度损失率不超过25%和重量损失率不超过5%时的最大冻融循环次数来表示。

快冻法用经受快速冻融循环次数或耐久性系数来表示。在我国的铁路、水工、港工等行业，该方法已成为检验混凝土抗冻性的唯一方法。

混凝土耐快速冻融循环次数应以同时满足相对动弹性模量值不小于60%和重量损失不超过5%的最大循环次数来表示。混凝土耐久性系数应按式(5-1)计算：

$$K_n = \frac{P \times N}{300} \tag{5-1}$$

式中：K_n——混凝土耐久性系数；

P——经 N 次冻融循环后的相对动弹性模量；

N——达到要求的冻融循环次数。

快冻和慢冻试验方法在冻融的试验过程中，试件6个面浸入水中，使更多的水浸入混凝土内部。而这种情况在实际中很少发生，在实际现场的混凝土，当水在混凝土内部移动时，一个面或更多的面是不冻结的。故单面冻融试验更贴近实际现场暴露于冻融环境中的混凝土。

单面冻融法用于测定混凝土试件在大气环境中且与盐接触的条件下，以能够经受的冻融循环次数或者表面剥落质量或超声波相对动弹性模量来表示的混凝土抗冻性能。

在我国北方地区，冬季在道路上大量使用除冰盐，此时道路混凝土及周边附属的混凝土建筑物所遭受的往往不是饱水状态下的冻融循环，而是干湿交替及盐溶液存在状态下的冻融循环；冬季海港及海工建筑物，水位变动区附近的混凝土也是在非饱水状态下遭受盐溶液(海水)的冻融循环。针对此种情况，我们可以用单面冻融法，该方法适于对某一表面在盐溶液冻融作用下的混凝土(如盐渍土地区的地下混凝土结构、海港工程的混凝土结构等)的抗冻性进行评价。

四 抗冻性试验与检测

(一)技能训练一　慢冻法试验

1. 适用范围

(1)本方法适用于测定混凝土试件在气冻水融条件下，以经受的冻融循环次数来表示的混凝土抗冻性能。

(2)慢冻法抗冻试验所采用的试件应符合下列规定：

①试验应采用尺寸为100mm×100mm×100mm的立方体试件;
②慢冻法试验所需要的试件组数应符合表5-1的规定,每组试件应为3块。

慢冻法试验所需的试件组数 表5-1

设计抗冻标号	D25	D50	D100	D150	D200	D250	D300	D300以上
检查强度所需冻融次数	25	50	50及100	100及150	150及200	200及250	250及300	300及设计次数
鉴定28d强度所需试件组数	1	1	1	1	1	1	1	1
冻融试件组数	1	1	2	2	2	2	2	2
对比试件组数	1	1	2	2	2	2	2	2
总计试件组数	3	3	5	5	5	5	5	5

2. 试验设备及规定

(1)冻融试验箱应能使试件静止不动,并应通过气冻水融进行冻融循环。在满载运转的条件下,冷冻期间冻融试验箱内空气的温度应能保持在-20~-18℃范围内;融化期间冻融试验箱内浸泡混凝土试件的水温应能保持在18~20℃范围内;满载时冻融试验箱内各点温度极差不应超过2℃。

(2)采用自动冻融设备时,控制系统还应具有自动控制、数据曲线实时动态显示、断电记忆和试验数据自动存储等功能。

(3)试件架应采用不锈钢或者其他耐腐蚀的材料制作,其尺寸应与冻融试验箱和所装的试件相适应。

(4)称量设备的最大量程应为20kg,感量不应超过5g。

(5)压力试验机应符合现行《普通混凝土力学性能试验方法标准》(GB/T 50081)的相关要求。

(6)温度传感器的温度检测范围不应小于-20℃~20℃,测量精度应为±0.5℃。

3. 试验步骤

(1)在标准养护室内或同条件养护的冻融试验的试件应在养护龄期为24d时提前将试件从养护地点取出,随后应将试件放在20℃±2℃水中浸泡,浸泡时水面应高出试件顶面20~30mm,在水中浸泡的时间应为4d,试件应在28d龄期时开始进行冻融试验。始终在水中养护的冻融试验的试件,当试件养护龄期达到28d时,可直接进行后续试验,对此种情况,应在试验报告中予以说明。

(2)当试件养护龄期达到28d时应及时取出冻融试验的试件,用湿布擦除表面水分后应对外观尺寸进行测量,试件的外观尺寸应满足标准要求,并应分别编号、称重,然后按编号置入试件架内,且试件架与试件的接触面积不宜超过试件底面的1/5。把试件架放入冻融试验箱后,试件与箱底以及与试件与箱壁之间应至少留有20mm的空隙。试件架中各试件之间应至少保持30mm的空隙。

(3)冷冻时间应在冻融箱内温度降至-18℃时开始计算。每次从装完试件到温度降至-18℃所需的时间应在1.5~2.0h内。冻融箱内温度在冷冻时应保持在-20~-18℃之间。

(4)每次冻融循环中试件的冷冻时间不应小于4h。

(5)冷冻结束后,应立即加入温度为18~20℃的水,使试件转入融化状态,加水时间不应超过10min。控制系统应确保在30min内,水温不低于10℃,且在30min后水温能保持在18~

20℃。冻融箱内的水面应至少高出试件表面 20mm。融化时间不应小于 4h。融化完毕视为该次冻融循环结束,可进入下一次冻融循环。

(6) 每 25 次循环宜对冻融试件进行一次外观检查。当出现严重破坏时,应立即进行称重。当试件的质量损失率超过 5%,可停止其冻融循环试验。

(7) 试件在达到表 5-1 规定的冻融循环次数后,试件应称重并进行外观检查,应详细记录试件表面破损、裂缝及边角缺损情况。当试件表面破损严重时,应先用高强石膏找平,然后应进行抗压强度试验。抗压强度试验应符合现行《普通混凝土力学性能试验方法标准》(GB/T 50081)的相关规定。

(8) 当冻融循环因故中断且试件处于冷冻状态时,试件应继续保持冷冻状态,直至恢复冻融试验为止,并应将故障原因及暂停时间在试验结果中注明。当试件处在融化状态下因故中断时,中断时间不应超过两个冻融循环的时间。在整个试验过程中,超过两个冻融循环时间的中断故障次数不得超过两次。

(9) 当部分试件由于失效破坏或者停止试验被取出时,应用空白试件填充空位。

(10) 对比试件应继续保持原有的养护条件,直到完成冻融循环后,与冻融试验的试件同时进行抗压强度试验。

(11) 当冻融循环出现下列三种情况之一时,可停止试验:
① 已达到规定的循环次数;
② 抗压强度损失率已达到 25%;
③ 质量损失率已达到 5%。

4. 试验结果计算及处理

(1) 强度损失率应按式(5-2)进行计算:

$$\Delta f_c = \frac{f_{c0} - f_{cn}}{f_{c0}} \times 100\% \tag{5-2}$$

式中:Δf_c——N 次冻融循环后的混凝土抗压强度损失率,%,精确至 0.1;

f_{c0}——对比用的一组标准养护混凝土试件的抗压强度测定值,MPa,精确至 0.1MPa;

f_{cn}——经 N 次冻融循环后的一组混凝土试件抗压强度测定值,MPa,精确至 0.1MPa。

(2) f_{c0} 和 f_{cn} 应以三个试件抗压强度试验结果的算术平均值作为测定值。当三个试件抗压强度最大值或最小值,与中间值之差超过中间值的 15% 时,应剔除此值,再取其余两值的算术平均值作为测定值;当最大值和最小值,均超过中间值的 15% 时,应取中间值作为测定值。

(3) 单个试件的质量损失率应按式(5-3)计算:

$$\Delta W_{ni} = \frac{W_{oi} - W_{ni}}{W_{oi}} \times 100\% \tag{5-3}$$

式中:ΔW_{ni}——N 次冻融循环后第 i 个混凝土试件的质量损失率,%,精确至 0.01;

W_{oi}——冻融循环试验前第 i 个混凝土试件的质量,g;

W_{ni}——N 次冻融循环后第 i 个混凝土试件的质量,g。

(4) 一组试件的平均质量损失率应按式(5-4)计算:

$$\Delta W_n = \frac{\sum_{i=1}^{3} \Delta W_{ni}}{3} \times 100 \tag{5-4}$$

式中:ΔW_n——N 次冻融循环后一组混凝土试件的平均质量损失率,%,精确至 0.1。

(5)一般情况下,每组试件的平均质量损失率应以 3 个试件的质量损失率试验结果的算术平均值作为测定值。当某个试验结果出现负值,应取 0 值,再取 3 个试件的算术平均值。当 3 个值中的最大值或最小值,与中间值之差超过 1% 时,应剔除此值,再取其余两值的算术平均值作为测定值;当最大值和最小值,与中间值之差均超过 1% 时,应取中间值作为测定值。

(6)抗冻标号应以抗压强度损失率达到 25% 或者质量损失率达到 5% 时的最大冻融循环次数按本标准表 5-1 确定。

(二)技能训练二 动弹性模量试验

1. 适用范围

(1)本方法适用于采用共振法测定混凝土的动弹性模量。

(2)动弹性模量试验采用尺寸为 $100mm \times 100mm \times 400mm$ 的棱柱体试件。

2. 试验设备及规定

(1)共振法混凝土动弹性模量测定仪输出频率可调节范围应为 $100 \sim 20000Hz$,输出功率应能使试件产生受迫振动。

(2)试件支撑体应采用厚度为 20mm 的泡沫塑料垫,宜采用表观密度为 $16 \sim 18kg/m^3$ 的聚苯板。

(3)称量设备的最大量程应为 20kg,感量不应超过 5g。

3. 试验步骤

(1)首先应测量试件的质量与尺寸。试件的质量应精确至 0.01kg,尺寸的测量应精确至 1mm。

(2)测定完试件的质量和尺寸后,应将试件放置在支撑体中心位置,成型面应向上,并应将激振换能器的测杆轻轻地压在试件长边侧面中线的 1/2 处,接收换能器的测杆轻轻地压在试件长边侧面中线距端面 5mm 处。在测杆接触试件前,宜在测杆与试件接触面涂一薄层黄油或凡士林作为耦合介质,测杆压力的大小应以不出现噪声为准。采用的冻弹性模量测定仪各部件连接和相对位置应符合图 5-1 规定。

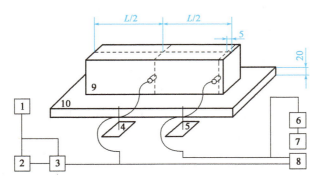

图 5-1 冻弹性模量各部件连接和相对位置示意图
1-振荡器;2-频率计;3-放大器;4-激振换能器;5-接收换能器;6-放大器;7-电表;8-示波器;9-试件;10-试件支承体

(3)放置好测杆后,应先调整共振仪的激振功率和接收增益旋钮至适当位置,然后变换激振频率,并应注意观察指示电表的指针偏转。当指针偏转为最大时,表示试件到达共振状态,应以这时所显示的共振频率作为试件的基频振动频率。每一次测量应重复测读两次以上。当两次连续测值之差不超过两个测值的算术平均值的0.5%时,应取这两个测值的算术平均值作为试件的基频振动频率。

(4)当用示波器作为显示的仪器时,示波器的图形调成一个正圆时的频率应为共振频率。在测试过程中,当发现两个以上峰值时,应将接收换能器移至距试件端部0.224倍试件长处,当指示电表示值为零时,应将其作为真实的共振峰值。

4. 试验结果计算及处理

(1)动弹性模量应按式(5-5)计算:

$$E_d = 13.244 \times 10^{-4} \times WL^3 f^2 / a^4 \tag{5-5}$$

式中:E_d——混凝土动弹性模量,MPa;

W——试件是的质量,kg,精确至0.01kg;

L——试件的长度,mm;

f——试件横向振动时的基频振动频率,Hz;

a——正方形截面试件的边长,mm。

(2)每组应以3个试件动弹性模量的试验结果的算术平均值作为测定值,计算应精确至100MPa。

(三)技能训练三 快冻法试验

1. 适用范围

本方法适用于测定混凝土试件在水冻水融的条件下,以经受的快速冻融循环次数来表示的混凝土抗冻性能。

2. 试验设备及规定

(1)试件盒(图5-2)宜采用具有弹性的橡胶材料制作,其内表面底部应有半径为3mm橡胶突起部分。盒内加水后水面应至少高出试件顶面5mm。试件盒横截面尺寸宜为115mm×115mm。

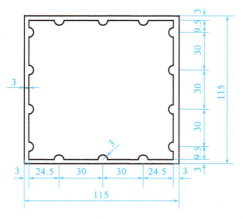

图5-2 橡胶试件盒横截面示意图(尺寸单位:mm)

(2)快速冻融装置应符合现行《混凝土抗冻试验设备》(JG/T 243)的规定。除应在测温试件中埋设温度传感器外,尚应在冻融箱(图5-3)内防冻液中心、中心与任何一个对角线的两端分别设有温度传感器。运转时冻融箱内防冻液各点温度的极差不得超过2℃。

(3)称量设备的最大量程应为20kg,感量不应超过5g。

(4)混凝土动弹性模量测定仪(图5-4)。

(5)温度传感器(包括热电偶、电位差计等)应在-20℃~20℃范围内测定试件中心温度,且测量精度应为±0.5℃。

(6)快冻法抗冻试验所采用的试件应符合如下规定:

①快冻法抗冻试验应采用尺寸为100mm×100mm×400mm的棱柱体试件,每组试件应为3块;

②成型试件时,不得采用憎水性脱模剂;

③除制作冻融试验的试件外,尚应制作同样形状、尺寸,且中心埋有温度传感器的测温试件,测温试件应采用防冻液作为冻融介质。测温试件所用混凝土的抗冻性能应高于冻融试件。测温试件的温度传感器应埋设在试件中心。温度传感器不应采用钻孔后插入的方式埋设。

图 5-3 冻融箱

图 5-4 混凝土动弹性模量测定仪

3. 试验步骤

（1）在标准养护室内或同条件养护的试件应在养护龄期为 24d 时提前将冻融试验的试件从养护地点取出,随后应将冻融试件放在 20℃ ±2℃ 水中浸泡,浸泡时水面应高出试件顶面 20~30mm。在水中浸泡时间应为 4d,试件应在 28d 龄期时开始进行冻融试验。始终在水中养护的试件,当试件养护龄期达到 28d 时,可直接进行后续试验。对此种情况,应在试验报告中予以说明。

（2）当试件养护龄期达到 28d 时,应及时取出试件,用湿布擦除表面水分后,应对外观尺寸进行测量,并应编号、称量试件初始质量 W_{0i};然后测定其横向基频的初始值 f_{0i}。

（3）将试件放入试件盒内,试件应位于试件盒中心,然后向试件盒中注入清水。在整个试验过程中,盒内水位高度应始终保持至少高出试件顶面 5mm。

（4）将试件盒放入冻融箱内的试件架中,测温试件盒应放在冻融箱的中心位置。

（5）冻融循环过程应符合下列规定:

①每次冻融循环应在 2~4h 内完成,且用于融化的时间不得少于整个冻融循环时间的 1/4。

②在冷冻和融化过程中,试件中心最低和最高温度应分别控制在 -18℃ ±2℃ 和 5℃ ±2℃ 内。在任意时刻,试件中心温度不得高于 7℃,且不得低于 -20℃。

③每块试件从 3℃ 降至 -16℃ 所用的时间不得少于冷冻时间的 1/2,每块试件从 -16℃ 升至 3℃ 所用时间不得少于整个融化时间的 1/2,试件内外的温差不宜超过 28℃。

④冷冻和融化之间的转换时间不宜超过 10min。

（6）每隔 25 次冻融循环宜测量试件的横向基频 f_{ni}。测量前应先将试件表面浮渣清洗干净并擦干表面水分,然后应检查其外部损伤并称量试件的质量 W_{ni}。随后测量横向基频。测完后,应迅速将试件调头重新装入试件盒内并加入清水,继续试验。试件的测量、称量及外观检查应迅速,待测试件应用湿布覆盖。

（7）当有试件停止试验被取出时,应另用其他试件填充空位。当试件在冷冻状态下因故中断时,试件应保持在冷冻状态,直至恢复冻融试验为止,并应将故障原因及暂停时间在试验结果中注明。试件在非冷冻状态下发生故障的时间不宜超过两个冻融循环的时间。在整个试验过程中,超过两个冻融循环时间的中断故障次数不得超过 2 次。

(8) 当冻融循环出现下列情况之一时,可停止试验:
① 达到规定的冻融循环次数;
② 试件的相对动弹性模量下降到 60% 以下;
③ 试件的质量损失率达 5%。

4. 试验结果计算及处理

(1) 相对动弹性模量应按式(5-6)计算:

$$P_i = \frac{f_{ni}^2}{f_{0i}^2} \times 100 \tag{5-6}$$

式中:P_i——经 N 次冻融循环后第 i 个混凝土试件的相对动弹性模量,%,精确至 0.1;
f_{ni}——经 N 次冻融循环后第 i 个混凝土试件的横向基频,Hz;
f_{0i}——冻融循环试验前第 i 个混凝土试件横向基频初始值,Hz。

$$P = \frac{1}{3}\sum_{i=1}^{3} P_i \tag{5-7}$$

式中:P——经 N 次冻融循环后一组混凝土试件的相对动弹性模量,%,精确至 0.1。

一般情况下,相对动弹性模量 P 应以三个试件试验结果的算术平均值作为测定值。当最大值或最小值,与中间值之差超过中间值的 15% 时,应剔除此值,并应取其余两值的算术平均值作为测定值;当最大值和最小值与中间值之差均超过中间值的 15% 时,应取中间值作为测定值。

(2) 单个试件的质量损失率应按式(5-8)计算:

$$\Delta W_{ni} = \frac{W_{oi} - W_{ni}}{W_{oi}} \times 100 \tag{5-8}$$

式中:ΔW_{ni}——N 次冻融循环后第 i 个混凝土试件的质量损失率,%,精确至 0.01;
W_{oi}——冻融循环试验前第 i 个混凝土试件的质量,g;
W_{ni}——N 次冻融循环后第 i 个混凝土试件的质量,g。

(3) 一组试件的平均质量损失率应按式(5-9)计算:

$$\Delta W_n = \frac{\sum_{i=1}^{3} \Delta W_{ni}}{3} \times 100 \tag{5-9}$$

式中:ΔW_n——N 次冻融循环后一组混凝土试件的平均质量损失率,%,精确至 0.1。

(4) 每组试件的平均质量损失率一般情况下应以三个试件的质量损失率试验结果的算术平均值作为测定值。当某个试验结果出现负值,应取 0 值,再取三个试件的平均值。当三个值中的最大值或最小值,与中间值之差超过 1% 时,应剔除此值,并应取其余两值的算术平均值作为测定值;当最大值和最小值,与中间值之差均超过 1% 时,应取中间值作为测定值。

(5) 混凝土抗冻等级应以相对动弹性模量下降至 60% 或者质量损失率达 5% 时的最大冻融循环次数来确定,并用符号 F 表示。

5. 慢冻法与快冻法试验数据示例

慢冻法与快冻法数据如表 5-2 所示。

慢冻法与快冻法试验数据示例　　　　　表 5-2

(1)技术条件					
设计强度等级	C40	设计抗冻等级	—		
理论配合比	1.00∶0.38∶0.21∶2.55∶3.98∶0.56∶0.016∶0.000032		施工配合比	—	
工地拌和方法	运输车	工地捣实方法	自密实	制件捣实方法	人工
制件时坍落(mm)	200	制件时扩展(mm)	470	制件维勃稠度(s)	—
制件日期		试件尺寸(mm)	100×100×400	养护方法	标养
龄期(d)	56	冻结温度范围(-℃)	17±2	每次冻结降温历时(h)	0.8
每次冻结时间(h)	1.4	融化温度范围(℃)	8±3	每次融化时间(h)	0.8
(2)混凝土使用材料情况					
材料名称		材料产地	品种规格	施工拌和用料量(kg/m³)	
水泥		声威	P.O42.5	276	
掺合料1		宝源	F类Ⅰ级粉煤灰	106	
掺合料2		汇丰	S95级矿粉	57	
细集料		临潼	河砂 中砂	703	
粗集料		蘯源	5-31.5 连续级	1100	
外加剂1		深圳	减水剂	4.39	
外加剂2		深圳	引气剂	0.0088	
拌和水		安刘村	地下水	154	
(3)慢冻法达规定冻融循环试验次数时的检测结果					
试件编号	试验日期	检测项目		标准规定值	试验结果
		最大冻融循环试验次数 N(次)		200	200
		冻融循环试验后试件质量损失率 ΔW_n(%)		5	2
		冻融循环试验后抗压强度损失率 Δf_c(%)		25	15
		确定抗冻等级		D200	D200
(4)快冻法达规定冻融循环试验次数时的检测结果					
试件编号	试验日期	检测项目		标准规定值	试验结果
		N次冻融循环试验后试件质量损失率 ΔW_n(%)		<5	2.5
		N次冻融循环试验后试件相对动弹性模量 P(%)		≥60	84
		混凝土耐久性系数 K		≥80	84
		确定抗冻等级		—	F300
检测评定依据:现行《普通混凝土长期性能和耐久性能试验方法》(GB/T 50082)			试验结论:该组混凝土抗冻性能符合现行《普通混凝土长期性能和耐久性能试验方法》(GB/T 50082)规定		

(四)技能训练四　单面冻融法(又称盐冻法)试验

1.适用范围

(1)本方法适用于测定混凝土试件在大气环境中且与盐接触的条件下,以能够经受的冻融循环次数或者表面剥落质量或超声波相对动弹性模量来表示的混凝土抗冻性能。

(2)试验环境条件应满足下列要求:

温度为20℃±2℃,相对湿度为65%±5%。

2. 试验设备及规定

(1)顶部有盖的试件盒(图5-5)应采用不锈钢制成,容器内的长度应为250mm±1mm,宽度应为200mm±1mm,高度应为120mm±1mm。容器底部应安置高5mm±0.1mm不吸水、浸水不变形、在试验过程中不得影响溶液组分的非金属三角垫条或支撑。

(2)液面调整装置(图5-6)应由一支吸水管和使液面与试件盒底部间的距离保持在一定范围内的液面自动定位控制装置组成,在使用时,液面调整装置应使液面高度保持在10mm±1mm。

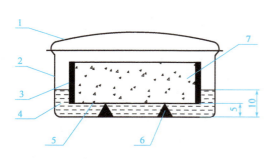

图5-5 试件盒示意图(尺寸单位:mm)
1-盖子;2-盒体;3-侧向封闭;4-试验液体;5-试验表面;6-垫条;7-试件

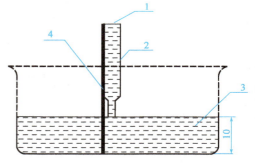

图5-6 液面调整装置示意图(尺寸单位:mm)
1-吸水装置;2-毛细吸管;3-试验液体;4-定位控制装置

(3)单面冻融试验箱(图5-7)应符合现行《混凝土抗冻试验设备》(JG/T 243)的规定,试件盒应固定在单面冻融试验箱内,并应自动地按规定的冻融循环制度进行冻融循环。冻融循环制度(图5-8)的温度应从20℃开始,并应以10℃/h±1℃/h的速度均匀地降至-20℃±1℃,且应维持3h;然后应从-20℃开始,并应以10℃/h±1℃/h的速度均匀地升至20℃±1℃,且应维持1h。

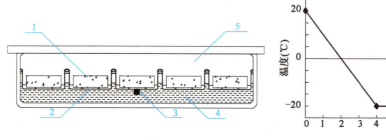

图5-7 单面冻融试验箱示意图
1-试件;2-试件盒;3-测温度点;4-降温和加热浴;5-空气隔热层

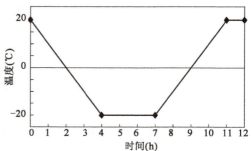

图5-8 冻融循环制度

(4)试件盒的底部浸入冷冻液中的深度应为15mm±2mm。单面冻融试验箱内应装有可将冷冻液和试件盒上部空间隔开的装置和固定的温度传感器,温度传感器应装在50mm×6mm×6mm的矩形容器内。温度传感器在0℃时的测量精度不应低于±0.05℃,在冷冻液中测温的时间间隔应为6.3s±0.8s。单面冻融试验箱内温度控制精度应为±0.5℃,当满载运转时,单面冻融试验箱内各点之间的最大温差不得超过1℃。单面冻融试验箱连续工作时间不应少于28d。

(5)超声浴槽:超声浴槽中超声发生器的功率应为250W,双半波运行下高频峰值功率应为450W,频率应为35kHz。超声浴槽的尺寸应使试件盒与超声浴槽之间无机械接触地置于其中,试件盒在超声浴槽的位置应符合图5-9的规定,且试件盒和超声浴槽底部的距离不应小于15mm。

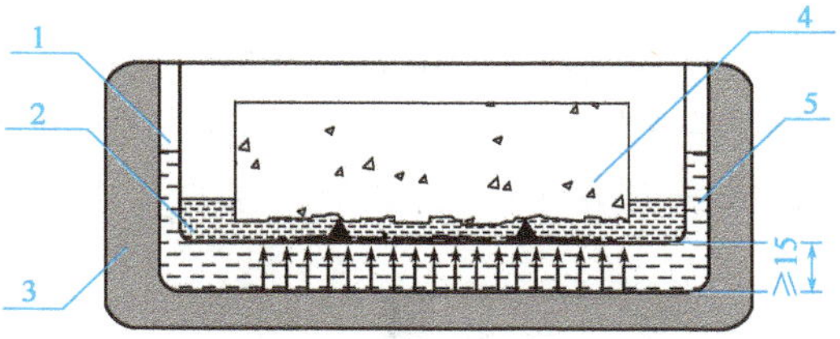

(6)超声波测试仪的频率范围应在50~150kHz之间。

图5-9 试件盒在超声浴槽中的位置示意图(尺寸单位:mm)
1-试件盒;2-试验液体;3-超声浴槽;4-试件;5-水

(7)不锈钢盘(或称剥落物收集器)应由厚1mm、面积不小于110mm×150mm、边缘翘起为10mm±2mm的不锈钢制成的带把手钢盘。

(8)超声传播时间测量装置(图5-10)应由长和宽均为(160±1)mm、高为(80±1)mm的有机玻璃制成。超声传感器应安置在该装置两侧相对的位置上,且超声传感器轴线距试件的测试面的距离应为35mm。

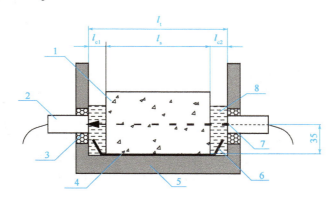

图5-10 超声传播时间测量装置(尺寸单位:mm)
1-试件;2-超声传感器(或称探头);3-密封层;4-测试面;5-超声容器;6-不锈钢盘;7-超声传播轴;8-试验溶液

(9)试验溶液应采用质量比为97%蒸馏水和3% NaCl配制而成的盐溶液。

(10)烘箱温度应为110℃±5℃。

(11)称量设备应采用最大量程分别为10kg和5kg,感量分别为0.1g和0.01g各一台。

(12)游标卡尺的量程不应小于300mm,精度应为±0.1mm。

(13)成型混凝土试件应采用150mm×150mm×150mm的立方体试模,并附加尺寸应为150mm×150mm×2mm聚四氟乙烯片。

(14)密封材料应为涂异丁橡胶的铝箔或环氧树脂。密封材料应采用在-20℃和盐侵蚀条件下仍保持原有性能,且在达到最低温度时不得表现为脆性的材料。

3. 试件的制作

(1)在制作试件时,应采用150mm×150mm×150mm的立方体试模,应在模具中间垂直插入一片聚四氟乙烯片,使试模均分为两部分,聚四氟乙烯片不得涂抹任何脱模剂。当集料尺寸较大时,应在试模的两内侧各放一片聚四氟乙烯片,但集料的最大粒径不得大于超声波最小传播距离的1/3。应将接触聚四氟乙烯片的面作为测试面。

(2)试件成型后,应先在空气中带模养护24h±2h,然后将试件脱模并应放在20℃±2℃的水中养护至7d龄期。当试件的强度较低时,带模养护的时间可延长,在20℃±2℃的水中的养护时间应相应缩短。

(3)当试件在水中养护至7d龄期后,应对试件进行切割。试件切割位置应符合图5-11的规定,首先应将试件的成型面切去,试件的高度应为110mm。然后将试件从中间的聚四氟乙烯片分开成两个试件,每个试件的尺寸应为150mm×110mm×70mm,偏差应为±2mm。切割完成后,应将试件在空气中养护。对于切割后的试件与标准试件的尺寸有偏差的,应在报告中注明。非标准试件的测试表面边长不应小于90mm;对于形状不规则的试件,其测试表面大小应能保证内切一个直径90mm的圆,试件的长高比不应大于3。

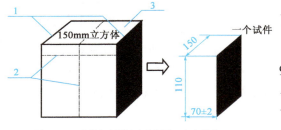

图5-11 试件切割位置示意图(尺寸单位:mm)
1-聚四氟乙烯片(测试面);2-切割线;3-成型面

(4)每组试件的数量不应少于5个,且总的测试面积不得少于0.08m²。

4. 试验步骤

(1)到达规定养护龄期的试件应放在温度为20℃±2℃、相对湿度为65%±5%的试验室中干燥至28d龄期。干燥时试件应侧立并应相互间隔50mm。

(2)在试件干燥至28d龄期前的2~4d,除测试面和与测试面相平行的顶面之外,其他侧面应采用环氧树脂或其他满足要求的密封材料进行密封。密封前应对试件侧面进行清洁处理。在密封过程中,试件应保持清洁和干燥,并应测量和记录试件密封前后的质量w_0和w_1,精确至0.1g。

(3)密封好的试件应放置在试件盒中,并应使测试面向下接触垫条,试件与试件盒侧壁之间的空隙应为30mm±20mm。向试件盒中加入试验液体并不得溅湿试件顶面。试验液体的液面高度应由液面调整装置调整为10mm±1mm。加入试验液体后,应盖上试件盒的盖子,并应记录加入试验液体的时间。试件预吸水时间应持续7d,试验温度应保持为20℃±2℃。预吸水期间应定期检查试验液体高度,并应始终保持试验液体高度满足10mm±1mm的要求。试件预吸水过程中应每隔2~3d测量试件的质量,精确至0.1g。

(4)当试件预吸水结束之后,应采用超声波测试仪测定试件的超声传播时间初始值t_0,精确至0.1μs。应在每个试件测试开始前,应对超声波测试仪器进行校正。超声传播时间初始值的测量应符合以下规定:

①首先应迅速将试件从试件盒中取出,并应以测试面向下的方向将试件放置在不锈钢盘上,然后应将试件连同不锈钢盘一起放入超声传播时间测量装置中。超声传感器的探头中心与试件测试面之间的距离应为35mm。应向超声传播时间测量装置中加入试验溶液作为耦合剂,且液面应高于超声传感器探头10mm,但不应超过试件的上表面。

②每个试件的超声传播时间应通过测量离测试面35mm的两条相互垂直的传播轴得到。可通过细微调整试件位置,使测量的传播时间最小,以此确定试件的最终测量位置,并应标记这些位置为后续试验中定位时使用。

③试验过程中,应始终保持试件和耦合剂的温度在20℃±2℃,应防止试件的上表面被湿润。排除超声传感器表面和试件两侧的气泡,并应保护试件的密封材料不受损伤。

(5)应将完成超声传播时间初始值测量的试件重新装入试件盒中,试验溶液的高度应为

10mm±1mm。在整个试验过程中应随时检查试件盒中的液面高度,并应对液面进行及时调整。应将装有试件的试件盒放置在单面冻融试验箱的托架上,当全部试件盒放入单面冻融试验箱中后,应确保试件盒浸泡在冷冻液中的深度为15mm±2mm,且试件盒在单面冻融试验箱的位置应符合图5-12的规定。在冻融循环试验前,应采用超声浴方法将试件表面的疏松颗粒和物质清除,清除之物应作为废弃物处理。

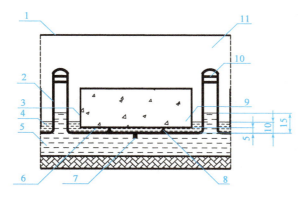

图 5-12 试件盒在单面冻融箱中的位置示意图(尺寸单位:mm)

1-试验机盖;2-相邻试件盒;3-侧向密封层;4-试验液体;5-制冷液体;6-测试面;7-参考点;8-垫条;9-试件;10-托架;11-隔热空气层

(6)在进行单面冻融试验时,应去掉试件盒的盖子。冻融循环过程宜连续不断地进行。当冻融循环过程被打断时,应将试件保存在试件盒中,并应保持试验液体的高度。

(7)每4个冻融循环应对试件的剥落物、吸水率、超声波相对传播时间和超声波相对动弹性模量进行一次测量。上述参数的测量应在20℃±2℃的恒温室中进行。当测量过程被打断时,应将试件保存在盛有试验液体的试验容器中。

(8)试件的剥落物、吸水率、超声波相对传播时间和超声波相对动弹性模量的测量应按下列步骤进行:

①先将试件盒从单面冻融试验箱中取出,并放置到超声浴槽中,应使试件的测试面朝下,并应对浸泡在试验液体中的试件进行超声浴3min。

②用超声浴方法处理完试件剥落物后,应立即将试件从试件盒中拿起,并垂直放置在一吸水物表面上。待测试面液体流尽后,应将试件放置在不锈钢盘中,且应使测试面向下。用干毛巾将试件侧面和上表面的水擦干净后,应将试件从钢盘中拿开,并将钢盘放置在天平上归零,再将试件放回到不锈钢盘中进行称量。应记录此时试件的质量 w_n,精确至0.1g。

③称量后应将试件与不锈钢盘一起放置在超声传播时间测量装置中,并应按测量超声传播时间初始值相同的方法测定此时试件的超声传播时间 t_n,精确至±0.1μs。

④测量完试件的超声传播时间后,应重新将试件放入另一个试件盒中,并应按上述要求进行下一个冻融循环。

⑤将试件重新放入试件盒以后,应及时将超声波测试过程中掉落到不锈钢盘中的剥落物收集到试件盒中,并应用滤纸过滤留在试件盒中的剥落物。过滤前应先称量滤纸的质量 μ_f,然后应将过滤后含有全部剥落物的滤纸置在110℃±5℃的烘箱中烘干24h,并在温度为20℃±2℃、相对湿度为60%±5%的试验室中冷却60min±5min。冷却后应称量烘干后滤纸和剥落物的总质量 μ_b,称量精确至0.01g。

(9) 当冻融循环出现下列情况之一时,可停止试验,并应以经受的冻融循环次数或者单位表面面积剥落物总质量或超声波相对动弹性模量来表示混凝土抗冻性能:

① 达到 28 次冻融循环时;
② 试件单位表面面积剥落总质量大于 $1500g/m^2$ 时;
③ 试件的超声波相对动弹性模量降低到 80% 时。

5. 试验结果计算及处理

(1) 试件表面剥落物的质量 μ_s 应按式(5-10)计算:

$$\mu_s = \mu_b - \mu_f \tag{5-10}$$

式中:μ_s——试件表面剥落物的质量,g,精确至 0.01g;
μ_b——干燥后滤纸与试件剥落物的总质量,g,精确至 0.01g;
μ_f——滤纸的质量,g,精确至 0.01g。

(2) N 次冻融循环之后,单个试件单位测试表面面积剥落物总质量应按式(5-11)进行计算:

$$m_n = \frac{\sum \mu_s}{A} \times 10^6 \tag{5-11}$$

式中:m_n——N 次冻融循环后,单个试件单位测试表面面积剥落物总质量,g/m^2;
μ_s——每次测试间隙得到的试件剥落物质量,g,精确至 0.01g;
A——单个试件测试表面的表面积,mm^2。

(3) 每组应取 5 个试件单位测试表面面积上剥落物总质量的算术平均值作为该组试件单位测试表面面积上剥落物总质量测定值。

(4) 经 N 次冻融循环后试件相对质量增长 Δw_n(或吸水率)应按式(5-12)计算:

$$\Delta w_n = \frac{w_n - w_1 + \sum \mu_s}{w_0} \times 100 \tag{5-12}$$

式中:Δw_n——经 N 次冻融循环后,每个试件的吸水率,%,精确至 0.1;
w_n——经 N 次冻融循环后,试件的质量(包括侧面密封物),g,精确至 0.1g;
w_1——密封后饱水之前试件的质量(包括侧面密封物),g,精确至 0.1g;
μ_s——每次测试间隙得到的试件剥落物质量,g,精确至 0.01g;
w_0——试件密封前干燥状态的净质量(不包括侧面密封物的质量),g,精确至 0.1g。

(5) 每组应取 5 个试件吸水率计算值的算术平均值作为该组试件的吸水率测定值。

(6) 超声波相对传播时间和相对动弹性模量应按下列方法计算:

① 超声波在耦合剂中的传播时间 t_c 应按式(5-13)计算:

$$t_c = \frac{l_c}{v_c} \tag{5-13}$$

式中:t_c——超声波在耦合剂中的传播时间,ms,精确至 0.1ms;
l_c——超声波在耦合剂中传播的长度($l_{c1} + l_{c2}$),mm,l_c 应由超声探头之间的距离和测试试件的长度的差值决定;
v_c——超声波在耦合剂中传播的速度,m/s,v_c 可利用超声波在水中的传播速度来假定,在温度为 20℃ ±5℃ 时超声波在耦合剂中传播的速度为 1440m/s。

② 经 N 次冻融循环之后,每个试件传播轴线上传播时间的相对变化 τ_n 应按式(5-14)计算:

$$\tau_n = \frac{t_0 - t_c}{t_n - t_c} \times 100 \tag{5-14}$$

式中：τ_n——试件的超声波相对传播时间，%，精确至 0.1；

t_0——在预吸水后第一次冻融之前，超声波在试件和耦合剂中的总传播时间，即超声波传播时间初始值，ms；

t_n——经 N 次冻融循环之后超声波在试件和耦合剂中的总传播时间，ms。

③ 在计算每个试件的超声波相对传播时间时，应以两个轴的超声波相对传播时间的算术平均值作为该试件的超声波相对传播时间测定值。每组应取 5 个试件超声波相对传播时间计算值的算术平均值作为该组试件的超声波相对传播时间的测定值。

④ 经 N 次冻融循环之后，试件的超声波相对动弹性模量 $R_{u,n}$ 应按式(5-15)计算：

$$R_{u,n} = \tau_n^2 \times 100 \tag{5-15}$$

式中：$R_{u,n}$——试件的超声波相对动弹性模量，%，精确至 0.1。

⑤ 在计算每个试件的超声波相对动弹性模量时，应先分别计算两个相互垂直的传播轴上的超声波相对动弹性模量，并应取两个轴的超声波相对动弹性模量的算术平均值作为该试件的超声波相对动弹性模量测定值。每组应取 5 个试件超声波相对动弹性模量计算值的算术平均值作为该组试件超声波相对动弹性模量测定值。

任务三　抗渗性试验与检测

 一　抗渗性认知

混凝土的渗透性(Penetration of Concrete)是指流体在不同压力作用下，通过混凝土内部的难易程度，包括透气性、透水性和透离子性等。混凝土是通过水泥水化固化胶结砂石集料而成的气、液、固三相并存的多孔非匀质材料，由于拌和施工的需要，用水量会大于水泥水化所需的用水量，这些多余的水会造成孔隙和孔洞，它们可能互相串通，形成连续的通道，这决定了混凝土就是一种多孔材料而且具有一定的渗透性。

影响混凝土耐久性的各种破坏过程几乎都与水有密切的关系，因此混凝土的抗渗性被认为是评价耐久性的重要指标。虽然人们已经建立起一些快速评价混凝土抗渗性的方法，但是目前还没有任何试验方法可以用来评价混凝土对任意侵蚀性介质的抗渗能力。如上所述，高性能混凝土由于其具有很高的密实度，按现行国家标准用逐级加压透水的方法无法准确评价其渗透性。混凝土的渗透性不只对要求防水的结构物是有意义的，更重要的是它可以评价混凝土抵抗环境中侵蚀性介质侵入和腐蚀的能力。根据现行《混凝土质量控制标准》(GB 50164)，混凝土的抗水渗透性能按照逐级加压法划分为：P4、P6、P8、P10、P12 及 >P12 六个抗渗等级。混凝土抗氯离子渗透性能可采用氯离子迁移系数(Rapid Chloride Ions Migration Coefficient)和电通量(Coulomb Electric Flux)来表征，其等级划分如表 5-3、表 5-4 所示。

混凝土抗氯离子渗透性能等级划分(RCM 法)　　　表 5-3

等级	RCM-Ⅰ	RCM-Ⅱ	RCM-Ⅲ	RCM-Ⅳ	RCM-Ⅴ
氯离子迁移系数 D_{RCM} ($\times 10^{-12}$ m²/s)	$D_{RCM} \geq 4.5$	$3.5 \leq D_{RCM} < 4.5$	$2.5 \leq D_{RCM} < 3.5$	$1.5 \leq D_{RCM} < 2.5$	$D_{RCM} < 1.5$

混凝土抗氯离子渗透性能的等级划分（电通量法）　　　表 5-4

等级	Q-Ⅰ	Q-Ⅱ	Q-Ⅲ	Q-Ⅳ	Q-Ⅴ
电通量 Q_s（C）	$Q_s \geq 4000$	$2000 \leq Q_s < 4000$	$1000 \leq Q_s < 2000$	$500 \leq Q_s < 1000$	$Q_s < 500$

侵蚀性离子在混凝土中的传输严重影响着混凝土的耐久性。例如，二氧化碳的侵入会引起混凝土的碳化，氯离子在钢筋与混凝土界面的富集往往会导致钢筋腐蚀，硫酸盐的侵入会引起"水泥杆菌"的腐蚀，等等。因此，侵蚀性离子的扩散系数是用来评价混凝土尤其是水灰比很低的高强混凝土的耐久性的重要参数之一。

材料的渗透性是材料本身的一种特性。亲水性多孔材料的渗水是毛细孔吸水饱和与压力水透过的连续过程。渗透性是反映多孔材料本身特性的一个物化参量，与多孔材料的孔隙率和组成多孔材料的颗粒比表面积相关，与流经混凝土的流体无关。

微课：防水混凝土
抗渗性能试验

三　抗渗性试验方法

随着高性能混凝土的不断发展，其微观结构和化学成分也在发生巨大的变化，原有的关于耐久性的评价方法已经越来越不适用。

1. 水渗透性

水是最容易和混凝土接触的介质，而混凝土又是一种多孔的材料，混凝土的渗透性的高低影响液体渗入的速率。当有害的液体或气体渗入混凝土内部后，将与混凝土组成成分发生一系列物理变化和力学作用，水还可以把侵蚀产物及时运出混凝土体外，再补充进去侵蚀性离子，从而引起恶性循环。此外，当混凝土遭受反复冻融的环境作用时，混凝土的饱和水还会引起冻融破坏。水还是碱-集料反应的众多条件之一。水在混凝土中的渗透速度，在某种程度上决定了混凝土的劣化速度。渗水的评价方法主要有透水高度法和抗渗等级法。

2. 离子渗透扩散性能

影响混凝土耐久性的各种破坏过程几乎都与水有密切的关系，因此，混凝土的抗渗透性被认为是评价混凝土的耐久性的重要指标。侵蚀性离子在混凝土中的传输严重影响着混凝土的耐久性，最典型的为氯离子，其在钢筋和混凝土界面的富集会导致钢筋腐蚀，因此，侵蚀性氯离子的扩散系数是用来评价高性能混凝土渗透性以至耐久性的重要参数之一。

氯盐不仅能破坏钢筋表面钝化膜而引起钢筋锈蚀，而且能和混凝土中的 $Ca(OH)_2$ 发生离子互换反应生成易溶（如 $CaCl_2$）和疏松无胶凝性[如 $Mg(OH)_2$]的产物，破坏混凝土材料的微结构。在有冰冻情况下，盐冻能使混凝土表面起皮剥落。除冰盐（一般为氯盐）不但能对钢筋造成严重锈蚀，而且对表层混凝土有很大破坏作用。此外，密实性差的高水灰比混凝土，当接触流动水、压力水或有水渗透时，即使不是软水，也能使混凝土中的 $Ca(OH)_2$ 溶出。环境作用对混凝土材料的腐蚀与损伤主要发生在混凝土表层，使混凝土截面或混凝土材料强度受到损失，影响结构的实用性（外观、裂缝、剥落等）和安全性。在配筋混凝土结构中，更重要的是因表层混凝土发生腐蚀或损伤而削弱了对钢筋的保护能力，加速了钢筋的锈蚀进程。

近年来随着新型外加剂的不断出现，混凝土的水灰比越来越小，所测试的试件越来越密实，导致水压力试验法非常费时，而且渗透深度小，计算也易出现较大误差。因此，许多研究人员采用通电增加氯离子渗透速度的试验方法来测定。一般而言，抗氯化物渗透性好，往往就意味着抗水及抗气体渗透性好，反之亦然。当然，它们也非完全没有差别。因为抗氯离子渗透性能不仅仅反映材料的致密程度,而且反映混凝土成分与氯离子的化学反应,更能直接反映混凝土的耐久性能。

扩散是一种介质在有浓度差且无压力差时在另一种介质中进行传输的形式,某种物质在另一种物质中的扩散性不仅反映第一种物质本身的特性,同时也包含了第二种物质的一些信息。与材料的渗透性形似,一种物质在另一种中的扩散性也与第二种物质的孔隙率和材料组成有关;一般地,第二种物质的孔隙率越大,第一种物质的扩散性也大。因此,侵蚀性介质在混凝土扩散系数的大小可以很好地反映混凝土渗透性的高低。一些阳离子由于电斥力的作用,扩散在离开表面处进行,而氯离子亲和力较大,可在表面附近扩散,因此更易于扩散至 2nm 以下的孔中,故常用氯离子在混凝土中的扩散系数来评价混凝土的渗透性。当混凝土的强度足够高,水灰比足够低时,氯离子扩散系数在 $10^{-9} cm^2/s$ 数量级,混凝土具有较高的抗渗性;普通混凝土中的氯离子扩散系数在 $10^{-8} cm^2/s$ 数量级;品质较差的混凝土中的氯离子扩散系数在 $10^{-7} cm^2/s$ 数量级。因此可以认为,混凝土的渗透性可以通过氯离子在混凝土中扩散系数的大小进行评价。

目前,测试方法主要有快速氯离子迁移系数法(RCM 法)和电通量法。

三 抗渗性试验与检测

(一) 技能训练一　抗渗性试验(透水高度法)

1. 适用范围

本方法适用于以测定硬化混凝土在恒定水压力下的平均渗水高度来表示的混凝土抗水渗透性能。

2. 试验设备及规定

(1) 混凝土抗渗仪(图 5-13) 应符合现行《混凝土抗渗仪》(JG/T 249)的规定,并应能使水压按规定的制度稳定地作用在试件上。抗渗仪施加水压力范围应为 0.1～2.0MPa。

(2) 试模应采用上口内部直径为 175mm、下口内部直径为 185mm 和高度为 150mm 的圆台体。

(3) 密封材料宜用石蜡加松香或水泥加黄油等材料,也可采用橡胶套等其他有效密封材料。

(4) 梯形板(图 5-14) 应采用尺寸为 200mm×200mm 透明材料制成,并应画有十条等间距、垂直于梯形底线的直线。

图 5-13　抗渗仪

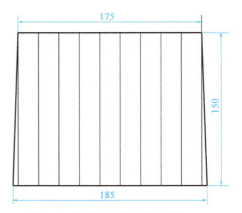

图 5-14　梯形板示意图(尺寸单位:mm)

(5) 钢尺的分度值应为 1mm。
(6) 钟表的分度值应为 1min。
(7) 辅助设备应包括螺旋加压器、烘箱、电炉、浅盘、铁锅和钢丝刷等。
(8) 安装试件的加压设备可为螺旋加压或其他加压形式,其压力应能保证将试件压入试件套内。

3. 试验步骤

(1) 应先按现行《普通混凝土长期和耐久性试验方法标准》(GB/T 50082) 的方法进行试件的制作和养护。抗水渗透试验应以 6 个试件为一组。

(2) 试件拆模后,应用钢丝刷刷去两端面的水泥浆膜,并应立即将试件送入标准养护室进行养护。

(3) 抗水渗透试验的龄期宜为 28d。应在到达试验龄期的前一天,从养护室取出试件,并擦拭干净。待试件表面晾干后,应按下列方法进行试件密封:

①当用石蜡密封时,应在试件侧面裹涂一层熔化的内加少量松香的石蜡。然后应用螺旋加压器将试件压入经过烘箱或电炉预热过的试模中,使试件与试模底平齐,并应在试模变冷后解除压力。试模的预热温度,应以石蜡接触试模,即缓慢熔化,但不流淌为准。

②用水泥加黄油密封时,其质量比应为 2.5:1~3:1。应用三角刀将密封材料均匀地刮涂在试件侧面上,厚度应为 1~2mm。应套上试模并将试件压入,使试件与试模底齐平。

③试件密封也可以采用其他更可靠的密封方式,如采用橡胶试件套。

(4) 试件准备好之后,应启动抗渗仪,并开通 6 个试位下的阀门,使水从 6 个孔中渗出,水应充满试位坑,在关闭 6 个试位下的阀门后应将密封好的试件安装在抗渗仪上。

(5) 试件安装好以后,应立即开通 6 个试位下的阀门,应使水压在 24h 内恒定控制在 1.2MPa±0.05MPa,且加压过程不应大于 5min,应以达到稳定压力的时间作为试验记录起始时间(精确至 1min)。应在稳压过程中随时观察试件端面的渗水情况,当有某一个试件端面出现渗水时,应停止该试件的试验并应记录时间,并应以试件的高度作为该试件的渗水高度。对于试件端面未出现渗水的情况,应在试验 24h 后停止试验,并及时取出试件。在试验过程中,当发现水从试件周边渗出时,应重新按规定进行密封。

(6) 将从抗渗仪上取出来的试件放在压力机上,并应在试件上下两端面中心处沿直径方向各放一根直径为 6mm 的钢垫条,并应确保它们在同一竖直平面内。然后开动压力机,将试件沿纵断面劈裂为两半。试件劈开后,应用防水笔描出水痕。

(7) 应将梯形板放在试件劈裂面上,并应用钢尺沿水痕线间距量测 10 点渗水高度值,读数应精确至 1mm。当读数时遇到某测点被集料阻挡时,可以靠近集料两端的渗水高度的算术平均值来作为该测点的渗水高度。

4. 试验结果计算及处理

(1) 试件渗水高度应按式(5-16)进行计算:

$$\bar{h}_i = \frac{1}{10}\sum_{j=1}^{10} h_j \tag{5-16}$$

式中:$\bar{h}_i$——第 i 个试件的平均渗水高度,mm。应以 10 个测点渗水高度的平均值作为该试件渗水高度的测定值;

h_j——第 i 个试件第 j 个测点处的渗水高度,mm。

（2）一组试件的平均渗水高度应按式（5-17）进行计算。

$$\overline{h} = \frac{1}{6}\sum_{i=1}^{6}\overline{h}_i \tag{5-17}$$

式中：$\overline{h}$——6 个试件的平均渗水高度，mm。应以一组 6 个试件渗水高度的算术平均值作为该组试件渗水高度的测定值。

（二）技能训练二　抗渗性试验（抗渗等级法）

1. 适用范围

本方法适用于通过逐级施加水压力来测定以抗渗等级来表示的混凝土的抗水渗透性能。

2. 仪器设备及规定

同技能训练一的规定。

3. 试验步骤

（1）首先应按标准规定（同技能训练一）进行试件的密封和安装。

（2）试验时，水压应从 0.1MPa 开始，以后应每隔 8h 增加 0.1MPa 水压，并应随时观察试件端面渗水情况。当 6 个试件中有 3 个试件表面出现渗水时，或加至规定压力（设计抗渗等级）在 8h 内 6 个试件中表面渗水试件少于 3 个时，可停止试验，并应记下此时的水压力。在试验过程中，当发现水从试件周边渗出时，应按标准规定重新进行密封。

4. 试验结果计算及处理

混凝土的抗渗等级应以每组 6 个试件中有 4 个试件未出现渗水时的最大水压力乘以 10 来确定。混凝土的抗渗等级应按式（5-18）计算：

$$P = 10H - 1 \tag{5-18}$$

式中：P——混凝土抗渗等级；

H——6 个试件中有 3 个试件渗水时的水压力，MPa。

（三）技能训练三　快速氯离子迁移系数法试验（RCM 法）

1. 适用范围

本方法适用于以测定氯离子在混凝土中非稳态迁移的迁移系数来确定混凝土抗氯离子渗透性能。

2. 试剂规定

（1）溶剂应采用蒸馏水或去离子水。

（2）氢氧化钠应为化学纯。

（3）氯化钠应为化学纯。

（4）硝酸银应为化学纯。

（5）氢氧化钙应为化学纯。

3. 仪器设备规定

（1）切割试件的设备应采用水冷式金刚石锯或碳化硅锯。

（2）真空容器应至少能够同时容纳 3 个试件。

（3）真空泵应能保持容器内的气压处于 1~5kPa。

(4) RCM 试验装置(图 5-15、图 5-16)采用的有机硅橡胶套的内径和外径应分别为 100mm 和 115mm,长度应为 150mm。夹具应采用不锈钢环箍,其直径范围应为 105~115mm、宽度应为 20mm。阴极试验槽可采用尺寸为 370mm×270mm×280mm 的塑料箱。阴极板应采用厚度为 0.5mm±0.1mm、直径不小于 100mm 的不锈钢板。阳极板应采用厚度为 0.5mm、直径为 98mm±1mm 的不锈钢网或带孔的不锈钢板。支架应由硬塑料板制成。处于试件和阴极板之间的支架头高度应为 15~20m。

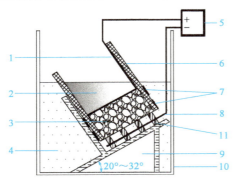

图 5-15 RCM 试验装置示意图

1-阳极板;2-阳极溶液;3-试件;4-阴极溶液;5-直流稳压电源;6-有机硅橡胶套;7-环箍;8-阴极板;9-支架;10-阴极试验槽;11-支撑头

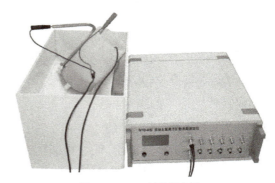

图 5-16 RCM 试验仪实图

(5) 电源应稳定提供 0~60V 的可调直流电,精度应为 ±0.1V,电流应为 0~10A。

(6) 电表的精度应为 ±0.1mA。

(7) 温度计或热电偶的精度应为 ±0.2℃。

(8) 喷雾器应适合喷洒硝酸银溶液。

(9) 游标卡尺的精度应为 ±0.1mm。

(10) 尺子的最小刻度应为 1mm。

(11) 水砂纸的规格应为 200#~600#。

(12) 细锉刀可为备用工具。

(13) 扭矩扳手的扭矩范围应为 20~100N·m,测量误差不应超过 ±5%。

(14) 电吹风的功率应为 1000~2000W。

(15) 黄铜刷可为备用工具。

(16) 真空表或压力计的精度应为 ±665Pa(5mmHg 柱),量程应为 0~13300Pa(0~100mmHg 柱)。

(17) 抽真空设备可由体积在 1000mL 以上的烧杯、真空干燥器、真空泵、分液装置、真空表组合而成。

4. 溶液和指示剂规定

(1) 阴极溶液应为 10% 质量浓度的 NaCl 溶液,阳极溶液应为 0.3mol/L 浓度的 NaOH 溶液。溶液应至少提前 24h 配制,并应密封保存在温度为 20~25℃ 的环境中。

(2) 显色指示剂应为 0.1mol/L 浓度的 $AgNO_3$ 溶液。

5. 试件制作规定

(1) RCM 试验用试件应采用直径为 100mm±1mm,高度为 50mm±2mm 的圆柱体试件。

(2)在试验室制作试件时,宜使用 $\phi 100mm \times 100mm$ 或 $\phi 100mm \times 200mm$ 试模。集料最大公称粒径不宜大于 25mm。试件成型后应立即用塑料薄膜覆盖并移至标准养护室。试件应在 $24h \pm 2h$ 内拆模,然后应浸没于标准养护室的水池中。

(3)试件的标准养护龄期应为 28d。非标养护龄期可根据设计要求选用 56d 或 84d。

(4)应在抗氯离子渗透试验前 7d 加工成标准尺寸的试件。当使用 $\phi 100mm \times 100mm$ 试件时,应从试件中部切取高度为 $50mm \pm 2mm$ 圆柱体作为试验用试件,并应将靠近浇筑面的试件端面作为暴露于氯离子溶液中的测试面。当使用 $\phi 100mm \times 200mm$ 试件时,应先将试件从正中间切成相同尺寸的两部分($\phi 100mm \times 100mm$),然后应从两部分中各切取一个高度为 $50mm \pm 2mm$ 的试件,并应将第一次的切口面作为暴露于氯离子溶液中的测试面。

(5)试件加工后应采用水砂纸和细锉刀打磨光滑。

(6)加工好的试件应继续浸没于水中养护至试验龄期。

6. 试验步骤

(1)RCM 法试验步骤:

①RCM 试验所处的试验室温度应控制在 20~25℃。首先应将试件从养护池中取出来,并将试件表面的碎屑刷洗干净,擦干试件表面多余的水分。然后应采用游标卡尺测量试件的直径和高度,测量应精确到 0.1mm。应将试件在饱和面干状态下置于真空容器中进行真空处理。应在 5min 内将真空容器中的气压减少至 1~5kPa,并应保持该真空度 3h,然后应在真空泵仍然运转的情况下,将用蒸馏水配制的饱和 $Ca(OH)_2$ 溶液注入容器,溶液高度应保证将试件浸没。应在试件浸没 1h 后恢复常压,并应继续浸泡 $18h \pm 2h$。

②试件安装在 RCM 试验装置前应采用电吹风冷风挡吹干,表面应干净、无油污、灰砂和水珠。

③RCM 试验装置的试验槽在试验前应用室温凉开水冲洗干净。

④试件和 RCM 试验装置准备好以后,应将试件装入橡胶套内的底部(图 5-15),应在与试件齐高的橡胶套外侧安装两个不锈钢环箍(图 5-17),每个箍高度应为 20mm,并应拧紧环箍上的螺丝至扭矩达 $30N \cdot m \pm 2N \cdot m$ 为止,使试件

图 5-17 不锈钢环箍

的圆柱侧面处于密封状态。当试件的圆柱曲面可能有造成液体渗漏的缺陷时,应以密封剂保持其密封性。

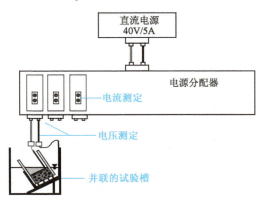

图 5-18 RCM 设备接线图

⑤应将装有试件的橡胶套安装到试验槽中,并安装好阳极板。然后应在橡胶套中注入约 300mL 浓度为 0.3mol/L 的 NaOH 溶液,并应使阳极板和试件表面均浸没于溶液中。应在阴极试验槽中注入 12L 质量浓度为 10% 的 NaCl 溶液,并应使其液面与橡胶套中的 NaOH 溶液的液面齐平。

⑥试件安装完成后,应将电源的阳极(又称正极)用导线连至橡胶筒中阳极板,并将阴极(又称负极)用导线连至试验槽中的阴极板(图 5-18)。

（2）电迁移试验步骤：

①首先应打开电源，将电压调整到30V±0.2V，并应记录通过每个试件的初始电流。

②后续试验应施加的电压（表5-5第二列）应根据施加30V电压时测量得到的初始电流值所处的范围（表5-5第一列）决定。应根据实际施加的电压，记录新的初始电流。应按照新的初始电流值所处的范围（表5-5第三列），确定试验应持续的时间（表5-5第四列）。

③应按照温度计或者电热偶的显示读数记录每一个试件的阳极溶液的初始温度。

④试验结束时，应测定阳极溶液的最终温度和最终电流。

⑤试验结束后应及时排除试验溶液。应用黄铜刷清除试验槽的结垢或沉淀物，并应用饮用水和洗涤剂将试验槽和橡胶套冲洗干净，然后应用电吹风的冷风挡将试验槽和橡胶套吹干。

初始电流、电压与试验时间的关系 表5-5

初始电流 I_{30V}（用30V电压）(mA)	施加的电压 U（调整后）(V)	可能的新初始电流 I_0（mA）	试验持续时间 t（h）
$I_0 < 5$	60	$I_0 < 10$	96
$5 \leq I_0 < 10$	60	$10 \leq I_0 < 20$	48
$10 \leq I_0 < 15$	60	$20 \leq I_0 < 30$	24
$15 \leq I_0 < 20$	50	$25 \leq I_0 < 35$	24
$20 \leq I_0 < 30$	40	$25 \leq I_0 < 40$	24
$30 \leq I_0 < 40$	35	$35 \leq I_0 < 50$	24
$40 \leq I_0 < 60$	30	$40 \leq I_0 < 60$	24
$60 \leq I_0 < 90$	25	$50 \leq I_0 < 75$	24
$90 \leq I_0 < 120$	20	$60 \leq I_0 < 80$	24
$120 \leq I_0 < 180$	15	$60 \leq I_0 < 90$	24
$180 \leq I_0 < 360$	10	$60 \leq I_0 < 120$	24
$I_0 \geq 360$	10	$I_0 \geq 120$	6

（3）氯离子渗透深度测定试验步骤：

①试验结束后，应及时断开电源。

②断开电源后，应将试件从橡胶套中取出，并应立即用自来水将试件表面冲洗干净，然后应擦去试件表面多余水分。

③试件表面冲洗干净后，应在压力试验机上沿轴向劈成两个半圆柱体，并应在劈开的试件表面立即喷涂浓度为0.1 mol/L 的 $AgNO_3$ 溶液显色指示剂。

④指示剂喷洒约15min后，应沿试件直径断面将其分成10等份，并应用防水笔描出渗透轮廓线。

⑤然后应根据观察到的明显的颜色变化，测量显色分界线（图5-19）离试件底面的距离，精确至0.1mm。

⑥当某一测点被集料阻挡，可将此测点位置移动到最近的未被集料阻挡的位置进行测量，若某测点数据不能得到，但总测点数多于5个，可忽略此测点。

⑦当某测点位置有一个明显的缺陷，使该点测量值远大于各测点的平均值，可忽略此测点数据，但应将这种情况在试验记录和报告中注明。

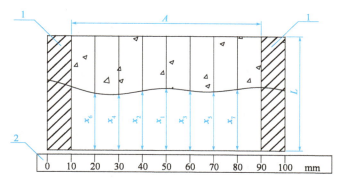

图 5-19 显色分界线位置编号
1—试件边缘部分；2—尺子；A—测量范围

7. 试验结果计算及处理

（1）混凝土的非稳态氯离子迁移系数应按式（5-19）进行计算：

$$D_{RCM} = \frac{0.0239(273+T)L}{(U-2)t}\left(X_d - 0.0238\sqrt{\frac{(273+T)LX_d}{U-2}}\right) \quad (5-19)$$

式中：D_{RCM}——混凝土的非稳态氯离子迁移系数，精确到 $0.1\times10^{-12} m^2/s$；

U——所用电压的绝对值，V；

T——阳极溶液的初始温度和结束温度的平均值，℃；

L——试件厚度 mm，精确到 0.1mm；

X_d——氯离子渗透深度的平均值，mm，精确到 0.1mm；

t——试验持续时间，h。

（2）每组应以 3 个试样的氯离子迁移系数的算术平均值作为该组试件的氯离子迁移系数测定值；当最大值或最小值，与中间值之差超过中间值的 15% 时，应剔除此值，再取其余两值的平均值作为测定值；当最大值和最小值，均超过中间值的 15% 时，应取中间值作为测定值。

（四）技能训练四 电通量试验方法

1. 适用范围

本方法适用于测定以通过混凝土试件的电通量为指标来确定混凝土抗氯离子渗透性能。本方法不适用于掺有亚硝酸盐或钢纤维等良导电材料的混凝土抗氯离子渗透试验。

2. 试验装置、试剂和用具

（1）直流稳压电源的电压范围应为 0～80V，电流范围应为 0～10A。直流稳压电源应能稳定输出 60V 直流电压，精度应为 ±0.1V。

（2）耐热塑料或耐热有机玻璃试验槽（图 5-20）的边长应为 150mm，总厚度为 51mm。试验槽中心的两个槽的直径应分别为 89mm 和 112mm，两个槽的深度应分别为 41mm 和 6.4mm。在试验槽的一边

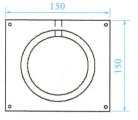
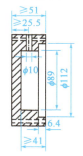

动画：混凝土游离氯离子渗透试验—电通量法（上、下）

图 5-20 试验槽示意图（尺寸单位：mm）

应开有直径为 10mm 的注液孔。

(3) 紫铜垫板宽度应为 12mm±2mm，厚度应为 0.50mm±0.05mm。铜网孔径应为 0.95mm(64 孔/cm^2)或者 20 目。

(4) 标准电阻精度应为 ±0.1%；直流数字电流表量程应为 0~20A，精度应为 ±0.1%。

(5) 真空泵和真空表与快速氯离子迁移系数法的要求相同。

(6) 真空容器的内径应≥250mm，并应能至少同时容纳 3 个试件。

(7) 阴极溶液应用化学纯试剂配制的质量浓度为 3.0% 的 NaCl 溶液。

(8) 阳极溶液应用化学纯试剂配制的摩尔浓度为 0.3mol/L 的 NaOH 溶液。

(9) 密封材料应采用硅胶或树脂等密封材料。

(10) 硫化橡胶垫或硅橡胶垫的外径应为 100mm、内径应为 75mm、厚度应为 6mm。

(11) 切割试件的设备应采用水冷式金刚锯或碳化硅锯。

(12) 抽真空设备可由烧杯(体积在 1000mL 以上)、真空干燥器、真空泵、分液装置、真空表组合而成。

(13) 温度计的量程应为 0~120℃，精度应为 ±0.1℃。

(14) 电吹风的功率应为 1000~2000W。

(15) 电通量试验装置应符合图 5-21 的要求。电通量试验仪如图 5-22 所示。

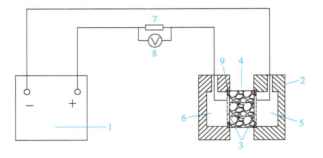

图 5-21 电通量试验装置示意图

1-直流稳压电源；2-试验槽；3-铜电极；4-混凝土试件；5-3.0% NaCl 溶液；6-0.3mol/L NaOH 溶液；7-标准电阻；8-直流数字式电压表；9-试件垫圈(硫化橡胶垫或硅橡胶垫)

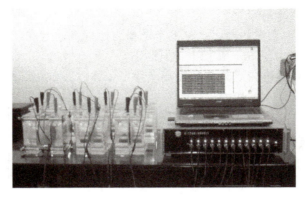

图 5-22 电通量试验仪

3. 试验步骤

(1) 电通量试验应采用直径为 100mm±1mm，高度为 50mm±2mm 的圆柱体试件。试件的制作、养护与 RCM 法相同。当试件表面有涂料等附加材料时,应预先去除,且试样内不得含有钢筋等良导电材料。在试件移送试验室前,应避免冻伤或其他物理伤害。

(2)电通量试验宜在试件养护到 28d 龄期进行。对于掺有大掺量矿物掺合料的混凝土,可在 56d 龄期进行试验。应先将养护到规定龄期的试件暴露于空气中至表面干燥,并应以硅胶或树脂密封材料涂刷试件圆柱表面或侧面,还应填补涂层中的孔洞。

(3)电通量试验前应将试件进行真空饱水(图 5-23)。应先将试件放入真空容器中,然后启动真空泵,并应在 5min 内将真空容器中的绝对压强减少至 1~5kPa,应保持该真空度 3h,然后应在真空泵仍然运转的情况下,注入足够的蒸馏水或者去离子水,直至淹没试件,应在试件浸没 1h 后恢复常压,并应继续浸泡 18h ± 2h。

(4)在真空饱水结束后,应从水中取出试件,并应抹掉多余水分,且应保持试件所处环境的相对湿度在 95% 以上。应将试件安装于试验槽内,并应采用螺杆将两试验槽和端面装有硫化橡胶垫的试件夹紧。试件安装好以后,应采用蒸馏水或者其他有效方式检查试件和试验槽之间的密封性能。

图 5-23 智能真空饱水机

(5)检查试件和试件槽之间的密封性后,应将质量浓度为 3.0% 的 NaCl 溶液和摩尔浓度为 0.3mol/L 的 NaOH 溶液分别注入试件两侧的试验槽中,注入 NaCl 溶液的试验槽内的铜网应连接电源负极,注入 NaOH 溶液的试验槽中的铜网应连接电源正极。

(6)在正确连接电源线后,应在保持试验槽中充满溶液的情况下接通电源,并应对上述两铜网施加 60V ± 0.1V 直流恒电压,且应记录电流初始读数 I_0。开始时应每隔 5min 记录一次电流值,当电流值变化不大时,可每隔 10min 记录一次电流值;当电流变化很小时,应每隔 30min 记录一次电流值,直至通电 6h。

(7)当采用自动采集数据的测试装置时,记录电流的时间间隔可设定为 5~10min。电流测量值应精确至 ±0.5mA。试验过程中宜同时监测试验槽中溶液的温度。

(8)试验结束后,应及时排出试验溶液,并应用凉开水和洗涤剂冲洗试验槽 60s 以上,然后应用蒸馏水洗净并用电吹风冷风挡吹干。

(9)试验应在 20~25℃ 的室内进行。

4. 试验结果计算及处理

(1)试验过程中或试验结束后,应绘制电流与时间的关系图。应通过将各点数据以光滑曲线连接起来,对曲线作面积积分,或按梯形法进行面积积分,得到试验 6h 通过的电通量(C)。

(2)每个试件的总库仑电通量可采用简化公式(5-20)计算:

$$Q = 900(I_0 + 2I_{30} + 2I_{60} + \cdots + 2I_t \cdots + 2I_{300} + 2I_{330} + I_{360}) \tag{5-20}$$

式中:Q——通过试件的总库仑电通量,C;

I_0——初始电流,A,精确到 0.001A;

I_t——在 t 时间的电流,A,精确到 0.001A。

(3)计算得到的通过试件的总电通量应换算成直径为 95mm 试件的电通量值。应通过将计算的总电通量乘以一个直径为 95mm 的试件和实际试件横截面积的比值来换算,换算可按式(5-21)进行:

$$Q_s = Q_x \times (95/x)^2 \tag{5-21}$$

式中:Q_s——通过直径为95mm的试件的电通量,C;

Q_x——通过直径为$x$mm的试件的电通量,C;

x——试件的实际直径,mm。

(4)每组应取3个试件电通量的算术平均值作为该组试件的电通量测定值。当某一个电通量值与中值的差值,超过中值的15%时,应取其余两个试件的电通量的算术平均值作为该组试件的试验结果测定值。当有两个测值与中值的差值,都超过中值的15%时,应取中值作为该组试件的电通量试验结果测定值。

任务四　混凝土的碳化试验与检测

空气、土壤或地下水中酸性物质,如CO_2、HCl、SO_2、Cl_2深入混凝土表面,与水泥石中的碱性物质发生反应的过程称为混凝土的中性化。混凝土在空气中的碳化(Carbonization of Concrete)是中性化最常见的一种形式,它是空气中二氧化碳与水泥石中的碱性物质相互作用的非常复杂的一种物理化学过程。在某些条件下,混凝土的碳化会增加其密实性,提高混凝土的抗化学腐蚀能力,但由于碳化会降低混凝土的碱度,破坏钢筋表面的钝化膜,使混凝土失去对钢筋的保护作用,给混凝土中钢筋锈蚀带来不利的影响。同时,混凝土碳化还会加剧混凝土的收缩,这些都可能导致混凝土的裂缝和结构的破坏。由此可见,混凝土的碳化对钢筋混凝土结构的耐久性有很大的影响。因此,混凝土碳化机理、影响因素及其控制的分析很重要。混凝土抗碳化等级划分符合表5-6的规定。快速碳化试验碳化深度小于20mm的混凝土,其抗碳化性能较好,通常可满足大气环境下50年的耐久性要求。

混凝土抗碳化性能的等级划分　　　　表5-6

等级	T-Ⅰ	T-Ⅱ	T-Ⅲ	T-Ⅳ	T-Ⅴ
碳化深度d(mm)	$d>30$	$20<d<30$	10	$0.1<d<10$	$d<0.1$

混凝土的碳化机理

混凝土的基本组成材料为水泥、水、砂和石子,其中的水泥与水发生水化反应,生成的水化物自身具有强度(称为水泥石),同时将散粒状的砂和石子黏结起来,成为一个坚硬的整体。混凝土的碳化,是指水泥石中的水化产物与周围环境中的二氧化碳作用,生成碳酸盐或其他的物质的现象。碳化将使混凝土的内部组成及组织发生变化。由于混凝土是一个多孔体,在其内部存在大小不同的毛细管、孔隙、气泡,甚至缺陷等。空气中的二氧化碳首先渗透到混凝土内部充满空气的孔隙和毛细管中,而后溶解于毛细管中的液相,与水泥水化过程中产生的氢氧化钙和硅酸三钙、硅酸二钙等水化产物相互作用,形成碳酸钙。所以,混凝土碳化也可用下列化学反应式(5-22)~式(5-25)所示。

$$CO_2 + H_2O \longrightarrow H_2CO_3 \tag{5-22}$$

$$Ca(OH)_2 + H_2CO_3 \longrightarrow CaCO_3 + 2H_2O \tag{5-23}$$

$$3CaO \cdot 2SiO_2 \cdot 3H_2O + 3H_2CO_3 \longrightarrow 3CaCO_3 + 2SiO_2 + 6H_2O \tag{5-24}$$

$$2CaO \cdot SiO_2 \cdot 4H_2O + 2H_2CO_3 \longrightarrow 2CaCO_3 + SiO_2 + 6H_2O \tag{5-25}$$

可以看出,混凝土的碳化是一个在气相、液相、和固相中进行的复杂连续的多相物理化学的反应过程。

 影响混凝土碳化的因素

混凝土的碳化是伴随着 CO_2 气体向混凝土内部扩散,溶解于混凝土孔隙内的水,再与水化产物发生碳化反应这样一个复杂的物理化学的反应过程。所以,混凝土的碳化速度取决于 CO_2 的扩散速度及 CO_2 与混凝土成分的反应性。而 CO_2 的扩散速度又受混凝土本身的组织密实性、CO_2 的浓度、环境温度、试件的含水率等因素影响,所以碳化反应受混凝土内孔溶液的组成、水化产物的形态等因素的影响。这些影响因素主要可归结为与混凝土自身相关的内部因素和与环境有关的外部因素两类,当然,除此之外还存在一些其他因素。

(一) 内部因素

1. 水泥用量

水泥用量直接影响混凝土吸收 CO_2 的量,混凝土吸收 CO_2 的量等于水泥用量与混凝土水化程度的乘积。另外,增加水泥用量一方面可以改变混凝土的和易性,提高混凝土的密实性,另一方面还可以增加混凝土的碱性储备。因此,水泥用量越大,混凝土强度越高,其碳化速度越慢。

2. 水泥品种

水泥品种不同意味着其所包含矿料的矿物成分以及水泥混合材料的品种和掺量有别,直接影响着水泥的活性和混凝土的碱性,对碳化速度有重要影响。在同一试验条件下砂浆的碳化速度大小顺序为:高炉矿渣水泥(BFC) > 普通硅酸盐水泥(OPC) > 早强水泥(HEC)。

3. 水灰比

混凝土的水灰比和强度是两个密切相关的概念。混凝土的水灰比越低,其强度越高,混凝土的密实程度也越高,反之亦然。由于混凝土的碳化是 CO_2 向混凝土内扩散的过程,混凝土的密实程度越高,扩散的阻力越大。混凝土碳化的深度受单位体积的水泥用量或水泥石中的 $Ca(OH)_2$ 含量的影响。水灰比越大,单位水泥用量越小,混凝土单位体积内的 $Ca(OH)_2$ 含量也就越少,碳化速度越快。在混凝土拌和过程中,水占据一定的空间,即使振捣比较密实,随着混凝土的凝固,水占据的空间也会变成微孔或毛细管等。因此,水灰比对混凝土的孔隙结构影响极大,控制着混凝土的渗透性。在水泥用量一定的条件下,增大水灰比,混凝土的孔隙率增加,密实度降低,渗透性和碳化速度增大。

4. 混凝土抗压强度

混凝土抗压强度是混凝土的基本性能指标之一,也是衡量混凝土品质的综合性参数,它与混凝土的水灰比有非常密切的关系,并在一定程度上反映了水泥品种、水泥用量与水泥强度等级、集料品种、掺合剂以及施工质量与养护方法等对混凝土品质的共同影响。据有关资料表明,混凝土强度越高,抗碳能力越强。

5. 集料品种和级配

集料的品种和级配不同,其内部孔隙结构差别很大,直接影响着混凝土的密实性。试验说明,普通混凝土的抗碳化性能最好,在同等条件下其碳化速度约为轻砂天然轻集料混凝土的 0.56 倍。

6. 施工质量及养护方法对碳化的影响

施工质量差表现为振捣不密实、养护不善,造成混凝土密实低、蜂窝麻面多,为大气中的二氧化碳、氧气和水分的渗入创造了条件,加速了混凝土的碳化速度。除此之外,混凝土养护状况对碳化也有一定影响。混凝土早期养护不良,水泥水化不充分,使表层混凝土渗透性增大,碳化加快。施工中常用自然和蒸汽养护法,试验表明,普通混凝土采用蒸汽养护的碳化速度比自然养护提高 1.5 倍。

(二)外部因素

1. 光照和温度

混凝土碳化与光照和温度有直接关系。随着温度提高,CO_2 在空气中的扩散逐渐增大,为其与 $Ca(OH)_2$ 反应提供了有利条件。阳光的直射,加速了其化学反应,碳化速度加快。

2. 相对湿度

CO_2 溶于水后形成 H_2CO_3 方能和 $Ca(OH)_2$ 进行化学反应,所以在非常干燥时,混凝土碳化无法进行,但由于混凝土的碳化本身既是一个释放水的过程,环境相对湿度过大,生成的水无法释放,也会抑制碳化进一步进行。试验结果表明,相对湿度在 50%~70% 时,混凝土的碳化速度最快。

3. CO_2 的浓度

CO_2 浓度越高,碳化速度越快。

4. 氯离子浓度的影响

氯离子在混凝土液相中形成盐酸,与氢氧化钙作用生成氯化钙。氯化钙具有高吸湿性,在其浓度及湿度较高时,能剧烈地破坏钢筋的钝化膜,使钢筋发生溃烂性锈蚀。

5. 不同应力状态对混凝土碳化的影响

混凝土试件在不同应力状态下其碳化速度有所不同,混凝土施加应力之后对内部的微细裂缝起到了抑制或扩散作用。微细裂缝的存在使 CO_2 容易渗透,引起碳化速度加快,但施加了压应力之后,使混凝土的大量微细裂缝闭合或宽度减小,CO_2 的渗透速度减慢,从而减弱了混凝土的碳化速度。当然,混凝土中的压应力过大时,也可使混凝土产生微观裂缝,加速碳化过程。相反,施加拉应力后,混凝土的微裂缝扩展,加快了混凝土的碳化速度。另外,碳化速度随时间的增长也越来越慢。

6. 裂缝对混凝土碳化的影响

混凝土机构的劣化破坏过程,多是由于各种有害物质从外部向内部的渗透或迁移作用。因此,混凝土结构的抗渗性是反映其耐久性的一个综合性指标。裂缝的存在将直接影响到混凝土的渗透性与耐久性,并且由于碳化能够通过裂缝较快的渗入到混凝土内部,因此,裂缝处混凝土的碳化速度要大于无裂缝处。

三 技能训练 碳化试验与检测

(一)试验目的

本方法适用于测定在一定浓度的二氧化碳气体介质中混凝土试件的碳化程度。

(二) 试件及设备要求

(1) 本方法宜采用棱柱体混凝土试件,应以3块为一组。棱柱体的长宽比不宜小于3。

(2) 无棱柱体试件时,也可用立方体试件,其数量应相应增加。

(3) 试件宜在28d龄期进行碳化试验,掺有掺合料的混凝土可以根据其特性决定碳化前的养护龄期。碳化试验的试件宜采用标准养护,试件应在试验前2d从标准养护室取出,然后应在60℃下烘48h。

(4) 经烘干处理后的试件,除应留下一个或相对的两个侧面外,其余表面应采用加热的石蜡予以密封。然后应在暴露侧面上沿长度方向用铅笔以10mm间距画出平行线,作为预定碳化深度的测量点。

(5) 试验设备应符合下列规定:

①碳化箱(图5-24)应符合现行《混凝土碳化试验箱》(JG/T 247)的规定,并应采用带有密封盖的密闭容器,容器的容积应至少为预定进行试验的试件体积的两倍。碳化箱内应有架空试件的支架、二氧化碳引入口、分析取样用的气体导出口、箱内气体对流循环装置、为保持箱内恒温恒湿所需的设施以及温湿度监测装置。宜在碳化箱上设玻璃观察口对箱内的温度进行读数。

②气体分析仪应能分析箱内二氧化碳浓度,并应精确至±1%。

③二氧化碳供气装置应包括气瓶、压力表和流量计。

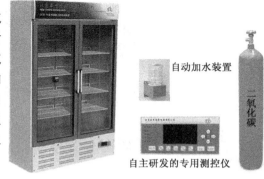

图5-24 碳化箱

动画:混凝土结构碳化深度测定

(三) 试验步骤

(1) 首先应将经过处理的试件放入碳化箱内的支架上,试件暴露的侧面应向上。各试件之间的间距不应小于50mm。

(2) 试件放入碳化箱后,应将碳化箱密封。密封可采用机械办法或油封,但不得采用水封。应开动箱内气体对流装置,并应徐徐充入二氧化碳,应测定箱内的二氧化碳浓度。应逐步调节二氧化碳的流量,使箱内的二氧化碳浓度保持在20%±3%。在整个试验期间应采取去湿措施,使箱内的相对湿度控制在70%±5%,温度应控制在20℃±2℃的范围内。

(3) 碳化试验开始后应每隔一定时期对箱内的二氧化碳浓度、温度及湿度作一次测定。宜在前2d每隔2h测定一次,以后每隔4h测定一次。试验中应根据所测得的二氧化碳浓度、温度及湿度随时调节这些参数,去湿用的硅胶应经常更换。也可采用其他去湿方法。

(4) 应在碳化到了3d、7d、14d和28d时,分别取出试件,破型测定碳化深度。棱柱体试件应通过在压力试验机上的劈裂法或者用干锯法从一端开始破型。每次切除的厚度应为试件宽度的一半,切后应用石蜡将破型后试件的切断面封好,再放入箱内继续碳化,直到下一个试验期。当采用立方体试件时,应在试件中部劈开,立方体试件应只作一次检验,劈开测试碳化深度后不得再重复使用。

(5) 随后应将切除所得的试件部分刷去断面上残存的粉末,然后应喷上(或滴上)浓度为1%的酚酞酒精溶液(酒精溶液含20%的蒸馏水)。约经30s后,应按原先标划的每10mm一个测量点用钢板尺测出各点碳化深度。当测点处的碳化分界线上刚好嵌有粗集料颗粒,可取该颗粒两侧处碳化深度的算术平均值作为该点的深度值。碳化深度测量应精确至±0.5mm。

(四)试验数据处理

(1)混凝土在各试验龄期时的平均碳化深度应按式(5-26)计算:

$$\overline{d_t} = \frac{1}{n}\sum_{i=1}^{n} d_i \tag{5-26}$$

式中:$\overline{d_t}$——试件碳化$t(d)$后的平均碳化深度,mm,精确至0.1mm;

d_i——各测点的碳化深度,mm;

n——测点总数。

(2)每组应以在二氧化碳浓度为20%±3%,温度为20℃±2℃,湿度为70%±5%的条件下3个试件碳化28d的碳化深度的算术平均值作为该组混凝土试件碳化测定值。

(3)碳化结果处理时宜绘制碳化时间与碳化深度的关系曲线。

任务五 混凝土的碱-集料反应试验与检测

一 水泥混凝土的碱-集料反应认知

碱-集料反应是混凝土原材料中的水泥、外加剂、掺合料和水中的碱(Na_2O 或 K_2O)与集料中的活性成分反应,在混凝土浇筑成型后若干年(数年至二、三十年)逐渐反应,反应生成物吸水膨胀使混凝土产生内部应力,膨胀开裂,导致混凝土失去设计性能。由于活性集料经搅拌后大体上呈均匀分布。所以一旦发生碱集料反应、混凝土集料界面均可能产生膨胀应力,将混凝土自身胀裂,发展严重的只能拆除,无法补救,因而被称为混凝土的癌症。

我国水利工程从20世纪50年代起就吸取了美国派克大坝等许多土建工程因碱-集料反应破坏而拆除重建的教训,明确规定凡较大水利工程开采集料时都要求进行活性检验及专家论证,并采取掺大量混合材料的水泥以及在现场掺掺合料等措施,这些规定至今仍在水利工程有关规范、标准中沿用。因此,我国自50年代以来建设了许多大型水利工程,从未出现过碱-集料反应对工程的损害。

另外,我国自50年代起就生产掺大量混合材料的水泥,例如60~70年代大量生产使用有矿渣的400号水泥,其中矿渣含量高达60%~70%,水泥熟料仅占约30%,即使产量比例不大的普通硅酸盐水泥也掺有10%~15%的混合材,有这么多磨得与水泥同样细度的活性混合材,就可以起到缓解与抑制碱-集料反应的作用。因此,在80年代以前,我国一般土建工程尚未见有碱-集料反应对工程损害的报道。

正因为如此,我国一般土建工程的设计和施工人员对碱-集料反应问题比较生疏,即使某工程发生碱-集料反应特征的裂缝,也往往认为是养护不好、干缩裂缝、过早加载和水泥后期安定性不好等常见问题所造成的。即使有的工程损害严重被迫拆除,也不一定认为是由于碱-集料反应造成的。

自从1970年国际能源危机以来,水泥工业逐渐由湿法生产改为干法生产,我国国营大中型水泥厂到80年代陆续都已改为干法生产,使水泥含碱量增加;特别是在80年代后期,作为利用工业废料和节能措施,将回收高碱窑灰掺入水泥中作为一项先进措施在全国推广,使我国国产水泥含碱量大大增加。1984年又制订了不掺混合材的纯硅酸盐水泥标准,这种纯硅酸盐水泥到1989年的产量已越过100万t。用这种水泥如果集料活性不做检测、会为许多工程带来建成若干年后发生碱-集料反应损害的隐患。据悉,我国北方少雨地区生产的水泥中熟料平均碱含量高为1%左右,有的甚至超过1.3%。值得注意的是,我国自70年代后期以来,即以硫酸钠作为水泥混凝土早强剂,而防冻剂则多采用硝酸钠、亚硝酸钠、碳酸钾等。这些盐类中的可溶性钾、钠离子将大大增加混凝土中的总碱量,增加碱-集料反应对工程损害的潜在危害。

据了解,我国某机场混凝土跑道已发现碱-集料反应开裂,某大型城市公路立交桥建成刚5年,其潮湿部位的开裂已经取样证实为碱-集料反应。由于近几年我国水泥外加剂等材料的发展变化,混凝土碱-集料反应问题已成为我国土建工程的一大潜在危害。

二、碱-集料反应的分类和机理

1. 碱-硅酸反应

1940年美国加利尼亚州公路局的斯坦敦,首先发现碱-集料反应问题,引起全世界混凝土工程界的重视,这种反应就是碱-硅酸反应。碱-硅酸反应是水泥中的碱与集料中的活性氧化硅成分反应产生碱-硅酸盐凝胶或称碱硅凝胶,碱硅凝胶固体体积大于反应前的体积,而且有强烈的吸水性,吸水后膨胀引起混凝土内部膨胀应力,而且碱硅凝胶吸水后进一步促进碱集料反应的发展,使混凝土内部膨胀应力增大,导致混凝土开裂。发展严重的会使混凝土结构崩溃。

能与碱发生反应的活性氧化硅矿物有蛋白石、玉髓、鳞石英、方英石、火山玻璃及结晶有缺欠的石英以及微晶、隐晶石英等,而这些活性矿物广泛存在于多种岩石中。迄今为止世界各国发生的碱-集料反应绝大多数为碱-硅酸反应。

2. 碱-碳酸盐反应

1955年加拿大金斯敦城人行路面发生大面积开裂,怀疑是碱-集料反应,用美国ASTM标准的砂浆棒法和化学法试验,属于非活性集料。后经研究,斯文森于1957年提出一种与碱-硅酸反应不同的碱-集料反应——碱-碳酸盐反应。

一般的碳酸岩、石灰石和白云石是非活性的,只有像加拿大金斯敦这种泥质石灰质白云石,才发生碱-碳酸盐反应。

碱-碳酸盐反应的机理与碱-硅酸反应完全不同,在泥质石灰质白云石中含黏土和方解石较多,碱与这种碳酸钙镁的反应时,将其中白云石($MgCO_3$)转化为水镁石[$Mg(OH)_2$],水镁石晶体排列的压力和黏土吸水膨胀,引起混凝土内部应力,导致混凝土开裂。

碱-碳酸盐反应在斯文森提出后,在美国的印第安纳、弗古尼亚、农华达等州和其他国家也发现有这种类型的反应。近几年在我国的山东省和山西省也发现过这种类型的反应。

3. 碱-硅酸盐反应

碱-硅酸盐反应实质上是碱-硅酸反应,只是细小的二氧化硅分散在岩石的基质之中,因而膨胀要缓慢得多。

三、碱-集料反应的发生条件和特征

混凝土工程发生碱-集料反应需要具有三个条件：首先是混凝土的原材料水泥、掺合料、外加剂和水中含碱量高；第二是集料中有相当数量活性成分；第三是潮湿环境，有充分的水分或湿空气供应。

早在1940年，斯坦敦用加利福尼亚州集料作砂浆膨胀试验时，就发现水泥含碱量越高，碱集料反应的膨胀量越大，当水泥含碱量低于0.6%时，就可以避免发生碱集料反应。后来在其他许多国家试验，由于集料反应的活性不同，有时水泥含碱量低于0.4%氧化钠当量、也有发生碱集料反应膨胀量大的情况；水泥含碱量高于0.6%称为高碱水泥，已为大多数国家接受。随着水泥工业出现含不同混合材的水泥以及混凝土越来越多地掺用各种外加剂，以及日本、英国使用海砂配混凝土，发现混凝土各种原材料成分中的碱（Na_2O、K_2O、Na_2SO_4、$NaCl$），均可导致发生碱-集料反应并对工程造成损害。

四、碱-集料反应的预防方法

碱-集料反应的条件是在混凝土配制时形成的，即配制的混凝土中只要有足够的碱和反应性集料，在混凝土浇筑后就会逐渐反应，在反应产物的逐渐吸水膨胀和内应力足以使混凝土开裂的时候，工程便开始出现裂缝。这种裂缝和对工程的损害会随着碱-集料反应的发展而发展，严重时会使工程崩溃。有人试图用阻挡水分来源的方法控制碱-集料反应的发展。日本曾采取将所有裂缝注入环氧树脂，注射后又将整个梁、桥墩表面全用环氧树脂涂层封闭，企图通过阻止水分和湿空气进入的方法控制碱集料反应的发展，结果仅仅经过一年，有多处开裂。因此，世界各国都是在配制混凝土时采取措施，使混凝土工程不具备碱集料反应的条件。主要有以下几种措施：

1. 控制水泥含碱量

自1941年美国提出水泥含量低于0.6%氧化钠当量（即$Na_2O + 0.658K_2O$）为预防发生碱-集料反应的安全界限以来，虽然对有些地区的集料在水泥含量低于0.4%时仍可发生碱-集料反应对工程的损害，但一般情况下低于0.6%作为预防碱-集料反应的安全界限已为世界多数国家所接受。已有20多个国家将此安全界限列入国家标准或规范。新西兰、英国、日本等许多国家大部分水泥厂均生产含碱量低于0.6%的水泥。加拿大铁路局规定，不论是否使用活性集料，铁路工程混凝土一律使用含碱量低于0.6%的低碱水泥。

2. 控制混凝土中含碱量

由于混凝土中碱的来源不仅是从水泥，而且从掺合料、外加剂、水，甚至有时从集料（例如海砂）中来，因此控制混凝土各种原材料总碱量比单纯控制水泥含碱量更为科学。对此，南非曾规定每 m^3 混凝土中总碱量不得超过 2.1kg，英国提出以每 m^3 混凝土全部原材料总碱量（Na_2O当量）不超过 3kg，已为许多国家所接受。

3. 对集料选择使用

如果混凝土含碱量低于 $3kg/m^3$，可以不做集料活性检验，如果水泥含碱量高或混凝土总碱量高于 $3kg/m^3$，则应对集料进行活性检测，如经检测结果为活性集料，则不能使用，或经与非活性集料按一定比例混合后，经试验对工程无损害时，方可按试验的比例混合使用。

4. 掺掺合料

掺某些活性掺合料可缓解、抑制混凝土的碱-集料反应。根据各国试验资料,掺5%～10%的硅灰可以有效地抑制碱-集料反应。据悉冰岛自1979年以来,一直在生产的水泥中掺5%～7.5%硅灰,以预防碱集料反应对工程的损害。另外掺粉煤灰也很有效,粉煤灰的含碱量不同,经试验,即使含碱量高的粉煤灰,如果取代30%的水泥,也可有效地抑制碱集料反应。另外常用的抑制性掺合料还有高炉矿渣、但掺量必须大于50%才能有效地抑制碱-集料反应对工程的损害,现在美、英、德诸国对高炉矿渣的推荐掺量均为50%以上。

5. 隔绝水和湿空气的来源

如果在担心混凝土工程发生碱-集料反应的部位能有效地隔绝水和空气的来源,也可以取得缓和碱-集料反应对工程损害的效果。

五 技能训练 碱-集料反应试验

(一) 试验目的

本试验方法用于检验混凝土试件在温度38℃及潮湿条件养护下,混凝土中的碱与集料反应所引起的膨胀是否具有潜在危害。适用于碱-硅酸反应和碱-碳酸盐反应。

(二) 试验仪器设备及规定

(1) 本方法应采用与公称直径分别为20mm、16mm、10mm、5mm的圆孔筛对应的方孔筛。

(2) 称量设备的最大量程应分别为50kg和10kg,感量分别为50g和5g各一台。

(3) 试模的内测尺寸应为75mm×75mm×275mm,试模两个端板应预留安装测头的圆孔,孔的直径应与测头直径相匹配。

(4) 测头(埋钉)的直径应为5～7mm,长度应为25mm。应采用不锈金属制成,测头均应位于试模两端的中心部位。

(5) 测长仪的测量范围应为275～300mm,精度应为±0.001mm。

(6) 养护盒应由耐腐蚀材料制成,不应漏水,且应能密封。盒底部应装有20mm±5mm深的水,盒内应有试件架,且应能使试件垂直立在盒中。试件底部不应与水接触。一个养护盒宜同时容纳3个试件。

(三) 试验步骤

(1) 应按照下列规定准备原材料和设计配合比。

①应使用硅酸盐水泥,水泥含碱量宜为0.9%±0.1%(以Na_2O当量计,即$Na_2O + 0.658K_2O$)。可通过外加浓度为10%的$NaOH$溶液,使试验用水泥含碱量达到1.25%。

②当试验用来评价细集料的活性,应采用非活性的粗集料,粗集料的非活性也应通过试验确定,试验用细集料细度模数宜为2.7±0.2。当试验用来评价粗集料的活性,应用非活性的细集料,细集料的非活性也应通过试验确定。当工程用的集料为同一品种的材料,应用该粗、细集料来评价活性。试验用粗集料应由三种级配:20～16mm、16～10mm和10～5mm,各取1/3等量混合。

③每立方米混凝土水泥用量应为420kg±10kg。水灰比应为0.42～0.45。粗集料与细集

料的质量比应为 6∶4。试验中除可外加 NaOH 外,不得再使用其他的外加剂。

(2)应按下列规定制作试件。

①成型前 24h,应将试验所用所有原材料放入 20℃±5℃ 的成型室。

②混凝土搅拌宜采用机械拌和。

③混凝土应一次装入试模,应用捣棒和抹刀捣实,然后应在振动台上振动 30s 或直至表面泛浆为止。

④试件成型后应带模一起送入 20℃±2℃、相对湿度在 95% 以上的标准养护室中,应在混凝土初凝前 1~2h,对试件沿模口抹平并应编号。

(3)应按下列要求对试件进行养护及测量。

①试件应在标准养护室中养护 24h±4h 后脱模,脱模时应特别小心不要损伤测头,并应尽快测量试件的基准长度。待测试件应用湿布盖好。

②试件的基准长度测量应在 20℃±2℃ 的恒温室中进行。每个试件应至少重复测试两次,应取两次测值的算术平均值作为该试件的基准长度值。

③测量基准长度后应将试件放入养护盒中,并盖严盒盖。然后应将养护盒放入 38℃±2℃ 的养护室或养护箱里养护。

④试件的测量龄期应从测定基准长度后算起,测量龄期应为 1 周、2 周、4 周、8 周、13 周、18 周、26 周、39 周和 52 周,以后可每半年测一次。每次测量的前一天,应将养护盒从 38℃±2℃ 的养护室中取出,并应放入 20℃±2℃ 的恒温室中,恒温时间应为 24h±4h。试件各龄期的测量应与测量基准长度的方法相同,测量完毕后,应将试件调头放入养护盒中,并应盖好盒盖。然后应将养护盒重新放回 38℃±2℃ 的养护室或者养护箱中继续养护至下一测试龄期。

⑤每次测量时,应观察试件有无裂缝、变形、渗出物及反应产物等,并应作详细记录。必要时可在长度测试周期全部结束后,辅以岩相分析等手段,综合判断试件内部结构和可能的反应产物。

(4)当碱-集料反应试验出现以下两种情况之一时,可结束试验:

①在 52 周的测试龄期内的膨胀率超过 0.04% 时。

②膨胀率虽小于 0.04%,但试验周期已经达 52 周(或一年)。

(四)试验数据处理

(1)试件的膨胀率应按式(5-27)计算:

$$\varepsilon_t = \frac{L_t - L_o}{L_o - 2\Delta} \times 100 \tag{5-27}$$

式中:ε_t——试件在 t 天龄期的膨胀率,%,精确至 0.001;

L_t——试件在 t 天龄期的长度,mm;

L_o——试件的基准长度,mm;

Δ——测头的长度,mm。

(2)每组应以 3 个试件测值的算术平均值作为某一龄期膨胀率的测定值。

(3)当每组平均膨胀率小于 0.020% 时,同一组试件中单个试件之间的膨胀率的差值(最高值与最低值之差)不应超过 0.008%;当每组平均膨胀率大于 0.020% 时,同一组试件中单个试件的膨胀率的差值(最高值与最低值之差)不应超过平均值的 40%。

创新能力培养

超高性能混凝土在结构中的应用

微课:超高性能混凝土

工程材料是工程结构赖以发展的物质基础。新材料的研发与应用是工程结构创新与发展的重要驱动力。随着经济的快速发展,工程结构朝着更高、更长、更深的方向发展,对工程材料性能提出了新的要求,促使人们不断探寻高性能甚至是超高性能的土木工程材料。

1994 年,Larrard 与 Sedran 首次提出了超高性能混凝土 UHPC（Ultra-High Performance Concrete）的概念。同年,法国的 Richard 报道了最具代表性的超高性能混凝土——活性粉末混凝土 RPC（Reactive Powder Concrete）,宣告混凝土进入超高性能时代。超高性能混凝土一经问世,便得到土木工程领域的广泛关注,近年来 UHPC 材料与结构相关研究发展迅速,已发展成了土木工程领域的研究热点之一。在我国工程院战略咨询中心等单位发布的《全球工程前沿报告 2018》中,超高性能混凝土与智能水泥基复合材料位列土木、水利与建筑工程领域前沿发展第 2 位。

1. UHPC 材料性能特点

混凝土是一种多孔的不均匀材料,孔结构是影响其力学性能和耐久性能的关键所在。与普通混凝土和高性能混凝土相比,超高性能混凝土按照最大堆积密度原理配制,各组分间相互填充,水胶比低(一般为 0.16~0.2),显著地降低了孔隙尺寸和孔隙率,掺入的硅灰等矿物掺合料可与氢氧化钙(CH)进行火山灰反应,形成水化硅酸钙(C—S—H),使得水泥基体与集料间的界面过渡区如同水泥基体一样致密。同时,通过添加短而细的纤维(常以钢纤维为主),改善材料的强度与变形性能。表 5-7 给出了超高性能混凝土与常见的普通混凝土、高性能混凝土和钢纤维混凝土性能的对比。由此可知,超高性能混凝土中的"超高"不仅仅是指超高的力学性能,而且包括超高的耐久性能。

UHPC 与其他水泥基材料对比 表 5-7

性 能 指 标	NC	HPC	SFRC	UHPC
抗压强度(MPa)	20~50	60~100	20~60	120~230
抗折强度(MPa)	2~5	6~10	4~12	30~60
弹性模量(GPa)	30~40	30~40	30~40	40~60
断裂能(kJ/m^2)	0.12	0.14	0.19~1.0	20~40
氯离子扩散系数(10^{-12} m^2/s)	1.1	0.6	—	0.02
冻融剥落(g/cm^2)	>1000	900	—	7
吸水特性(kg/m^3)	2.7	0.4	—	0.2
磨耗系数	4.0	2.8	2.0	1.3

注:NC-普通混凝土;HPC-高性能混凝土;SFRC-钢纤维混凝土。

除了这些基本特点外,UHPC 还具有面向性能需求的可调配性和可设计性,这一性能大大提高了 UHPC 的竞争力。面向不同性能需求,目前已发展出了高耐磨 UHPC、真空振动挤压成形 UHPC、低缩自密实性 UHPC、轻型组合桥面专用 UHPC 等多种多样类型。

UHPC 自问世以来,经过 30 年左右的发展,它与结构研究已经深入到与之相关的方方面面。早期研究主要侧重于 UHPC 自身材料层面,包括:组成和配合比、掺入纤维性能与影响、拌合物性能、力学性能、变形性能、长期性能、养护方法等方面。近年来,主要侧重于 UHPC 结构研发与应用,包括:UHPC 基本构件性能、组合构件与结构性能、连接构件性能、基于 UHPC 的既有结构加固,以及基于 UHPC 的新结构、新体系的研发。

在桥梁工程中,UHPC 已被应用于主梁结构、拱桥主拱、桥面结构、桥梁接缝及旧桥加固等多个方面。目前,将 UHPC 材料作为主要或部分建筑材料的桥梁主要分布在亚洲(东亚、东南亚)、欧洲、北美洲和大洋洲。其中,马来西亚、美国、加拿大、中国、日本等国家应用 UHPC 材料的桥梁均在 70 座以上。在 UHPC 桥梁结构的应用和推广方面,仅马来西亚一国就已经建成 150 座 UHPC 桥梁(截至 2019 年底)。而中国目前约有 80 座桥梁采用了 UHPC 材料,其中约有 20 座桥梁主体结构(主梁、拱圈等)采用 UHPC 材料,其余主要用于钢-UHPC 轻型组合桥面结构、现浇接缝、维修加固等方面。

UHPC 在建筑结构领域也得到了较为广泛的关注。2001 年美国伊利诺伊州,建成了直径 18m 的 RPC 圆形屋盖,设计中考虑了 RPC 优异的抗拉性能和延性。此后,UHPC 广泛运用于建筑幕墙、屋盖、外墙挂板中。在我国,深圳的超高层建筑"京基 100"(京基金融中心)、杭州的余杭大剧院、宁波的未来城科普中心、南京雨花中学等结构中部分运用了 UHPC 材料。

UHPC 还在市政、电力、轨道交通工程方面有所应用,如:井盖结构,电缆沟槽、支架、盖板、轻型电杆、重载电杆,装配式变电房,地铁疏散平台,隔声板和构件,预制轻型排水沟等。这些应用也表明 UHPC 的高性能使其具有强大的适应能力,具有广阔的应用空间与前景。

UHPC 早期在铁路桥梁等项目就有所应用,但没有带动 UHPC 应用的快速发展。其可能的原因是,UHPC 与普通混凝土性能有显著差异,若继续沿用传统结构形式,通常无法充分发挥 UHPC 材料性能,也无法达到期望的性价比,也体现不了 UHPC 结构的先进性。因此,推动 UHPC 大规模化应用的过程中,除了进一步降低 UHPC 材料造价外,更重要的是把握工程需求,创新结构形式,发展与 UHPC 相适应的结构。

2. 钢-UHPC 新型组合结构

正交异性钢桥面具有自重轻、强度高等优点,在钢桥中得到广泛应用。但大量工程实践表明,正交异性钢桥面长期存在钢桥面板易疲劳开裂、钢桥面沥青铺装易破损等病害问题。发生这些病害的主要原因有:

(1)钢桥面局部刚度低,且焊接连接处应力集中现象明显,在重载车反复作用下,运营几年后便疲劳开裂。

(2)沥青在光滑的钢板上黏结困难,在重载车、高温、雨水的耦合作用下,沥青铺装易出现开裂、车辙、脱层等早期病害。

为整体解决钢桥的上述病害问题,提出了正交异性钢板-薄层 UHPC 轻型组合桥面结构,如图 5-25 所示。UHPC 组合桥面结构在基本不增加自重的前提下,大幅提高了桥面的局部刚度,并且为沥青面层提供了易黏结的混凝土基面,从而可同时解决正交异性钢桥面的两大难题。由于是薄层组合,UHPC 层的设计拉应力高达 10~15MPa,超过了材料的抗拉强度(约 8MPa),另一方面,UHPC 收缩受钢板约束,易出现收缩裂缝。为此,对 UHPC 进行针对性强化,通过掺入纳米组分、混杂钢纤维和重配筋协同增韧,并施以高温蒸汽养护,将其抗裂强度提升至 30~42MPa,获得了钢桥面专用 UHPC 材料,称其为超高韧性混凝土(Super Toughness Concrete,STC)。STC 仍然属于 UHPC 范畴,但在抗裂、抗疲劳等方面又优于市场上的 UHPC。STC 层按不开裂的结构层设计,使用年限可达 100 年。

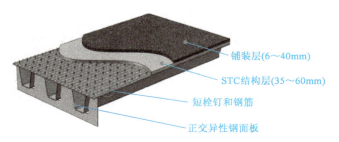

图 5-25 钢-STC 轻型组合桥面结构

自 2011 年钢-STC 轻型组合桥面结构首次成功应用于广东肇庆马房大桥之后,该类结构已经应用于我国 45 座实桥,涵盖了梁桥、拱桥、斜拉桥和悬索桥等各类基本桥型。这种应用能得以快速发展的关键在于,通过创新性运用 UHPC,获取高性价比的新结构,使得推广应用变得较为顺利。

3. UHPC 大跨径箱梁桥新结构

预应力混凝土连续箱梁桥具有造价相对较低、施工简易便捷等优点,是主跨 200m 范围内的主流桥型。但由于常规混凝土的强度低、徐变大,造成既有大跨预应力混凝土梁桥在运营过程中普遍出现主跨过度下挠和梁体开裂等病害,严重危及桥梁的安全性和耐久性。此外,大跨混凝土梁桥自重占总荷载的比例可达 90% 以上,跨径突破 300m 级已十分困难,向更大跨发展基本不具备可行性。

针对大跨预应力混凝土连续箱梁桥自重过大、主跨过度下挠和梁体开裂等难题,提出了单向预应力 UHPC 薄壁连续箱梁新结构,如图 5-26 所示。由于 UHPC 的力学性能介于混凝土与钢之间,因而构建的 UHPC 箱梁形式也应介于混凝土箱梁与钢箱梁之间。其主要特点是:UHPC 箱梁平均壁厚仅为传统混凝土箱梁壁厚的 1/2～1/3,仅设置纵向预应力。箱内设置了间距 3～4m 的密集横隔板,其目的是:①防止薄壁箱梁扭转畸变;②对顶板加劲,从而取消横向预应力;③对腹板加劲,防止剪切失稳并取消竖向预应力;④对底板加劲,以防止承压失稳;⑤方便体外预应力的转向与锚固。研究表明,这种 UHPC 箱梁的自重不到传统预应力箱梁的一半,其中横隔板所占重量约为梁体总重的 12%～15%。宜采用节段预制拼装法施工。因自重轻、强度高、徐变小,UHPC 箱梁可避免传统大跨预应力箱梁桥主跨过度下挠和梁体开裂的风险,并将混凝土连续梁桥的极限跨径拓展至 500m,且经济性通常优于同等跨径的斜拉桥和悬索桥。这种新型箱梁结构将在广东英德市 S292 线一座跨径 102m 简支梁桥上实施。

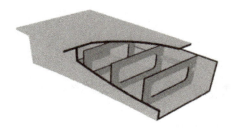
a)构造示意图

b)广东英德S292线北江四桥(效果图)

图 5-26 单向预应力 UHPC 薄壁箱梁结构

实践应用经验证明,UHPC 的推广与应用根本在于:良好的性价比和优良的品质。在 UHPC 创新应用与发展中需要重视紧密把握工程需求,以需求为目标研发产品。

工程材料的发展是工程结构创新的重要驱动力,而结构创新也是新材料能否有生命力与竞争力的关键所在。与普通混凝土相比,UHPC 强度更高、耐久性更好;与钢结构相比,UHPC 结构抗疲劳能力更强。

我国土木工程建设正处在大规模建设向建养并重转移的阶段,UHPC 已经在新建高性能结构和既有结构加固改造中得到了应用,且呈现快速发展趋势。在 UHPC 材料、创新性运用 UHPC、先进的规范体系等方面仍然需要投入较大研发力量,以此推动 UHPC 材料与结构向高质量、规模化运用方向发展。

思考与练习

一、填空题

1. 高性能混凝土设计需要考虑所在地的环境条件,环境条件共分五类,17 个等级,这五类环境为_____、_____、_____、_____、_____。
2. 高性能混凝土耐久性指标一般指混凝土的_____、_____、_____及_____等。
3. 电通量是目前测定高性能混凝土_____的一项重要指标。
4. 用外加剂配制非抗冻混凝土,含气量应_____,配制抗冻混凝土含气量应_____。
5. 混凝土的相对动弹性模量是_____与_____的比值。
6. 混凝土快冻法冻融温度范围为_____,混凝土慢冻法冻融温度范围为_____。
7. 若粗集料含有碱-硅酸反应活性矿物,其砂浆棒膨胀率应小于_____,否则应采取抑制碱-集料反应的技术措施。不得使用碱-碳酸盐反应活性集料,每立方米混凝土在潮湿环境中碱含量不得超过_____kg。

二、选择题

1. 慢冻法抗冻标号应以混凝土质量损失率(　　),抗压强度损失率(　　)的最大冻融循环次数表示。
   A. 不超过 5%,不超过 25%　　　　B. 不超过 25%,不超过 60%
   C. 达到 5%,达到 25%　　　　　　D. 达到 25%,达到 60%
2. 单面冻融试验采用的试件需要密封(　　)个面。
   A. 1　　　　　　　　　　　　　　B. 2
   C. 3　　　　　　　　　　　　　　D. 4
3. 氯离子迁移系数试验一组三个试件,当测定结果的最大值和最小值,均超过中间值的 15% 时,应(　　)。
   A. 重做试验　　　　　　　　　　　B. 取中间值作为测定值
   C. 再做一组,取相近结果的平均值　　D. 取相近结果的平均值
4. 混凝土中加入引气剂可以提高抗冻性,适宜的含气量推荐(　　)。
   A. 小于 3%　　　　　　　　　　　B. 大于 7%
   C. 3%~6%　　　　　　　　　　　D. 7%~9%

5. RCM 法用于评定混凝土的(　　),(　　)个试件为一组。
   A. 抗冻性,6 　　　　　　　　　　B. 抗冻性,3
   C. 抗渗性,6 　　　　　　　　　　D. 抗渗性,3
6. 渗水高度法测定混凝土的抗渗性时,当某个试件端面出现渗水时,则应停止试验。则该试件的渗水高度应(　　)计算。
   A. 按作废处理
   B. 应重新密闭试件侧面
   C. 应以试件的高度作为该试件的渗水高度
   D. 应劈裂开量取 10 处的渗水高度,取均值
7. 混凝土内水泥中的(　　)含量较高时,它会与集料中的 SiO_2 发生反应,并在集料表面生成一层复杂的碱—硅酸凝胶。这种凝胶吸水后,体积膨胀,从而导致混凝土胀裂,这种现象称为碱—集料反应。
   A. $Ca(OH)_2$ 　　　　　　　　　B. 碱性氧化物
   C. 酸性氧化物 　　　　　　　　　D. 不能确定

三、简答题

1. 对比快冻法与慢冻法测定混凝土抗冻性的异同点。
2. 混凝土抗渗性的测定方法有哪些？分别说明适用范围。
3. 混凝土碱-集料反应的原因是什么？如何防止碱-集料破坏？
4. 提高混凝土的抗碳化能力的措施有哪些？
5. 提高混凝土抗冻性的措施有哪些？

四、计算题

某桥制备箱形梁混凝土的抗冻性及抗渗性试验结果如表 5-8 所示,混凝土设计抗冻等级为 F200,设计使用年限为 100 年,要求电通量为小于 1000,请评定混凝土的抗冻性与抗渗性能否满足设计要求。

抗冻性及抗渗性试验结果　　　　　　　　　　　　　　表 5-8

检测项目	检测强度时的冻融循环次数 200		
	1	2	3
冻融前试件质量 G_0(g)	9810	9658	9748
冻融后试件质量 G_n(g)	9710	9518	9684
冻融后试件质量损失率 ΔW_n(%)			
冻融前试件横向基频初始值 f_0(Hz)	2298	2178	2269
达规定冻融循环次数后试件横向基频值 f_n(Hz)	2199	2116	2201
冻融后试件相对动弹性模量 P(%)			

项目六

现代混凝土的配合比设计

【项目概述】

本项目介绍了高性能混凝土配合比设计方法、铁路混凝土配合比设计方法，以及正交设计试验的步骤，并结合案例分别分析了极差法、方差分析法及功效系数法等用于处理试验数据确定最优材料组成的方法。

【学习目标】

1. 素质目标：培养学习者具有正确的质量意识、创新意识、环保意识，准确的计算能力以及精益求精地追求最优配合比的工匠精神。

2. 知识目标：能掌握高性能混凝土、铁路混凝土的配合比设计方法，理解正交设计方法及原理，掌握极差法，熟悉方差法数据分析方法。

3. 能力目标：能够利用相关规范，迁移普通混凝土配合比设计方法相关的知识与技能，能够独立完成高性能混凝土配合比设计、铁路混凝土配合比设计，能够利用正交设计方法安排试验方案、分析数据、确立混凝土的最优组成。

 课程思政

1. 课程思政内容

2020年12月15日，在中质协质量保证中心的网站上爆出了这样一则消息，安徽省某公司长期以来使用不合格的原材料，不按规范生产混凝土，由于混凝土强度不够，导致阜阳市当地很多建设工程质量出现问题。据了解，该企业为了获取利益，完全未严格按照规定的配合比生产，而是采用了不达标的原材料，偷工减料。最终相关的混凝土供应商、试验室主任、涉案工程监理和施工相关负责人受到相应的刑事责任追究。

程会娥，陕西省渭南市白水县人，陕西铁路工程职业技术学院铁工8812

班学生。荣获"全国五一巾帼标兵"、北京市"三八红旗奖章"、中国中铁先进女职工、渭南市最美劳动者等一系列荣誉称号。29年的风雨兼程，这个文武双全的女将从一名技术员不断成长，成为中铁北京局一公司唯一的一名项目女总工。她是雷厉风行的开拓者，她曾在兰州轨道交通1号线车辆段项目上三个月连夜加班努力，用严密翔实的资料为项目部赢得了价值2500万的签证。她是刻苦钻研的女总工，她曾在贵阳房建复杂苛刻的项目环境下，查阅规范，亲自督查严把材料进场关，自学新工艺，并手把手地传授给现场技术工人，赢得各参建方的一致好评。同时她也是身先士卒的带头人，在阳龙洞堡新领地物流港项目上，她带头创立了"程会娥创新工作室"，解决现场技术难题，提高项目后续施工效益20%以上。就是这样一个"花木兰"，始终把岗位责任扛在肩上，从不怠慢。就是这样一个技术人，胸怀匠心，刻苦钻研，不断创新，把有限的时间都投入到工作中去。

2. 课程思政契合点

混凝土配合比是由众多原材料组成的最优的组合，尤其对于铁路混凝土配合比来说，各个原材料质量的管控是配制合格质量混凝土的第一道关卡，也是一名混凝土工程技术人员的第一道职业道德关卡，而不怕吃苦、甘于奉献、刻苦钻研和不断创新则是成为卓越工程师乃至能工巧匠的磨刀石。

3. 价值引领

党的二十大报告指出，腐败是危害党的生命力和战斗力的最大毒瘤，清清白白做人、干干净净做事方能守住心中的责任田，作为技术管理者更应带头深入调查研究，扑下身子干实事、谋实招、求实效。作为典范树立正确的职业价值观和社会主义核心价值观，用实际行动教导团队人员守住工程技术人员的初心和使命，用一座座桥梁、一条条隧道和一幅幅公路书写工程人服务社会、报效祖国的生动故事，逐步成长为卓越的工程师，乃至能工巧匠，在高质量发展的新时代，凝心聚力地去实现交通强国梦。

思政点　全国巾帼标兵程会娥事迹

任务一 认知现代混凝土配合比设计的特点

确定混凝土配合比就是确定混凝土中各原材料间的正确搭配,使混凝土以最低的造价来获得预期的性能。为达到这一目标,应当计算出尽量接近准确的第一盘试验配料。这对于普通混凝土也是不容易的。因为混凝土是一种多组分的不均匀多相体,影响配合比的因素很复杂,原材料的品质变化也很大,又涉及各种性能要求之间相互矛盾的平衡等,还有工艺条件的影响,所以至今配合比的确定仍主要依靠经验和试验。不管是新拌混凝土还是硬化后的混凝土,高性能混凝土的性能对原材料都很敏感。有关文献报道的高性能混凝土配合比设计方法很多,但是不论采用什么方法,最终都要经过试配确定。

视频:认知现代混凝土配合比设计特点

一 混凝土配合比法则

正确合理的配合比设计方法是以无数次试验和长期施工积累的经验为基础的。丰富的经验形成了配合比设计必须遵循的法则,依靠这些法则,结合所用原材料的特性,才能得到符合工程要求的混凝土。吴中伟院士在 1955 年发表文章介绍了四项主要法则。这些法则对高性能混凝土仍然是适用的。这里根据高性能混凝土的特点调整、补充如下:

1. 水灰比法

可塑状态混凝土水灰比的大小决定了混凝土硬化后的强度,并影响硬化混凝土的耐久性。混凝土的强度与水泥强度成正比,与灰水比成正比。灰水比一经确定,不能随意变动。这一法则,要求施工人员必须遵守。对于高性能混凝土,"灰"包括所有胶凝材料,因此水灰比亦可称之为水胶比。

2. 混凝土密实体积法则

混凝土的组成是以石子为骨架,以砂填充石子间的空隙,又以浆体填充砂石空隙,并包裹砂石表面,以减小砂石间的摩擦阻力,保证混凝土有足够的流动性。这样,可塑状态混凝土总体积即为水、水泥(胶凝材料)、砂、石密实体积的总和。这一法则是计算混凝土配合比的基础。高性能混凝土的胶凝材料中包含了密度不同的各种组分,因此更应遵循这一法则。

3. 最小单位加水量或最小胶凝材料用量法则

在水灰比固定、原材料一定的情况下,使用满足工作性的最小加水量(即最小的浆体量),可得到体积稳定、经济的混凝土。

4. 最小胶凝材料用量法则

为降低混凝土的温升、提高混凝土抗环境因素侵蚀的能力,在满足混凝土早期强度要求的前提下,应尽量减小胶凝材料中的水泥用量。

二 混凝土配合比的参数选择

混凝土的配合比参数主要有水胶比、水胶比确定下的浆集比(反映一定水胶比下的胶凝材料总用量或用水量)、水胶比和浆集比确定下的砂石比(反映一定浆集比下的砂率或粗集料体积)和高效减水剂用量。这些参数不是孤立地影响混凝土的个别性能,而是相互制约的。

比如:耐久性要求低水胶比,为了保证高流动性就要用较大的浆集比和砂率。而粗集料用量减小时,强度会有所提高,但却会影响混凝土的弹性模量,增加干缩和徐变。混凝土配合比设计的任务就是正确选择原材料和配合比参数,使其中的矛盾得到统一,得到经济、合理的混凝土拌合物。

1. 水胶比(Water-Binder Ratio)

低水胶比是现代混凝土的配制特点之一。为达到混凝土的低渗透性以保证其耐久性,无论设计强度是多少,现代混凝土的水胶比一般都不能大于 0.40(对所处环境不恶劣的工程可以放宽),以保证混凝土的密实度。然后再根据强度要求调整水胶比。水胶比确定之后,通过控制细掺料的掺量来调节强度。现代混凝土的强度与水胶比之间的关系仍然呈现近似线性,但是斜率变小。确定水胶比是混凝土配合比设计的关键。

2. 浆集比(Cement and Aggregate Ratio)(或用胶凝材料总用量表示)

水胶比确定之后,胶凝材料总用量就反映了胶凝材料和集料的比例,即浆集比。浆集比主要影响混凝土的工作性,因而也影响其耐久性,在一定程度上还影响其强度、弹性模量和干缩率。现代混凝土的特点是流动性大、水胶比小,为保证混凝土具有足够的流动性,胶凝材料总用量应较大。但随着浆集比的增大,混凝土的弹性模量会有所下降,混凝土的收缩也会有所增加。根据经验,胶凝材料总用量以不超过 550kg/m³ 为宜,且随着混凝土强度等级的降低,水泥用量应尽量减少,而以干缩小的细掺料(如粉煤灰、磨细矿渣等)部分取代,以减少混凝土的温升和干缩,提高抗化学侵蚀的能力,增加密实度,并降低造价。

从耐久性的角度来看,必须有足够的浆体浓度和数量,具有良好的工作性,才能保证混凝土的耐久性。现行国家标准对不同环境中使用的混凝土规定了最小水泥用量或最小胶凝材料用量。当胶凝材料用量太少时,无法保证良好的工作性,使混凝土离析、分层,各种外加剂的效果会变得很差,硬化后混凝土的薄弱界面数量将急剧增多,并增加渗漏处,最终大大削弱混凝土抵抗腐蚀性介质侵蚀的能力。因此,没有足够的胶凝材料总量,就无法保证混凝土的耐久性。保证混凝土耐久性的胶凝材料总量最少不能低于 300kg/m³,重要工程则还要提高。

3. 砂石比[或用砂率(Sand Ratio)或粗集料(Coarse Aggregate)用量表示]

为方便计算,一般砂石比用砂率来表示。在水泥浆量一定的情况下,砂率在混凝土中主要影响其工作性。高性能混凝土由于用水量很低,砂浆量要由增加砂率来补充,因此砂率较大。当集料为连续级配时,泵送混凝土的砂率应提高 4%~5%,而当碎石级配不好时,砂率应提高更多。

砂率的大小与砂的粗细、级配和石子的粒径、级配有关。当砂的细度模量大而石子最大粒径小时,应减少石子用量。砂率过大时,会影响混凝土的弹性模量,故应对石子的最低用量加以限制。石子级配越差,则要求的砂率越大,要求使用的砂越粗。掺入密度小的辅助胶凝材料时,可减小砂率。

初步估算砂率时,可以根据近似理论公式进行,即假定混凝土中砂的用量应填满石子间的空隙并略有剩余,使混凝土拌合物中有足够的砂浆,而获得必要的和易性。砂率的选择可用砂浆富余系数来计算。计算的原则是用砂浆填充石子空隙并保证一定的富余量(计算时乘以砂浆富余系数),即:

$$V_c + V_w + V_s = P_0 \cdot K \cdot V_{og} \tag{6-1}$$

$$\frac{C}{\gamma_c} + \frac{W}{\gamma_w} + \frac{S}{\gamma_s} = P_0 \cdot K \cdot \frac{G}{\gamma_{og}}$$ (6-2)

式中：V_c、V_w、V_s——每立方米混凝土中水泥、水、砂的密实体积；

V_{og}——每立方米混凝土中石子的松堆体积；

C、W、S、G——每立方米混凝土中水泥、水、砂、石子的用量；

γ_c、γ_w、γ_s——水泥、水、砂的表观密度；

γ_{og}——石子的堆积密度；

P_0——石子的空隙率；

K——砂浆富余系数，对于普通强度等级的低塑性混凝土，$K=1.1\sim1.4$；对于对于普通强度等级的塑性混凝土，$K=1.35\sim1.7$；对于高性能混凝土或高强泵送混凝土，$K=1.7\sim2.0$。

根据式(6-1)和式(6-2)即可用绝对体积法计算砂石用量。

任务二 现代混凝土的配合比设计

国内外在高性能混凝土设计方法上取得一定成果，实现高性能混凝土配合比设计的计算机化，在大量经验的基础上，把影响高性能混凝土性能的各种参数及现有材料性能输入后即可给出试配的配合比。但目前大多数高性能混凝土设计的标准方法都是根据工程要求和现有的高强混凝土配合比设计方法[参考《普通混凝土配合比设计规程》(JGJ 55—2011)中的高强混凝土设计方法]及高性能混凝土的实际经验，设计初步配合比，然后通过试配，经调整后确定最终配合比。

一、高强高性能混凝土配合比设计方法

目前，在高性能混凝土配合比设计方法方面，国外学者提出的方法有以下几种：法国路桥试验中心(LCPC)建议方法、日本阿部道彦采用的配合比设计方法、Mehta和Aitcin推荐的高强高性能混凝土配合比确定方法等。其中比较常用的是最后一种方法。该方法是在现有高性能混凝土实践经验的基础上，对主要配合比参数做出假设，从而得到试拌用第一盘配料的配合比。该方法为了规范化而做了许多假设，例如对于一定强度等级的混凝土，无论胶凝材料的组成如何，浆体体积一律不变，用水量也不变。因此，完全可能出现用水量和水灰比相同的混凝土，其强度却有较大差别的情况。

本任务借鉴上述方法的思路，因地制宜地改换某些假设和参数来设计高强高性能混凝土的试配料配合比，其基本步骤如下：

1. 配制强度

混凝土的配制强度可按下式确定：

$$f_{cu,o} \geq f_{cu,k} + 1.645\sigma$$ (6-3)

式中：$f_{cu,o}$——混凝土的配制强度；

$f_{cu,k}$——设计规定的混凝土立方体抗压强度标准值，MPa，当设计未明确规定时，取混凝土结构荷载效应抗压强度设计值和混凝土耐久性设计强度值两者中的较大值；

σ——混凝土强度标准差,MPa,σ 取值应按统计资料确定,如无统计资料时,C50、C60 级混凝土试配强度应不低于强度等级值的 1.15 倍,C70、C80 应不低于强度等级值的 1.12 倍。

2. 估计拌和水量

不同强度等级的高性能混凝土最大用水量见表 6-1。

不同强度等级的高性能混凝土最大用水量　　表 6-1

强 度 等 级	平均强度(MPa)	最大用水量(kg/m³)
A	60	160
B	75	150
C	90	140
D	105	130
E	120	120

注:未扣除集料和外加剂所含的水。

3. 计算浆体体积组成

Mehta 等认为,采用适当集料时,固定浆体与集料的体积比为 35∶65 可以很好地解决强度、工作性和体积稳定性之间的矛盾,配制出理想的高性能混凝土。

浆体总体积为 0.35m³ 时,用 0.35m³ 减去上一步估计用水量和 0.02m³ 的含气量,按矿物外加剂的掺量计算浆体中各组分的体积含量,见表 6-2。

0.35m³ 浆体中各组分体积含量(单位:m³)　　表 6-2

强度等级	水	空气	胶凝材料总量	情况 1 P·O	情况 2 PC + FA(BFS)	情况 3 P·O + FA(BFS) + CSF
A	0.16	0.02	0.17	0.17	0.1275 + 0.0425	0.1275 + 0.0255 + 0.0170
B	0.15	0.02	0.18	0.18	0.1350 + 0.0450	0.1350 + 0.0270 + 0.0180
C	0.14	0.02	0.19	0.19	0.1425 + 0.0475	0.1425 + 0.0285 + 0.0190
D	0.13	0.02	0.20	—	0.1500 + 0.0500	0.1500 + 0.0300 + 0.0200
E	0.12	0.02	0.22	—	0.1575 + 0.0525	0.1575 + 0.0315 + 0.0210

注:P·O 表示普通硅酸盐水泥;FA 表示粉煤灰;BFS 表示磨细高炉矿渣;CSF 表示硅灰。
表中矿物外加剂的掺量分为三种情况:
情况 1:不掺矿物外加剂,只用水泥。
情况 2:用占总胶结料体积约 25% 的优质粉煤灰(或者磨细矿渣)等量取代水泥。
情况 3:用占总胶结料体积约 10% 的硅灰和 15% 的优质粉煤灰(或磨细矿渣)混合等量取代水泥。

4. 估计集料用量

集料总体积为 0.65m³,粗、细集料的体积比见表 6-3。

粗、细集料的体积比　　表 6-3

强 度 等 级	平均强度(MPa)	粗集料体积(%)	细集料体积(%)
A	60	60	40
B	75	61	39

续上表

强度等级	平均强度(MPa)	粗集料体积(%)	细集料体积(%)
C	90	62	38
D	105	63	37
E	120	64	36

5. 估算混凝土中各种原材料的用量

常用原材料的密度为：普通硅酸盐水泥 3140kg/m³，粉煤灰和磨细矿渣 2500kg/m³，天然砂 2650kg/m³，普通砾石或碎石 2700kg/m³。根据其所占体积，计算各种材料的质量，计算结果见表 6-4。

第一盘试配料配合比实例　　　　　　　　　　　表 6-4

强度等级	平均强度 (MPa)	矿物外加剂掺加情况	胶凝材料(kg/m³) P·O	FA (BFS)	CSF	总用水量 (kg/m³)	粗集料 (kg/m³)	细集料 (kg/m³)	材料总量 (kg/m³)	水灰比 W/C
A	65	1	534	0	—	160	1050	690	2434	0.30
		2	400	106	—	160	1050	690	2406	0.32
		3	400	64	36	160	1050	690	2400	0.32
B	75	1	565	—	—	150	1070	670	2455	0.27
		2	423	113	—	150	1070	670	2426	0.28
		3	423	68	38	150	1070	670	2419	0.28
C	90	1	597	—	—	140	1090	650	2477	0.23
		2	477	119	—	140	1090	650	2446	0.25
		3	477	71	40	140	1090	650	2419	0.25
D	105	2	471	125	—	130	1110	630	2466	0.22
		3	471	75	42	130	1110	630	2458	0.22
E	120	2	495	131	—	120	1120	620	2486	0.19
		3	495	79	44	120	1120	620	2478	0.19

6. 试配和调整

以上方法中有很多假设，因此必须根据混凝土现场原材料的品质、设计强度等级、耐久性以及施工工艺对工作性的要求，经多次试配，不断调整配合比。配制的混凝土拌合物应满足施工要求，配制成的混凝土应满足设计强度、耐久性等质量要求。

例如：坍落度主要用减水剂掺量来调整，增加减水剂掺量可能引起拌合物离析、泌水和缓凝，此时可增加砂率和减小砂的细度模量来克服离析、泌水现象；当拌合物过分缓凝时可更换减水剂，如改用含促凝早强成分的超塑化剂；当增加减水剂不起作用时，可能是水泥中的铝酸三钙(C_3A)含量过大，应更换水泥；如混凝土 28d 强度低于预计的强度，可减少用水量。

中国建筑材料科学研究院和清华大学参考 Mehta 和 Aitcin 推荐的高强高性能混凝土配合比确定方法，分别配制了矿渣硅灰高强高性能混凝土和粉煤灰高强高性能混凝土，总结出如下高强高性能混凝土配合比的设计原则：

(1) 高强高性能混凝土的水胶比[水/(水泥＋矿物外加剂)]应控制在 0.25～0.38 范围内，混凝土强度等级越高，水胶比越低。

(2) 混凝土的砂率宜为 28%～34%，当采用泵送工艺时，可为 34%～44%。

(3) 水泥用量不宜大于 500 kg/m³，胶凝材料总量不宜大于 600 kg/m³。

(4) 矿物外加剂等量取代水泥的最大用量分别为：磨细矿渣≤50%，粉煤灰≤30%，硅灰≤10%，复合矿物外加剂≤50%。

(5) 化学外加剂的掺量应使混凝土达到规定的水胶比和工作性的要求，且最高掺量时，不应对混凝土性能有不利的影响。

二 铁路混凝土配合比设计方法

不同于道路工程用混凝土，铁路混凝土配合比设计参数主要依据为建筑物的设计使用年限、环境类别及其作用等级和施工工艺[《铁路混凝土》(TB/T 3275—2018) 和《铁路混凝土工程施工质量验收标准》(TB 10424—2018)]。由于设计理念和对高性能混凝土考察的指标不一样，在混凝土配合比设计方法上，铁路高性能混凝土施工配合比的设计方法也有其不同之处，在学习铁路混凝土配合比设计方法之前，了解铁路高性能混凝土配合比的设计要求、原材料指标和参数设计的限值等很有必要。

(一) 设计要求

1. 一般要求

(1) 混凝土的原材料和配合比参数应根据混凝土结构的设计使用年限、所处环境条件、环境作用等级和施工工艺等确定。

(2) 混凝土中应根据需要适量掺加能够改善混凝土性能的粉煤灰、矿渣粉、硅灰、石灰石粉等矿物掺合料。硅灰掺量一般不超过胶凝材料总量的 8%，且宜与其他矿物掺合料复合使用。

(3) 混凝土中应适量掺加能够改善混凝土性能的减水剂，尽量减少用水量和胶凝材料用量。含气量要求大于或等于 4.0% 的混凝土应同时掺加减水剂和引气剂。

(4) 混凝土配合比应按照最小浆体比的原则进行设计。混凝土配合比的设计方法既可采用体积法，也可采用质量法。

(5) 混凝土的总碱含量应符合设计要求。当设计无要求时，混凝土的总碱含量应满足表 6-5 的要求。

混凝土的总碱含量最大值(单位：kg/m³)   表 6-5

设计使用年限		100 年	60 年	30 年
环境条件	干燥环境	3.5	3.5	3.5
	潮湿环境	3.0	3.0	3.5
	含碱环境	3.0	3.0	3.0

注：1. 混凝土总碱含量是指《铁路混凝土》(TB/T 3275—2018) 要求检测的各种混凝土原材料的碱含量之和。其中，矿物掺合料的碱含量以其所含可溶性碱量计算。粉煤灰的可溶性碱取粉煤灰总碱量的 1/6，矿渣粉的可溶性碱量取矿渣粉总碱量的 1/2，硅灰的可溶性碱量取硅灰总碱量的 1/2。

2. 干燥环境是指不直接与水接触、年平均空气相对湿度长期不大于 75% 的环境；潮湿环境是指长期处于水下或潮湿土中、干湿交替区、水位变化区以及年平均相对湿度大于 75% 的环境；含碱环境是指与高含盐碱土体、海水、含碱工业废水或钠(钾)盐等直接接触的环境；干燥环境或潮湿环境与含碱环境交替作用时，均按含碱环境对待。

3. 对于含碱环境中的混凝土主体结构，除了总碱含量满足本表要求外，还应采用非碱活性集料。

(6)混凝土的总氯离子含量应满足表6-6的要求。

混凝土总碱含量最大值 表6-6

混凝土类别	钢筋混凝土	预应力混凝土
总氯离子含量(%)	0.1	0.06

注:1.混凝土的总氯离子含量是指《铁路混凝土》(TB/T 3275—2018)要求检测的各种混凝土原材料的氯离子含量之和,以其与胶凝材料的重量比表示。
    2.对于钢筋配筋率低于最小配筋率的混凝土结构,其混凝土的总氯离子含量应与本表中钢筋混凝土结构的混凝土总氯离子含量的限值要求相同。

(7)混凝土的总三氧化硫含量不应超过胶凝材料总量的4.0%。

2. 参数限值

(1)不同强度等级的混凝土胶凝材料用量不宜超过表6-7的限值要求。

混凝土最大胶凝材料用量(单位:kg/m³) 表6-7

混凝土强度等级	成型方式	
	振动成型	自密实成型
<C30	360	—
C30~C35	400	550
C40~C45	450	600
C50	480	
C55~C60	500	

(2)不同环境下钢筋混凝土和素混凝土最大水胶比和最小胶凝材料用量按照表6-8和表6-9的限值要求。

钢筋混凝土的最大水胶比和最小胶凝材料用量(单位:kg/m³) 表6-8

环境类别	环境作用等级	设计使用年限级别		
		Ⅰ级(100年)	Ⅱ级(60年)	Ⅲ级(30年)
碳化环境	T1	0.55, 280	0.60, 260	0.65, 260
	T2	0.50, 300	0.55, 280	0.60, 260
	T3	0.45, 320	0.50, 300	0.50, 300
氯盐环境	L1	0.40, 340	0.45, 320	0.45, 320
	L2	0.36, 360	0.40, 340	0.40, 340
	L3	0.32, 380	0.36, 360	0.36, 360
化学侵蚀环境	H1	0.50, 300	0.55, 280	0.60, 260
	H2	0.45, 320	0.50, 300	0.50, 300
	H3	0.40, 340	0.45, 320	0.45, 320
	H4	0.36, 360	0.40, 340	0.40, 340
盐类结晶破坏	Y1	0.50, 300	0.55, 280	0.55, 280
	Y2	0.45, 320	0.50, 300	0.50, 300
	Y3	0.40, 340	0.45, 320	0.45, 320
	Y4	0.36, 360	0.40, 340	0.40, 340
冻融破坏环境	D1	0.50, 300	0.55, 280	0.60, 260
	D2	0.45, 320	0.50, 300	0.50, 300
	D3	0.40, 340	0.45, 320	0.45, 320
	D4	0.36, 360	0.40, 340	0.40, 340
磨蚀环境	M1	0.50, 300	0.55, 280	0.60, 260
	M2	0.45, 320	0.50, 300	0.50, 300
	M3	0.40, 340	0.45, 320	0.45, 320

注:最小胶凝材料用量是指集料最大粒径约为20mm的混凝土;当混凝土的最大粒径较小或较大时,需适当增减胶凝材料的用量。

素混凝土的最大水胶比和最小胶凝材料用量（单位：kg/m³）　　　　表6-9

环境类别	环境作用等级	设计使用年限级别		
		一级（100年）	二级（60年）	三级（30年）
碳化环境	T1、T2、T3	0.60，280	0.65，260	0.65，260
氯盐环境	L1、L2、L3	0.60，280	0.65，260	0.65，260
化学侵蚀环境	H1	0.50，300	0.55，280	0.60，260
	H2	—	0.50，300	0.50，300
冻融破坏环境	D1	0.50，300	0.55，280	0.60，260
	D2	—	0.50，300	0.50，300
磨蚀环境	M1	0.55，280	0.60，260	0.65，260
	M2	0.50，300	0.55，280	0.60，260
	M3	—	0.50，300	0.50，300

注：最小胶凝材料用量是指集料最大粒径约为20mm的混凝土；当混凝土的最大粒径较小或较大时，需适当增减胶凝材料的用量。

（3）对于硫酸盐侵蚀环境中的混凝土结构，除了配合比参数应满足表6-8、表6-9的要求外，混凝土的胶凝材料还宜满足表6-10的要求。

硫酸盐侵蚀环境下混凝土胶凝材料的要求　　　　表6-10

环境作用等级	水泥品种	水泥熟料中的C_3A含量（%）	粉煤灰或磨细矿渣粉的掺量（%）	最小胶凝材料用量（kg/m³）	胶材耐蚀系数K（浸泡90d）
H1	普通硅酸盐水泥	≤8	≥20	300	≥0.8
	普通抗硫酸盐水泥	≤5	—	300	≥0.8
H2	普通硅酸盐水泥	≤8	≥25	330	≥0.8
	普通抗硫酸盐水泥	≤5	≥20	300	≥0.8
	高级抗硫酸盐水泥	≤3	—	300	≥0.8
H3、H4	普通硅酸盐水泥	≤6	≥30	360	≥0.8
	普通抗硫酸盐水泥	≤5	≥25	360	≥0.8
	高级抗硫酸盐水泥	≤3	≥20	360	≥0.8

（4）不同环境下混凝土中矿物掺合料的掺量宜满足表6-11的要求。

不同环境下混凝土中矿物掺合料的掺量范围　　　　表6-11

环境类别	矿物掺合料种类	水胶比	
		≤0.40	>0.40
碳化环境	粉煤灰	≤40%	≤30%
	矿渣粉	≤50%	≤40%
氯盐环境	粉煤灰	30%~50%	20%~40%
	矿渣粉	40%~60%	30%~50%
化学侵蚀环境	粉煤灰	30%~50%	20%~40%
	矿渣粉	40%~60%	30%~50%
盐类结晶破坏环境	粉煤灰	≤40%	≤30%
	矿渣粉	≤50%	≤40%

续上表

环境类别	矿物掺合料种类	水 胶 比 ≤0.40	水 胶 比 >0.40
冻融破坏环境	粉煤灰	≤40%	≤30%
	矿渣粉	≤50%	≤40%
磨蚀环境	粉煤灰	≤30%	≤20%
	矿渣粉	≤40%	≤30%
各类环境	石灰石粉	≤30%	≤20%

注:1. 本表规定的矿物掺合料的掺量范围适用于使用硅酸盐水泥或普通硅酸盐水泥的混凝土。
    2. 本表中的掺量是指单掺一种矿物掺合料时的适宜范围。当采用多种矿物掺合料复掺时,不同矿物掺合料的掺量可参考本表,并经过试验确定。
    3. 严重氯盐环境与化学侵蚀环境下,混凝土中粉煤灰的掺量应大于 30%,或矿渣粉的掺量大于 50%。年平均环境温度低于 15℃ 硫酸盐环境下,混凝土不宜使用石灰石粉。
    4. 对于预应力混凝土结构,混凝土中粉煤灰的掺量不宜超过 30%。

(5)混凝土中应掺加适量能提高混凝土耐久性能的外加剂,优先选用多功能复合外加剂。

(6)对于长期处于水中或土中、干湿交替区、水位变化区以及年平均相对湿度大于 75% 的潮湿环境中的混凝土结构,当集料的碱—硅酸反应砂浆试件膨胀率为 0.10% ~ 0.20% 时,混凝土的碱含量应满足表 3-5 的规定;当集料的碱—硅酸盐反应砂浆试件膨胀率为 0.20% ~ 0.30% 时,除了混凝土的碱含量应满足表 3-5 的规定外,还应在混凝土中掺加具有明显抑制效能的矿物掺合料或复合外加剂,并应按经试验证明抑制有效。该试验的原理是将具有碱—硅酸反应活性的集料与硅酸盐水泥、工程实际使用的矿物掺合料及复合外加剂制成砂浆试件,在 80℃、1mol/L NaOH 溶液中养护,若砂浆试件 28d 龄期时的长度膨胀率不大于 0.10%,则将矿物掺合料及专用复合外加剂抑制混凝土的碱—硅酸反应评定为有效。

(7)钢筋混凝土中由水泥、矿物掺合料、集料、外加剂和拌和水等引入的氯离子总含量不应超过胶凝材料总量的 0.10%,预应力混凝土结构的氯离子总含量不应超过胶凝材料总量的 0.06%。

(8)混凝土的砂率应根据集料的最大粒径和混凝土的水胶比确定,一般情况下可按表 6-12 选用。

混凝土砂率的要求   表 6-12

集料最大粒径(mm)	水 胶 比 0.30	0.40	0.50	0.60
10	38% ~ 42%	40% ~ 44%	42% ~ 46%	46% ~ 50%
20	34% ~ 38%	36% ~ 40%	38% ~ 42%	42% ~ 46%
40	—	34% ~ 38%	36% ~ 40%	40% ~ 44%

注:1. 本表适用于采用碎石、细度模数为 2.6 ~ 3.0 的天然中砂拌制的坍落度为 80 ~ 120mm 的混凝土。砂的细度模数每增减 0.1,砂率相应增减 0.5% ~ 1.0%。
    2. 当使用卵石时,砂率可减少 2% ~ 4%。
    3. 当使用机制砂时,砂率可增加 2% ~ 4%。

(9)自密实混凝土单位体积浆体比不宜大于 0.40,其他混凝土的浆体比不宜大于表 6-13 规定的限值要求。

不同混凝土浆体比的最大值　　　　　表6-13

强度等级	浆 体 比
C30~C50(不含C50)	≤0.32
C50~C60(不含C60)	≤0.35
C60以上(不含C60)	≤0.38

注:浆体比即混凝土中水泥、矿物掺合料、水和外加剂的体积之和与混凝土总体积之比。

(二)原材料的检验

铁路工程对于原材料质量的把控十分严格。首先进场前,需要派专业人员对标段沿线的石料场进行普查,对可能用的石料场(砂场)需监理见证取样,送到有资质并经监理同意的检测机构进行集料碱活性、氯离子等全性能指标检验,以判别该料场是否能用。只有满足规范要求,才能作为混凝土配合比设计的材料使用。

其次,混凝土配合比试验用原材料检验必须按现行《铁路混凝土》(TB/T 3275)做全项目检验,在混凝土有害物质计算时,要使用其中的试验结果。

(三)混凝土配合比的初选

1. 集料级配、最佳砂率及单位用水量的确定

(1)集料级配确定:粗集料从拌和楼成品料堆取样,按不同的石子比例混合,检测松散密度和紧密密度。确定集料级配的原则:根据施工工艺及现场情况选择集料级配最大粒径;选择孔隙率较小、密度最大的级配组合(孔隙率应小于40%)。

(2)最佳砂率及单位用水量的确定:

①按照《铁路混凝土》(TB/T 3275—2018)对钢筋混凝土、预应力混凝土和素混凝土的最大水灰比、最小胶凝材料用量要求及混凝土施工工艺的要求,确定混凝土单位用水量。

②根据混凝土单位胶凝材料用量、混凝土施工工艺及混凝土粗集料最大粒径的要求,选择合适的砂率(最优),使混凝土拌合物满足施工和易性要求。

③根据以上单位用水量、最优砂率试验成果,初步拟定混凝土单位用水量和最优砂率。

2. 混凝土掺合料的掺量确定

混凝土掺合料的掺量应根据混凝土结构工作环境、拌合物的性能、力学性能以及耐久性能指标,通过试验成果,并依据标准、规范及技术条件要求进行确定。

(四)混凝土试拌配合比的确定

1. 混凝土配制强度

依据现行《普通混凝土配合比设计规程》(JGJ 55)的规定,混凝土配制强度按下式计算:

$$配制强度 f_{cu,0} = 设计强度 f_{cu,k} + 概率度系数 t \times 标准差 \sigma \qquad (6-4)$$

注:水下混凝土的配制强度应较设计要求提高10%~20%。当混凝土强度保证率≥95%时,概率度系数为1.645。标准差σ按相关规范取值。

根据计算所得的混凝土配制强度,计算出配制混凝土所用的水胶比。由此可计算出胶凝材料的总用量,并根据外掺料掺量计算出各外掺料及水泥的用量。然后按照体积法或者质量法,参照现行《普通混凝土配合比设计规程》(JGJ 55)的规定计算各原材料组分单位体积用

量。计算方法按规范进行,在此不赘述。

2. 混凝土配合比设计时应注意的一般要求

在配合比设计时需要注意前述的一般要求以及应该注意的参考限值。

(五) 混凝土试拌配合比的计算

1. 计算有害物质含量

混凝土中有害物质的计算是铁路高性能混凝土配合比设计过程中的一个特点,是必须进行的。需计算的有害物质主要为每立方米混凝土中的总碱含量和总氯离子含量。

具体计算方法为:根据拟定的配合比,并依据原材料有害物质的检测结果,计算每立方米混凝土有害物质的含量是否超标。如混凝土配合比有害物质含量超标,则否定该选定的配合比,重新依据规范、标准、技术条件及设计要求调整选定配合比,直至满足有害物质含量的要求为止。

2. 混凝土配合比试配和调整

根据试拌混凝土和易性,确定基准配合比的砂率、掺合料用量等参数。根据对混凝土所用原材料的检测情况及以上各条的规定,确定水灰比,并计算理论配合比进行试拌,检查拌合物的性能。检验项目主要有:坍落度、扩展度及其 0.5h 损失、泌水率(对泵送混凝土检测压力泌水率)、含气量、表观密度、凝结时间。当试拌得出的混凝土拌合物性能检测结果不能满足要求时,应在保证水灰比不变的条件下调整单位用水量或外加剂掺量或砂率,直至符合要求为止。然后提出供检验混凝土各项性能试验用的基准配合比。

(六) 混凝土配合比的确定与校验

(1) 以上述试验选定的基准配合比为基准,试拌 3 个(至少 3 个)不同水胶比的配合比(另外两个配合比的水胶比宜较基准配合比分别增加和减少 0.02～0.03,砂率相应减少和增加 1%),混凝土配合比选定试验的检验项目主要有:坍落度,扩展度及其 0.5h、1h 损失,泌水率(对泵送混凝土检测压力泌水率),含气量,表观密度,凝结时间,抗裂性,抗压强度,电通量,弹性模量(对预应力混凝土),抗冻性,耐磨性,抗渗性及抗蚀系数(对胶凝材料),有害物质的计算。

根据试验得出的胶水比及其相对应混凝土强度关系,用作图或计算法求出与混凝土配制强度相对应的胶水比值,并按下列原则确定每立方米混凝土的材料用量:用水量取基准配合比中的用水量,并根据制作强度试件时测得的坍落度进行调整;胶凝材料用量取用水量乘以选定出的胶水比计算而得,从而根据各外掺料的掺量计算出各外掺料及水泥的用量;粗、细集料取基准配合比中的粗、细集料用量,至此得出混凝土的初步配合比。

(2) 在确定出初步配合比后,还应进行混凝土表观密度校正,首先计算出其校正系数:用表观密度的实测值除以表观密度的计算值。当表观密度的实测值与表观密度的计算值之差的绝对值不超过表观密度的计算值的 2% 时,则上述初步配合比可确定为混凝土的正式配合比设计值,当其超过 2% 时,则将初步配合比中每项材料用量均乘以校正系数,所得配合比就是混凝土正式配合比。

(3) 当混凝土的力学性能或耐久性能试验结果不满足设计或施工的要求时,则应重新根据要求选择水胶比、胶凝材料用量或矿物掺合料用量,并按照上述步骤重新试拌和调整混凝土配合比,直至满足要求为止。

任务三　正交试验法在配合比设计中的应用

正交试验设计是一种安排多因素试验的数学方法。此方法既科学又简便。对于诸如混凝土性能的变化规律或最优工艺条件的确定等问题,由于涉及影响因素众多、试验周期长、量测数据离散、试验工作繁重,采用正交设计进行试验,只要做少量试验就可以得到正确的结论和较好的效果,事半功倍。这种利用数学上的正交特性,具体地说,就是使用数学上的正交表进行多因素试验和分析试验结果的一整套方法,称为正交试验设计法。

微课:正交设计原理介绍　　视频:正交设计在配合比设计中的应用

一、正交试验设计的基本方法和原理

正交试验设计方法涉及两个问题:一是如何设计试验方案;二是如何分析试验结果。下面通过实例介绍其基本方法和原理。

为研究钢纤维的纤维参数对混凝土抗折强度的影响,钢纤维长度取 20mm、30mm、40mm;钢纤维体积掺量取 1.5%、2.0%、3.0%。试通过试验确定影响抗折强度的主次因素和最佳组合条件。

(一) 试验方案的设计

正交试验中,影响试验结果的诸方面称为因素。本例中钢纤维的长度和掺量即为两个因素。把因素的变化状态称为水平,它的次数叫作水平数。本例中钢纤维的三个长度和三个掺量即为各因素的三个水平。这样,本例就是一个两因素三水平的正交试验设计问题。

在正交试验设计中,衡量试验结果好坏必须用定量指标。本例中混凝土的抗折强度就是试验指标。当遇到试验指标只能定性地用肉眼观察时,则应把观察结果定出等级,从而进行定量分析。

1. 确定因素水平

先将需要考察的因素、水平列成因素水平表,见表 6-14。

因素水平表　　表 6-14

因素 水平	钢纤维长度(mm)(A)	钢纤维掺量(%)(B)
1	20(A_1)	1.5(B_1)
2	30(A_2)	2.0(B_2)
3	40(A_3)	3.0(B_3)

2. 选用正交表

根据需考察的因素水平选用合适的正交表。本例可选用正交表 $L_9(3^4)$,见表 6-15。这是一个四因素三水平的正交表,表中数字表示水平,列号表示因素,总试验次数为 9 次,可以满足本试验的要求。

$L_9(3^4)$ 正交表   表 6-15

列号 试验号	1	2	3	4
1	1	1	1	1
2	1	2	2	2
3	1	3	3	3
4	2	1	2	3
5	2	2	3	1
6	2	3	1	2
7	3	1	3	2
8	3	2	1	3
9	3	3	2	1

3. 表头设计

将钢纤维长度(因素 A)和钢纤维掺量(因素 B)分别放在表 6-14 表头的 1、2 列,剩下的两空列(C)、(D)作为计算试验误差用。设计的表头见表 6-16。

正 交 表 表 头   表 6-16

列号	1	2	3	4
因素	钢纤维长度(mm)(A)	钢纤维掺量(%)(B)	(C)	(D)

4. 编制试验方案表

将因素 A 和 B 的水平分别填入正交表的对应位置。这样,正交表就变成了试验方案表,表中每一行都是一个试验条件,见表 6-17。表中最右边一栏是试验指标,按上述规定条件试验完毕后,将各试验号对应的抗折强度值填入,供以后分析用。

试 验 方 案 表   表 6-17

列号 因素 试验号	1 钢纤维长度(mm)(A)	2 钢纤维掺量(%)(B)	3 (C)	4 (D)
1	20(A_1)	1.5(B_1)	(C_1)	(D_1)
2	20(A_1)	2.0(B_2)	(C_2)	(D_2)
3	20(A_1)	3.0(B_3)	(C_3)	(D_3)
4	30(A_2)	1.5(B_1)	(C_2)	(D_3)
5	30(A_2)	2.0(B_2)	(C_3)	(D_1)
6	30(A_2)	3.0(B_3)	(C_1)	(D_2)
7	40(A_3)	1.5(B_1)	(C_3)	(D_2)
8	40(A_3)	2.0(B_2)	(C_1)	(D_3)
9	40(A_3)	3.0(B_3)	(C_2)	(D_1)

当试验需要考察的因素比所选正交表的列数少时,可以利用空列来计算试验误差。当要考察的因素恰好填满所选正交表的所有列号时,正交试验照常进行,此时,为尽量减少试验误差的干扰,可以在同一试验号下多取几个试样,用试验指标的平均值来分析试验成果。

在实际工作中,为避免一次正交试验规模过于庞大,往往进行两次或三次正交试验,逐步找到多因素最好的水平组合。

(二) 试验成果的分析

正交试验的成果分析主要有两种方法:一种是极差分析法,或称直观分析法;另一种是方差分析法。前者计算简便,后者则可以从试验数据中获得更多信息,如分析的精度和结论的可靠程度。

1. 极差分析法

将试验结果列于表 6-18,并按一定规则进行数据整理(以行数为 i,以列数为 j)。

K_i(第 j 列) = 第 j 列中同水平所对应的试验指标值之和。例如:

$$K_1 = -2.72 - 2.78 + 1.27 = -4.23$$

$$\overline{K_i}(\text{第}j\text{列}) = \frac{K_i}{\text{水平数}}$$

$$\overline{K_1} = \frac{-4.23}{3} = -1.41$$

极差分析表 表6-18

列号 / 试验号	因素	1 钢纤维长度(mm) (A)	2 钢纤维掺量(%) (B)	3 (C)	4 (D)	抗折强度(MPa) X_i	$Y_i = X_i - 10$
1		20(A_1)	1.5(B_1)	(C_1)	(D_1)	7.28	-2.72
2		20(A_1)	2.0(B_2)	(C_2)	(D_2)	7.22	-2.78
3		20(A_1)	3.0(B_3)	(C_3)	(D_3)	11.27	1.27
4		30(A_2)	1.5(B_1)	(C_2)	(D_3)	11.32	1.32
5		30(A_2)	2.0(B_2)	(C_3)	(D_1)	16.17	6.17
6		30(A_2)	3.0(B_3)	(C_1)	(D_2)	18.97	8.97
7		40(A_3)	1.5(B_1)	(C_3)	(D_2)	16.11	6.11
8		40(A_3)	2.0(B_2)	(C_1)	(D_3)	17.72	7.72
9		40(A_3)	3.0(B_3)	(C_2)	(D_1)	20.40	10.40
K_1		-4.23	4.71	13.97	13.85		
K_2		16.46	11.11	8.94	12.30	$\sum y_i = 36.46$	
K_3		24.23	20.64	13.55	10.31		
$\overline{K_1}$		-1.41	1.57	4.66	4.62		
$\overline{K_2}$		5.49	3.70	2.98	4.10		
$\overline{K_3}$		8.08	6.88	4.52	3.44		
R		9.49	5.31	1.68	1.18		

极差 R(第 j 列) = 第 j 列各个 $\overline{K}$ 中,最大值与最小值之差。

为简化计算,可先将试验指标值减去一个常数,再按上述规则计算,所得极差是相同的。

同一列的 K_i 之和,等于全部试验指标的总和,可以作为计算校核用。本例中,$\sum y_i = 36.46$,而 $\sum K_i = 36.46$,可见计算无误。

比较各列的极差,极差大表示该因素在这个水平变化范围内对试验指标的影响大,是主要因素;极差小的则是次要因素。

用因素的诸水平作横坐标,用平均试验指标 $\overline{K}_i$ 作纵坐标作图,还可以直观地分析试验结果,如图 6-1 所示。

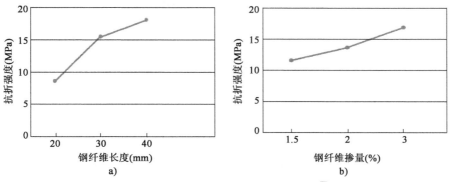

图 6-1 钢纤维参数对抗折强度的影响(纵坐标为 $\overline{K}_i + 10$)

空列的极差代表试验误差,当空列占有两列或两列以上时,对于等水平且无交互作用的正交试验,可以将所有空列的极差合并,并求其平均值,作为试验误差更精确的估计。对于本例,平均极差 $\overline{R} = (1.68 + 1.18)/2 = 1.43$。为了提高试验误差估计的精度,还可将极差小于空列的其他因素也视作空列,即认为微小极差的存在不是由于该因素不同水平所引起,仍属试验误差范畴。

本例中,按极差大小排列的因素主次为:钢纤维长度→钢纤维掺量。最佳组合为 A_3B_3,即正交试验表中的试验号 9,钢纤维长度为 40mm,掺量为 3.0% 时,可以获得最高的抗折强度。

2. 方差分析法

数据整理的基本规则为:用 S 表示变动平方和(或称离差平方和、偏差平方和),其脚注总、因、误、空分别表示总的、各因素的、误差项或空列的变动平方和。它们的计算公式为:

$$S_{总} = \sum (y_i - \bar{y})^2 = \sum y_i^2 - \frac{(\sum_{i=1}^{n} y_i)^2}{n} = \sum y_i^2 - CT \tag{6-5}$$

$$S_{因} = r\sum_{i=1}^{m}(\overline{K}_i - \bar{y})^2 = r\left[\sum_{i=1}^{m}\left(\frac{K_i}{r}\right)^2 - m\frac{(\sum_{i=1}^{n} y_i)^2}{n}\right] = \frac{\sum_{i=1}^{m} K_i^2}{r} - CT \tag{6-6}$$

$$S_{误} = S_{总} - \sum S_{因} = S_{空} \tag{6-7}$$

式中:CT——修正项,$CT = (\sum_{i=1}^{n} y_i)^2/n$;

n——试验号,$n = mr$;

m——水平数;

r——水平重复数。

用于本例抗折强度的分析,则

$$\sum y_i = 36.46$$

$$CT = \frac{(\sum y_i)^2}{n} = \frac{36.46^2}{9} = 147.70$$

$$\sum y_i^2 = 342.10$$

$$S_{总} = 342.10 - 147.70 = 194.40$$

$$S_A = \frac{(-4.23)^2 + (16.46)^2 + (24.23)^2}{3} - 147.70 = 144.27$$

$$S_B = \frac{(4.72)^2 + (11.11)^2 + (20.64)^2}{3} - 147.70 = 42.84$$

$$S_C = \frac{(13.97)^2 + (8.94)^2 + (13.55)^2}{3} - 147.70 = 5.19$$

$$S_D = \frac{(13.85)^2 + (12.30)^2 + (10.31)^2}{3} - 147.70 = 2.10$$

$$S_{空} = S_C + S_D = 5.19 + 2.10 = 7.29$$

$$S_{误} = S_{总} - (S_A + S_B) = 194.40 - (144.27 + 42.84) = 7.29$$

由此可见，误差项的变动平方和既可以用空列计算，也可以从总变动平方和中减去诸因素变动平方和的办法来求得，两者的结果是相同的，所以可用来校核计算。

用 ν 表示自由度，其脚注总、因、误、空分别表示总的、各因素的、误差项或空列的自由度。

$$\nu_{总} = 试验数据总数 - 1$$

$$\nu_{因} = 各因素水平数 - 1$$

$$\nu_{误} = \nu_{空} = 空列的水平数 - 1$$

$$\nu_{误} = \nu_{总} - \sum \nu_{因}$$

对于本例，则有

$$\nu_{总} = 9 - 1 = 8$$

$$\nu_A = \nu_B = 3 - 1 = 2$$

$$\nu_{误} = \nu_{空} = 2 \times (3 - 1) = 4$$

$$\nu_{误} = \nu_{总} - (\nu_A + \nu_B) = 8 - (2 + 2) = 4$$

由此可见，误差项的自由度可用空列来计算，也可从总自由度中减去诸因素的自由度的办法来求得，两者的结果也是相同的，可用于校核计算。

用 V 表示各因素的平均变动，或称方差（是由样本值计算而得的总体方差的估计值），则

$$V_{因} = \frac{S_{因}}{\nu_{因}}$$

$$V_{误} = \frac{S_{误}}{\nu_{误}}$$

对统计量 $F_{因}$，用 F 分布作显著性检验。

$$F_{因} = \frac{V_{因}}{V_{误}}$$

对于本例，可列出方差分析表，见表 6-19。

方 差 分 析 表　　　　　　　　　　　　　表6-19

来源	变动平方和 S	自由度 ν	方差 V	$F_{因}$	显著性	临界值
A	144.27	2	72.14	39.64	**	$F_{\nu 1,\nu 2(0.05)} = 6.94$
B	42.84	2	21.42	11.77	*	$F_{\nu,\nu 2(0.01)} = 18.0$
误差	7.92	4	1.82			

当 $F_{因} > F_{\nu 1,\nu 2(0.05)}$ 时，认为该因素对试验指标有显著影响，用 * 表示；当 $F_{因} > F_{\nu 1,\nu 2(0.01)}$ 时，认为该因素对试验指标有高度显著影响，用 ** 表示。本例方差分析结果与极差分析结果一致。

(三) 基本原理及特点

正交试验设计有以下两个特点：

1. 均衡分散性

以一个三因素三水平的试验为例，如要求各因素的所有水平之间都在试验中相遇，就有 $3^3 = 27$ 个试验条件，这种试验方法称为全面试验。全面试验虽然可以反映试验范围的全面情况，但试验次数往往太多。正交试验设计是按正交表选点，只要做 9 个试验就可以比较全面地反映整个情况。所选的 9 个点是均衡分散的，具有很强的代表性，如图 6-2 所示。

图中三个坐标轴代表三个因素，坐标轴上的节点代表因素的水平，立方体内的 27 个 "·" 点代表按全面试验的 27 个试验，9 个 "○" 点代表按正交表安排的 9 个试验条件。由图 3-2 可以看到，在立方体的每个面上都恰好有 3 个点，每条线上都恰好有 1 个点。9 个点均衡地分散于整个立方体内。

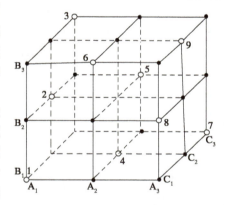

图6-2　正交试验的均衡分散性

2. 整齐可比性

由 $L_9(3^4)$ 正交表可见，A 因素的三个水平在试验中都重复了三次，且在 A 的某一水平下，B 和 C 的三个水平都涉及了。对于 B 因素和 C 因素也是如此。这样，试验条件处于完全相似的状态，具备了可比性。

以上两个特点是由正交表的特性所决定的，这一特性在数学上称为"正交性"。

有时进行一次正交试验，出现好的条件不止一个；有时由试验成果分析出来的最优组合，在试验方案中并未出现。所以，往往要有目的地安排第二次、第三次正交试验，以期达到更好的效果，或对原有结论进行验证。

水平不等正交试验设计

由于受条件限制某些因素不能多选水平，或为了侧重考察某因素而需多取水平，常会遇到各因素水平不等的问题。下面以实例说明水平不等的正交试验设计方法。

进行如下正交试验设计：研究不同水灰比条件下，垫条尺寸对混凝土劈拉强度的影响。水灰比取 0.4、0.5、0.6、0.8 四个水平，垫条尺寸取 $\phi 4\text{mm}$、$5\text{mm} \times 5\text{mm}$ 两个水平。

(一)直接使用混合型正交表

本例可选用 $L_8(4^1 \times 2^4)$ 混合型正交表。其试验安排和极差分析见表6-20。

正交试验和极差分析表　　　　　　表6-20

列号 　　　因素 试验号	1 水灰比 (A)	2 垫条尺寸 (B)	3 (C)	4 (D)	5 (E)	劈拉强度 y_i(MPa)
1	0.4(A_1)	φ4(B_1)	(C_1)	(D_1)	(E_1)	2.31
2	0.4(A_1)	5×5(B_2)	(C_2)	(D_2)	(E_2)	2.9
3	0.5(A_2)	φ4(B_1)	(C_1)	(D_1)	(E_1)	2.01
4	0.5(A_2)	5×5(B_2)	(C_2)	(D_2)	(E_2)	2.67
5	0.6(A_3)	φ4(B_1)	(C_1)	(D_1)	(E_1)	1.70
6	0.6(A_3)	5×5(B_2)	(C_2)	(D_2)	(E_2)	2.16
7	0.8(A_4)	φ4(B_1)	(C_1)	(D_1)	(E_1)	1.17
8	0.8(A_4)	5×5(B_2)	(C_2)	(D_2)	(E_2)	1.36
K_1	5.21	7.19	7.84	8.04	8.31	—
K_2	4.68	7.19	7.84	8.04	8.31	—
K_3	3.86	9.09	8.44	8.24	7.97	—
K_4	2.53	9.09	8.44	8.24	7.97	—
$\overline{K}_1$	2.61	1.80	1.96	2.01	2.08	—
$\overline{K}_2$	2.34	1.80	1.96	2.01	2.08	—
$\overline{K}_3$	1.93	2.27	2.11	2.06	1.99	—
$\overline{K}_4$	1.27	2.27	2.11	2.06	1.99	—
R	1.34	0.47	0.15	0.05	0.09	—

由表6-19可见,混合型正交表仍然保持着正交表"均衡分散""整齐可比"的基本特点。但在用极差分析法进行成果分析时,应注意第一列(A因素水灰比)中,i = 1、2、3、4,而 i 的重复次数为2,所以 $\overline{K}_i = K_i/2$;其他各列中,i = 1、2,而 i 的重复次数为4,所以反映试验误差的极差为三空列的极差平均值 $\overline{R}$ = (0.15 + 0.05 + 0.09)/3 = 0.10。与因素的极差相比较,可以认为A、B因素均对试验指标有重要影响,其主次顺序为:水灰比→垫条尺寸。因素与试验指标的关系同样可以绘制成图。

用方差分析法时应注意:

(1)A因素下有四个水平,各水平的实际重复数为2,在计算 S_A 时,应取 $S_A = (K_1^2 + K_2^2 + K_3^2 + K_4^2)/2 - CT$;其他诸列均为两个水平,各水平的重复数为4,所以计算 S_B、S_C、S_D、S_E 时就应该是 $(K_1^2 + K_2^2)/4 - CT$。

(2)计算各因素的自由度时,A因素的实际水平数为4,所以 ν_A = 4 - 1 = 3;其他诸因素水平数为2,所以 $\nu_B = \nu_C = \nu_D = \nu_E$ = 2 - 1 = 1。

(3)用F分布作显著性检验时,要注意临界值的选择,对于A因素,分子分母的自由度分别为(3,3),而对于B因素,分子分母的自由度分别为(1,3)。

本例的方差计算见表6-21。

方 差 分 析 表　　　　　　　　　　表 6-21

来源	变动平方和 S	自由度 ν	方差 V	F	显著性	临 界 值
A	2.04	3	0.68	32.38	* *	$\begin{cases} F_{3,3(0.05)} = 9.28 \\ F_{3,3(0.01)} = 29.48 \end{cases}$
B	0.45	1	0.45	21.43	*	$\begin{cases} F_{1,3(0.05)} = 10.13 \\ F_{1,3(0.01)} = 34.12 \end{cases}$
误差	0.064	3	0.021			

对比极差分析与方差分析可知,两者对因素主次顺序的结论是一致的。但需注意,由于各因素的水平数不同,水平数多的变动范围大,极差总会比水平数少的要大些,所以有时不能仅从极差大小来判断各因素的主次,还要根据实际情况进行分析。而方差分析时,不同水平数可以反映在自由度的差别上,因而可以得到较可靠的信息。

(二) 拟水平法

选用混合型正交表的方法虽然简便,但现成的可供使用的表是有限的,往往不能适应众多类型试验的需求。而拟水平法则是一种更为通用的方法。它采用虚拟水平的方法,将水平数不等补成相等,然后套用水平数相等的正交表。

仍以上述混凝土劈裂抗拉强度试验为例,如在确定因素与水平时,水灰比取 0.4、0.5、0.6、0.8 四个水平;垫条尺寸取 $\phi 4mm$、$\phi 5mm$、$5mm \times 5mm$ 三个水平;加荷速度取 $1kN/s$、$2kN/s$、$4kN/s$ 三个水平。此时,没有现成的混合型正交表可用。若采用拟水平法,在垫条尺寸、加荷速度下各虚拟一个水平填在括号内,其数值取该因素上面三个水平中估计较好或认为需侧重考察的一个。因素水平表见表 6-22。这样就成了一个三因素四水平问题,可以选用 $L_{16}(4^5)$ 正交表来安排试验,见表 6-23。

因 素 水 平 表　　　　　　　　　　表 6-22

水平＼因素	水灰比 (A)	垫条尺寸 (mm) (B)	加荷速度 (kN/s) (C)
1	0.4	$\phi 4$	1
2	0.5	$\phi 5$	2
3	0.6	5×5	4
4	0.8	(5×5)	(2)

因 素 水 平 正 交 表　　　　　　　　　　表 6-23

列号＼因素＼水平	1 水灰比 (A)	2 垫条 (mm) (B)	3 加荷 (kN/s) (C)	4 (D)	5 (E)	劈拉强度 (MPa)
1	0.4(A_1)	$\phi 4$(B_1)	1(C_1)	(D_1)	(E_1)	
2	0.4(A_1)	$\phi 5$(B_2)	2(C_2)	(D_2)	(E_2)	
3	0.4(A_1)	5×5(B_3)	4(C_3)	(D_3)	(E_3)	
4	0.4(A_1)	5×5(B_4)	2(C_4)	(D_4)	(E_4)	
5	0.5(A_2)	$\phi 4$(B_1)	2(C_2)	(D_3)	(E_4)	
6	0.5(A_2)	$\phi 5$(B_2)	1(C_1)	(D_4)	(E_3)	

续上表

列号 因素 水平	1 水灰比(A)	2 垫条(mm)(B)	3 加荷(kN/s)(C)	4 (D)	5 (E)	劈拉强度 (MPa)
7	0.5(A_2)	5×5(B_3)	2(C_4)	(D_1)	(E_2)	
8	0.5(A_2)	5×5(B_4)	4(C_3)	(D_2)	(E_1)	
9	0.6(A_3)	φ4(B_1)	4(C_3)	(D_4)	(E_2)	
10	0.6(A_3)	φ5(B_2)	2(C_4)	(D_3)	(E_1)	
11	0.6(A_3)	5×5(B_3)	1(C_1)	(D_2)	(E_4)	
12	0.6(A_3)	5×5(B_4)	2(C_2)	(D_1)	(E_3)	
13	0.8(A_4)	φ4(B_1)	2(C_4)	(D_2)	(E_3)	
14	0.8(A_4)	φ5(B_2)	4(C_3)	(D_1)	(E_4)	
15	0.8(A_4)	5×5(B_3)	2(C_2)	(D_4)	(E_1)	
16	0.8(A_4)	5×5(B_4)	1(C_1)	(D_3)	(E_2)	

拟水平法在处理数据时,也要注意各列的实际水平数和水平重复数。在本例中:

1. 用极差分析法时

第1列(水灰比)中 $i=1,2,3,4$,且 i 的重复次数为4,所以 $\bar{K}_i = K_i/4$;第2列(垫条尺寸)中,虽然虚拟水平数为4,但实际水平数只有3,$i=1,2,3$,且第1、3水平重复数为4,第2水平的实际重复数为8,所以 $\bar{K}_1 = K_1/4$,$\bar{K}_2 = K_2/4$,$\bar{K}_3 = K_3/8$;第3列(加荷速度)中,虚拟水平数为4,实际水平数为3,$i=1,2,3$,且第1、3水平重复数为4,第2水平的实际重复数为8,所以 $\bar{K}_1 = K_1/4$,$\bar{K}_3 = K_3/4$,$\bar{K}_2 = K_2/8$;第4、5列为空列,虽然可以用来估算试验误差,但因为还有一部分试验误差由于虚拟水平的影响而包含在第2、3列中,所以是不够准确的,也是略为偏小的。

2. 用方差分析法时

同样要注意所计算该列的实际水平数和水平重复数,所以

$$S_A = \frac{K_1^2 + K_2^2 + K_3^2 + K_4^2}{4} - CT$$

$$S_B = \frac{K_1^2 + K_3^2}{4} + \frac{K_2^2}{8} - CT$$

$$S_C = \frac{K_1^2 + K_3^2}{4} + \frac{K_2^2}{8} - CT$$

$$S_{误} = S_{总} - (S_A + S_B + S_C)$$

$S_{误}$ 既包括了空列误差,也包括了由于虚拟水平的影响而包含在第2、3列中的误差。

计算自由度时,$\nu_A = 4-1 = 3$,$\nu_B = \nu_B = 3-1 = 2$,$\nu_{总} = 16-1 = 15$,$\nu_{误} = \nu_{总} - (\nu_A + \nu_B + \nu_C) = 15 - (3+2+2) = 8$。

用 F 分布作显著性检验时,临界值的选取,对于 A 因素,分子分母自由度分别取(3,8);对于 B 因素,分子分母自由度分别取(2,8)。

拟水平法的优点是有较大的通用性,但由于是由低水平向高水平补齐,特别当所需考察的因素或水平较多时,试验次数会大大增加。此外,拟水平法也不一定要拟成等水平,如虚拟水平后能套用现成的混合型正交表也是可以的。

三 多指标正交试验设计

考核指标两个以上，并且每个因素的水平数都相等的正交设计称为多指标等水平正交设计。找出使各项都比较好的试验条件是正交设计主要研究的问题。常用方法有：功效系数法、综合平衡法、综合评分法。下面通过正交试验的方法来研究组成材料配合比变化对混凝土收缩、抗压强度和工作性的影响，以期在满足工作性和抗压强度的前提下，实现混凝土最小收缩的配合比优化。

1. 试验目的与考核指标

以混凝土 28d 自由收缩率、28d 抗压强度以及工作性等作为考核指标，运用正交试验法综合分析配合比对各性能指标的影响规律和显著性，从而确定基于体积稳定性的最优配合比。

试验选择混凝土配合比设计中的 3 个关键比值，即水固比（A）（水与固体组分的体积比）、水灰比（B）和砂率（C）作为正交试验的影响因素，并且各因素选取 4 个水平，采用 $L_{16}(4^5)$ 正交表。正交试验方案及结果见表 6-24。

正交设计方案、混凝土配合比及试验结果　　　　　表 6-24

试验编号	水固比	水灰比	砂率（%）	混凝土各组成材料（kg/m³）				28d 自由收缩率（×10⁶）	28d 抗压强度（MPa）	坍落度（cm）
				水	水泥	细集料	粗集料			
1	0.15	0.32	36	131	410	692	1230	256	68.0	14.0
2	0.15	0.38	38	131	345	752	1226	248	58.4	7.0
3	0.15	0.43	40	131	305	805	1207	228	49.1	5.0
4	0.15	0.48	42	131	273	856	1182	218	42.3	2.5
5	0.18	0.32	38	150	469	691	1128	277	63.7	16.0
6	0.18	0.38	36	150	395	678	1206	262	54.9	15.0
7	0.18	0.43	42	150	349	807	1115	258	49.9	14.5
8	0.18	0.48	40	150	313	782	1172	246	42.0	13.5
9	0.20	0.32	40	169	528	687	1030	339	62.0	16.0
10	0.20	0.38	42	169	445	751	1037	319	52.3	16.0
11	0.20	0.43	36	169	393	661	1174	306	47.9	17.5
12	0.20	0.48	38	169	352	710	1159	297	35.6	15.0
13	0.23	0.32	42	188	588	678	936	361	65.3	16.0
14	0.23	0.38	40	188	495	678	1017	351	53.1	16.0
15	0.23	0.43	38	188	437	663	1082	348	45.2	17.0
16	0.23	0.48	36	188	392	643	1142	326	39.8	18.0

2. 结果分析

1）极差分析

极差分析的结果见表 6-25。

极 差 分 析 结 果　　　　表 6-25

参数	28d 自由收缩率($\times 10^6$)			28d 抗压强度(MPa)			工作性(cm)		
	A	B	C	A	B	C	A	B	C
K_1	950	1233	1150	223.7	262.1	210.7	28	62	65
K_2	1043	1180	1170	211.5	224.5	206.7	59	54	55
K_3	1261	1140	1164	195.8	192.1	207.2	65	54	55
K_4	1386	1087	1156	206.4	158.7	212.8	67	49	49
$\overline{K}_1$	237.5	308.25	287.5	55.925	65.525	52.675	7	15.5	16.25
$\overline{K}_2$	260.75	295	292.5	52.875	56.125	51.675	14.75	13.5	13.75
$\overline{K}_3$	315.25	285	291	48.95	48.025	51.8	16.25	13.5	13.75
$\overline{K}_4$	346.5	271.75	289	51.6	39.675	53.2	16.75	12.25	12.25
极差	109	36.5	5	6.975	25.85	1.525	9.75	3.25	4

由表 6-25 可知,在试验因素水平变化范围内,以混凝土 28d 收缩率为考核指标,各因素影响顺序为:水固比 > 水灰比 > 砂率。众所周知混凝土收缩变形是一个十分复杂的物理化学变化过程,在这期间要不断地和外界进行物质和能量的交换。无论是内部水分参与化学反应引起的自收缩和化学收缩,还是内部水分向外界迁移而导致的干燥收缩,都是由于水分消耗所产生的,并且随着混凝土龄期的发展,水分也在不断地减少。因此,相对于固体组分而言,水固比的变化(即用水量的变化)对混凝土的收缩起着至关重要的作用。当水固比一定时,随着水灰比的减小,混凝土的收缩逐渐增大,这是由于水固比一定时,水灰比的改变实质上是胶凝材料用量的改变,而混凝土的收缩主要是水泥石的收缩,因此,胶凝材料用量的增大导致了混凝土整体收缩的增大,但其影响程度还是略小于水固比。

以混凝土 28d 抗压强度为考核指标,则各因素的影响顺序为:水灰比 > 水固比 > 砂率;而以工作性坍落度为考核指标,则各因素的影响顺序变为:水固比 > 砂率 > 水灰比。从上述结果中不难发现,对于不同的考核指标,各因素的影响程度和效果并不一致。因此,在以提高混凝土体积稳定性为目标而确定各因素的最优值时,还需兼顾其他相关性能的情况。

2) 方差分析

极差法可以直观地表示各因素对各考核指标影响的主次顺序,但它没有把试验过程中由于试验条件改变所引起的数据波动与由试验误差所引起的数据波动严格地区别开来,也没有提供一个用来判断所考察因素的作用是否显著的标准。为了弥补极差分析的不足,进而采用统计分析方法——方差分析法。

对于本例,可列出方差分析表,见表 6-26。

方 差 分 析 表　　　　表 6-26

评价指标	来源	变动平方和 S	自由度 ν	均方差 V	$F_{因}$	显著性	临 界 值
28d 自由收缩率 ($\times 10^6$)	A	29880	3	9960	466.7	* * *	$F_{0.01}(3,9) = 6.990$
	B	2901	3	967	45.3	* * *	$F_{0.05}(3,9) = 3.860$
	C	56	3	21.3			$F_{0.1}(3,9) = 2.810$
	误差	136	6				
	总的平方和	32973	15				

续上表

评价指标	来源	变动平方和 S	自由度 ν	均方差 V	$F_{因}$	显著性	临界值
28d抗压强度（MPa）	B	1325	3	441.7	150.4	***	$F_{0.01}(3,9)=6.990$
	A	56.5	3	18.8	6.411	**	$F_{0.05}(3,9)=3.860$
	C	9.42	3	2.94			$F_{0.1}(3,9)=2.810$
	误差	17.01	6				
	总的平方和	1407.8	15				
工作性（cm）	A	240.55	3	80.2	20.61	***	$F_{0.01}(3,9)=6.990$
	C	58.50	3	19.5	3.345	*	$F_{0.05}(3,9)=3.860$
	B	21.55	3	5.0			$F_{0.1}(3,9)=2.810$
	误差	23.34	6				
	总的平方和	324.5	15				

注：***表示非常显著；**表示显著；*表示不显著。

方差分析结果表明：水固比和水灰比对混凝土收缩性能有显著的影响；砂率在36%~42%范围内变化时，其对混凝土收缩影响程度已被误差淹没，可以不予考虑，从而在配合比设计时可适当调整砂率以满足其他性能的要求。

3）功效系数法

设正交分析考核 n 个指标，每一个指标的功效系数为 $d_i(0 \leq d_i \leq 1)$，则总的功效系数 d 为：

$$d = \sqrt[n]{d_1 d_2 \cdots d_n}$$

式中，功效系数 d_i 表示第 i 个考核指标实现的满意程度，d 表示 n 个指标的总的优劣情况。d_i 的确定方法如下：用 $d_i=1$ 表示第 i 个指标的效果最好，相应地对同列各指标的取值作归一化处理，并计算总功效系数。显然，最大总功效系数对应的混凝土配合比最优。因此，在多指标正交分析中，通过将 n 个指标化为单一指标 d，可使结果分析大大简化。功效系数分析表见表6-27。

功效系数分析表　　　　　　　　　　　　　　　　　　　表6-27

编号	d_1	d_2	d_3	d
1	0.853	1.000	0.757	0.864
2	0.878	0.859	0.378	0.658
3	0.955	0.722	0.270	0.571
4	1.000	0.623	0.135	0.438
5	0.786	0.936	0.865	0.860
6	0.832	0.807	0.811	0.817
7	0.845	0.733	0.784	0.786
8	0.885	0.618	0.730	0.736
9	0.644	0.912	0.865	0.798
10	0.684	0.769	0.865	0.769
11	0.712	0.704	0.973	0.787
12	0.733	0.524	0.811	0.678
13	0.572	0.960	0.865	0.780
14	0.604	0.782	0.865	0.742
15	0.626	0.664	0.919	0.726
16	0.669	0.585	1.000	0.732

通过比较总的功效系数,可以得出本试验中各因素的最佳取值为:水固比 0.15;水灰比 0.32;砂率 36%。

四 案例分析

掺粉煤灰碾压混凝土拌合物的配合比设计如下:

1. 设计要求

采用正交试验法安排试验,确定粉煤灰碾压混凝土的配合比。考核指标为:混凝土拌合物的稠度指标"改进 VB 值"=(30 ± 5)s、压实度大于96%、碾压混凝土28d 配制弯拉强度均值为 6.5MPa。

2. 组成材料

硅酸盐水泥42.5级,28d 抗压强度 $f_{ce}=48.7$MPa、抗折强度 $f_{cef}=7.72$MPa,密度 $\rho_c=3100$kg/m³。粉煤灰:需水比110%,表观密度 $\rho'_f=2120$kg/m³,符合一级灰品质要求;河砂:表观密度 $\rho'_s=2680$kg/m³,细度模数2.41;石灰岩碎石:表观密度 $\rho'_g=2700$ kg/m³,有粒径为10~20mm 和5~10mm 的两档集料按60:40合成,振实密度为1750kg/m³;RC-1型减水剂量为0.3%,松香引气剂为0.2%(两者均以基准胶凝材料质量百分率计)。

3. 设计步骤

1)确定考察因素、试验水平和试验方法

选定粉煤灰碾压混凝土配合比的四个考察因素:单位用水量、基准胶凝材料用量、碎石堆积密度和粉煤灰取代率,其中粉煤灰的超量系数 $\delta_f=1.70$,每一因素取用三个水平。考察因素和水平列于表6-28。

碾压混凝土配合比的四因素与三水平表   表6-28

因素	水平	1	2	3
A	单位用水量(kg/cm³)	100	120	110
B	基准胶凝材料用量(kg/cm³)	290	330	250
C	碎石堆积体积(%)	75	70	80
D	粉煤灰取代率(%)	30	10	20

2)配合比计算

根据试验方案中规定的条件,按照 $L_9(3^4)$ 正交表确定试验方案,并计算各个方案中的混凝土配合比,结果见表6-29。

正交试验方案及混凝土配合比   表6-29

配合比编号	因素水平组合条件				混凝土配合比(kg/m³)						
	用水量(kg/cm³)	基准胶凝材料(kg/cm³)	碎石堆积体积(%)	粉煤灰取代率(%)	水	水泥	粉煤灰	河砂	碎石	RC-1减水剂	松脂皂引气剂
1	(1)100	(1)290	(1)75	(1)30	100	203	48	746	1313	0.87	0.58
2	(1)100	(2)330	(2)70	(2)10	100	297	56	868	1225	0.99	0.66

续上表

配合比编号	因素水平组合条件				混凝土配合比（kg/m³）						
	用水量（kg/cm³）	基准胶凝材料（kg/cm³）	碎石堆积体积（%）	粉煤灰取代率（%）	水	水泥	粉煤灰	河砂	碎石	RC-1减水剂	松脂皂引气剂
3	(1)100	(3)250	(3)80	(3)20	100	200	85	742	1400	0.75	0.50
4	(2)120	(1)290	(2)75	(3)30	120	264	112	772	1225	0.99	0.66
5	(2)120	(2)330	(3)70	(1)10	120	175	128	656	1400	0.75	0.50
6	(2)120	(3)250	(1)80	(2)20	120	225	43	807	1313	0.75	0.50
7	(3)110	(1)290	(3)75	(2)30	110	261	49	708	1400	0.87	0.58
8	(3)110	(2)330	(1)70	(3)30	110	264	112	712	1313	0.99	0.66
9	(3)110	(3)250	(2)80	(1)20	110	175	128	857	1225	0.75	0.50

注：括号里的数字为表 6-28 中的水平代号。

单位用水量：$m_{0wr} = 100$ kg

水泥用量：$m_{0cr} = $ 基准胶凝材料用量 $\times (1-f) = 290 \times (1-0.30) = 203$ (kg)

粉煤灰掺量：$m_{0fr} = $ 基准胶凝材料用量 $\times f \times \delta_f = 290 \times 0.30 \times 1.70 = 148$ (kg)

碎石用量：$m_{0gr} = $ 碎石堆积体积 $V_g \times$ 振实密度 $= 0.75 \times 1750 = 1313$ (kg)

河砂用量：$m_{osr} = (1 - m_{wr}/\rho_w - m_{cr}/\rho_C - m_{fr}/\rho_f - m_{gr}/\rho_g') \times \rho_s' = (1000 - 100/1000 - 203/3100 - 148/2120 - 1313/2700) \times 2680 = 746$ (kg)

减水剂用量 = 基准胶凝材料用量 $\times 0.3\% = 290 \times 0.3\% = 0.87$ (kg)

引气剂用量 = 基准胶凝材料用量 $\times 0.2\% = 290 \times 0.2\% = 0.58$ (kg)

3）混凝土性能试验

按照考核指标，测定各个混凝土的"改进 VB 值"、压实度、7d 和 28d 抗折强度，试验结果列于表 6-30。

碾压混凝土试验结果　　　　表 6-30

配合比编号	改进 VB 值（s）	压实度（%）	7d 抗折强度 $f_{rf,7}$（MPa）	28d 抗折强度 $f_{rf,28}$（MPa）
1	123	92.9	4.9	4.1
2	56	93.9	7.0	7.1
3	75	93.4	5.3	6.6
4	14	95.2	5.2	6.5
5	16	97.6	5.9	6.4
6	6	97.0	5.5	6.5
7	35	94.8	6.2	6.8
8	44	94.2	5.7	6.7
9	44	97.1	4.1	6.4

4）试验结果的直观分析

对于每个因素，将表 6-30 中的每个试验指标在同一个水平时的测试值相加，分别得到 K_1、K_2 和 K_3，并求出他们的极差 R。对于考核指标，若某一因素的极差太大，表明该因素变化对这个指标的影响越大,由此分析主要影响因数。

以因素"单位用水量"对"改进 VB 值"影响值为例,计算 K_1、K_2、K_3 以及极差 R：

在水平 1 时,"改进 VB 值"的三个测试值和 $K_1 = 254$；

在水平 2 时,"改进 VB 值"的三个测试值和 $K_2 = 36$；

在水平 3 时,"改进 VB 值"的三个测试值和 $K_3 = 123$；

K_1、K_2 和 K_3 的极差 $R = \max(K_1, K_2, K_3) - \min(K_1, K_2, K_3) = 254 - 36 = 218$。

以此类推,计算出各个因素在水平时,各个指标的 K_1、K_2、K_3 以及极差 R,见表 6-31。

试验结果的直观分析　　　　　　　　表 6-31

试验指标	统计参数	A 用水量	B 基准胶凝材料用量	C 碎石堆积体积	D 粉煤灰取代率
改进 VB 值	K_1	254	172	173	183
	K_2	36	116	114	97
	K_3	123	125	126	133
	R	218	56	59	86
压实度（%）	K_1	281.2	282.9	284.1	284.6
	K_2	289.8	285.7	283.2	285.7
	K_3	283.1	285.5	286.8	283.8
	R	8.6	2.8	3.6	1.9
28d 抗折强度 $f_{\rm rf,28}$（MPa）	K_1	19.22	19.4	19.36	18.8
	K_2	19.41	20.22	19.95	20.41
	K_3	19.93	18.94	19.25	19.27
	R	0.71	1.28	0.70	1.53

根据表 6-31 以及极差 K_1、K_2 和 K_3 的大小排序可知,各个因素变化对混凝土稠度及强度的影响趋势如下：

用水量（A）：用水量是影响混凝土稠度"改进 VB 值"和压实度的主要因素,"改进 VB 值"随用水量增加而降低,压实度随用水量增加而提高。在本例题选用的用水量范围中,用水量的变化对混凝土抗折强度无显著影响。

基准胶凝材料用量（B）：基准胶凝材料用量是影响混凝土抗折强度的重要因素,抗折强度随胶凝材料用量的增加而提高。基准胶凝材料对混凝土稠度和压实度无显著影响。

碎石堆积体积（C）：碎石堆积体积是影响压实度的第二位重要因素,压实度随碎石堆积体积的增大而提高。碎石堆积体积对混凝土稠度和抗折强度的影响分列第三位和第四位。

粉煤灰掺量（D）：粉煤灰掺量是影响混凝土抗折强度的首要因素,对稠度也有较大影响。抗折强度随粉煤灰掺量增大而明显降低,稠度随之增大。直观分析表明,粉煤灰掺量以 10% 为宜。

将以上直观分析结果汇总于表 6-32。

各指标直观分析结果汇总　　　　　　　　表 6-32

考核指标	因素主次顺序	正交表中较好条件
稠度值,改进 VB 值（s）	A > D > C > B	$A_3 B_{2,3} C_{2,3} D_3$
压实度 Y_m（%）	A > C > B > D	$A_3 B_{2,3} C_3 D_2$
抗折强度 $f_{\rm rf,28}$（MPa）	D > B > A > C	$A_3 B_3 C_2 D_2$

5) 试验结果的回归分析

采用多元回归分析法,建立单位用水量 W、基准胶凝材料用量($C+F$)、碎石堆积体积 V_g、粉煤灰取代率 f 等因素与考核指标"改进 VB 值"、压实度及抗折强度的回归公式,见表6-33。

回 归 分 析 结 果　　　　　表6-33

回归编号	统计回归公式	n	相关系数 R	方差 S
1	$VB = 426.89 - 3.633W + 1.433f(t_1 = -5.89, t_2 = 2.32)$	9	0.9327	15.1
2	$Y_m = 70.69 + 0.160W + 0.087V_g(t_1 = 5.07, t_2 = 1.37)$	9	9.9063	0.77
3	$f_{rf7} = -2.453 + 0.01(C+F) + 0.081V_g - 0.051f$ $(i_1 = 1.45; t_1 = 1.41, t_2 = 1.90)$	9	0.8079	0.61
4	$f_{rf,28} = 5.93 + 0.004(C+F) - 0.020f(t_1 = 1.50, t_2 = -1.80)$	9	0.7631	0.25

注:多元回归分析结果说明:$t \leq 1$,无显著影响;$1 < t < 2$,一定有影响;$t > 2$,有显著影响。

对表6-33中的结果分析如下:

单位用水量和粉煤灰取代率对改进 VB 稠度值均有显著影响。

用水量对压实度有特别显著的影响,碎石堆积体积对其也有一定的影响。

基准胶凝材料用量和粉煤灰取代率均对抗折强度有一定的影响,碎石堆积体积的变化对碾压混凝土7d抗折强度有一定的影响。

表6-33中的回归分析结果与表6-32的直观分析一致。表6-33中的统计回归公式1有很好的相关性和足够的推定精度,可作为确定用水量的经验式采用。

4. 确定初步配合比

综合各指标直观分析结果,最佳组合为 $A_3B_{2,3}C_{2,3}D_2$,选定基准胶凝材料总用量295kg,碎石堆积体积为75%;粉煤灰取代率为10%。"改进 VB 值" = 30,粉煤灰取代率 $f = 10\%$ 代入表6-33中统计回归公式1,计算出单位用水量 m_{wr} 为110kg。

计算碾压混凝土中各个组成材料用量:

水泥用量:$m_{cr} = $ (基准胶凝材料用量) $\times (1-f) = 295 \times (1-0.30) = 266$ (kg)

粉煤灰掺量:$m_{fr} = $ (基准胶凝材料用量) $\times f \times \delta_f = 295 \times 0.10 \times 1.70 = 50$ (kg)

碎石用量:$m_{gr} = $ 碎石堆积体积 $V_g \times$ 振实密度 $= 0.75 \times 1750 = 1313$ (kg)

河砂用量:$m_{sr} = (1 - 110/1000 - 266/3100 - 50/2120 - 1313/2700) \times 2680 = 789$ (kg)

减水剂用 = 基准胶凝材料用量 $\times 0.3\% = 295 \times 0.3\% = 0.89$ (kg)

引起剂用量 = 基准胶凝材料用量 $\times 0.2\% = 295 \times 0.2\% = 0.59$ (kg)

碾压混凝土的"初步配合比"为:$m_{cr} : m_{fr} : m_{wr} : m_{gr} : m_{sr} = 266 : 50 : 110 : 789 : 1313$

五 常用正交表

(1) 二水平正交表,见表6-34 ~ 表6-36。

$L_4(2^3)$　　　　　表6-34

试验号 \ 列号	1	2	3	试验号 \ 列号	1	2	3
1	1	1	1	3	2	1	2
2	1	2	2	4	2	2	1

$L_8 = (2^7)$ 表6-35

列号 试验号	1	2	3	4	5	6	7	列号 试验号	1	2	3	4	5	6	7
1	1	1	1	1	1	1	1	5	2	1	2	1	2	1	2
2	1	1	1	2	2	2	2	6	2	1	2	2	1	2	1
3	1	2	2	1	1	2	2	7	2	2	1	1	2	2	1
4	1	2	2	2	2	1	1	8	2	2	1	2	1	1	2

$L_{12} = (2^{11})$ 表6-36

列号 试验号	1	2	3	4	5	6	7	8	9	10	11
1	1	1	1	1	1	1	1	1	1	1	1
2	1	1	1	1	1	2	2	2	2	2	2
3	1	1	2	2	2	1	1	1	2	2	2
4	1	2	1	2	2	1	2	2	1	1	2
5	1	2	2	1	2	2	1	2	1	2	1
6	1	2	2	2	1	2	2	1	2	1	1
7	2	1	2	2	1	1	2	2	1	2	1
8	2	1	2	1	2	2	2	1	1	1	2
9	2	1	1	2	2	2	1	2	2	1	1
10	2	2	2	1	1	1	2	2	2	1	2
11	2	2	1	2	1	2	1	1	1	2	2
12	2	2	1	1	2	1	2	1	2	2	1

（2）三水平正交表，见表6-37、表6-38。

$L_8 = (3^4)$ 表6-37

列号 试验号	1	2	3	4	列号 试验号	1	2	3	4	列号 试验号	1	2	3	4
1	1	1	1	1	4	2	1	2	3	7	3	1	3	2
2	1	2	2	2	5	2	2	3	1	8	3	2	1	3
3	1	3	3	3	6	2	3	1	2	9	3	3	2	1

$L_{18} = (3^7)$ 表6-38

列号 试验号	1	2	3	4	5	6	7	列号 试验号	1	2	3	4	5	6	7
1	1	1	1	1	1	1	1	7	1	1	3	3	2	2	1
2	1	2	2	2	2	2	2	8	1	2	1	1	3	3	2
3	1	3	3	3	3	3	3	9	1	3	2	2	1	1	3
4	2	1	1	2	2	3	3	10	2	1	2	3	1	3	2
5	2	2	2	3	3	1	1	11	2	2	3	1	2	1	3
6	2	3	3	1	1	2	2	12	2	3	1	2	3	2	1

续上表

列号 试验号	1	2	3	4	5	6	7	列号 试验号	1	2	3	4	5	6	7
13	3	1	2	1	3	2	3	16	3	1	3	2	3	1	2
14	3	2	3	2	1	3	1	17	3	2	1	3	1	2	3
15	3	3	1	3	2	1	2	18	3	3	2	1	2	3	1

（3）四水平正交表，见表6-39。

$L_{16} = (4^5)$ 表6-39

列号 试验号	1	2	3	4	5	列号 试验号	1	2	3	4	5
1	1	1	1	1	1	9	3	1	3	4	2
2	1	2	2	2	2	10	3	2	4	3	1
3	1	3	3	3	3	11	3	3	1	2	4
4	1	4	4	4	4	12	3	4	2	1	3
5	2	1	2	3	4	13	4	1	4	2	3
6	2	2	1	4	3	14	4	2	3	1	4
7	2	3	4	1	2	15	4	3	2	4	1
8	2	4	3	2	1	16	4	4	1	3	2

六 分布概率查询表

F 分布表 $[P(F > F_a) = \alpha]$ 见表6-40。

F 分布表 $[P(F > F_a) = \alpha]$

（表中数字为 F_a 值） 表6-40

v_2 \ v_1	1	2	3	4	5	6	7	8	9	10	12	15	20	60	∞
\multicolumn{16}{c}{$\alpha = 0.05$}
1	161.4	199.5	215.7	224.6	230.2	234.0	236.3	238.9	240.5	241.9	243.9	245.9	248.0	252.2	254.3
2	18.51	19.00	19.16	19.25	19.30	19.38	19.35	19.37	19.38	19.40	19.41	19.43	19.45	19.48	19.50
3	10.13	9.55	9.28	9.12	9.01	8.94	8.89	8.85	8.81	8.78	8.74	8.70	8.68	8.57	8.53
4	7.71	6.94	6.95	9.39	6.26	6.16	6.09	6.04	3.00	5.96	5.91	5.86	5.80	5.69	5.63
5	6.61	5.79	5.41	5.19	5.05	4.95	4.88	4.82	4.77	4.74	4.68	4.62	4.56	4.43	4.36
6	5.99	5.14	4.76	4.53	4.39	4.28	4.21	4.15	4.10	4.06	4.00	3.94	3.87	3.74	3.67
7	5.59	4.74	4.35	4.12	3.97	3.87	3.79	3.73	3.68	3.64	3.57	3.51	3.44	3.30	3.23
8	5.32	4.46	4.07	3.84	3.69	3.58	3.50	3.44	3.30	3.35	3.28	3.22	3.15	3.01	2.93
9	5.12	4.26	3.86	3.63	3.48	3.37	3.29	3.23	3.18	3.14	3.07	3.01	2.94	2.79	2.71
10	4.96	4.10	3.71	3.48	3.33	3.22	3.14	3.07	3.02	2.98	2.91	2.85	2.77	2.62	2.54
11	4.84	3.98	3.59	3.36	3.20	3.09	3.01	2.95	2.90	2.85	2.79	2.72	2.65	2.49	2.40
12	4.75	3.89	3.49	3.26	3.11	3.00	2.91	2.85	2.80	2.75	2.69	2.62	2.54	2.38	2.30
13	4.67	3.81	3.41	3.18	3.03	2.92	2.83	2.77	2.71	2.67	2.60	2.53	2.46	2.30	2.21
14	4.60	3.74	3.34	3.11	2.96	2.85	2.76	2.70	2.65	2.60	2.53	2.46	2.39	2.22	2.13
15	4.54	3.68	3.29	3.06	2.90	2.79	2.71	2.64	2.59	2.54	2.48	2.40	2.33	2.16	2.07

续上表

v_2 \ v_1	1	2	3	4	5	6	7	8	9	10	12	15	20	60	∞
\multicolumn{16}{c}{$\alpha = 0.05$}
16	4.49	3.63	3.24	3.01	2.85	2.74	2.66	2.59	2.54	2.49	2.42	2.35	2.28	2.11	2.01
17	4.46	3.59	3.20	2.96	2.81	2.70	2.61	2.55	2.49	2.45	2.38	2.31	2.23	2.06	1.96
18	4.41	3.55	3.16	2.93	2.77	2.66	2.58	2.51	2.46	2.41	2.34	2.27	2.19	2.02	1.92
19	4.38	3.52	3.13	2.90	2.74	2.63	2.54	2.48	2.42	2.38	2.31	2.23	2.16	1.98	1.88
20	4.35	3.49	3.10	2.87	2.71	2.60	2.51	2.45	2.39	2.35	2.28	2.20	2.12	1.95	1.82
21	4.32	3.47	3.07	2.84	2.68	2.57	2.49	2.42	2.37	2.32	2.25	2.18	2.10	1.92	1.81
22	4.30	3.44	3.05	2.82	2.66	2.55	2.46	2.40	2.34	2.30	2.23	2.15	2.07	1.89	1.78
23	4.28	3.42	3.03	2.83	2.64	2.53	2.44	2.37	2.32	2.27	2.20	2.13	2.05	1.86	1.76
24	4.26	3.40	3.01	2.78	2.62	2.51	2.42	2.36	2.30	2.25	2.18	2.11	2.03	1.84	1.73
25	4.24	3.39	2.99	2.76	2.60	2.49	2.40	2.34	2.28	2.24	2.16	2.09	2.01	1.82	1.71
30	4.17	3.32	2.92	2.69	2.53	2.42	2.33	2.27	2.21	2.16	2.09	2.01	1.93	1.74	1.62
40	4.09	3.23	2.84	2.61	2.45	2.34	2.25	2.18	2.12	2.08	2.00	1.92	1.84	1.64	1.51
60	4.00	3.15	2.76	2.53	2.37	2.25	2.17	2.10	2.04	1.99	1.92	1.84	1.75	1.53	1.39
120	3.92	3.07	2.68	2.45	2.29	2.17	2.09	2.02	1.96	1.91	1.83	1.75	1.66	1.43	1.25
∞	3.84	3.00	2.60	2.37	2.21	2.10	2.01	1.94	1.88	1.83	1.75	1.67	1.57	1.32	1.00
\multicolumn{16}{c}{$\alpha = 0.01$}
v_2 \ v_1	1	2	3	4	5	6	7	8	9	10	12	15	20	60	∞
1	4052	4599.5	5403	5625	5764	5859	5928	5982	6022	6056	6106	6157	6209	6313	6366
2	58.50	99.00	99.17	99.25	99.30	99.33	99.36	99.37	99.39	99.40	99.42	99.43	99.45	99.48	99.50
3	34.12	30.82	29.46	28.71	28.24	27.91	27.67	27.49	27.35	27.23	27.05	26.87	26.69	26.82	26.13
4	21.20	18.00	16.69	15.98	15.52	15.21	14.98	14.89	14.66	14.55	14.37	14.20	14.02	13.65	13.46
5	16.26	13.27	12.03	11.39	10.97	10.67	10.46	10.29	10.16	10.05	9.89	9.72	9.55	9.20	9.02
6	13.75	10.92	9.78	9.15	8.75	8.47	8.26	8.10	7.98	7.87	7.72	7.56	7.40	7.06	6.88
7	12.25	9.55	8.45	7.85	7.46	7.19	6.99	6.84	6.72	6.62	6.47	6.31	6.16	5.82	5.65
8	11.26	8.55	7.59	7.01	6.63	6.37	6.18	6.03	5.19	8.51	5.67	5.52	5.36	5.03	4.86
9	10.56	8.02	6.99	6.42	6.06	5.80	5.61	5.47	5.35	5.26	5.11	4.96	4.81	4.48	4.31
10	10.04	7.56	6.55	5.99	5.64	5.39	5.20	5.06	4.94	4.85	4.71	4.56	4.41	4.08	3.91
11	9.65	7.21	6.22	5.67	5.32	5.07	4.89	4.74	4.63	4.54	4.80	4.25	4.10	3.78	3.50
12	9.33	6.93	5.95	5.41	5.06	4.82	4.54	4.50	4.39	4.30	4.16	4.01	3.86	3.54	3.36
13	9.07	6.70	5.74	5.21	4.86	4.62	4.44	4.30	4.19	4.10	3.96	3.82	3.66	3.34	3.17
14	8.86	6.51	5.66	5.04	4.69	4.46	4.28	4.14	4.03	3.94	3.80	3.66	3.51	3.18	3.00
15	8.68	6.36	5.42	4.89	4.56	4.32	4.14	4.00	3.89	3.80	3.67	3.52	3.37	3.05	2.87
16	8.53	6.23	5.29	4.77	4.44	4.20	4.03	3.89	3.78	3.69	3.55	3.41	3.26	2.93	2.75

续上表

v_1 \ v_2	α = 0.01												
	1	2	3	4	5	6	7	8	9	10	12	15	20	60	∞
17	8.40	6.11	5.18	4.67	4.34	4.10	3.93	3.79	3.38	3.59	3.46	3.31	3.16	2.83	2.65
18	8.29	6.01	5.09	4.58	4.25	4.01	3.84	3.71	3.60	3.51	3.37	3.23	3.08	2.75	2.57
19	8.18	5.93	5.01	4.50	4.17	3.94	3.77	3.63	3.52	3.43	3.30	3.15	3.00	2.67	2.49
20	8.10	5.85	4.94	4.43	4.10	3.87	3.70	3.56	3.46	3.37	3.23	3.09	2.94	2.61	2.42
21	8.02	5.78	4.87	4.37	4.04	3.81	3.04	3.51	3.40	3.31	3.17	3.03	2.88	2.55	2.36
22	7.95	5.72	4.82	4.31	3.99	3.76	3.59	3.45	3.35	3.26	3.12	2.98	2.83	2.50	2.31
23	7.88	5.66	4.76	4.26	3.94	3.71	3.54	3.41	3.30	3.21	3.07	2.93	2.78	2.45	2.26
24	7.82	5.61	4.72	4.22	3.90	3.67	3.50	3.36	3.26	3.17	3.03	2.89	2.74	2.40	2.21
25	7.77	5.57	4.68	4.18	3.85	3.63	3.46	3.32	3.22	3.13	2.99	2.85	2.70	2.36	2.17
30	7.56	5.39	4.51	4.02	3.70	3.47	3.30	3.17	3.07	2.98	2.84	2.70	2.55	2.21	2.01
40	7.31	5.18	4.31	3.83	3.51	3.29	3.12	2.99	2.89	2.80	2.66	2.52	2.37	2.02	1.80
60	7.08	4.98	4.13	3.65	3.34	3.12	2.95	2.82	2.72	2.63	2.50	2.35	2.20	1.84	1.60
120	6.85	4.79	3.95	3.48	3.17	2.96	2.79	2.66	2.56	2.47	2.34	2.19	2.03	1.66	1.38
∞	6.63	4.61	3.78	3.32	3.02	2.80	2.64	2.51	2.41	2.32	2.18	2.04	1.88	1.47	1.00

 创新能力培养

铁路作为我国经济发展的运输动脉,到 2020 年建设里程达到 15 万 km,其中高速铁路达到 3 万 km。随着铁路建设技术的不断发展,我国铁路建设最初以低强度普通混凝土为工程材料,经历了替代钢材和木材制备铁路预应力轨枕的低塑性高强阶段,发展到现今的铁路高性能混凝土阶段。

随着天然河砂限采政策以及季节性开采的制约,机制砂已经逐渐成为天然河砂的绿色替代品。机制砂可就地取材,具有经济效益高、质量可控性强、产量易调节等优势。机制砂大幅降低了外运费用和混凝土生产成本,也缓解了因河砂开采造成的自然环境压力。机制砂替代河砂作混凝土原材料是砂石材料未来发展的主要趋势,应用机制砂是缓解铁路工程混凝土河砂资源严重短缺的主要措施,也是高速铁路绿色建造技术的重要方向。

但同时也应该看到目前机制砂普遍存在石粉含量高、颗粒级配差、颗粒棱角尖锐等一系列问题。

1) 石粉含量的限值

机制砂与河砂最明显的区别在于含有石粉,石粉也是机制砂材料特性中最关键的性能参数之一。石粉是机制砂生产制备过程中不可避免的副产物,其颗粒粒径小于 75μm 且矿物组成和化学成分与机制砂母岩相同。各国标准对机制砂石粉的定义有两方面不同:一是石粉颗粒粒度的界定值;二是石粉含量的限值要求。

世界各国关于石粉粒度界定和石粉含量的限值见表 6-41。由表 6-41 可知,中国、美国、日本对机制砂中石粉含量的要求较为严格,其他国家要求较为宽泛。

不同国家机制砂石粉粒度和含量的界定　　　　　　表6-41

国　　家	石粉粒度界定(μm)	石粉含量上限(%)
中国	75	10
日本	75	7
美国	75	3
澳大利亚	75	25
英国	75	16
西班牙	63	15
法国	63	18

2）颗粒级配差

细度模数是表征机制砂粗细程度的宏观指标，相同细度模数机制砂，其颗粒级配可能存在较大变动性，无法真实反映机制砂的级配情况。世界各国标准规范中对机制砂颗粒级配的要求见表6-42。

各国规范中对机制砂颗粒级配的要求　　　　　　表6-42

筛孔尺寸(mm)	通过百分率(%)				
	英国	美国	日本	澳大利亚	中国(Ⅱ区砂)
9.50	100	100	100	100	100
4.75	89~100	95~100	90~100	90~100	90~100
2.36	60~100	80~100	80~100	60~100	75~100
1.18	30~100	50~85	50~90	30~100	50~90
0.60	15~100	25~60	25~65	15~80	30~59
0.30	5~70	5~30	10~35	5~40	8~30
0.15	0~20	0~10	2~15	0~25	6~20

由表2可知，英国对机制砂单粒级颗粒含量范围的要求最为宽泛，美国、日本及中国对于机制砂各粒级含量范围控制较为严格。不同于现行《建设用砂》（GB/T 14684），国外标准未将机制砂按照技术要求分为Ⅰ、Ⅱ、Ⅲ类，相比而言，我国标准对机制砂的分类更为精细。《建设用砂》（GB/T 14684—2011）对机制砂（Ⅱ区砂）的级配要求见表6-42，可以看出，0.15mm筛孔尺寸的通过百分率规定为6%~20%，较大程度地拓宽了粒径为0.15mm以下颗粒含量的范围，但也容易导致机制砂级配中出现"两头大、中间小"的问题，即粒径大于2.36mm和小于0.15mm的颗粒含量高，而粒径为0.30~1.18mm的颗粒含量少。

3）颗粒棱角尖锐

机制砂外形富有棱角、表面粗糙，对混凝土的工作性能有不利影响。如何评价细集料的颗粒形貌目前没有公认的标准方法，《公路工程集料试验规程》（JTG E42—2005）中提出的流动时间法和间隙率法参考了美国和欧洲的标准。但研究表明，流动时间和间隙率两种评价方法相关性较差。美国材料与试验协会（ASTM）提出一种利用测定单粒级集料的颗粒指数来整体性表征样品的颗粒形状和纹理特征的方法，但测试和计算十分复杂。当前图像分析和处理技术逐渐在细集料形貌研究中应用，以集料颗粒投影的长径比和圆形度来表征细集料形貌特征是较为便捷的方法。

虽然机制砂存在上述问题，但是在科研技术人员的努力下，机制砂混凝土也已经成功应用在许多铁路工程中,如:宜万铁路龙王庙大桥 23 个百米墩台采用机制砂泵送混凝土浇筑;石武客专二标水下工程中,采用机制砂混凝土制备了桩基、承台和墩柱等结构;渝怀铁路金洞隧道和旗号岭隧道中,采用机制砂制备了流动性高、黏聚性好的隧道衬砌混凝土;贵广高速铁路中斗篷山隧道与胡家寨隧道中,将开挖的母岩制备成机制砂,用于隧道内喷射混凝土,等等。上述实例足可证明机制砂在铁路工程现浇混凝土结构中的应用具有可行性。

虽然目前我国西南地区铁路线下工程混凝土大都采用机制砂,如桩基、承台、墩身、初期支护、二次衬砌、仰拱等结构部位。而梁、轨枕、轨道板等预应力构件均采用外运的天然河砂。受河砂限采政策的影响,河砂成本高达 350 元/t,且连续供应困难。

机制砂在配制铁路工程用混凝土方面存在的主要问题有:

(1)铁路工程条带状分布、跨区域广的特点导致机制砂面临母材岩性复杂、管理困难。此外,我国机制砂生产设备水平及市场因素的影响,致使一些企业生产的机制砂品质难以满足铁路工程混凝土技术要求,不同厂家甚至同一厂家不同批次生产的机制砂性能也存在很大差异。

(2)机制砂标准体系不完善。目前我国铁路行业标准允许低强度等级、非预应力结构采用机制砂制备混凝土,但是缺少机制砂的生产与质量控制、机制砂混凝土配合比设计等规范性指导文件,而在预应力结构中,仍禁止机制砂在预制梁、轨道板、轨枕等预应力构件中应用。

(3)机制砂混凝土结构性能技术储备少。在机制砂混凝土配合比设计层面,目前通常借鉴河砂混凝土配合比设计方法,但机制砂中含有一定量的石粉,其对混凝土性能影响极为显著,在配合比设计过程中,石粉以胶凝材料还是细集料予以划分依然无定论,基于水胶比的设计理念也必然受到质疑。

目前业内机制砂混凝土的配合比设计理念仍相对混乱,如果用正交设计法配制机制砂混凝土时,你会考虑哪些因素?确定几个水平?

  思考与练习

一、选择题

1. 混凝土配合比设计需要遵循的法则有( )。

   A. 水灰比法则

   B. 混凝土密实体积法则

   C. 最小单位加水量或最小胶凝材料用量法则

   D. 最小水泥用量法则

2. 某预制混凝土构件厂需要配制 C60 混凝土,采用 TB 10424—2010 中的方法进行混凝土配合比设计时,发现无近期同一品种混凝土的强度资料,此时强度标准差 σ 的取值应该为( )。

  A. 4.0   B. 4.5   C. 5.0   D. 5.5

3. 正交表 $L_9(3^4)$ 是一个( )水平表。

  A. 四因素三水平   B. 三因素四水平

  C. 三因素三水平   D. 四因素四水平

4. 极差是指( )的差值。

  A. 极大值与极小值   B. 最大值与最小值

  C. 最大值与平均值   D. 极大值与平均值

二、判断题

1. 混凝土是一种多组分的均匀多相体。　　　　　　　　　　　　　　（　　）
2. 普通混凝土的配合比设计方法可以对高性能混凝土适用。　　　　　（　　）
3. 低水胶比是高性能混凝土的配制特点之一。　　　　　　　　　　　（　　）
4. 正交试验设计是一种安排多因素试验的数学方法。　　　　　　　　（　　）

三、计算题

（1）按照现行《铁路混凝土》(TB/T 3275)的规定，某结构部位的混凝土水泥用量不低于 400kg/m³，胶凝材料总量不超过 500kg/m³，水胶比不高于 0.35，粉煤灰取代率不低于 20% 且不高于 30%。现初步选定水泥用量 m_c = 400kg/m³，粉煤灰用量 m_f = 100kg/m³，水胶比为 0.35，砂率为 40%。假定水泥、粉煤灰、砂石的密度分别为 3.20g/cm³、2.50g/cm³、2.60g/cm³，混凝土含气量为 3%，试用体积法计算砂石用量（外加剂可以不计入总量）。

（2）试为以下工程设计混凝土初步配合比（用绝对体积法）：要求写出详细步骤。

工程概况：某特大桥钻孔桩混凝土，设计年限为 100 年，环境作用等级为 T1，设计强度等级为 C30；混凝土施工采用集中搅拌、搅拌运输车运输和水下浇筑，《铁路混凝土与砌体工程施工质量验收标准》中规定"水下混凝土配合比设计，其配制强度应较普通混凝土的配制强度提高 10%～20%"）。

混凝土用原材料情况：

① P·O42.5 级水泥，水泥表观密度为 3.1g/cm³。

② 碎石采用 5～10mm 与 10～20mm 两级级配按 2:3 掺配，石子表观密度为 2.60 g/cm³，各项指标均符合有关规定。

③ 中砂（河砂），砂的表观密度为 2.65g/cm³，其各项指标均符合有关规定。

④ Ⅰ级粉煤灰；掺量根据耐久性有关规定选定，粉煤灰表观密度为 2.2g/cm³。

⑤ 聚羧酸多功能外加剂，掺量按胶凝材料质量的 0.80% 计，其固含量为 20%，检验其减水率为 30%。

⑥ 水的密度为 1.0g/cm³。

（3）为了提高某产品质量，要对生产该产品的原料进行配方试验。要检验抗压强度、落下强度和裂纹度 3 项指标，前两个指标越大越好，第三个指标越小越好。根据以往的经验，配方中有 3 个重要因素：水分、粒度和碱度。它们各有 3 个水平，具体数据见表 6-43。试分别利用极差和方差分析法进行试验分析，找出最好的配方方案。

配合比因素与水平表　　　　　　　　　　　　　　　表 6-43

水平	因　素		
	水分(%)(A)	粒度(%)(B)	碱度(C)
1	8	4	1.1
2	9	6	1.3
3	7	8	1.5

按正交表安排试验，结果见表 6-44。

因素水平正交表   表 6-44

列号 试验号	1(A)	2(B)	3(C)	抗压强度 (kg/cm²)	落下强度 (0.5m/次)	裂纹度
1	1	1	1	11.5	1.1	3
2	1	2	2	4.5	3.6	4
3	1	3	3	11.0	4.6	4
4	2	1	2	7.0	1.1	3
5	2	2	3	8.0	1.6	2
6	2	3	1	18.5	15.1	0
7	3	1	3	9.0	1.1	3
8	3	2	1	8.0	4.6	2
9	3	3	2	13.4	20.2	1

（4）利用正交试验设计进行某水电站机制砂混凝土配合比试验分析。试配目的：考虑胶凝材料用量、水胶比、粉煤灰掺量、机制砂砂率对混凝土强度和工作性（坍落度）的影响，找出最佳组合，制定最优配合比；考核指标是混凝土抗压强度和混凝土拌合物的工作性，要求试配混凝强度等级为 C30、C25，28d 强度不低于 38.2MPa、32.2MPa，坍落度为 120～160mm。

影响机制砂混凝土强度和工作性的因素比较多，试配中只考虑原材料情况，根据已有经验和工程实践，结合经济合理性要求，选择四个主要因素：胶凝材料用量、水胶比、粉煤灰掺量、机制砂砂率以及试验误差（试验中存在的材料、设备工具、操作方法等微小变化，即在同一条件下引起的误差），每个因素各制定四个水平，详见表 6-45 和表 6-46。

正交设计方案   表 6-45

水平\因素	胶凝材料用(kg) (A)	水胶比 (B)	粉煤灰掺量(%) (C)	砂率(%) (D)	试验误差 (E)
1	332	0.55	10	45	0
2	358	0.50	15	43	0
3	384	0.45	20	31	0
4	410	0.40	25	49	0

试验结果   表 6-46

试验编号	胶凝材料用量 (kg)(A)	水胶比 (B)	粉煤灰掺量 (%)(C)	砂率(%) (D)	试验误差 (E)	7d 抗压强度 (MPa)	28d 抗压强度 (MPa)	工作性 (mm)
1	332	0.55	10	45	0	26.5	32.5	130
2	332	0.50	15	43	0	31.9	37.0	100
3	332	0.45	20	41	0	33.2	44.4	30
4	332	0.40	25	39	0	38.0	50.0	5
5	358	0.55	15	41	0	25.3	35.2	200
6	358	0.50	10	39	0	31.0	42.7	140
7	358	0.45	25	45	0	29.3	43.2	120

续上表

试验编号	胶凝材料用量（kg）(A)	水胶比（B）	粉煤灰掺量（%）(C)	砂率(%)（D）	试验误差（E）	7d抗压强度（MPa）	28d抗压强度（MPa）	工作性（mm）
8	358	0.40	20	43	0	39.0	51.3	50
9	384	0.55	20	39	0	21.1	27.3	170
10	384	0.50	25	41	0	23.0	30.8	150
11	384	0.45	10	43	0	36.8	40.0	130
12	384	0.40	15	45	0	42.3	43.5	35
13	410	0.55	25	43	0	19.9	25.0	280
14	410	0.50	20	45	0	23.9	30.7	195
15	410	0.45	15	39	0	37.8	46.1	160
16	410	0.40	10	41	0	41.8	44.7	60

问题：(1)采用极差分析,确定影响各考核指标的因素的顺序。

(2)采用方差分析法,计算方差分析结果值以及 F 值,并判断其显著性。[$F_{0.10}(3,3)$ = 5.39, $F_{0.05}(3,3)$ = 9.28, $F_{0.01}(3,3)$ = 29.50]

下篇

项目七

泵送混凝土

【项目概述】

本项目主要介绍了泵送混凝土的概念,配合比设计过程中的特殊要求,施工过程中运输、泵送和浇筑,泵送混凝土的外观、强度、拌合物性能、生产工艺过程等质量控制措施等。

【学习目标】

1. 素质目标:培养学习者具有正确的环保意识、质量意识、职业健康与安全意识及社会责任感。

2. 知识目标:能进行泵送混凝土的配合比设计,了解泵送混凝土的施工技术,能对泵送混凝土进行质量控制。

3. 能力目标:利用相关规范,能够完成泵送混凝土的配合比设计计算及性能调整;能够对泵送混凝土的施工过程进行技术指导,对质量进行控制。

 课程思政

1. 思政元素内容

超高泵送混凝土技术,一般是指泵送高度超过200m的现代混凝土泵送技术,该技术已成为现代建筑施工中的关键技术之一。由中建三局承建的天津117大厦是目前中国超高层建筑中结构高度最高的建筑物,其结构高度为596.5米,仅次于哈利法塔,为世界结构第二高楼、中国结构第一高楼,混凝土一次性泵送高度为621m,刷新了混凝土实际泵送高度吉尼斯世界纪录。

为确保混凝土泵送施工"上得去、不堵管",技术攻关团队建造了"中国建筑千米级摩天大楼"混凝土超高泵送盘管模拟试验基地,其水平盘管全长超过800m。外加剂是超高层高性能混凝土核心技术之一,技术人员每天进行不少于8次的试验,不断调整外加剂组分,改善外加剂功效,自主研发的高性能聚羧酸外加剂,有效解决了泵送高度高、高强混凝土黏度高、低强混凝土易分散、高层泵送混凝土流动性损失大以及冬季抗冻性能要求高等专业技术难题,填补了高性能混凝土超高层泵送领域中的多项技术空白。

2. 课程思政契合点

天津117大厦混凝土一次性泵送高度621m,创造混凝土泵送高度纪录;底板混凝土在82h内浇筑6.5万m³混凝土,创造了世界民用建筑底板混凝土体量之最,此外,还在超高泵送混凝土设计及性能评价、施工关键技术、生产及施工管理体系等10余项方面都做出了重大的技术创新。

3. 价值引领

党的二十大报告指出,深入实施科教兴国战略、人才强国战略、创新驱动发展战略,开辟发展新领域新赛道,不断塑造发展新动能新优势。天津117大厦混凝土施工技术充分体现了科技是第一生产力、人才是第一资源、创新是第一动力。反映了我国技术人员不断攻坚克难、敢为人先和挑战极限的精神;体现了国家综合国力和勇创世界一流的民族志气。

思政点　工匠精神典型案例

任务一　泵送混凝土的配合比设计

一、泵送混凝土的认知

用混凝土泵和输送管道输送的混凝土拌合物称为泵送混凝土（Pumping Concrete）。由于泵送混凝土与通常意义混凝土的施工方法不同,混凝土拌合物还要满足管道输送的要求,即要求有良好的可泵性。所谓可泵性是指混凝土拌合物具有能顺利通过管道,不离析、不泌水、不阻塞和黏滞性良好的性能。通常采用掺入外加剂和矿物掺合料的方法来改善混凝土的可泵性。

泵送混凝土一般是由水泥、水、砂、石、外加剂和矿物掺合料六种组分所组成。外加剂主要有减水剂和泵送剂,对于大体积混凝土结构,为防止产生收缩裂缝,还可掺入适宜的膨胀剂。常见的矿物掺合料为粉煤灰,掺入适量粉煤灰可以节约水泥,改善可泵性,还可降低水泥水化热,改善混凝土的抗裂性能。

混凝土的泵送施工已经成为高层建筑和大体积混凝土施工过程中的重要方法,泵送施工不仅可以改善混凝土施工性能、提高混凝土质量,而且可以改善劳动条件、降低工程成本。

二、泵送混凝土的特殊要求

1. 泵送混凝土特点

泵送混凝土是在混凝土泵车上通过混凝土泵和布料杆（输送管道）将混凝土直接送到浇筑地点,同时完成水平和垂直输送的混凝土。目前,随着商品混凝土的普及,各种性能要求不同的混凝土均可泵送,如高性能混凝土、防水混凝土、防冻混凝土、膨胀混凝土等。除了特殊性能要求外,还具有以下特点:

(1) 好的和易性、较大的坍落度。为了便于泵送,混凝土坍落度应在 180~220mm,水平泵送时也应大于 120mm。

(2) 混凝土拌合物均质性好,集料与水泥浆不离析、不泌水。

2. 泵送混凝土配合比特殊要求

泵送混凝土用原材料与配合比有一些特殊的要求,具体如下:

(1) 水泥宜选用硅酸盐水泥、普通硅酸盐水泥、矿渣硅酸盐水泥和粉煤灰硅酸盐水泥。

(2) 粗集料宜采用连续级配,其针片状颗粒含量不宜大于10%;粗集料的最大公称粒径与输送管径之比宜符合表 7-1 的规定。

粗集料的最大公称粒径与输送管径之比　　　　　表 7-1

粗集料品种	泵送高度(m)	粗集料最大公称粒径与运输管径之比
碎石	<50	≤1:3.0
	50~100	≤1:4.0
	>100	≤1:5.0
卵石	<50	≤1:2.5
	50~100	≤1:3.0
	>100	≤1:4.0

(3) 细集料宜采用中砂，其通过公称直径为 0.315mm 筛孔的颗粒含量不宜少于 15%。

(4) 泵送混凝土应掺用泵送剂或减水剂，并宜掺用矿物掺合料。

(5) 泵送混凝土配合比设计时胶凝材料用量不宜小于 $300kg/m^3$，砂率宜为 35%~45%，试配时应考虑坍落度经时损失。

三 泵送混凝土配合比设计

1. 泵送混凝土配合比设计要求

泵送混凝土的主要特点在于流动性特大，石子级配良好且最大尺寸符合混凝泵送管道内径的要求。在进行配合比设计时，可以采取与非泵送凝土相同的方法和步骤，但配制出来的混凝土拌合物必须适合泵送且不降低混凝土硬化后的质量。因此泵送混凝土配合比设计包括原材料选择、施工配制强度和混凝土可泵性。

1) 原材料选择

组成泵送混凝土的水泥、砂、石子、水和外加剂等原材料的质量标准与非泵送混凝土基本相同。但泵送混凝土对石子粒径大小和颗粒级配的要求比较严格，因为石子的大小以及颗粒级配的好坏对混凝土可泵性影响极大。如果石子粒径过大，即使混凝土流动性和内裹性很好也不能泵送，所以粗集料以小为好。但粗集料的粒径越小，空隙就越大，从而增加了细集料体积，加大了水泥用量，为了混凝土的可泵性而无原则地减小粗集料的粒径，既不经济，又影响混凝土质量。

2) 施工配制强度

为使泵送凝土强度保证率满足混凝土结构规定的要求。在进行配合比设计时，必须使泵送混凝土的配制强度 $f_{cu,0}$ 高于设计要求的强度 $f_{cu,k}$，$f_{cu,0}$ 应比 $f_{cu,k}$ 高多少，不但与保证率有关，还与施工控制水平有关。由于各规范所要求的保证率不同，计算施工配制强度应根据有关混凝土规定进行。

3) 混凝土可泵性

混凝土的可泵性是满足泵送工艺要求的一项重要条件，它与水泥用量、石子大小和颗粒级配、水灰比、外加剂的品种与掺量等因素有密切的关系，从实际操作角度来看，使用碎石类材料的干硬性混凝土不能使用混凝土泵输送，不同入泵坍落度或扩展度的混凝土，其泵送高度宜符合表 7-2 的规定。

混凝土入泵坍落度与泵送高度的关系　　　　表 7-2

最大泵送高度(m)	50	100	200	400	400 以上
入泵坍落度(mm)	100~140	150~180	190~220	230~260	—
入泵扩展度(mm)	—	—	—	450~590	600~740

2. 水泥用量的限制

水泥是泵送混凝土的主要组成材料之一，它使硬化混凝土具有所需的强度、耐久性等重要性能，其用量的多少也将直接影响混凝土的泵送。日本泵送混凝土对水泥用量作了一定的要求，见表 7-3。由表可见，输送管径大小与水泥用量成反比，水平距离的长短与水泥的用量成正比。工程实践表明，其水泥用量与水泥品种和坍落度大小有关，泵送混凝土施工配合比应根据所用的原材料的具体情况，经试验或按已有的经验确定。

泵送混凝土水泥用量的最少值　　　　　　　　　　表 7-3

泵送条件	输送管内径尺寸(mm)			输送管水平换算距离(m)		
	φ100	φ125	φ150	<60	60~150	>150
水泥用量(kg/m³)	300	290	280	280	290	300

泵送混凝土配合比设计,可以采用一部分掺合料(如粉煤灰),既降低了水泥用量,又不影响泵送混凝土含有必要的细粉料量(水泥加 0.3mm 以下的细集料),以满足混凝土可泵性。例如日本为了使混凝土达到可泵性要求而提出以下四点要求:

(1)水泥和细集料总量中小于 0.3mm 颗粒的含量至少有 400kg/m³(最大粒径为 40mm 时)或者 450kg/m³(最大粒径为 20mm 时)。

(2)提高混凝土的砂率,一般情况下应增加 4%~5%,对粗集料级配也要注意,不能使用间断级配的粗集料。

(3)细集料中小于 1.2mm 的颗粒含量:水泥用量大于 270kg/m³ 时应为 24%~35%,水泥用量小于 270kg/m³ 时应大于 35%。

(4)如砂中细粉料过少,可以掺入部分火山灰、石粉等,以获得良好的工作性能。

从上述要求可以看出,泵送混凝土配合比与非泵送混凝土相比较,除了石子粒径要适宜,含砂率和细粉料含量高及不能使用间断级配的石子以外,水泥用量的最小值更显得重要。

3. 坍落度取值

对于混凝土可泵性的评定和检验目前还没有一个统一的标准,一般是石子粒径适宜,流动性和内聚性比较好的塑性混凝土,其泵送性能基本上也是好的。因此,混凝土可泵性仍以坍落度为主来评价。泵送混凝土坍落度,是指混凝土在施工现场入泵泵送前的坍落度。普通方法施工的混凝土坍落度,是根据振捣方式确定的;而泵送混凝土的坍落度,除要考虑振捣方式外,还要考虑其可泵性,也就是要求泵送效率高、不堵塞,混凝土泵机件的磨损小。泵送混凝土的坍落度,试配时要求的坍落度值应按式(7-1)初步计算:

$$T_t = T_p + \Delta T \tag{7-1}$$

式中:T_t——试配时要求的坍落度值,mm;

　　　T_p——入泵时要求的坍落度(表 7-4),mm;

　　　ΔT——试验测得在预计时间内的坍落度的损失值,mm。

泵送混凝土的坍落度应当根据工程具体情况而定。如水泥用量较少,坍落度应当相应减小;用布料杆进行浇筑,或管路转弯较多时,由于弯管接头多,压力损失大,宜适当加大坍落度;向下泵送时,为防止混凝土因自身下滑而引起堵管,坍落度宜适当减小;向上泵送时,为避免过大的倒流压力,坍落度也不宜过大。

在选择泵送混凝土的坍落度时,应满足泵送混凝土的流动性要求,并考虑泵送混凝土在运输过程中的坍落度损失。我国规定的泵送混凝土入泵压送前的坍落度选择范围可参考表 7-4。

泵送混凝土的坍落度　　　　　　　　　　表 7-4

泵送高度(m)	<30	30~60	60~100	>100
坍落度(mm)	100~140	140~160	160~180	180~200

坍落度过小的混凝土拌合物,泵送时吸入混凝土缸较困难,即活塞后退黏吸混凝土时,进入缸内的拌合料数量少,也就使得充盈系数小,影响泵送效率。这种混凝土拌合物进行泵送时

摩擦阻力大,要求用较大的泵送压力。若用较高的泵送压力,必然使分配阀、输送管、液压系统等的磨损增加,如处理不当还会产生堵塞。

在一般情况下,泵送混凝土的坍落度,可按我国现行《混凝土结构工程施工及验收规范》(GB 50204)的规定选用,对普通集料混凝土以 80~180mm 为宜,对轻集料混凝土以大于 180mm 为宜。

影响坍落度损失的其他因素还有:水泥品种、单位用水量及水灰比、集料级配及含砂率、掺合料和外加剂。

实际上,混凝土拌制之后到泵送需要一段运输和停放时间,故掌握泵送混凝土初始坍落度的变化与时间的关系,对泵送是十分重要的。为了保持混凝土原有坍落度,控制坍落度的损失,配制泵送混凝土用减水剂的加入方法,可采用后掺法。后掺法能较好地解决停放和输送过程中坍落度损失的问题,而硬化后混凝土强度和耐久性仍然达到或超过不掺减水剂的混凝土水平。

4. 合理的水灰比

混凝土的水灰比主要受施工工作性能的控制,比理想水灰比大。例如拌制泵送混凝土水泥用量按 $280kg/m^3$ 来计算,则水泥水化和硬化的用水量仅为 $70kg/m^3$ 左右。但实际用水量比这一数值大,大部分水是与水泥水化和硬化无关的,只是供混凝土的集料和粉料吸附,以及保证混凝土的可泵性。一般来说,水灰比大,对泵送有利,但硬化后的泵送混凝土强度仍然取决于水灰比。而且在一定范围内,混凝土的强度随着用水量的减少而提高。这是因为混凝土拌合物的实际用水量大大超过水泥水化和硬化所需要的用水量,多余的水分除被集料和粉料吸附外,都将在硬化的混凝土中形成孔隙和空洞。用水越多,则形成的孔隙和空洞越多,引起的混凝土强度降低也越显著。美国混凝土学会(ACI)提出混凝土强度与水灰比的大致关系,如表 7-5 所示。

混凝土强度与水灰比之间的关系　　　表 7-5

28d 抗压强度(MPa)	水灰比	
	不加气	加气
42.0	0.42~0.45	—
35.0	0.51~0.53	0.42~0.44
28.0	0.60~0.63	0.50~0.53
21.0	0.71~0.73	0.62~0.65

从表 7-5 可见,水灰比、强度指标和混凝土可泵性对泵送混凝土来说实际上存在着互相制约的因素。因此,泵送混凝土配合比设计最重要的,就是根据强度和可泵性来考虑水灰比值。为了保证泵送混凝土具有必需的可泵性和硬化后的强度,可以采用加减水剂的方法来提高混凝土的流动性。减水剂的掺量很少,只有水泥用量的千分之几。在同样水灰比条件下,能使混凝土拌合物流动性大大增加,而且不会给混凝土结构物带来不利的影响。

5. 泵送混凝土砂率问题

在泵送混凝土配合比中,除单位水泥用量外,砂率也有一定的影响。这是因为水泥砂浆在泵送过程中的效应主要如下:

(1)粗集料包裹,使输送管道内壁形成砂浆润滑层,所以混凝土拌合物能在管道中被压送。当混凝土泵送时,输送管道除直管外,还有锥形管、弯管、软管等,当混凝土拌合物通过上述非直管和软管时,粗集料颗粒间的相对位置将产生变化。此时,如果水泥砂浆量不足,则混凝土拌合物变形不够,便会产生堵塞现象。

(2) 对坍落度较大的混凝土,其坍落度值随着砂率的增加而增大。

较高的砂率是保证大流动性混凝土不离析、少泌水及具有良好的成型和运输性能的必要条件。因此,泵送混凝土砂率比非泵送混凝土高。目前国内配制泵送混凝土都采用通过0.315mm筛孔的细颗粒不少于15%的中砂,当水灰比在0.4~0.9时,砂率按41%~45%选用。

总之,可泵性是泵送混凝土的一项综合指标,由于混凝土泵类型较多,各类混凝土泵特点各不相同,且配制混凝土的集料粒度和粒形也不同,故检验混凝土的可泵性时,采用实际试压送方式是必要的,它可直接反映混凝土原材料及配合比是否合适,明显衡量混凝土可泵性的优劣。

任务二　泵送混凝土施工技术认知

泵送混凝土施工的优点

泵送混凝土与传统的混凝土施工方法不同,它是在混凝土泵的推动下沿输送管道进行运输并在管道出口处直接浇筑的,可一次连续完成水平运输或垂直运输和浇筑,高效省力。泵送混凝土施工方法之所以能在工程施工中被采用并取得成功,从技术上看主要是工艺设备配套,混凝土搅拌、运输、浇筑等各个环节的能力匹配,混凝土在数量、质量上都能得到保证,且加强了施工管理,严格了混凝土的质量控制,工程技术人员施工技术水平也有了提高。

泵送混凝土施工作为施工现场混凝土的一种输送方法被广泛采用和推广,是因为它具有下列优点:

(1) 机械化程度高,能节省大量的劳动力和施工材料。与常规的手推车和垂直运输井架的混凝土运输方法相比,泵送混凝土施工方法可利用配套设备把混凝土直接送到浇筑地点,使现场混凝土的垂直运输和水平运输连续化,从而提高现场混凝土运输的机械化水平,节省手推车所需的劳动力和施工材料。

(2) 混凝土泵的输送能力强、速度快,能加快施工进度、缩短工期、提高工效。由于泵的输送能力强,所以泵送混凝土施工方法与常规的塔吊、吊斗、提升机的输送方法相比,施工连续性强,使混凝土的输送能力加快,与常规施工方法比可以提高4~6倍工效,缩短了工期,而且减轻了劳动强度。

(3) 可长距离输送,不受现场施工道路不良影响。施工现场的道路一般是临时性的,质量较差,特别是雨季,往往因道路泥泞而无法进场。采用泵送混凝土施工时,利用混凝土泵能配管压送的特点,延长配管过泥泞地段,把混凝土送至浇灌地点,保证浇灌作业正常进行。

(4) 机动性强。汽车式带布料杆的混凝土泵(图7-1),既能使用配管,也能用布料杆(图7-2)直接输送,机动性大大提高,使泵送混凝土施工方法更能适应施工场地狭窄的城市建筑施工的需要。

(5) 减少城市污染。泵送混凝土的搅拌站一般选择在城市边,且集中拌制好后,通过混凝土搅拌运输车运输到施工现场,减少了环境的污染和噪声。

图 7-1 汽车式带布料杆的混凝土泵

图 7-2 布料杆

二、泵送混凝土的运输

1. 泵送混凝土的运输

泵送混凝土宜采用搅拌运输车运输,搅拌运输车的主要用途是运输预拌混凝土,如图 7-3 所示。在混凝土搅拌站(楼)集中生产的预拌混凝土,由于采用先进的生产工艺和设备,称量准确,搅拌均匀,使预拌混凝土的质量较高。用搅拌运输车运输途中,搅拌筒缓慢转动,不断搅拌混凝土拌合物,以防止其产生离析。

图 7-3 混凝土搅拌运输车的构造

搅拌运输车还具有搅拌机的功能,当施工现场距离混凝土搅拌站(楼)很远时,可在混凝土搅拌站将称量过的砂、石、水泥等干料装入搅拌筒,待搅拌运输车行驶到临近施工现场时,由搅拌运输车所带的水箱供水搅拌,待到达施工现场搅拌结束,随即进行浇筑。但采用这种方式时,允许装入的干料容量不超过搅拌筒几何容量的 2/3,因此混凝土运输量有所下降。

泵送混凝土的运送延续时间有一定的限制,要在混凝土初凝之前能顺利浇筑,为此对未掺外加剂的混凝土可按表 7-6 的规定执行;掺其他外加剂时,可按实际采用的配合比和运输时的气温条件测定混凝土的初凝时间,此时泵送混凝土的运输延续时间,以不超过所测得的混凝土初凝时间的 1/2 为宜。

未掺外加剂的泵送混凝土运输延续时间　　　　表 7-6

混凝土出机温度(℃)	运输延续时间(min)	混凝土出机温度(℃)	运输延续时间(min)
25~35	50~60	25~35	60~90

混凝土泵最好连续作业,不但能提高其泵送量,而且能防止输送管堵塞。要保证混凝土泵连续作业,则泵送混凝土的供应量要能满足要求,此时每台混凝土泵所需配备的混凝土搅拌运输车的台数,可按式(7-2)计算:

$$N_1 = \frac{Q_1}{60 \eta_v V_1} \left(\frac{60 L_1}{S_0} + T_1 \right) \tag{7-2}$$

式中：N_1——混凝土搅拌运输车台数，按计算结果取整数，小数点以后的部分应进位；

Q_1——每台混凝土泵的实际平均输出量，m^3/h，按式(7-3)计算；

η_v——搅拌运输车容量折减系数，可取 0.90~0.95；

V_1——每台混凝土搅拌运输车容量，m^3；

L_1——混凝土搅拌运输车往返距离，km；

S_0——混凝土搅拌运输车平均行车速度，km/h；

T_1——每台混凝土搅拌运输车总计停歇时间，min。

$$Q_1 = \eta \alpha_1 Q_{max} \tag{7-3}$$

式中：η——作业效率，根据混凝土搅拌运输车向混凝土泵供料的间断时间、拆装混凝土输送管和布料停歇等情况，可取 0.5~0.7；

α_1——配管条件系数，可取 0.8~0.9；

Q_{max}——每台混凝土泵的最大输出量，m^3/h。

2. 泵送混凝土运输时的注意事项

1）运输工作总要求

从泵送混凝土本身特点考虑，对运输工作总的要求如下：

（1）在运输过程中应保持混凝土的均匀性，不产生严重的离析现象，否则浇筑后就容易形成蜂窝或麻面，至少也会增加捣实的困难。

（2）混凝土运到浇筑地点开始浇筑时，应具有设计配合比所规定的流动性（坍落度）。

（3）运输时间应保证混凝土在初凝之前浇入模板内并捣实完毕。

（4）当混凝土在运输过程中发生离析时应进行二次搅拌。

2）运输混凝土时的要求

泵送混凝土的运输宜采用混凝土搅拌运输车，但在现场搅拌站搅拌的泵送混凝土可采取适当的方式运送。泵送混凝土在运送过程中，须防止混凝土的离析和分层。使用混凝土搅拌运输车运送泵送混凝土时必须注意的事项如下：

（1）混凝土必须能在最短的时间内均匀无离析地排出。出料干净、方便，能满足施工的要求。与混凝土泵联合输送时，其排料速度应能相匹配。

（2）从搅拌运输车运卸的混凝土中分别取 1/4 和 3/4 处的试样进行坍落度试验。两个试样的坍落度值之差不得超过 30mm。

（3）搅拌运输车在运送混凝土时通常的搅动转速为 2~4r/min，整个输送过程中转筒的总转数应控制在 300r 以内。

（4）用混凝土搅拌运输车进行运输，在装料前必须将搅拌筒内积水倒净，否则会改变混凝土的设计配合比，混凝土质量得不到保障。出于同样的原因，混凝土搅拌运输车在行驶过程中、给混凝土泵喂料前和喂料过程中都不得随意往搅拌筒内加水。混凝土在搅拌运输车因途中失水，到工地需加水调整混凝土的坍落度时，搅拌筒应以 6~8r/min 的搅拌速度搅拌。

3）给混凝土泵喂料时的要求

混凝土搅拌运输车给混凝土泵喂料时，应符合下列要求：

（1）喂料前，应用中、高速旋转搅拌筒，使混凝土拌和均匀，避免卸出的混凝土分层、离析。喂料时，搅拌筒反转卸料应配合泵送均匀进行，且应使混凝土拌合物保持在集料斗内高度标志线以下。

（2）如果搅拌筒中断喂料，应以低转速搅拌混凝土拌合物。

（3）为筛除粒径过大的集料或异物，防止其进入混凝土泵产生堵塞，在混凝土泵进料斗上应设置网筛，并设专人监视喂料。

（4）喂料完毕，应及时清洗搅拌筒并排尽积水。严禁质量不符合泵送要求的混凝土拌合物入泵。

三、泵送混凝土的泵送

1. 准备工作

为保证把运至施工现场（亦可现场机械制备）的混凝土拌合物顺利地用混凝土泵经输送管送至浇筑地点，泵送前应事先做好下述准备工作：

1）模板和支撑的检查

由于泵送施工浇筑速度快，混凝土拌合物会对模板产生很大的侧压力，为此，模板和支撑应有足够的强度、刚度和稳定性。

2）钢筋的检查

首先检查结构钢筋骨架的绑扎是否正确，由于是隐蔽工程，在浇筑混凝土之前要进行验收并由监理单位签字确认。

板和大体积块体结构的水平钢筋骨架（网），应设置足够的钢筋撑脚或钢支架，以支撑上部的钢筋网片。钢筋骨架的重要节点宜采取加固措施。

3）检查混凝土泵或泵车的放置处是否坚实稳定

因为泵或泵车在泵送混凝土时都有脉冲式振动，如放置处有坡度，则有可能因泵送时的振动而使其滑动，所以应将泵体垫平固定。

如基坑采用支护结构，则在设计施工时要考虑混凝土泵或泵车的地面附加荷载，以确保泵送支护结构的安全。

至于混凝土泵车，应外伸出支脚支承于地面，必要时支脚下应加设垫木以扩大支承面积，以防止泵车回转或使用布料杆浇筑混凝土时支脚不均匀下降而导致泵车不稳定，在软土地区施工时尤应注意。

采用混凝土泵车时，要先把外伸支架固定后，再使用悬臂。整个悬臂伸出后，泵车就不再允许有任何移动，以防倾倒。只有在第三节悬臂折叠并采取安全措施后，才允许以小于10km/h 的速度移动。为防止悬臂在水平状态使用时泵车倾倒，水箱内的水一定要装满。当风速在 10m/s 以上时，不能使用悬臂。如泵车停在斜坡处，勿将悬臂伸长，以防其自动滑行。

4）检查混凝土泵和输送管路

混凝土泵的安全使用和操作，应严格执行使用说明书和其他相关规定。同时，应结合具体情况并根据使用说明书制定专门的操作要点。

待混凝土泵与输送管连通后，应按所用混凝土泵使用说明书的规定进行全面检查，符合要求后方能开机进行空运转。

5）组织方面的准备

混凝土泵送施工现场应规定统一指挥和调度的方法，以保证顺利进行泵送。

在混凝土泵、混凝土搅拌运输车、混凝土搅拌站和泵送混凝土浇筑地点之间，应规定联络信号并配备无线通信设备，以便及时联络和统一调配。

对混凝土泵的操作人员,应检查其是否经过专门培训并持有上岗证书,否则不能上岗操作。

此外,还应检查运输道路是否畅通,水、电供应是否有保证,备用的混凝土泵或泵车是否到位,指挥人员、管理人员和操作人员是否齐全并做好技术交底等。

2. 混凝土的泵送

1) 湿润与润滑

混凝土泵(图7-4)或泵车启动后,应先泵送适量的水以湿润混凝土泵的料斗、混凝土缸及输送管内壁等直接与混凝土拌合物接触的部位。

经泵水检查,确认混凝土泵和输送管中无异物后,应采用下列方法之一进行混凝土泵和输送管的内部润滑。润滑用水泥浆或水泥砂浆应分散布料,不得集中浇筑在同一处。

(1) 泵送水泥浆。

(2) 泵送1:2水泥砂浆。

(3) 泵送与混凝土内部除粗集料外的其他成分相同配合比的水泥砂浆。

2) 正常泵送

开始泵送时,要注意观察泵的压力和各部分

图7-4 混凝土泵

工作的情况。开始时混凝土泵应处于慢速、匀速并随时可反泵的状态,待各方面情况都正常后再转入正常泵送。

正常泵送时,应尽量不停顿地连续进行,遇到运转不正常的情况时,可放慢泵送速度。当混凝土供应不及时时,宁可降低泵送速度,也要保持连续泵送,但慢速泵送的时间不能超过从搅拌到浇筑的允许延续时间。不得已停泵时,料斗中应保留足够的混凝土,作为间隔推动管路内混凝土之用。

在泵送过程中,要定时检查活塞的冲程,不使其超过允许的最大冲程。泵的活塞冲程虽可任意改变,但为了防止油缸不均匀磨损和阀门磨损,宜采用较长的冲程进行运转。

在泵送过程中,还应注意料斗内的混凝土量,应保持混凝土面不低于上口20cm。否则,不但吸入效率低,而且易吸入空气形成阻塞。如吸入空气,逆流增多时,宜进行反泵将混凝土反吸到料斗内,除气后再进行正常泵送。

对于输送管路,如夏季高温日光直射时,会由于管道温度升高、加快脱水而形成阻塞,应用湿草帘等加以覆盖。冬季气温很低时,亦应覆盖保暖,防止长距离泵送时受冻。

在泵送混凝土过程中,水箱或活塞清洁室中应经常保持充满水的状态,以备急需之用。在混凝土拌合物泵送过程中,若需接长3m以上(含3m)的输送管时,应预先用水、水泥浆或水泥砂浆进行湿润和润滑管道内壁。

当混凝土泵出现压力升高且不稳定、油温升高、输送管明显振动等现象而泵送困难时,不得强制泵送,而应立即查明原因并采取措施将其排除。可先用木槌敲击输送管弯管、锥形管等易堵塞部位,并进行慢速泵送或反泵,以防止堵塞。

3) 停泵

短时间停泵,再运转时要注意观察压力表,逐渐地过渡到正常泵送。

长时间停泵,应每隔4~5min开泵一次,使泵正转和反转各两个冲程。同时开动料斗中的搅拌器,使之搅拌 3~4r,以防止混凝土离析(长时间停泵,搅拌器不宜连续进行搅拌,这样会引起轻集料下沉)。如为混凝土泵车,可使浇筑软管对准料斗,使混凝土进行循环。

如停泵时间超过 30~45min(视气温、坍落度而定),宜将混凝土从泵和输送管中清除。对于坍落度小的混凝土,更要严加注意。

4) 向下泵送

向下泵送时,为防止管路中产生真空,混凝土泵启动时,宜将设置在管路中的气门打开,待下游管路中的混凝土有足够阻力对抗泵送压力时,方可关闭气门。有时这种阻力需借助于将软管向上弯起才能建立。开始时,还可将海绵或经充分湿润的水泥袋纸团塞入输送管,以增加阻力。

5) 堵管

当混凝土输送管堵塞时,可采取下述方法进行排出:

使混凝土重复进行反泵和正泵,逐步将堵塞处的混凝土拌合物吸出并送至料斗中,重新加以搅拌后再进行正常泵送。

用木槌敲击输送管,查明堵塞部位,将堵塞处的混凝土拌合物击松后,再通过混凝土泵的反泵和正泵来加以排除堵塞。

当采用上述两种方法都不能排除堵塞时,可在混凝土泵卸压后拆除堵塞部位的输送管,排出混凝土堵塞物后,再接管重新泵送。但在重新泵送前,应先排除输送管内的空气,方可拧紧管段接头。

在混凝土泵送过程中,如事先安排有计划中断时,应在预先确定的中断浇筑部位停止泵送,但中断时间不宜超过 1h。

如因为混凝土供应和运输等原因,在混凝土泵送过程中出现非堵塞性中断时,托式混凝土泵可利用混凝土搅拌车内的材料进行慢速间歇式泵送,或利用料斗内的材料进行间歇反泵和正泵;混凝土泵车则可利用臂架将混凝土拌合物泵入料斗,进行慢速间歇循环泵送,利用输送管输送混凝土时,亦可进行慢速间歇泵送。

在混凝土泵送过程中,如发现泵送效率急剧降低时,应检查混凝土缸和分配阀的磨损情况。如果新的混凝土泵缸套磨损严重,可掉头后再用;如果缸套两头都已严重磨损,则应更换新品。如果是分配阀严重磨损,应补焊修复或更换新的分配阀。

当多台混凝土泵同时泵送时,应预先规定各台泵的输送能力、浇筑区域和浇筑顺序,应分工明确,互相配合,统一指挥。

6) 泵送结束

泵送即将结束时,要估计残留在输送管路中的混凝土量,因为这些混凝土经水洗或压缩空气冲洗之后尚能使用。其数量见表 7-7。

管长度与残留混凝土量的关系 表 7-7

输送管径(mm)	每100m输送管内的混凝土量(m^3)	每$1m^3$混凝土量的输送管长度(mm)
100	1.0	100
125	1.5	75
150	2.0	50

对泵送过程中废弃的和泵送终止时多余的混凝土拌合物,应按预先确定的场所和处理方法及时进行妥善处理。

7) 清洁混凝土泵和输送管

泵送结束时,应及时清洁混凝土泵和输送管。清洗混凝土输送管的方法有两种,即水洗和气洗,分别是用压力水或压缩空气推送海绵球或塑料球进行。实际施工中,混凝土输送管的清洗多用水洗,因为操作上较为简便,且危险性比气洗要小。

进行水洗时,应从进料口塞入海绵球,使海绵球与混凝土拌合物之间不留空隙,以免压力水越过海绵球混入混凝土拌合物中。然后混凝土泵以大行程、低转速运转,泵水就会产生压力将混凝土拌合物推出,但清洗用水不得排入已浇筑的混凝土内。

气洗时,混凝土泵以大行程、高转速运转,空气的压力约 1.0MPa,与水洗相比其危险性较大,因此操作时应严格按操作手册的规定进行,并在输送管出口处设防止喷跳工具,施工人员也要远离出口方向,以防粒料或海绵球飞出伤人。

清洗混凝土泵之前一定要反泵吸料,以降低管路内的剩余压力。寒冷季节,用温水清洗管道,应擦干活塞杆,防止冻坏活塞杆。在清洗活塞缸时,不得将手伸入。

四 混凝土的浇筑

混凝土的浇筑,应预先根据工程结构特点、平面形状和几何尺寸、混凝土制备设备和运输设备的供应能力、泵送设备的泵送能力、劳动力和管理能力以及周围场地大小、运输道路情况等条件,划分混凝土浇筑区域。并明确设备和人员的分工,以保证结构浇筑的整体性和按计划进行浇筑。

混凝土的浇筑应按以下顺序进行:在采用混凝土输送管输送混凝土时,应由远而近浇筑;在同区的混凝土,应按先竖向结构后水平结构的顺序,分层连续浇筑;当不允许留施工缝时,区域之间、上下层之间的混凝土浇筑时间,不得超过混凝土初凝时间。

1. 框架结构混凝土浇筑

框架结构由柱、梁和板组成。浇筑柱子时,每个浇筑区域内每排柱子应由外向内对称地顺序浇筑,不宜由一端向另一端推进,预防柱子模板逐渐受推倾斜而导致误差积累难以纠正。截面尺寸在 400mm×400mm 以上、无交叉箍筋的柱子,如柱高不超过 4.0m,可从柱顶浇筑;如用轻集料混凝土从柱顶浇筑,则柱高不得超过 3.5m。浇筑柱子时,布料设备的出口离模板内侧面不应小于 50mm,且不得向模板内侧面直冲布料,也不得直冲钢筋骨架,以防模板和钢筋骨架在混凝土干涸无冲击力作用下产生不能恢复的变形。

柱子浇筑完毕,如柱顶处有较大厚度的砂浆层,应加以处理。柱子浇筑后,应间隙 1~1.5h,待已浇筑的混凝土拌合物初步沉实,再浇筑上面的梁板结构。

混凝土应分层浇筑,以便于捣实,分层厚度宜为 300~500mm。

梁和板一般同时浇筑,从一端开始向前推进,使用混凝土泵浇筑时不得在同一处连续布料,应在 2~3m 范围内水平移动布料,且宜垂直于模板布料,对于深梁(梁高大于 1m 时)才允许单独浇筑梁,此时的施工缝宜留在楼板板面下 20~30mm 处。

如果柱子与梁、板的混凝土强度等级不同时,应先浇筑柱子的混凝土于楼面板高程,且向柱子周边的梁内浇筑一定长度(梁内靠近柱子处用钢筋网将不同强度等级的混凝土拌合物隔开),然后再浇筑梁、板混凝土。最好由两个小组分别进行浇筑。务必防止强度等级较低的梁、板混凝土落入柱模板内。

混凝土泵送速度较快,框架结构的浇筑要很好地组织,要加强布料和捣实工作,对预埋件和钢筋太密的部位,要预先制定技术措施,确保顺利进行布料和振捣密实。

2. 大体积结构混凝土浇筑

大体积混凝土结构,如桩基承台、箱基底板、厚底板、深梁、厚墙等,最宜用混凝土泵浇筑,因为混凝土泵浇筑速度快,可使之在较短时间内完成浇筑工作,并有利于保证结构的整体性,这类结构上多有巨大的荷载,整体性要求高,往往不允许留施工缝,要求一次连续,具有整体性。

大体积结构混凝土的浇筑方法,一般有全面分层、分段分层和斜面分层三种,如图7-5所示,但最常用的是斜面分层浇筑法。

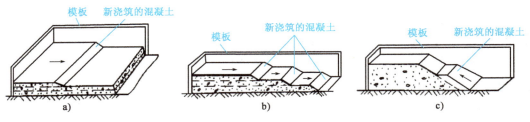

图7-5 大体积结构混凝土浇筑方法

用斜面分层法浇筑时,按混凝土拌合物自动流淌形成的斜坡(1∶6~1∶10),自下而上斜向分层浇筑,每层厚度300~500mm。按一个方向向前推进,直至浇筑结束(或与相邻浇筑区域相接),要保证使每一浇筑层在初凝前就被上一层混凝土拌合物覆盖并捣实成为整体。

为此,要求混凝土按不小于下述的浇筑量进行浇筑:

$$Q = \frac{FH}{T} \tag{7-4}$$

式中:Q——混凝土最小浇筑量,m^3/h;

F——混凝土浇筑区的面积,m^2;

H——浇筑层厚度,m;

T——下层混凝土拌合物从开始浇筑到初凝所允许的时间间隔,h。

当每小时混凝土浇筑量不小于式(7-4)的计算值时,则可保证结构的整体性,在混凝土中不会出现施工缝。

当下层浇筑的混凝土初凝之后,再浇筑上层混凝土时,其间存在施工缝,在浇筑之前应先按留置施工缝的规定进行处理。

大体积泵送混凝土的振捣,振捣棒(插入式振动器)的移动间距宜为400mm左右,振捣时间宜为15~30s,且隔20~30min后,宜进行二次复振。

大体积泵送混凝土表面,应在浇筑之后适时用木抹子磨平搓毛两遍以上。必要时,还应先用铁滚筒滚压两遍以上,以防产生收缩裂缝。

创新能力培养

超高泵送混凝土技术,一般是指泵送高度超过200m的现代混凝土泵送技术。近年来,随着经济和社会发展,超高泵送混凝土的建筑工程越来越多,因而超高泵送混凝土技术已成为现代建筑施工中的关键技术之一。

超高泵送混凝土技术是一项综合技术,包含混凝土制备技术、泵送参数计算、泵送设备选定与调试、泵管布设和泵送过程控制等内容。

超高泵送混凝土技术指标要求如下：

（1）混凝土拌合物的工作性良好，无离析泌水，坍落度宜大于180mm，混凝土坍落度损失不应影响混凝土的正常施工，经时损失不宜大于30mm/h，混凝土倒置坍落筒排空时间宜小于10s。泵送高度超过300m的，扩展度宜大于550mm；泵送高度超过400m的，扩展度宜大于600mm；泵送高度超过500m的，扩展度宜大于650mm；泵送高度超过600m的，扩展度宜大于700mm。

（2）硬化混凝土物理力学性能符合设计要求。

（3）混凝土的输送排量、输送压力和泵管的布设要依据准确的计算结果，并制订详细的实施方案，进行模拟高程泵送试验。

（4）其他技术指标应符合现行《混凝土泵送施工技术规程》（JGJ/T 10）和《混凝土结构工程施工规范》（GB 50666）的规定。

视频：一泵到顶
（视频来源：
《走遍中国》）

思考与练习

一、选择题

1. 泵送过程中，应注意不要使料斗里的混凝土降到（　　）以下。
   A. 20cm   B. 10cm   C. 30cm   D. 40cm

2. 我国规定泵送混凝土的坍落度宜为（　　）。
   A. 5～7cm   B. 8～18cm   C. 8～14cm   D. 10～18cm

3. 泵送混凝土的布料方法在浇筑竖向结构混凝土时，布料设备的出口离模板内侧面不应小于（　　）。
   A. 20mm   B. 30mm   C. 40mm   D. 50mm

4. 泵送混凝土碎石的最大粒径与输送管内径之比，宜小于或等于（　　）。
   A. 1∶2   B. 1∶2.5   C. 1∶4   D. 1∶3

5. 为了不致损坏振捣棒及其连接器，振捣棒插入深度不得大于棒长的（　　）。
   A. 3/4   B. 2/3   C. 3/5   D. 1/3

6. 石子最大粒径不得超过结构截面尺寸的（　　），同时不大于钢筋间最小净距的（　　）。
   A. 1/4,1/2   B. 1/2,1/2   C. 1/4,3/4   D. 1/2,3/4

7. 不同入泵坍落度或扩展度的混凝土，其泵送高度宜符合有关规定，当泵送高度为100m，入泵混凝土坍落度宜控制在（　　）。
   A. 100～140mm   B. 150～180mm   C. 190～220mm   D. 230～260mm

8. 泵送混凝土搅拌的最短时间，应符合现行《预拌混凝土》（GB/T 14902）的有关规定，当混凝土强度等级高于C60时，泵送混凝土的搅拌时间应比普通混凝土延长（　　）。
   A. 0～10s   B. 10～20s   C. 20～30s   D. 30～40s

9. 混凝土输送管规格应根据粗集料最大粒径、混凝土输出量和输送距离以及拌合物性能等进行选择，当粗集料最大粒径为25mm时，输送管最小内径宜为（　　）。
   A. 75mm   B. 100mm   C. 125mm   D. 150mm

10. 垂直向上配管时，地面水平管折算长度不宜小于垂直管长度的（　　），且不宜小于

（　　）。

  A.1/3,10m B.1/3,15m C.1/5,10m D.1/5,15m

11. 倾斜或垂直向下泵送施工时,且高度大于20m时,应在倾斜或垂直管下端设置弯管或水平管,弯管和水平管折算长度不宜小于(　　)倍高差。

  A.1.5 B.2.0 C.2.5 D.3

12. 泵送混凝土的入泵坍落度不宜小于(　　)mm,对强度等级超过C60的泵送混凝土,其入泵坍落度不宜小于(　　)mm。

  A.100,180 B.120,180 C.100,160 D.120,160

13. 当混凝土供应不及时,宜采用间歇泵送方式,放慢泵送速度。间歇泵送可采用每隔(　　)进行两个行程反泵,再进行两个行程正泵的泵送方式。

  A.1~2min B.2~3min C.3~4min D.4~5min

14. 浇筑竖向结构混凝土,布料设备的出口离模板内侧面不应小于(　　)。

  A.50mm B.100mm C.150mm D.200mm

15. 用于泵送混凝土的模板及其支承件的设计,应考虑混凝土泵送浇筑施工所产生的附加作用力,并按实际工况对模板及其支撑件进行(　　)验算。

  A.强度 B.刚度 C.稳定性 D.以上全是

16. 对安装于垂直管下端的(　　)的结构位置应进行承载力验算,必要时应采取加固措施。

  A.钢支撑 B.布料设备 C.接力泵 D.以上全是

17. 设备在居民区施工作业时,应采取降噪措施。搅拌、泵送、振捣等作业的允许噪声,昼间为(　　)db,夜间为(　　)db。

  A.70,55 B.85,55 C.70,65 D.85,65

18. 混凝土入泵时的坍落度允许偏差应符合有关规定,当坍落度大于160mm时,允许偏差为(　　);当坍落度在100~160mm时,应为(　　)。

  A.±20,±20 B.±20,±30 C.±30,±30 D.±30,±20

19. (多项选择题)关于泵送混凝土配合比设计,说法正确的是(　　)。

  A.泵送混凝土的入泵坍落度不宜低于100mm

  B.用水量与胶凝材料总量之比不宜大于0.6

  C.泵送混凝土的胶凝材料总量不宜小于300kg/m³

  D.泵送混凝土掺加的外加剂品种和掺量宜由试验确定,不得随意使用

20. (多项选择题)关于泵送混凝土施工的说法,正确的有(　　)。

  A.混凝土泵可以将混凝土一次输送到浇筑地点

  B.混凝土泵车可随意设置

  C.泵送混凝土配合比设计可以与普通混凝土相同

  D.混凝土泵送应能连续工作

  E.混凝土泵送输送管宜直,转弯宜缓

二、判断题

1. 混凝土在运输、输送和浇筑过程中,当坍落度损失时,可加水。(　　)
2. 同一管路宜采用相同管径的输送管,终端出口处可采用软管。(　　)

3. 垂直泵送高度大于80m时,混凝土泵机出料口应设置截止阀。（ ）
4. 润滑用浆料泵出后应充分利用,可作为结构混凝土使用。（ ）
5. 当采用输送管输送混凝土时,混凝土的浇筑顺序应先中间后周边。（ ）

三、简答题

1. 泵机与输送管接好并进行全面检查后,在开始泵送混凝土料前,应有哪些关键步骤?
2. 输送管泵堵塞,应如何处理?
3. 造成堵泵的常见原因有哪些?

项目八

自密实混凝土

【项目概述】

本项目主要介绍了自密实混凝土的含义及相关应用,以及自密实混凝土配合比设计及检测方法。

【学习目标】

1. 素质目标:培养学习者良好的道德情操、高度的责任意识和质量意识、严谨的工作作风、坚定耐心的意志品质,以及良好的集体观念和团队协作精神。

2. 知识目标:掌握自密实混凝土原材料的相关规定,掌握自密实混凝土配合比设计步骤、拌合物性能检测及评价方法。

3. 能力目标:利用相关规范,能够合作完成自密实混凝土配合比设计及性能检测,独立完成试验数据处理及结果评定。

 课程思政

1. 思政元素内容

为解决现代复杂土木工程结构和高速铁路无砟轨道结构等建造难题、满足高效低碳建设技术发展的重大需求,中南大学余志武教授带领目前国内本领域研究基础最强的团队,率先在国内开展新型自密实混凝土(SCC)设计与制备及应用技术研究,发明了具有高稳健性、高抗裂特性的新型 SCC 制备方法及应用技术,形成了具有我国自主知识产权的新型 SCC 核心技术体系,授权发明专利 14 项、实用新型专利 2 项,制定我国第一本 SCC 设计与施工指南。项目研究成果在铁道工程、建筑工程、水利工程及公路工程等领域的全国 10 多个省市 300 多个重大工程中得到规模化工程应用,并首次实现在高速铁路无砟轨道充填层中成功应用，技术经济社会综合效应显著，推动了混凝土科技进步，提升了我国土木工程行业科技水平和国际核心竞争力。

2. 课程思政契合点

与普通混凝土相比，自密实混凝土（SCC）具有高流动性、均匀性和稳定性等特点。在施工过程中无须振捣，加快了混凝土的浇筑速度，提高了生产效率，避免了混凝土振捣过程中产生噪声的问题。

20世纪80年代，日本学者开始研究SCC。1987年，冯乃谦教授提出来流态混凝土的概念，为我国SCC的理论奠定了基础。之后天津、深圳等地不断地出现了将SCC应用于工程项目的实例。2003年，在北京和天津举办了高性能混凝土HPC、SCC的研讨会，进一步促进了北京和天津的SCC的发展。中南大学铁道学院和大连理工大学分别对SCC的强度进行了深入研究，制备出了强度等级从C20到C100的免振捣高性能混凝土，并对其各项指标进行了大量的研究。

3. 价值引领

党的二十大报告指出，我们要完善科技创新体系，坚持创新在我国现代化建设全局中的核心地位，健全新型举国体制，强化国家战略科技力量，提升国家创新体系整体效能，形成具有全球竞争力的开放创新生态。正所谓"国之利器，不可以示人。"，只有拥有强大的科技创新能力，才能提高我国国际竞争力。只有把核心技术掌握在自己手中，才能真正掌握竞争和发展的主动权，才能从根本上保障国家经济安全、国防安全和其他安全。

思政点　科技报国

任务一　自密实混凝土的发展认知

自密实混凝土(Self-Compacting Concrete,简称SCC)是具有高流动性、均匀性和稳定性,浇筑时无须外力振捣,能够在自重作用下流动并充满模板空间的混凝土。

与普通混凝土相比,自密实混凝土有许多优点:

(1)高工作性:由于具有良好的流动和抗离析性,特别适合应用于配筋密集、形状复杂的结构中,基本不会出现施工质量产生的问题;

(2)高耐久性:由于自密实混凝土的内部比较完整,其渗透性也就较低,从而能够有效改善钢筋和混凝土之间的黏结界面区;

(3)强度:抗压强度能够满足要求,强度可高可低;

(4)环境效应:可以用工厂产生的大量副产品来代替水泥,不仅可以节约能源,而且有利于保护环境;

(5)经济效益:混凝土浇筑振捣需要花费较多时间,而自密实混凝土具有优良的工作性,在施工过程中无须振捣,加快混凝土的浇筑速度,提高生产效率降低成本;

(6)社会效益:避免了混凝土振捣过程中产生噪声的问题,从而改善了工作和生活环境。

SCC 的主要缺点如下:

(1)胶凝材料用量大,导致混凝土容易开裂;

(2)掺入较多矿物掺合料,前期强度低;

(3)使用高效减水剂导致空隙率大,裂隙增多。

自密实混凝土在斜屋面的应用如图8-1所示。

SCC 属于高性能混凝土的范畴。高性能混凝土不是一种具体的混凝土,而是表示混凝土性能的一种称谓。

微课:自密实混凝土

图 8-1　自密实混凝土在斜屋面的应用

SCC 被称为"近几十年中混凝土建筑技术最具革命性的发展",除了满足上面提到的性能外,SCC 在施工性上拥有严格的要求。对于在钢筋比较密集布置的混凝土构件的地方,在浇筑混凝土时要注意提高其通过钢筋的流动能力;对于一些长期处于恶劣环境中的混凝土构配件,应特别注意混凝土的高稳定性和高填充性;对于使用大体积混凝土的工程,如道路铺设、配置钢筋少的薄板等,在流动过程中应特别注意混凝土表面的平整程度,以保证后续工作的顺利进行。自密实混凝土的出现使混凝土在浇筑的过程中生态环境得到了保护,同时也实现了高效、经济、环保。

在原材料的选择上,使用粉煤灰、矿渣、硅粉等作为掺合料,既能节约能源、保护生态环境,还可以提高构件的后期强度。浇筑时依靠自重进行流动避免振捣,这些为 SCC 的不断发展提供了保障。

早在20世纪70年代早期,欧洲就已经开始研究只需微振动就可以使用的混凝土,但是还有许多问题需要解决和改进,因此无法被广泛地认可,未能得到有效的推广和发展。20世纪80年代,日本的建筑工人逐渐减少,而导致建筑工程质量不断地下降,同时使结构的耐久性也不断地下降,为了解决这些问题,日本学者开始研究 SCC,这种混凝土为自密实高性能混凝土,因为其具有很高的施工性能,可以保证混凝土在不利的条件下也能密实成型,同时由于此种混凝土使用大量矿物掺料而降低了混凝土的温度,提高了抗劣化的能力,从而提高了耐久性,其关键技术是在低水胶比条件下,加入高效减水剂和矿物掺合料,在保证良好的黏聚性、稳定性的前提下,防止泌水和离析,从而大幅度提高了混凝土的流动性。此后,SCC 的生产技术由日本迅速传播到世界各地,1997年1月制定了"高流动性混凝土材料、配比、制造、覆盖工作指标",极大地促进了自密实混凝土在日本的应用。在日本,自密实混凝土的使用量已达到混凝土使用总量的50%以上。欧洲各个国家也不甘落后,欧盟委员会(EC)建立了跨国合作 SCC 指导项目。美国西雅图六层的双联广场钢管混凝土柱(28d 抗压强度 115MPa)是到现在为止 SCC 应用中强度最高的例子。因为使用了超高强度自密实混凝土,没有经过振捣,使结构成本降低了30%,工期也得到了缩短。此后瑞典、瑞士、挪威等国家也开始进行自密实混凝土的研究并取得许多成果,从此,整个欧洲的 SCC 应用不断地增加,这种混凝土逐渐被推广使用。

SCC 的研究及应用在我国相对较晚,20世纪90年代之后才在北京、上海等一些大城市发展起来,但近几年得到发展迅速。1987年,冯乃谦教授提出流态混凝土的概念,为我国 SCC 的理论奠定了基础。之后天津、深圳等地不断地出现了将 SCC 应用于工程项目的实例。2003年,在北京和天津举办了高性能混凝土 HPC、SCC 的研讨会,进一步促进了北京和天津的 SCC 的发展。它主要用于地下暗挖、钢筋密集区等形状复杂而无法浇筑或浇筑困难的部位,同时也解决了施工过程中扰民等问题,缩短了施工的时间,延长了构筑物的使用寿命。

中南大学铁道学院和大连理工大学分别对 SCC 的强度进行了深入研究,制备出了强度等级从 C20 到 C100 的免振捣高性能混凝土,并对其各项指标进行了大量的研究。

近20年来,凭借着 SCC 的优越性,其研究与应用实践已在世界范围内广泛展开。根据住房和城乡建设部要求,相关部门制定并出版了《自密实混凝土应用技术规程》(JGJ/T 283—2012),为自密实混凝土的应用提供了标准化的依据。

任务二　自密实混凝土的原材料认知

胶凝材料

1. 水泥

配制自密实混凝土宜采用硅酸盐水泥或普通硅酸盐水泥,并应符合现行《通用硅酸盐水泥》(GB 175)的规定。当采用其他品种水泥时,其性能指标应符合国家现行相关标准的规定。

2. 矿物掺合料

配制自密实混凝土可采用粉煤灰、粒化高炉矿渣粉、硅灰等矿物掺合料。粉煤灰应符合现行《用于水泥和混凝土中的粉煤灰》(GB/T 1596)的规定,粒化高炉矿渣粉应符合现行《用于水泥和混凝土中的粒化高炉矿渣粉》(GB/T 18046)的规定,硅灰应符合现行《高强高性能混凝土用矿物外加剂》(GB/T 18736)的规定。当采用其他矿物掺合料时,应通过充分试验进行验证,确定混凝土性能满足工程应用要求后再使用。

集料

1. 粗集料

粗集料宜采用连续级配或 2 个及以上单粒径级配搭配使用,最大公称粒径不宜大于 20mm;对于结构紧密的竖向构件、复杂形状的结构以及有特殊要求的工程,粗集料的最大公称粒径不宜大于 16mm。粗集料的针片状颗粒含量、含泥量及泥块含量,应符合表 8-1 的规定,其他性能及试验方法应符合现行《普通混凝土用砂、石质量及检验方法标准》(JGJ 52)的规定。

粗集料的针片状颗粒含量、含泥量及泥块含量　　表 8-1

项目	针片状颗粒含量	含泥量	泥块含量
指标(%)	≤8	≤1.0	≤0.5

2. 轻粗集料

轻粗集料宜采用连续级配,性能指标应符合表 8-2 的规定,其他性能及试验方法应符合现行《轻集料及其试验方法　第 1 部分:轻集料》(GB/T 17431.1)和《轻集料混凝土应用技术标准》(JGJ/T 12)的规定。

轻粗集料的性能指标　　表 8-2

项目	密度等级	最大粒径	粒型系数	24h 吸水率
指标	≥700	≤16mm	≤2.0	≤10%

3. 细集料

细集料宜采用级配Ⅱ区的中砂。天然砂的含泥量、泥块含量应符合表 8-3 的规定;人工砂的石粉含量应符合表 8-4 的规定;细集料的其他性能及试验方法应符合现行《普通混凝土用砂、石质量及检验方法标准》(JGJ 52)的规定。

天然砂的含泥量和泥块含量　　表 8-3

项目	含泥量	泥块含量
指标(%)	≤3.0	≤1.0

人工砂的石粉含量　　表 8-4

项目		指标		
		≥C60	C55~C30	≤C25
石粉含量(%)	MB<1.4	≤5.0	≤7.0	≤10.0
	MB≥1.4	≤2.0	≤3.0	≤5.0

三 外加剂

外加剂应符合现行《混凝土外加剂》(GB 8076)和《混凝土外加剂应用技术规范》(GB 50119)的有关规定。

掺用增稠剂、黏改剂等其他外加剂时,应通过充分试验进行验证,其性能应符合国家现行有关标准的规定。

四 混凝土用水

自密实混凝土的拌和用水和养护用水应符合现行《混凝土用水标准》(JGJ 63)的规定。

任务三 自密实混凝土的性能认知

动画:间隙通过性试验(自密实混凝土J环)

一 拌合物性能

自密实混凝土拌合物除应满足普通混凝土拌合物对凝结时间、黏聚性和保水性的要求外,还应满足自密实性能的要求。自密实混凝土拌合物的自密实性能及要求见表8-5。

自密实混凝土拌合物的自密实性能及要求　　表8-5

自密实性能	性能指标	性能等级	技术要求
填充性	坍落扩展度(mm)	SF1	550~655
		SF2	660~755
		SF3	760~850
	扩展时间 T_{500}(s)	VS1	≥2
		VS2	<2
间隙通过性	坍落扩展度与J环扩展度差值(mm)	PA1	25<PA1≤50
		PA2	0<PA2≤25
抗离析性	离析率(%)	SR1	≤20
		SR2	≤15
	粗集料振动离析率(%)	f_m	≤10

注:1. 抗离析性:自密实混凝土拌合物中各种组分保持均匀的性能。
　　2. 离析率:标准法筛析试验中,拌合物静置规定时间后,流过公称直径为5mm的方孔筛的浆体质量与混凝土质量的比例。

不同性能等级自密实混凝土的应用范围应按表8-6确定。

不同性能等级自密实混凝土的应用范围　　表8-6

自密实性能	性能等级	应用范围	重要性
填充性	SF1	(1)从顶部浇筑的无配筋或配筋较少的混凝土结构物; (2)泵送浇筑施工的工程; (3)截面较小,无须水平长距离流动的竖向结构物	控制指标

续上表

自密实性能	性能等级	应用范围	重要性
填充性	SF2	适合一般的普通钢筋混凝土结构	控制指标
	SF3	适用于结构紧密的竖向构件、形状复杂的结构等(粗集料最大公称粒径宜小于16mm)	
	VS1	适用于一般的普通钢筋混凝土结构	
	VS2	适用于配筋或配筋较多的结构或有较高混凝土外观性能要求的结构,应严格控制	
间隙通过性	PA1	适用于钢筋净距 80~100mm	可选指标
	PA2	适用于钢筋净距 60~80mm	
抗离析性	SR1	适用于流动距离小于 5m、钢筋净距大于 80mm 的薄板结构和竖向结构	可选指标
	SR2	适用于流动距离超过 5m、钢筋净距大于 80mm 的竖向结构。也适用于流动距离小于 5m、钢筋净距小于 80mm 的竖向结构,当流动距离小于 5m,SR 值宜小于 10%	

注:1. 钢筋净距小于 60mm 时宜进行浇筑模拟试验,对于钢筋净距大于 80mm 的薄板结构或钢筋净距大于 100mm 的其他结构可不作间隙通过性指标要求。
　　2. 高填充性(坍落扩展度指标为 SF2 或 SF3)的自密实混凝土,应有抗离析性要求。

硬化混凝土的性能

硬化混凝土力学性能、长期性能和耐久性能应满足设计要求和国家现行相关标准的规定。

任务四　自密实混凝土配合比设计

一、一般规定

自密实混凝土应根据工程结构形式、施工工艺以及环境因素进行配合比设计,并应在综合考虑混凝土自密实性能、强度、耐久性以及其他性能要求的基础上,计算初始配合比,经试验室试配、调整得出满足自密实性能要求的基准配合比,经强度、耐久性复核得到设计配合比。

自密实混凝土配合比设计宜采用绝对体积法。自密实混凝土水胶比宜小于 0.45,胶凝材料用量宜控制在 400~550kg/m³。

自密实混凝土宜通过增加粉体材料的方法适当增加浆体体积,也可通过添加外加剂的方法来改善浆体的黏聚性和流动性。

钢管自密实混凝土配合比设计时,宜采取减少收缩的措施。

二、配合比设计步骤

(一)自密实混凝土的初始配合比设计

(1)配合比设计应确定拌合物中粗集料体积、砂浆中砂的体积分数、水胶比、胶凝材料用量、矿物掺合料的比例等参数。

(2) 粗集料体积及质量的计算宜符合下列规定：

① 每立方米混凝土中粗集料的体积(V_g)可按表8-7选用。

每立方米混凝土中粗集料的体积　　　　　　表8-7

填充性指标	SF1	SF2	SF3
每立方米混凝土中粗集料的体积(m^3)	0.32~0.35	0.30~0.33	0.28~0.30

② 每立方米混凝土中粗集料的质量(m_g)可按式(8-1)计算：

$$m_g = V_g \cdot \rho_g \quad (8-1)$$

式中：ρ_g——粗集料的表观密度，kg/m^3。

③ 砂浆体积(V_m)可按式(8-2)计算：

$$V_m = 1 - V_g \quad (8-2)$$

④ 砂浆中砂的体积分数(Φ_s)可取0.42~0.45。

⑤ 每立方米混凝土中砂的体积(V_s)和质量(m_s)可按式(8-3)、式(8-4)计算：

$$V_s = V_m \cdot \Phi_s \quad (8-3)$$

$$m_s = V_s \times \rho_s \quad (8-4)$$

式中：ρ_s——砂的表观密度，kg/m^3。

⑥ 浆体体积(V_p)可按式(8-5)计算：

$$V_p = V_m - V_s \quad (8-5)$$

⑦ 胶凝材料表观密度(ρ_b)可根据矿物掺合料和水泥的相对含量及各自的表观密度确定，并可按式(8-6)计算：

$$\rho_b = \cfrac{1}{\cfrac{\beta}{\rho_m} + \cfrac{(1-\beta)}{\rho_c}} \quad (8-6)$$

式中：ρ_m——矿物掺合料的表观密度，kg/m^3；

ρ_c——水泥的表观密度，kg/m^3；

β——每立方米混凝土中矿物掺合料占胶凝材料的质量分数，%；当采用两种或两种以上矿物掺合料时，可以β_1、β_2、β_3表示，并进行相应计算；根据自密实混凝土工作性、耐久性、温升控制等要求，合理选择胶凝材料中水泥、矿物掺合料类型，矿物掺合料占胶凝材料用量的质量分数β不宜小于0.2。

⑧ 自密实混凝土配制强度($f_{cu,0}$)应按现行《普通混凝土配合比设计规程》(JGJ 55)的规定进行计算。

⑨ 水胶比(m_w/m_b)应符合下列规定：

a. 当具备试验统计资料时，可根据工程所使用的原材料，通过建立的水胶比与自密实混凝土抗压强度关系式来计算得到水胶比。

b. 当不具备试验统计资料时，水胶比可按式(8-7)计算：

$$\frac{m_w}{m_b} = \frac{0.42 f_{ce}(1-\beta+\beta\cdot\gamma)}{f_{cu,0}+1.2} \tag{8-7}$$

式中：m_b——每立方米混凝土中胶凝材料的质量，kg；

m_w——每立方米混凝土中水的质量，kg；

f_{ce}——水泥的 28d 实测抗压强度，MPa，当水泥 28d 抗压强度未能进行实测时，可采用水泥强度等级对应值乘以 1.1 得到的数值作为水泥抗压强度值；

γ——矿物掺合料的胶凝系数，粉煤灰（$\beta \leq 0.3$）可取 0.4，矿渣粉（$\beta \leq 0.4$）可取 0.9。

⑩每立方米自密实混凝土中胶凝材料的质量（m_b）可根据自密实混凝土中的浆体体积（V_p）、胶凝材料的表观密度（ρ_b）、水胶比（m_w/m_b）等参数确定，并按式（8-8）计算：

$$m_b = \frac{V_p - V_a}{\dfrac{1}{\rho_b} + \dfrac{m_w/m_b}{\rho_w}} \tag{8-8}$$

式中：V_a——每立方米混凝土中引入空气的体积，L，对于非引气型的自密实混凝土，V_a 可取 10~20L；

ρ_w——每立方米混凝土中拌和水的表观密度，kg/m³，取 1000kg/m³。

⑪每立方米混凝土中用水的质量（m_w）应根据每立方米混凝土中胶凝材料的质量（m_b）以及水胶比（m_w/m_b）确定，并按式（8-9）计算：

$$m_w = m_b \cdot (m_w/m_b) \tag{8-9}$$

⑫每立方米混凝土中水泥的质量（m_c）和矿物掺合料的质量（m_m）应根据每立方米混凝土中胶凝材料的质量（m_b）和胶凝材料中矿物掺合料的质量分数（β）确定，并可式（8-10）、式（8-11）计算：

$$m_m = m_b \cdot \beta \tag{8-10}$$
$$m_{ca} = m_b - m_m \tag{8-11}$$

⑬外加剂的品种和用量应根据试验确定，外加剂的用量可按式（8-12）计算：

$$m_{ca} = m_b \cdot \alpha \tag{8-12}$$

式中：m_{ca}——每立方米混凝土外加剂的质量，kg；

α——每立方米混凝土中外加剂占胶凝材料总量的质量百分数，%。

（二）自密实混凝土配合比的试配、调整与确定

（1）混凝土试配时应采用工程实际使用的原材料，每盘混凝土的最小搅拌量不宜小于 25L。

（2）试配时，首先应进行试拌，先检查拌合物自密实性能必控指标，再检查拌合物自密实性能可选指标。当试拌得出的拌合物自密实性能不能满足要求时，应在水胶比不变、胶凝材料用量和外加剂用量合理的原则下调整胶凝材料用量、外加剂用量或砂的体积分数等，直到符合要求为止。应根据试拌结果提出混凝土强度试验用的基准配合比。

（3）混凝土强度试验时，至少应采用三个不同的配合比。当采用不同的配合比时，其中一个为基准配合比，另外两个配合比的水胶比宜较基准配合比分别增加和减少 0.02；用水量与基准配合比相同，砂的体积分数可分别增加或减少 1%。

（4）制作混凝土强度试验试件时，应验证拌合物自密实性能是否达到设计要求，并以该结

果代表相应配合比的混凝土拌合物性能指标。

(5)混凝土强度试验时每种配合比至少应制作一组试件,标准养护到 28d 或设计要求的龄期时试压,也可同时多制作几组试件,按现行《早期推定混凝土强度试验方法标准》(JGJ/T 15)早期推定混凝土强度,用于配合比调整,但最终应满足标准养护 28d 或设计规定龄期的强度要求。如有耐久性要求时,还应检测相应的耐久性指标。

(6)应根据试配结果对基准配合比进行调整,应按现行《普通混凝土配合比设计规程》(JGJ 55)的规定执行,确定的配合比即设计配合比。

(7)对于应用条件特殊的工程,宜采用确定的配合比进行模拟试验,以检验所设计的配合比是否满足工程应用条件。

任务五　自密实混凝土的工程应用

 工程概况

CRTS Ⅲ型板式无砟轨道具有结构简单、性能稳定、用料节省、施工便捷、工效相对提高、造价相对低廉等优点,可适用于速度 300km/h 及以上的高速铁路,是我国高速铁路无砟轨道技术实现国产化的重要标志。2019 年 9 月,中国高铁 CRTS Ⅲ型轨道板技术获国际"质量奥林匹克"金奖。

CRTS Ⅲ型板式无砟轨道结构从上到下依次为预制轨道板、自密实混凝土、隔离层、钢筋混凝土底座,如图 8-2 所示。其中,自密实混凝土设计强度等级为 C40,厚度 8~10cm,单层配筋,是无砟轨道结构施工的最后一步。在轨道板精调后,自密实混凝土由轨道板上预留灌注孔灌注。并且,自密实混凝土需要承受列车荷载,因此要求自密实混凝土要同时具备高流动性和高体积稳定性。为保证自密实混凝土上述高性能,不仅需要提高胶凝材料用量、砂率和浆集比,还要根据原材料(水泥、粉煤灰、矿渣粉等)的变化调节配合比,以满足标准对自密实混凝土拌合物性能指标的要求。

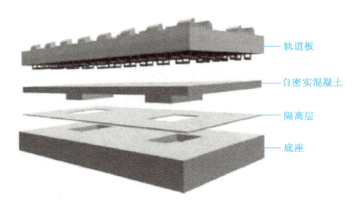

图 8-2　CRTS Ⅲ型板式无砟轨道结构

鲁南高铁全线均采用 CRTS Ⅲ型板式无砟轨道,需要使用自密实混凝土灌注,为保证灌注施工质量,对自密实混凝土配合比进行进一步优化。依据现行《高速铁路 CRTS Ⅲ型板式无砟轨道自密实混凝土》(Q/CR 596)的规定,自密实混凝土性能应满足表 8-8 的规定。

自密实混凝土性能　　　　　　　　　　　　　　　　表8-8

项　目	技术要求	项　目	技术要求
坍落扩展度(mm)	≤680	56d 抗压强度(MPa)	≥40.0
扩展时间 T_{500}(s)	3~7	56d 抗折强度(MPa)	≥6.0
J环障碍高差(mm)	<18	56d 弹性模量(MPa)	$3.0×10^4$ ~ $3.80×10^4$
L型仪充填比(%)	≥0.80	56d 电通量(C)	≤1000
泌水率(%)	0	56d 抗盐冻性(g/m²)	≤1000
含气量(%)	≥3.0	56d 干燥收缩值	$≤400×10^{-6}$
竖向膨胀率(%)	0~1.0		

动画:J环测流动度　　动画:L型仪充填比试验方法

二　原材料

采用 P·O42.5 级水泥、Ⅰ级粉煤灰、S95 级矿渣粉、高效膨胀、ZN-SG 型黏度改性材料、高效减水剂、细集料为中砂、粗集料为两种连续级配碎石粒径(分别为 5~10 mm 和 10~16 mm)、饮用水。

三　配合比

自密实混凝土主要原材料有胶凝材料、粗细集料、外加剂等。实际运用中需要根据不同的使用情况设计合适的比例,然后根据原材料的情况,通过现场室内试验确定理论配合比。该项目的理论配合比见表 8-9。自密实混凝土试验如图 8-3 所示。

自密实混凝土理论配合比　　　　　　　　　　　　　　表8-9

种类	水泥	粉煤灰	矿粉	膨胀剂	黏改剂	细集料	粗集料1	粗集料2	减水剂	水	水胶比
比例	1.00	0.15	0.22	0.14	0.09	2.65	0.94	1.41	0.021	0.52	0.34

a)含气量测定仪、L型仪、J环仪　　　　　b)J环试验

图 8-3　自密实混凝土试验

自密实混凝土拌合物相对水泥浆体和普通混凝土体系更为复杂,且同时要求具有较高的流变性和抗离析性能,这就要求必须精准监控粗细集料的含水率,根据粗细集料的含水率实时调节粗细集料和水的用量。混凝土所用河砂含水率为 5.6%,碎石(5~10 mm)含水率为 1.0%,碎石(10~16 mm)含水率为 0%,现场拌和理论用量和实际施工用量的比例见表 8-10。

自密实混凝土现场配料比   表 8-10

项目	水泥	粉煤灰	矿粉	膨胀剂	黏改剂	河砂	碎石(5~10mm)	碎石(10~16mm)	减水剂	引气剂	水
理论用量(kg)	325	50	70	45	30	860	305	457	6.76	1.56	170
施工用量(kg)	325	50	70	45	30	908	308	457	6.76	1.56	119

四、混凝土性能

通过试验测定自密实混凝土的性能见表 8-11。

自密实混凝土性能实测值   表 8-11

项目	技术要求	实测值
坍落扩展度(mm)	≤680	670
扩展时间 T_{500}(s)	3~7	4
J 环障碍高差(mm)	<18	10
L 型仪充填比(%)	≥0.80	0.9
泌水率(%)	0	0
含气量(%)	≥3.0	4.0
竖向膨胀率(%)	0~1.0	0.027
56d 抗压强度(MPa)	≥40.0	53.6
56d 抗折强度(MPa)	≥6.0	8.1
56d 弹性模量(MPa)	$3.0 \times 10^4 \sim 3.80 \times 10^4$	3.57×10^4
56d 电通量(C)	≤1000	540
56d 抗盐冻性(g/m²)	≤1000	320
56d 干燥收缩值	$\leq 400 \times 10^{-6}$	$\leq 250 \times 10^{-6}$

五、自密实混凝土灌注

灌注前完成隔离层、钢筋网片、轨道板的铺设,并对轨道板进行精调。将拌和好的自密实混凝土,使用灌注料斗从轨道板上预留的灌注孔灌注自密实混凝土,灌注自密实混凝土需按照"先快后慢"节奏一次连续完成。一般自密实混凝土从观察孔涌入后开始逐渐放缓灌注速度,混凝土从排气孔溢出后,根据情况及时封堵排气孔。从自密实混凝土搅拌开始到灌注结束,时间一般不宜超过 120min,并且要尽量减少中转次数。灌注时间一般控制在 8~12min,本次灌注时长为 9min,环境温度 28℃,板腔温度 34℃,入模温度 29℃。施工过程见图 8-4~图 8-7。

图 8-4 精调并支模板

图 8-5 自密实混凝土灌注

图 8-6 自密实混凝土覆膜养护

图 8-7 硬化自密实混凝土

创新能力培养

自密实混凝土在鲁南高铁日照至临沂段和临沂至曲阜段 CRTS Ⅲ型板式无砟轨道中的成功应用,表明自密实混凝土施工技术,较水泥乳化沥青砂浆等其他施工技术,具有操作简便易学、施工效率高,质量稳定可靠且便于后期维修等优点。同时,本项目所总结的自密实混凝土原材料及配合比、施工装备、灌注工艺、施工组织及注意事项等经验措施,对鲁南高铁曲阜至菏泽段菏泽至兰考段以及其他高速铁路建设具有很大的借鉴意义。

思考与练习

一、填空题

1. 自密实混凝土具有_____、_____和_____的特点。
2. 配制自密实混凝土可采用_____、_____和_____等矿物掺合料。
3. 自密实混凝土用粗集料宜采用_____或_____个及以上单粒径级配搭配使用,最大公称粒径不宜大于_____mm。
4. 自密实混凝土配合比设计宜采用_____,自密实混凝土水胶比宜小于_____,胶凝材料用量宜控制在_____ kg/m³。

二、选择题

1. 以下属于自密实混凝土的缺点的是(　　)。
   A. 高工作性　　　B. 高耐久性　　　C. 易开裂　　　D. 强度低
2. 对于结构紧密的竖向构件、复杂形状的结构以及有特殊要求的工程,自密实混凝土用粗集料的最大公称粒径不宜大于(　　)mm。
   A. 10　　　　　B. 16　　　　　C. 20　　　　　D. 2.5
3. 自密实混凝土拌合物的自密实性能包括(　　)。
   A. 填充性　　　B. 间隙通过性　　C. 抗离析性　　D. 56d 抗压强度
4. 自密实混凝土强度试验时至少应采用三个不同的配合比,其中一个为基准配合比,另外两个配合比的水胶比宜较基准配合比分别增加和减少(　　)。
   A. 0.01　　　　B. 0.02　　　　C. 0.05　　　　D. 0.1
5. 自密实混凝土试配时每盘混凝土的最小搅拌量不宜小于(　　)。
   A. 20L　　　　B. 25L　　　　C. 50L　　　　D. 100L

三、判断题

1. 自密实混凝土凝结硬化后一定会出现表面裂缝。　　　　　　　　　　　(　　)
2. 自密实混凝土在施工过程中无须振捣。　　　　　　　　　　　　　　　(　　)
3. 自密实混凝土填充性用坍落扩展度和扩展时间来评定。　　　　　　　　(　　)
4. 高填充性的自密实混凝土,应有抗离析性要求。　　　　　　　　　　　(　　)
5. 自密实混凝土拌合物只需要满足自密实性能的要求。　　　　　　　　　(　　)

四、简答题

简述自密实混凝土的优缺点。

项目九

水下不分散混凝土

【项目概述】

本项目主要介绍了水下不分散混凝土的定义、发展概况与施工方法;水下不分散混凝土的组成材料,水下不分散混凝土的主要技术性能,絮凝剂抗分散性能、硬化性能的检测方法,水下不分散混凝土不分散性、抗压强度等主要性能的测试方法;水下不分散混凝土工程案例。

【学习目标】

1. 素质目标:培养学习者具备质量意识、诚实守信的职业道德、职业健康与安全意识及社会责任感。

2. 知识目标:能区分水下不分散混凝土施工方法,理解水下不分散混凝土及絮凝剂的主要技术性能含义及意义。

3. 能力目标:利用相关规范,迁移外加剂含固量、含水率等匀质性相关知识与技能,能够独立完成掺絮凝剂混凝土的抗分散性以及硬化性能的检测;迁移普通混凝土抗压强度性能相关知识与技能,完成水下不分散混凝土抗压强度测试。

 课程思政

1. 思政元素内容

中国石油天然气总公司工程技术研究院与国外企业合作,于1987年研制出丙烯系的 UWB-Ⅰ型水下不分散混凝土絮凝剂。我国成为继德国和日本之后第三个成功开发水下不分散混凝土技术的国家。1990年该院研制成功 SCR 型抗分散剂,2003年该院研制成功 UWB-Ⅱ型水下不分散混凝土絮凝剂,使水下不分散混凝土在抗分散性能、流动性能、坍落度损失控制、施工性能、以及混凝土物理力学性能等方面都有了突破性的提高。

1993年河海大学在建工-Ⅰ号补强砂浆基础上,研发出以水溶性高分子化合物为主要成分的新型絮凝剂HAWA,采用HAWA配制的水下不分散混凝土在坍落度为235mm、坍扩度480mm的情况下仍能保证pH值和悬浊物含量远小于国家规范的上限值,这体现出HAWA具有良好的抗分散性能。

2001年贵州中建建筑科研设计院研发出具有高强高抗离析性能ZJ-1型絮凝剂,利用该絮凝剂配制的水下不分散混凝土抗离析指标高达92.6%,水陆强度比超过85%。

此外同济大学、广东中山市新型建筑材料总厂等单位也都相继研制成功絮凝剂。

为满足高性能水下混凝土的施工要求,同时赶超国际先进水平,国内诸多单位纷纷加大技术方面的投入和创新,中国石油集团工程技术研究院利用国内原材料,通过调整矿物掺合料(粉煤灰、磨细矿渣、硅灰等)筛选流化剂、改性增稠剂等技术路线,在实验室配制的水下不分散混凝土坍落度可控制在4h后损失很小,90d抗压强度超过100MPa,现场工程应用28d抗压强度超过60MPa,其性能指标已经达到国际先进水平,为水下不分散混凝土在新领域推广应用提供了技术支持,使难以设想的水下混凝土工程中的新结构、新设计、新施工方法得以实现。

2. 课程思政契合点

我国自20世纪80年代开始进行水下不分散混凝土的研制开发。絮凝剂是水下不分散混凝土的核心成分,也是水下不分散混凝土研究的热点。

采用水下不分散混凝土施工新技术,可以解决工程中使用传统水下混凝土施工中所遇到的技术难题,简化施工工艺,缩短工期,确保工程质量,降低工程成本。

水下不分散混凝土技术填补了普通混凝土水下施工的不足和缺陷,大大简化了水中混凝土的施工工艺,促进了水中混凝土施工技术的发展。该技术被国内外学者称之为"全新的、理想的、划时代的混凝土",开辟了水下混凝土施工史的新纪元。

3. 价值引领

党的二十大报告指出,必须坚持"创新是第一生产力","坚持创新在我国现代化建设全局中的核心地位"。科技创新能力已经越来越成为综合国力竞争的决定性因素,在激烈的国际竞争面前,如果我们的自主创新方面跟不上去,一味靠技术引进,就永远难以摆脱技术落后的局面。要迅速地提高我国的生产力水平,缩小与发达国家的差距,就必须加快科技发展。

创新是一个国家和民族发展的不竭动力。我们这样一个人口众多的发展中的社会主义大国,任何时候都不能依靠别人搞建设,必须始终把独立自主、自立自强、自力更生作为自己发展的根本基点。

思政点　创新是引领发展的第一动力

任务一　水下不分散混凝土的发展认知

一、定义

水下不分散混凝土（Non-Dispersible Underwater Concrete，简称 NDC）是指掺加絮凝剂（不分散剂）后具有抗分散性能的水下施工混凝土。抗分散性能即抵抗浆体流失、抑制离析的能力。水下不分散混凝土大大简化了水下混凝土的施工工艺，促进了水下混凝土施工技术的发展，具有划时代的意义。

水下不分散混凝土是在普通混凝土中掺入以纤维素系列或丙烯系列水溶性高分子物质为主要成分的抗分散剂，提高了新拌混凝土的黏聚力，具有很强的抗分散性和较好的流动性，实现水下混凝土的自流平、自密实，抑制水下施工时水泥和集料分散，并且不污染施工水域。

二、水下不分散混凝土在国内外的发展概况

1. 国外发展概况

1974 年，联邦德国应用纤维素醚类增稠剂，首次研制成功水下不分散混凝土，并首次在水下工程中应用，在流速相对小的水中，实现了混凝土水下施工陆上化。

20 世纪 80 年代初，日本从联邦德国引进了水下不分散混凝土技术并相继开发出了十多种水下不分散混凝土絮凝剂，其主要成分是纤维素类或聚丙烯类水溶性高分子聚合物。关西国际机场海上大桥和明石海峡大桥两个工程应用水下不分散混凝土达 80 余万 m^3。日本水下不分散混凝土应用范围较广，如防波堤加固、护坡砌石灌浆、钢板桩岸壁加固、液化气基地取水口底板、核电厂基础、大桥基础、桥墩下部补强等。

美国在 20 世纪 80 年代中期也研制成功水下不分散混凝土。

随着水下不分散混凝土在工程中的应用越来越多，国外在不分散剂的性能提高和水下不分散混凝土的应用技术方面都达到了较高的水平，其中联邦德国、日本等国于 20 世纪 80 年代就制定了水下不分散剂及水下不分散混凝土的试验方法标准。日本土木学会混凝土委员会在系统研究水下不分散混凝土性能及在总结工程应用实践的基础上，于 20 世纪 90 年代初期制定了《水下不分散混凝土的设计施工指南》，对推广应用水下不分散混凝土技术及合理设计、施工发挥了积极的作用。

2. 国内发展概况

我国自 20 世纪 80 年代开始进行水下不分散混凝土的研制开发，1983 年中国石油天然气总公司工程技术研究院与联邦德国 Sibo 集团展开合作，于 1987 年研制出丙烯系 UWB-Ⅰ 型水下不分散混凝土絮凝剂，并于 1989 年获得国家发明专利权。1990 年该院完成了纤维素系列的试验研究，将其定名为 SCR 型抗分散剂，获国家发明专利权。2003 年该院在 UWB-Ⅰ 及 SCR 型絮凝剂的基础上，采用高分子接枝聚合技术，研制成功 UWB-Ⅱ型絮凝剂，使水下不分散混凝土在抗分散性能、流动性能、坍落度损失控制、施工性能以及混凝土物理力学性能等方面都有了突破性的提高。目前，UWB 型的水下不分散混凝土絮凝剂已经在全国多个工程中成功应用。

国家经济贸易委员会于 2000 年发布《水下不分散混凝土试验规程》（DL/T 5117—2000）；中国石油天然气集团公司于 2003 年发布中国石油天然气集团公司企业标准《水下不分散混凝土施工技术规范》（Q/CNPC 92—2003）；国家市场监督管理总局和国家标准化管理委员会于 2019

年发布中华人民共和国国家标准《水下不分散混凝土絮凝剂技术要求》(GB/T 37990—2019);国家能源局于2021年发布国家电力行业标准《水下不分散混凝土试验规程》(DL/T 5117—2021)。

三、优势

水下不分散混凝土具有可在水中自落施工、自流平整、自密实、免振捣等普通混凝土所不具备的优势,而且工期短、造价低,生产工艺简单,可广泛应用于水下混凝土施工,如核电站、水电站、港口、码头、跨海大桥、跨江大桥等工程,也可用于水下堵漏、水下混凝土修复、水下抹面、饮用水工程等,在海工、水工工程中具有广泛的应用前景。

四、施工方法

水下不分散混凝土常用的施工方法主要有:导管法、泵送法、吊罐法等。

1. 导管法

导管法是用密封性良好的导管进行水下混凝土浇筑,在浇筑阶段需要使水下不分散混凝土向四周流动摊开,且不与水接触,不受下降时水流的冲刷,通常以在导管内的混凝土周围放置软球来实现(图9-1)。导管法可应用于各种水深的水下不分散混凝土施工,尤其适用于深水位混凝土的施工,为较大规模工程的首选方法,是最常用的施工方法之一。混凝土浇筑施工如图9-2所示。

动画:水下不分散混凝土施工方法——导管法

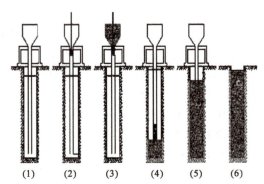

(1) 安设导管,导管底部与孔底之间留出 30~50cm 空隙;
(2) 悬挂隔水球,使其与导管水面紧贴;
(3) 漏斗盛满首批封底混凝土;
(4) 剪断悬丝,隔水球下落孔底;
(5) 连续灌注混凝土,上提导管;
(6) 混凝土灌注完毕,拔出护筒。

图9-1 隔水球式导管法施工程序图

图9-2 导管法水下混凝土施工

导管法最大的优点就是浇筑连续性好,浇筑速度快,不易造成集料分离,能够最大程度地满足施工和设计要求,施工设备简单易操作,浇筑成本低。采用导管法时,集料的最大粒径要受到限制,混凝土拌合物需具有良好的和易性和较高的坍扩度,以达到自流平、自密实的浇筑效果。

2. 泵送法

泵送法较适用于深、浅水域较大规模工程,尤其适用于较长运输距离的工程。可从陆地或海上采用混凝土泵直接泵送浇筑,与导管法施工基本相同。但由于水下不分散混凝土黏稠、富于塑性,致使泵送阻力增大,管内压力的损失为普通混凝土的2~4倍,故采用泵送法施工时对混凝土性能的要求较导管法施工时高。

3. 吊罐法

吊罐法适用于一般小规模工程,可适用于所有配合比的混凝土,离析少,但运输量必须满足要求。浇筑混凝土时,利用起重机将吊罐轻轻沉放于水中,当吊罐底离浇筑仓面一定距离后,打开底门,待混凝土排出后,将吊罐缓缓提离混凝土面。该法施工设备简单,易于操作,可以达到较高的水陆强度比(相同配比混凝土在水中浇筑的抗压强度与陆上空气中浇筑抗压强度之比),适合大、中方量和立面混凝土浇筑。缺点是施工连续性差,浇筑速度较慢,且容易造成混凝土的集料分离,混凝土浇筑质量和强度较难控制。

任务二 水下不分散混凝土的组成材料认知

一、絮凝剂

在水中施工时,水下不分散混凝土絮凝剂(简称絮凝剂)能增加混凝土拌合物的黏聚性,是一种减少水泥浆体和集料分离的外加剂。絮凝剂品质应符合现行《水下不分散混凝土絮凝剂技术要求》(GB/T 37990)的规定。

絮凝剂主要有三种类型:纤维素类、聚丙烯酰胺类、多聚糖类。常见的纤维素有甲基纤维素、羧甲基纤维素、羟乙基纤维素、羟丙基甲基纤维素;常见的多聚糖有壳聚糖、韦兰胶、黄原胶。在水下不分散混凝土应用初期,多用纤维素类和聚丙烯酰胺类絮凝剂,因为聚丙烯酰胺价格相对低廉,所以应用更为广泛。但是采用聚丙烯酰胺拌制混凝土时黏性较大,对搅拌设备动力要求较高,还常常粘在搅拌机和罐车中难以清洗,而且搅拌时间比较久、坍落度损失快,水下浇筑时黏聚性下降较多,造成水陆强度比较低,难以保证施工质量。

UWB-Ⅱ型絮凝剂是粉末状物质,以水溶性糖类高分子聚合物为主要成分,混凝土流化剂和调凝剂为辅助成分,能够赋予普通混凝土超强的抗分散性、适宜的流动性和满意的施工性能;从根本上解决了水下混凝土的抗分散性能、施工性能和力学性能三者之间的矛盾,真正实现了水下混凝土的自流平和自密实,成为当下施工中使用最多的絮凝剂。UWB-Ⅱ絮凝剂掺量为水泥重量的2.0%~3.0%,常用2.5%,采用同掺法掺入。

二、胶凝材料

依据现行《水下不分散混凝土试验规程》(DL/T 5117),水下不分散混凝土最常用的胶凝材料是普通硅酸盐水泥,强度等级为42.5或52.5。但在试验中和现场施工中发现同为普通硅酸水泥,水泥强度等级都是52.5,用完全相同的配合比,但不同厂家的产品,浇筑的水下不分散混凝土质量相差较多。所以在使用普通硅酸盐水泥时应采用通过国家质量检验合格的水泥，而且在工程正式使用之前，要做强度试验。

Tazawa 和 Yujiro 等人提出可采用比表面积为 $4000cm^2/g$ 的粒化高炉矿渣取代 90% 的硅酸盐水泥用来制备低热耐冲刷的水下不分散混凝土。日本学者 Takeshi Ohtomo 和 Yasunori Matsuoka 利用中热水泥复配大掺量的粉煤灰和粒化高炉矿渣制备低水化热水泥，这种水泥用来配制水下不分散混凝土时能够很好地减少混凝土水化热，降低升温速率。粒化高炉矿渣的细度和碱性越高，水下不分散混凝土水化热和温升速率降低得越明显。而且通过掺入粉煤灰和粒化高炉矿渣制备的低水化热水下不分散混凝土还具有良好的工作性及耐海水侵蚀性能，可以应用在大型海中基础工程中。

三 集料

水下不分散混凝土需要有足够的流动性，集料应符合现行《水工混凝土施工规范》(DL/T 5144) 的规定，用质地坚硬、清洁、级配良好的集料。细集料用水洗河砂，细度模数为 2.6~2.9；粗集料宜采用粒径为 5~20mm 一级配（单级配）河卵石或碎石。

含泥量低的二区中砂是最合适的细集料。机制砂也可以用来配制水下不分散混凝土，但是需要进行大范围的砂率调整。配制水下不分散混凝土时还可以采用活化后的凹凸棒石黏土取代部分细集料。凹凸棒石黏土比表面积较大，因此吸附能力较强，它的掺入能提高水下不分散混凝土絮凝效果，进而提高水下不分散混凝土抗分散性能。

粒径为 5~20mm 的河卵石是最适合作为水下不分散混凝土的粗集料，但是受制于地区和运输费用限制，绝大多数地区都难以采用河卵石做粗集料。5~20mm 的碎石也是比较适合的粗集料，最大粒径为 40mm 的粗集料。虽然也可以用于配制水下不分散混凝土，但是对流动性影响较大，施工时也容易出现堵管等问题。

四 其他外加剂

水下不分散混凝土除了絮凝剂以外还常常需要使用其他外加剂，如减水剂、引气剂、早强剂、矿物外加剂等，其中减水剂应用最多。关于减水剂和絮凝剂的相容性问题研究也相对较多。纤维素类絮凝剂同木钙系减水剂之间相容性良好，但是纤维素类絮凝剂同萘系减水剂和三聚氰胺系减水剂存在相容性问题。聚羧酸系减水剂是新型高效的减水剂，其掺量更小减水率更高，而且其与纤维素类、聚丙烯酰胺类和多聚糖类絮凝剂均有较好的相容性，因此聚羧酸系减水剂也是当下水下不分散混凝土中用量最多的减水剂。消泡剂、矿物外加剂等外加剂也在水下不分散混凝土中有不少应用。

矿物外加剂如石灰石粉、粉煤灰、粒化高炉矿渣和硅灰等可用来改善水下不分散混凝土流动性、抗分散性、力学性能和耐久性。掺入大量的石灰石粉和粉煤灰可以用来制备超低强度高流动水下不分散混凝土。

任务三 水下不分散混凝土主要技术性能认知

一 水下不分散混凝土拌合物的性能

水下不分散混凝土拌合物基本性能主要表现在以下方面：

1. 抗分散性

水下混凝土掺入的水下不分散剂使得混凝土的黏聚性大大提高，即使混凝土直接落入水中，混凝土也很少会出现材料分离现象，良好的抗分散性使得混凝土在水下浇筑与在陆地浇筑差别并不大，因此可用于水下混凝土工程在水中的自落施工。

2. 自流平性与填充性

水下不分散混凝土黏稠，富有塑性，即使在水下水平流动的情况下，也可得到浇筑均匀的混凝土，坍落度在 200mm 以上，其黏稠性也很好。由于具有优良的自流平性与填充性，故可在密布的钢筋之间、骨架及模板的缝隙内依靠自重填充。

3. 保水性

水下不分散混凝土掺入的水下不分散剂，遇水会溶胀吸水，使得混凝土不易出现泌水和浮浆现象，且由于良好的黏聚性，不但可提高施工的和易性和可泵性，还可提高混凝土与钢筋的握裹强度和层间的黏结强度。

4. 缓凝性

水下不分散剂中的纤维素系列或丙烯系列的高分子物质对混凝土具有一定的缓凝作用，这对于浇筑水下大体积混凝土反而是有利的，但当混凝土结构对凝结时间要求较短时，需通过调整水下不分散剂的配方来调节混凝土的凝结时间，或通过调整掺入混凝土的高性能减水剂的配方来调节混凝土的凝结时间。

5. 安全性

由于水下不分散混凝土具有良好的抗水洗能力，因此水泥很少流失，不污染施工水域，为环保型产品，而且目前所生产出的絮凝剂经生物安全检验为无毒产品，因此可用于一切水下工程。

二 水下不分散混凝土硬化后的性能

1. 物理力学性能

硬化后水下不分散混凝土力学性能主要包括抗压强度、劈裂抗拉强度、弹性模量、与钢筋的黏结性能等。劈裂抗拉强度因为数据波动较大，可参考性不强，因此使用较少。

抗压强度的测定方法相对比较简单，同时在实际应用中混凝土主要是承受压力，因此混凝土的抗压强度就成为评价其质量最通用也是最重要的一项指标。

水下不分散混凝土的 28d 水陆强度比大于 70%，后期强度增长规律与普通混凝土相似；水下不分散混凝土的物理力学性能稳定，与普通混凝土类似，与同强度等级混凝土相比弹性模量稍低。

2. 抗渗性

水下不分散混凝土试件的渗水高度略大于普通混凝土试件的渗水高度，这是因为水下不分散混凝土试件有部分胶凝材料散失，造成水泥石结构密实性稍差，并且随着粉煤灰掺入量增大，渗水高度降低。掺入硅粉后，渗水高度降低得更多，因为提高混凝土抗渗性的关键是提高其密实度；掺入掺合料后，混凝土密实度提高，孔隙率降低，水的渗透路径被减少，从而有效地减小了渗水高度。混凝土中掺入了抗分散剂后，提高了混凝土拌合物的黏稠性，不易分层离析和泌水。

3. 干缩值

水下不分散混凝土的干缩值与普通混凝土相比稍大,干缩值随着龄期的延长而增大。粉煤灰掺入量分别为 20%、30%、40% 时,干缩值比不掺入粉煤灰时都要小,而掺入硅粉后,干缩值明显增大。

4. 抗冻性

由于含气量稍有增加,水下不分散混凝土的抗冻性较普通混凝土有所提高,抗冻指标达到 D150,可满足一般寒冷地区对混凝土的抗冻要求,但对于严寒地区,尚需再加入少量引气剂,以增强混凝土的抗冻性能。

任务四　絮凝剂性能试验检测

微课:絮凝剂性能试验检测

絮凝剂是水下不分散混凝土的核心成分,其性能检测依据的规范是现行《水下不分散混凝土絮凝剂技术要求》(GB/T 37990)。

 絮凝剂的技术要求

依据现行《水下不分散混凝土絮凝剂技术要求》(GB/T 37990),絮凝剂的匀质性指标要求见表 9-1。受检混凝土(掺絮凝剂的混凝土)性能指标见表 9-2。

匀质性指标　　表 9-1

项目	指标值
氯离子含量(%)	不超过生产厂声明值*
总碱量(%)	不超过生产厂声明值*
含固量(%)	$S>25$ 时,为 $0.95S \sim 1.05S$ $S \leqslant 25$ 时,为 $0.90S \sim 1.10S$
含水率(%)	$W>5$ 时,为 $0.90W \sim 1.10W$ $W \leqslant 5$ 时,为 $0.80W \sim 1.20W$
密度(g/cm³)	$D>1.1$ 时,为 $D \pm 0.03$ $D \leqslant 1.1$ 时,为 $D \pm 0.02$

注:表中的 S、W、D 分别为含固量、含水率和密度的生产厂声明值。
*生产厂应在相关的技术资料中明示产品匀质性指标的声明值。

受检混凝土性能指标　　表 9-2

项目		指标值	
		合格品	一等品
泌水率(%)		≤0.5	0
含气量(%)		≤6.0	
1h 扩展度(mm)		≥420	
凝结时间(h)	初凝	≥5	
	终凝	≤24	

续上表

项 目		指 标 值	
		合格品	一等品
抗分散性能	悬浊物含量(mg/L)	≤150	≤100
	pH值	≤12.0	
水下成型试件的抗压强度 (MPa)	7d	≥15.0	≥18.0
	28d	≥22.0	≥25.0
水陆强度比(%)	7d	≥70	≥80
	28d	≥70	≥80

二、试验方法概述

匀质性技术指标按现行《混凝土外加剂匀质性试验方法》(GB/T 8077)的规定进行试验；检测混凝土拌合物泌水率、含气量、坍落度、扩展度和1h扩展度与凝结时间时，混凝土试件的制作应按现行《普通混凝土拌合物性能试验方法标准》(GB/T 50080)规定进行。

三、受检混凝土配制

1. 材料

1) 水泥

试验用水泥应符合现行《混凝土外加剂》(GB 8076)的规定。

2) 砂

试验用砂应为符合《建设用砂》(GB/T 14684—2011)中Ⅱ区要求的中砂，细度模数为2.6~2.9，含泥量小于1%。

3) 石

试验用石应符合《建设用卵石、碎石》(GB/T 14685—2011)规定的公称粒径为5~20mm的碎石，采用二级配，其中5~10mm碎石质量占比应为40%，10~20mm碎石质量占比应为60%，针片状物质碎石质量占比应小于10%，空隙率应小于47%，含泥量小于0.5%。

4) 水

试验用水应符合《混凝土用水》(JGJ 63—2006)中混凝土拌和用水的规定。

2. 配合比

进行混凝土拌合物性能试验和硬化混凝土性能试验的受检混凝土配合比应一致。受检混凝土配合比设计应符合下列规定：

(1) 水泥用量：430 kg/m³。

(2) 砂率：40%~42%。

(3) 絮凝剂掺量：按生产厂声明的掺量。

(4) 用水量：受检混凝土的坍落度不小于230mm，且扩展度为550mm±30mm的最小用水量。

3. 混凝土搅拌

试验用搅拌机应为符合《感应分压器检定规程》(JJG 244—2003)规定的公称容量为60L

的强制搅拌机,搅拌机的拌和量不应少于30L,不宜大于45L。

絮凝剂为粉状时,将水泥、砂、石、絮凝剂一次投入搅拌机,干拌10~15s,再加入拌和水,一起搅拌3min。絮凝剂为液体时,将水泥、砂、石一次投入搅拌机,干拌均匀,再加入掺有絮凝剂的拌和水一起搅拌3min。

四 抗分散性能试验检测

1. 样品制备

(1) 从刚拌好的水下不分散混凝土拌合物中取出约2000g有代表性的试样。

(2) 在1000mL烧杯中加入20℃±2℃的蒸馏水或800mL去离子水。

(3) 从代表性试样中称取500g,放入溜槽中,并分成10等份;然后用刮刀把每一份试样从贴近烧杯水面处缓慢地自由落下,全部试样在20~30s落完。

(4) 静置3min后,用玻璃吸管在1min内从烧杯水面轻轻吸取600mL的水(注意吸水时不能搅动),从中取出200mL供作测定pH值的试样,其余的作为测定悬浊物含量的试样。

2. 悬浊物含量

悬浊物含量是水下不分散混凝在水中自由落下后水样通过孔径为1μm的滤膜,截留在滤膜上并于105~110℃烘干至恒量的物质。

在装有已恒量的滤纸的布氏漏斗中加入被测试样,经真空抽滤后将滤纸于一定的温度下烘至恒量测定抽滤前后滤纸的质量变化,计算出一定体积的水体中悬浊物的含量。

悬浊物含量的测定应按下列步骤进行:

(1) 用镊子夹取滤纸置于事先恒量的表面皿上,移入烘箱中于105~110℃下烘干1h后,取出置于干燥器内冷却至室温,称其质量;反复烘干、冷却、称量,直至两次称量的质量差不大于0.2mg为止,此时称量的质量记为m_1。

(2) 将恒量的滤纸正确装在布氏漏斗上并使之密合,用蒸馏水或去离子水润湿滤纸并不断吸滤,使之紧贴布氏漏斗;将漏斗长颈装入事先已开好孔的吸滤瓶上的橡皮塞中,把吸滤瓶接到真空泵上,布氏漏斗抽滤装置见图9-3。

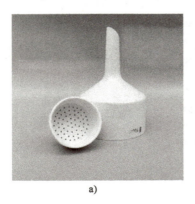
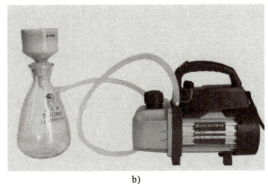

图9-3 布氏漏斗抽滤装置

(3) 用量筒量取充分混匀的试样300~400mL,此时量取的容积记为V,加入漏斗中进行真空抽滤,并用蒸馏水或去离子水将附着在量筒壁上的悬浊物冲洗干净,使水分全部通过滤纸。

(4) 用镊子小心地将滤纸从漏斗上取下并放入原恒量的表面皿上,移入烘箱中于105~

110℃下烘干 2h 后,取出置于干燥器内冷却至室温,称其质量;反复烘干、冷却、称量,直至两次称量的质量差不大于 0.4mg 为止,此时称量的质量记为 m_2。

(5)悬浊物含量按式(9-1)计算:

$$S = (m_2 - m_1) \times \frac{1000}{V} \tag{9-1}$$

式中:S——悬浊物含量,mg/L;

m_2——含悬浊物的滤纸和表面皿的质量,mg;

m_1——滤纸和表面皿的质量,mg;

V——量筒所量取的试样体积,cm^3。

计算结果取整数值,以两次计算值的平均值作为试验结果。

3. pH 值

pH 值即水下不分散混凝土在水中自由落下后水样的氢离子浓度的负对数。

pH 值的测定应按下列步骤进行:

(1)在水中加入一定量的水下不分散混凝土,静置一段时间后,从水面取出一定量的水样,用酸度计测定水样的 pH 值。

(2)pH 值以酸度计读出小数点后一位表示,取两次测值的平均值作为试验结果。

五 硬化性能试验检测

水陆强度比即水下成型的混凝土试件抗压强度与空气中成型的混凝土抗压强度试件的比值,抗压强度试验按现行《混凝土物理力学性能试验方法标准》(GB/T 50081)规定进行。

水下成型试件与养护应按下列要求进行。

1. 仪器设备

(1)坍落度仪:符合现行《混凝土坍落度仪》(JG/T 248)的规定。

(2)试模:符合现行《混凝土试模》(JG 237)的规定,尺寸为 150mm × 150mm × 150mm 的混凝土试模。

(3)水槽:高度 450mm,长、宽以能放入试模且加料后水面上升高度不超过 50mm 为宜。

2. 试验条件

(1)试验室温度为 20℃ ± 3℃,相对湿度不低于 50%,试验用材料、仪器和用具的温度应与试验室一致。

(2)标准养护室温度为 20℃ ± 2℃,相对湿度不低于 95%。

(3)水槽内水温为 20℃ ± 2℃。

(4)养护池水温为 20℃ ± 2℃。

3. 试件的制作和养护

(1)将试模开口向上置于水槽中,向水槽注入适量的水,使水面距离试模顶端 150mm 处。

(2)将倒置的坍落度仪小口端用盖板盖严;将拌好的混凝土装入倒置的坍落度仪的 2/3 高度,然后将坍落度仪移至水面上,小口端对准水中试模,拉开坍落度仪小口端盖板,使混凝土灌入试模中至试模口上端形成小山形,每只试模在 60s 内装完。

(3)将装满混凝土的试模缓慢从水中取出,放入空气中静置 10 ~ 15min,用橡皮锤轻敲试模的四个顶角各6~8次,以促进排水,然后把表面抹平、压光。

(4)将抹光后的试模放入标准养护室,1d脱模,脱模后的试件放入水中进行养护。

(5)在达到规定龄期时,从水中将试件取出,进行测定,水下不分散混凝土浇筑方法见图9-4。

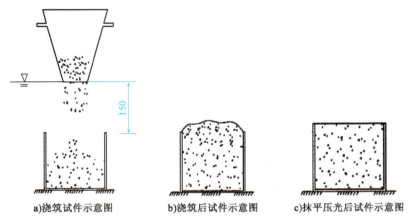

a)浇筑试件示意图　　b)浇筑后试件示意图　　c)抹平压光后试件示意图

图9-4　水下不分散混凝土浇筑方法(尺寸单位:mm)

空气中成型试件的制作和养护除不将试模放入水中面是放于空气中成型外,其他均应符合水下成型试件的规定。

任务五　水下不分散混凝土的试验检测

水下不分散混凝土主要技术性能的试验检测方法依据现行《水下不分散混凝土试验规程》(DL/T 5117)的有关规定。

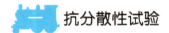 抗分散性试验

1. 称重法

在高550mm、直径400mm的塑料桶底部放1500mL的容器,桶内装水至高度500mm。拌制2kg水下不分散混凝土,从水面自由落下倒入水中的容器内,使之全部进入水下容器,不得洒漏,静置5min,将容器从水中提起,排掉混凝土上面的积水,称其重量。按式(9-2)计算水泥流失量。重复3次,取平均值,精确至0.1%。

$$流失量(\%) = \frac{a-b}{a-c} \times 100 \tag{9-2}$$

式中:a——浸水前混凝土和容器的总重;

b——浸水后混凝土和容器的重量;

c——容器的重量。

2. pH值法

在1000mL烧杯中装入800mL水,将500g水下不分散混凝土分成10等份,从水面缓慢自由落下,静置3min。用吸管在1min内将烧杯中的水吸取600mL,测定pH值。

硬化的水下不分散混凝土力学性能试验方法

将拌和好的水下不分散混凝土成型后,试件在20℃±3℃的水中养护至龄期进行测试,测试龄期为7d、28d和90d,到规定龄期后将试件从水中取出,用湿布覆盖防止干燥,尽快测试强度。

试验前将试件表面擦干净,检查外观,有严重缺陷的应淘汰。

试件上、下端面的中心对准上下板的中心,试验机压板和试件受压面要完全吻合。开启试验机,控制加荷速度为每秒0.2~0.3N/mm²,均匀加荷不得冲击,直至试件破坏,记录试件破坏荷载值。

任务六　水下不分散混凝土的工程应用

一、工程概况

丰满水电站全面治理(重建)工程泄洪兼导流洞进口明挖施工过程中,发现开挖区岩体内存在孔洞,经地质勘察、对丰满水电站前期建设情况资料收集、分析,证实在泄洪兼导流洞进口明挖开挖区内布置有原丰满泄洪放空洞岩塞爆破1:2模型试验洞。该模型试验洞从泄洪兼导流洞进口明渠预留岩坎内穿过,将库水与岩坎后开挖区连通,造成岩坎后开挖工程无法在干地条件下施工,因此需要对该模型试验洞进行封堵处理,截断水流通道。

二、原材料

水泥为海螺42.5普通硅酸盐水泥,其技术指标见表9-3;细集料为天然砂,其检测技术指标见表9-4;粗集料为碎石,其技术指标见表9-5。

水泥检测结果　　　　　　　　　　　　　　　　　　表9-3

品种	比表面积(m²/kg)	细度(%)	密度(kg/m³)	标准稠度(%)	凝结时间(min)		抗折强度(MPa)			抗压强度(MPa)		
					初凝	终凝	3d	7d	28d	3d	7d	28d
海螺普硅	330	1.1	3190	28	160	239	5.8	6.8	9.3	23.5	29.3	47.1

砂检测结果　　　　　　　　　　　　　　　　　　表9-4

种类	细度模数	表观密度(kg/m³)	含泥量(%)
河砂	2.8	2700	1.0

碎石检测结果　　　　　　　　　　　　　　　　　　表9-5

粒径(mm)	表观密度(kg/m³)	饱和面干吸水率(%)	针片状颗粒含量(%)	压碎指标(%)	含泥量(%)
5~25	2680	0.83	4	8	0.1

粉煤灰为Ⅰ级灰,其检测技术指标见表9-6。

粉煤灰检测结果　　　　　　　　　　　　　　　　　　表9-6

粉煤灰品种	比表面积(m²/kg)	细度(%)	密度(kg/m³)	需水量比(%)
Ⅰ级	380	13.8	2400	103

减水剂为缓凝型高效减水剂,减水率20%,掺量为1.5%。

絮凝剂为中国石油集团工程技术研究院产UWB-Ⅱ型,掺量为2.0%~3.0%,其检测技术指标见表9-7。

絮凝剂性能要求及检测结果　　　　　　　　　　　　表9-7

项目		指标值		检测结果
		合格品	一等品	
泌水率(%)		≤0.5	0	0.2
含气量(%)		≤6.0		1.8
1h扩展度(mm)		≥420		480
凝结时间(h)	初凝	≥5		13
	终凝	≤24		20
抗分散性能	悬浊物含量(mg/L)	≤150	≤100	75
	pH值	≤12.0		10
水下成型试件的抗压强度(MPa)	7d	≥15.0	≥18.0	20.0
	28d	≥22.0	≥25.0	27.0
水陆强度比(%)	7d	≥70	≥80	82
	28d	≥70	≥80	88

三 混凝土配合比

水下不分散混凝土具有强抗分散性、优良的保水性、良好的流动性、凝结时间长、环境污染小等特点。水下不分散混凝土作为混凝土的一种,拥有和普通混凝土一样的性能指标,但因其自身特点及使用环境的特殊性,所以要具有其他普通混凝土不具有的特殊性能指标,主要包括流动性指标、抗分散性指标、强度性能指标等。

1. 性能指标

封堵材料采用水下自密实不分散混凝土,水下混凝土按使用要求分为Ⅰ序混凝土和Ⅱ序混凝土,两种混凝土性能应满足表9-8、表9-9的技术要求。

Ⅰ序混凝土技术要求　　　　　　　　　　　　表9-8

材料	混凝土强度等级	坍落度(mm)	扩展度(mm)	抗分散性			工作性能保持时间(h)	凝结时间(h)		7d水陆强度比(%)
				水泥流失量(%)	悬浊物含量(mg/L)	pH		初凝	终凝	
Ⅰ序混凝土	C20	240~260	450~500	<1.5	<150	<12	≥1	≥5	≤30	≥60

Ⅱ序混凝土技术要求　　　　　　　　　　　　表9-9

材料	混凝土强度等级	坍落度(mm)	扩展度(mm)	抗分散性			工作性能保持时间(h)	凝结时间(h)		7d水陆强度比(%)
				水泥流失量(%)	悬浊物含量(mg/L)	pH		初凝	终凝	
Ⅱ序混凝土	C20	≥250	≥600	<1.5	<150	<12	≥1	≥5	≤30	≥60

2. 配合比及性能检测

1）临时封堵体水下混凝土（Ⅰ序混凝土）

这次采用水下自密实不分散混凝土浇筑作为临时封堵体，临时封堵体兼作模板使用。为使临时封堵体浇筑限制在较小范围内，达到节省材料的目的，水下混凝土除应具备抗分散性、自密实性等特点外，还应具有小扩展度成型后具有较陡的自流坡面等特点，自流坡面不缓于1：4。根据上述要求，设计的小扩展度水下自密实不分散混凝土配合比及性能试验结果见表9-10、表9-11。

混凝土配合比　　　　　　　　　　　　　　　　　　　　表9-10

水胶比	砂率（%）	减水剂掺量（%）	水下不分散剂掺量（%）	单方材料用量（kg/m³）					
				水泥	水	砂	石	减水剂	水下不分散剂
0.491	41	1.5	2.5	448	220	657	1007	6.72	11.20

混凝土性能试验结果　　　　　　　　　　　　　　　　　表9-11

水胶比	坍落度（mm）	扩展度（mm）	水泥流失量（%）	悬浊物含量（mg/L）	pH	初凝时间（h：min）	终凝时间（h：min）	7d水陆强度比（%）
0.491	245	480	0.5	44	10	11：00	17：30	81.3

2）永久封堵体水下混凝土（Ⅱ序混凝土）

永久封堵体采用常规水下自密实不分散混凝土，混凝土拌合物在水中浇筑时不分散、不离析，混凝土配合比基本保持不变，同时具有优良的流动性，以保证混凝土灌入水下后能够自流平、自密实。这次永久封堵体水下自密实不分散混凝土对洞群进行局部封堵，封堵体靠自重抵抗水压力，保持稳定，因此对混凝土强度要求不高。根据上述要求，设计的水下自密实不分散混凝土配合比及性能试验结果见表9-12、表9-13。

混凝土配合比　　　　　　　　　　　　　　　　　　　　表9-12

水胶比	砂率（%）	减水剂掺量（%）	水下不分散剂掺量（%）	粉煤灰掺量（%）	单方材料用量（kg/m³）					
					水泥	粉煤灰	水	砂	石	减水剂	水下不分散剂
0.491	41	1.5	2.0	25	336	112	220	639	979	6.72	8.96

混凝土性能试验结果　　　　　　　　　　　　　　　　　表9-13

水胶比	坍落度（mm）	扩展度（mm）	水泥流失量（%）	悬浊物含量（mg/L）	pH	初凝时间（h：min）	终凝时间（h：min）	7d水陆强度比（%）
0.491	270	650	0.6	50	10	11：20	17：50	75

四、工程应用效果

小扩展度水下自密实不分散混凝土在原丰满泄洪放空洞岩塞爆破1：2模型试验洞封堵中进行了成功的应用，封堵工程施工快速、简便易行，封堵效果良好，保障了丰满水电站全面治理（重建）工程泄洪兼导流洞进口明挖的正常施工，确保丰满水电站全面治理（重建）工程的总体施工进度。

创新能力培养

水下不分散混凝土应用比较广泛,可以应用于沉井封底、围堰、沉箱、水下连续墙、水下 RC(Reinforced Concrete,钢筋混凝土)板,以及大口径灌注桩、水库修补、水下承台、海堤护坡、封桩堵漏等各种水下浇筑的混凝土工程和抢修工程。水下不分散混凝土在联邦德国出现以后,主要用于核电站基础、护坡等海洋工程。在北欧主要应用于海工工程如北海油田挪威 Startf Jotd-C 石油钻井平台。日本的水下不分散混凝土技术主要应用有:濑户大桥主塔水下基础工程、青森大桥刚性地下连续墙、关西国际机场陆地连接桥水下基础工程、阪神高速公路桥墩基础工程。我国水下不分散混凝土主要应用于海港、交通、水利水电等工程,工程总量已超百万方混凝土。比较典型的工程有南海某军事工程、上海东海大桥灌注桩工程、葛洲坝三江航道水下护坡修复、茂名市正源码头水工沉箱工程、景福围大堤加固工程、吴川抢险工程。

水下不分散混凝土施工方法有直接倾倒法、溜槽法、泵送法和导管法等。直接倾倒法施工最为简单方便,但是质量相对来说难以保证。动水环境以及混凝土落水高度较大的环境下均不适合采用直接倾倒法。溜槽法也是一种相对简单的施工方法,尤其适用于工程量不大的施工项目中。泵送法和导管法在水下不分散混凝土施工中应用最为广泛,但施工中如何避免堵塞和中断始终是施工过程的重点和难点。

请分析水下不分散混凝土施工中经常出现混凝土凝固在泵管里使得泵管堵塞的原因并提出改善措施。

 思考与练习

一、填空题

1. 水下不分散混凝土常用的施工方法有_____、_____和_____等。
2. 《水下不分散混凝土絮凝剂技术要求》(GB/T 37990—2019)指出,受检混凝土 pH 应_____。
3. 在水中施工时,能增加混凝土拌合物_____,减少_____的外加剂,简称絮凝剂。
4. _____的受检混凝土与_____的受检混凝土_____之比,称为水陆强度比。

二、选择题

1. 水下不分散混凝土的原材料包括(   )。
   A. 絮凝剂　　　　　　　　　　B. 胶凝材料
   C. 集料　　　　　　　　　　　D. 其他外加剂
2. 水下不分散混凝土拌合物基本性能主要表现在以下方面(   )。
   A. 抗分散性　　　　　　　　　B. 自流平性与填充性
   C. 保水性　　　　　　　　　　D. 缓凝性
3. UWB-Ⅱ絮凝剂,常用(   )掺入混凝土。
   A. 先掺法　　　　　　　　　　B. 后掺法
   C. 同掺法　　　　　　　　　　D. 必须加水掺入
4. 《水下不分散混凝土絮凝剂技术要求》(GB/T 37990—2019)指出,受检混凝土的终凝结时间应当（　　）。

  A. 不迟于360min   B. 不迟于6h

  C. 不迟于24h   D. 不迟于12h

三、简答题

1. 什么是水下不分散混凝土的抗分散性能？
2. 什么是絮凝剂？如何检测与评价絮凝剂的抗分散性能？
3. 简述水下不分散混凝土导管法施工工艺。
4. 简述水下不分散混凝土的水陆强度比测定试验过程。
5. 与传统混凝土相比，水下不分散混凝土有哪些优势？

项目十

高强混凝土

【项目概述】

本项目主要介绍了高强混凝土的发展、特点与分类，高强混凝土的组成材料，高强混凝土主要技术性能——拌合物性能、力学性能、长期性能和耐久性性能等，以及高强混凝土配合比设计及其工程应用。

【学习目标】

1. 素质目标：培养学习者的民族自豪感，具有规范意识、质量意识及社会责任感。

2. 知识目标：了解高强混凝土的特点与分类，熟悉高强混凝土的组成材料，理解高强混凝土的主要技术性能、配合比设计。

3. 能力目标：利用相关规范，迁移普通混凝土相关知识与技能，能够独立完成倒置坍落度筒排空试验检测；迁移普通混凝土配合比设计相关知识，合作完成高强混凝土配合比设计过程。

课程思政

1. 思政元素内容

党的二十大报告提出"协同推进降碳、减污、扩绿、增长，推进生态优先、节约集约、绿色低碳发展"，为促进人与自然和谐共生提供了系统性、综合性的思路。党的十八大以来，我国提出了"五位一体"总体布局和"创新、协调、绿色、开放、共享"新发展理念，我国按照"五位一体"总体布局和新发展理念的指引，进一步深化可持续发展战略实施，加强生态文明建设，就推动形成人与自然和谐发展现代化建设新格局进行了系统部署；实施了精准脱贫、污染防治攻坚战等一系列专项行动，在资源能源、生态环境、公共安全、绿色技术、低碳经济等相关领域启动实施了一大批重点研发项目并取得重要技术突破,可持续发展能力明显提升。

2. 课程思政契合点

高强混凝土具有明显的技术优势:不仅可以减小混凝土结构尺寸,减轻结构自重和地基荷载,节约用地,而且能够提高混凝土结构的耐久性能,延长建筑物的使用寿命,减少结构维护和修补费用。高强混凝土能够消耗大量工业废渣(粉煤灰、矿粉、硅灰等),节省水泥,符合节能、减排、环保和可持续发展的战略要求。

设计高强混凝土配合比时,根据不同工程需求,需要不断探索创新,以达到工程要求。例如:2009年底建成的广州国际金融中心,采用C60~C100高强混凝土,施工时将C100高强混凝土一次性成功泵送到411m高度;2014年广州东塔实现了C120超高强混凝土超高层的泵送。

3. 价值引领

党的二十大报告明确提出一系列任务和要求,包括加快发展方式绿色转型,深入推进环境污染防治,提升生态系统多样性、稳定性、持续性,积极稳妥推进碳达峰碳中和。我国在"推动绿色发展,促进人与自然和谐共生"发展的道路付出了巨大努力,取得了举世瞩目的成就,对全球可持续发展做出了重要贡献。但是,中国在经济社会发展方面与发达国家相比仍有较大差距,能源资源高效利用、生态环境保护以及应对气候变化等全球性挑战依然十分巨大,"推动绿色发展,促进人与自然和谐共生"目标的实现任重道远。

思政点　可持续发展战略

任务一 高强度混凝土的发展认知

一、定义

在不同的历史发展阶段,高强混凝土的含义是不同的。由于各国之间的混凝土技术发展不平衡,其高强混凝土的定义也不尽相同,即使在同一个国家,因各个地区的高强混凝土发展程度不同,其定义也随之改变。正如美国的 S. Shah 教授所指出的那样:"高强混凝土的定义是个相对的概念,如在休斯敦认为是高强混凝土,而在芝加哥却认为是普通混凝土。"

我国自 20 世纪 70 年代开始进行用高效减水剂配制高强混凝土的研究,为推广应用高强混凝土创造了有利条件,并使高强混凝土迅速用于建筑工程中,根据目前的施工技术水平,我国一些单位在试验室条件下已配制出 100MPa 以上的混凝土,在施工条件下采用优质集料、减水剂,也能较容易获得 C60~C80 的混凝土,我国在高强混凝土的研究与应用方面已经取得了巨大成绩,高强混凝土在建筑工程中具有美好的应用前景。

现行《高强混凝土结构技术规程》(CECS 104)具体给出了采用水泥、砂、石、高效减水剂等外加剂和粉煤灰、超细矿渣、硅灰等矿物掺合料按常规工艺配制 C50~C80 级高强混凝土的技术规定。根据现行《高强混凝土应用技术规程》(JGJ/T 281),将强度等级不低于 C60 的混凝土称为高强混凝土(High Strength Concrete)。与普通混凝土相比,高强混凝土具有明显的技术优势:不仅可以减小混凝土结构尺寸,减轻结构自重和地基荷载,节约用地,减少材料用量,节省资源,降低施工能耗,而且能够提高混凝土结构的耐久性能,延长建筑物的使用寿命,减少结构维护和修补费用。高强混凝土能够消耗大量工业废渣,节省水泥,符合节能、减排、环保和可持续发展的战略要求。高强混凝土是现代混凝土技术水平的代表和未来的发展方向之一。

二、国内外高强混凝土的研究与应用

1. 国外高强混凝土的研究与应用

在国际上,高强混凝土的研究和应用发展非常迅速,得到了各国政府的高度重视,有的混凝土的强度等级已超过 C130 级。

美国在高强混凝土研究和应用方面领先于其他工业发达国家。在 20 世纪 60 年代应用的混凝土平均强度达 28MPa,20 世纪 70 年代提高到 42MPa。目前,其使用的混凝土平均强度已超过 40MPa,其中预应力混凝土强度已超过 70MPa。

日本从 20 世纪 60 年代就开始应用高效减水剂配制高强混凝土。到 20 世纪 70 年代末期,日本已能配制 80~90MPa 的高强混凝土。为促进高强混凝土的研究工作,日本建设厅于 1988 年设立了一项简称"新 RC"的研究计划,投入巨资专门研究高强混凝土和高强钢筋在建筑工程中的应用,取得了许多突破性的进展,成为世界上高强混凝土研究与应用的先进国家。

1989 年,加拿大政府提出了一个协作网研究计划,从 158 项提议中评选出 15 项,高强高性能混凝土研究就是其中的一项,1990 年资助经费 500 万美元,有七个大学、两个企业参与了"高性能混凝土协作网研究",取得了良好的社会效益和经济效益。

20 世纪 70 年代初,澳大利亚和挪威等国家就将高强度混凝土应用于高层建筑和钻井平台。20世纪90年代初,俄罗斯采用的混凝土的平均强度等级已超C30,并开始大量采用C40～C50的混凝土,C60～C80的混凝土用量也逐渐增加,20世纪末已普遍采用C70混凝土,少数为C80～C100,有的混凝土的平均强度已达到120MPa。

在20世纪末,德国使用的混凝土的平均强度为C30和C50,其用量各占一半左右。另外,法国、新加坡等国家,在高强混凝土研究和应用方面也做出了不懈努力,取得了很大进展,为高强混凝土的发展贡献了力量。

在工业发达的西方国家,C60的混凝土已经普遍采用,C80以上的混凝土用量迅速增加。美国、日本和德国等国家已研制成功C100以上的混凝土,并开始用于大跨度桥梁、空间桁架、高层建筑、多层建筑及超高层建筑等重要结构物上。

2. 国内高强混凝土的研究和应用

我国政府对高强混凝土的研究和应用也非常重视,1986—1990年,国家自然科学基金委员会和建设部,将"高强混凝土的配制、结构设计和施工方法"课题列为重点科研项目;1987—1991年,全国钢筋混凝土标准技术委员会,组织了《混凝土结构设计规范》第四批课题"高强混凝土结构性能及设计方法"的研究;1992—1996年,全国钢筋混凝土标准技术委员会,又组织了《混凝土结构设计规范》第五批课题"高强混凝土结构基本性能"的研究,并列入了工程建设国家标准重点科研计划;1994—1997年,国家自然科学基金重点资助了"高强与高性能材料的结构与力学性能研究"项目;1996年,国家计划委员会资助800万元,重点扶持"重大工程中混凝土安全性"的研究课题,其中也包括高强高性能混凝土的内容。由此可见,高强混凝土在我国的研究虽然开展得较晚,党和政府却给予高度重视,使该项工作取得了较大进展。

20世纪70年代初,清华大学土木工程系首先研制出NF高效减水剂,并成功地用于实际工程中,获得了巨大的技术经济效果。沈阳市是我国最早大规模集中应用高强混凝土的城市之一,其中,沈阳富林大厦和皇朝万鑫大厦均采用C100高强混凝土。我国北京、上海和广州的许多重要工程也应用了高强混凝土。2007年建成的国家大剧院,外观呈半椭球形(图10-1),东西方向长轴长度为212.20m,南北方向短轴长度为143.64m,建筑物高度为46.285m,占地11.89万m^2,总建筑面积约16.5万m^2,采用C100高强混凝土。2009年建成的广州新电视塔,昵称"小蛮腰"(图10-2),塔身主体高454m,天线桅杆高146m,总高度600m,采用C80高强混凝土。2009年底建成的广州国际金融中心(简称广州西塔,见图10-3),高103层,高度为437.5m,采用C60～C100高强混凝土,施工时将C100高强混凝土一次性成功泵送到411m高度,创造同类混凝土泵送新高度。2010年施工的合肥天时广场二期工程主框架柱采用C80高强泵送混凝土,混凝土28d强度均达到90MPa以上。2014年广州东塔实现了C120超高强混凝土超高层的泵送。2016年建成的上海中心大厦(图10-4)更是把泵送高度提高到600m以上。

图10-1 国家大剧院

图10-2 广州新电视塔

图10-3　广州国际金融中心

图10-4　上海中心大厦

桥梁结构采用高强混凝土,可以减轻桥梁结构自重,并提高结构刚度,进而增大桥跨,减少桥墩,增加桥下净空;还可以降低维护维修费用。1980年前后,铁道科学研究院就在湘桂铁路复线的红水河三跨斜拉桥(图10-5)预应力箱梁中,使用了高强混凝土(实际强度等级>C60),是我国第一个泵送高强混凝土工程。1996年施工的万县长江大桥采用钢管-混凝土组合截面,内填和外包C60高性能混凝土,不仅满足强度需要,而且耐重庆当地酸雨环境侵蚀。2001年竣工的大佛寺长江大桥、2004年竣工的巴东长江大桥和2008年施工的湖北武英高速公路杨柳互通A匝道桥主箱梁采用C60预应力混凝土,以及东海大桥、杭州湾大桥和宜昌长江铁路大桥等工程均采用了高强混凝土,以提高混凝土耐久性能。此外,2006年施工的天津滨海新区中央大道二期工程永定新河特大桥桥梁防撞墩采用C80铁钢砂混凝土,2011年建成的青岛胶州湾跨海大桥(图10-6)全长36.48km,整个大桥海上钻孔灌注桩5127根,桥墩、桥身为C80高强混凝土。

图10-5　红水河三跨斜拉桥

图10-6　青岛胶州湾跨海大桥

任务二　高强混凝土的特点与分类认知

一、高强混凝土的特点

1. 高强混凝土的优点

(1)强度高。高强混凝土的最显著特点就是其强度比普通混凝土明显更高,而高强度意味着其承载能力更强,因而在相同的设计荷载作用下可以实现更小的截面设计,对于减轻混凝土构件的自重也具有明显的优势。此外,在高层建筑中,由于高强混凝土的这种特点,也经常会被使用,以实现高承载力、高性能、低重量的设计要求。

(2)流动性高、早强性好。高强混凝土除了其最终的强度高以外,其早期强度相比于传统混凝土也更高,这一特点的形成原因是在高强混凝土拌制时掺入了高强减水剂,从而使得混凝土结构的内部发生了一系列物理和化学反应,从而提高了高强混凝土的早期强度。因此利用高强混凝土的早强性,可以更快地浇筑混凝土,保证施工周期缩短,降低施工成本。

(3)良好的耐久性能。高强混凝土由于其结构内部密实,通过不同的材料配比可以实现更强的抗侵蚀性能,从而大大提高混凝土的耐久性。

2.高强混凝土的缺点

(1)对于原材料质量要求非常严格。
(2)混凝土质量易受生产、运输、浇筑和养护环境的影响。
(3)其延性比普通混凝土还差,即高强混凝土的脆性更大。

视频:高强混凝土类型

高强混凝土的分类

高强混凝土根据不同的工作性、水灰比及成型方式,可分为高工作性的高强混凝土、正常工作性的高强混凝土、工作性非常低的高强混凝土、压实高强混凝土以及低水灰比高强混凝土,具体分类见表 10-1。

高强混凝土的类型　　　　　　　　　　　　表 10-1

高强混凝土类型	水灰比 W/C	28d 抗压强度(MPa)	注意事项
高工作性的高强混凝土	0.25~0.40	40.0~70.0	150~200mm 坍落度,水泥用量大
正常工作性的高强混凝土	0.35~0.45	45.0~80.0	50~100mm 坍落度,水泥用量大
工作性非常低的高强混凝土	0.30~0.40	45.0~80.0	坍落度小于 25mm,正常水泥用量
低水灰比高强混凝土	0.20~0.35	100~170	采用掺加外加剂
压实高强混凝土	0.05~0.30	70.0~240	加压 70.0MPa,甚至更大

高强混凝土根据组成材料的不同,又可分为普通高强度混凝土、超细粉煤灰高强混凝土、碱矿渣高强混凝土、超细矿渣高强混凝土、硅灰高强混凝土。

1.普通高强度混凝土

普通高强度混凝土是各类工程中常用的混凝土。这种混凝土具有与普通水泥混凝土相同的施工方法和工艺,强度基本能满足各种混凝土结构的要求,是一种提倡和推广应用的新型混凝土。

2.超细粉煤灰高强混凝土

粉煤灰作为混凝土的掺合料,不仅可以降低混凝土的初期水化热、改善和易性、抗硫酸盐侵蚀、提高抗渗性等性能,又可节约水泥、减少污染、降低成本,也可配制高强混凝土。

通过空气分离的方法,将粉煤灰分成 20μm、10μm 和 5μm 三级,作为混凝土的掺合料,则可以配制成为超细粉煤灰高强混凝土。这种超细粉煤灰所制成的高强混凝土,可以降低单位用水量,改善拌合物的工作度,提高混凝土的强度和抗渗性,也能提高混凝土的抗碱-集料反应能力。

在实际混凝土工程施工中,一般常用10μm的超细粉煤灰(简称FA10)、细度模数为2.71的河砂、粒径为5~20mm的硬质粗集料,并掺加适量的超塑化剂(Super Plasticizers,SP),配制超细粉煤灰高强混凝土。

3. 碱矿渣高强混凝土

碱矿渣高强混凝土(简称JK混凝土)集高强、快硬、高抗渗、低热、高耐久性等优越性能于一身,它的某些性能是普通硅酸盐水泥混凝土难以达到或不可能达到的,所以被称为"高级混凝土"。

碱矿渣胶结材料的制造工艺简单,不需要高温煅烧成熟料,只要细度符合要求即可;其施工工艺与普通混凝土基本相同,既可以用来生产预制构件,也可以用于现浇工程,具有普通混凝土的万能性,应用现有的施工方法和施工机具便可施工,推广应用较为方便。

由于碱矿渣高强混凝土的强度很高,容易配制成C60~C100高强混凝土,因而可以满足大跨度、超高层等建筑结构的需要,并可以减小构件的断面,减轻建筑物的自重,节省建筑材料,降低工程造价,提高抗震能力。

由于碱矿渣高强混凝土是一种快硬性混凝土,所以模板可以早期脱模,结构可以早期加荷,从而大大加快施工进度,加快施工机具和模板的周转,缩短施工工期,进而加快资金的周转,带来良好的经济效益和社会效益。

4. 超细矿渣高强混凝土

矿渣作为水泥的混合材料,主要采用与水泥熟料混合磨工艺。试验和工程实践证明,水淬矿渣加工成超细粉后,由于超细粒子的增加,混凝土的各种性能,与过去所用的矿渣粉末相比,发生明显的变化。矿渣的细度大,水化活性高,混凝土早期强度增长快。试验表明,当矿渣比表面积由3000cm²/g增至8000cm²/g时,1d的强度可由10MPa增至20MPa,28d的强度可由38MPa增至55MPa。由此可见,超细矿渣是配制高强混凝土的良好材料。

随着粉磨技术的发展,越来越多的水泥和钢铁企业开始采用单独粉磨工艺制备矿渣粉。矿渣粉比表面积高、细度细、活性好,如与纯硅酸盐水泥混合,其掺量可以达到40%~50%或更高;同时矿渣粉作为外加剂直接掺入混凝土中,进而改变混凝土的性能。

5. 硅灰高强混凝土

在水泥生产中掺入适量的硅灰(一般为6%~15%),可将普通硅酸盐水泥的强度大幅度提高,其中抗压强度可提高29.0%~37.6%,抗折强度可提高43.0%以上。不仅如此,抗渗、耐磨、抗硫酸盐侵蚀能力均有大幅度的改善。这说明掺入硅灰后的复合水泥,变成了性能优异的特种多功能水泥。这种水泥在北欧称为混合水泥,日本称为高密度水泥,是配制高强混凝土的优良胶凝材料。

任务三 高强混凝土的组成材料认知

一、水泥

水泥是高强混凝土中的主要胶凝材料,也是决定混凝土强度高低的首要因素。因此,在选择水泥时,必须根据高强混凝土的使用要求,主要考虑如下技术条件:水泥品种和水泥强度等级。

国家标准中,水泥强度等级的依据的水灰比为 0.5 时水泥胶砂 28d 的抗压强度。在制备高强、超高强混凝土时,水胶比要降低到 0.27~0.18 的范围,甚至更小。采用 P·O42.5 水泥完全可制备出 C80~C100 高强、超高强混凝土,对 C100 强度等级及以上的超高强混凝土,使用 P·O52.5 或 P·Ⅱ52.5R 水泥更为理想。水泥强度满足要求的前提下,一方面需尽可能选用标准稠度需水量小的水泥品种,否则单方用水量很难得以控制;另一方面,应当选用中低热水泥,降低水泥水化放热,这对混凝土的耐久性能是有利的。在配制高强、超高强混凝土时需注意胶凝材料间的合理搭配,而非单纯提高水泥用量。经验表明,应通过对各种水泥进行试配,以科学的数据确定制备高强混凝土所用水泥的种类和数量。在满足既定抗压强度的前提下,经济适用是选择水泥的依据。

集料

1. 细集料

高强混凝土对细集料的要求与普通混凝土基本相同,在某些方面稍高于普通混凝土。砂中的黏土、淤泥及云母影响水泥与集料的胶结,含量多时使混凝土的强度降低;硫化物、硫酸盐、有机物对水泥均有侵蚀作用;轻物质本身的强度较低,会影响混凝土的强度及耐久性。因此,配制高强混凝土最好用纯净的砂,并且有害杂质含量不能超过国家规定的限量。

细集料应符合现行《普通混凝土用砂、石质量及检验方法标准》(JGJ 52)和《人工砂混凝土应用技术规程》(JGJ/T 241)的规定;混凝土用海砂应符合现行《海砂混凝土应用技术规范》(JGJ 206)的规定。配制高强混凝土宜采用细度模数为 2.6~3.0 的 Ⅱ 区中砂。砂的含泥量和泥块含量应分别不大于 2.0% 和 0.5%。当采用人工砂时,石粉亚甲蓝(MB)值应小于 1.4,石粉含量不应大于 5%,压碎值应小于 25%。当采用海砂时,氯离子含量不应大于 0.03%,贝壳最大尺寸不应大于 4.75 mm,贝壳含量不应大于 3%。高强混凝土用砂宜为非碱活性。高强混凝土不宜采用再生细集料。

2. 粗集料

粗集料是混凝土中集料的主要成分,在混凝土的组织结构中起着骨架作用,一般占集料的 60%~70%,其性能对高强混凝土的抗压强度及弹性模量起决定性的作用。粗集料对混凝土强度的影响主要取决于:水泥浆及水泥砂浆与集料的黏结力、集料的弹性性质、混凝土混合物中水上升时在集料下方形成的"内分层"状况、集料周围的应力集中程度等。因此,如果粗集料的强度不足,其他采取的提高混凝土强度的措施将成为空谈。对高强混凝土来说,粗集料的重要优选特性包括抗压强度、表面特征及最大粒径等。

粗集料应符合现行《普通混凝土用砂、石质量及检验方法标准》(JGJ 52)的规定。岩石抗压强度应比混凝土强度等级标准值高 30%。粗集料应采用连续级配,最大公称粒径不宜大于 25mm。粗集料的含泥量不应大于 0.5%,泥块含量不应大于 0.2%。粗集料的针片状颗粒含量不宜大于 5%,且不应大于 8%。高强混凝土用粗集料宜为非碱活性。高强混凝土不宜采用再生粗集料。

3. 外加剂

高强、超高强混凝土的制备需采用高性能减水剂，其性能的优劣并非体现在减水率上，而是在于混凝土强度与和易性的平衡，既保证混凝土含气量不能太高（低于 2.5%），又要有良好的扩展力。由于不同类型的减水剂对混凝土强度的影响也不同，减水剂的选用要根据胶凝材料来定，使用上要有明显的饱和掺量、较低的掺量和较小的坍落度损失等。减水剂需选用高浓度型，在使用时也要考虑减水剂的含水率。高强、超高强混凝土胶凝材料用量较大，收缩是需要重点考虑的问题，膨胀剂以及增强养护的外加剂通常使用在混凝土中，膨胀剂的品种和掺量要慎重选择，以控制合适的限制膨胀率和限制干缩率。

外加剂应符合现行《混凝土外加剂》（GB 8076）和《混凝土外加剂应用技术规范》（GB 50119）的规定。配制高强混凝土宜采用高性能减水剂；配制 C80 及以上强度等级混凝土时，高性能减水剂的减水率不宜小于 28%。外加剂应与水泥和矿物掺合料有良好的适应性，并应经试验验证。

补偿收缩高强混凝土宜采用膨胀剂，膨胀剂及其应用应符合现行《混凝土膨胀剂》（GB 23439）和《补偿收缩混凝土应用技术规程》（JGJ/T 178）的规定。高强混凝土冬期施工可采用防冻剂，防冻剂应符合现行《混凝土防冻剂》（JC 475）的规定。高强混凝土不应采用受潮结块的粉状外加剂，液态外加剂应储存在密闭容器内，并应防晒和防冻，当有沉淀等异常现象时，应经检验合格后再使用。

4. 混凝土掺合料

在高强混凝土中有相当一部分水泥仅起填充料的作用，混凝土中掺加过量的水泥，不仅无助于进一步提高混凝土强度，而且给工程带来巨大的浪费。在高强混凝土的配制中，若加入适量的活性掺合料，既可促进水泥水化产物的进一步转化，也可收到提高混凝土配制强度、降低工程造价、改善高强混凝土性能的效果。

《高强混凝土结构设计与施工指南》建议采用的活性掺合料有粉煤灰、硅灰、矿渣粉、沸石粉等。随着粉煤灰资源化利用程度的提高，Ⅰ级粉煤灰出现供不应求的局面，仅在高铁、水利和核电等重要工程中使用，商品搅拌站很难获得性能良好的Ⅰ级灰，房建工程应用相对较少。当混凝土强度等级大于 C100 时，不再掺加粉煤灰，主要是混凝土结构中未发生水化反应的空心玻璃珠成为缺陷，影响超高强混凝土的强度。

5. 拌和水

配制高强混凝土的用水，一般使用饮用水即可。水中不得含有影响水泥正常凝结与硬化的有害杂质，pH 值应大于 4。

任务四　高强混凝土主要技术性能认知

根据《高强混凝土应用技术规程》（JGJ/T 281—2012），高强混凝土的主要技术性能应满足以下要求。

一　拌合物性能

（1）泵送高强混凝土拌合物的坍落度、扩展度、倒置坍落度筒排空时间和坍落度经时损失宜符合表 10-2 的规定。

泵送高强混凝土拌合物的流动性要求 表 10-2

项　　目	技术要求
坍落度(mm)	≥220
扩展度(mm)	≥500
倒置坍落度筒排空时间(s)	>5 且 <20
坍落度经时损失(mm/h)	≤10

(2) 非泵送高强混凝土拌合物的坍落度宜符合表 10-3 的规定。

非泵送高强混凝土拌合物的流动性要求 表 10-3

项　　目	技术要求	
	搅拌罐车运送	翻斗车运送
坍落度(mm)	100~160	50~90

(3) 高强混凝土拌合物不应离析和泌水,凝结时间应满足施工要求。

(4) 高强混凝土拌合物的坍落度、扩展度和凝结时间的试验方法应符合现行《普通混凝土拌合物性能试验方法标准》(GB/T 50080)的规定;坍落度经时损失试验方法应符合现行《混凝土质量控制标准》(GB 50164)的规定;倒置坍落度筒排空试验方法应符合现行《高强混凝土应用技术规程》(JGJ/T 281)的规定。

二 力学性能

(1) 高强混凝土的强度等级按立方体抗压强度标准值划分为 C60、C65、C70、C75、C80、C85、C90、C95 和 C100。

(2) 高强混凝土力学性能试验方法应符合现行《普通混凝土力学性能试验方法标准》(GB/T 50081)的规定。

三 长期性能和耐久性能

(1) 高强混凝土的抗冻、抗硫酸盐侵蚀、抗氯离子渗透、抗碳化和抗裂等耐久性能等级划分应符合现行《混凝土质量控制标准》(GB 50164)和《混凝土耐久性检验评定标准》(JGJ/T 193)的规定。只是高强混凝土的耐久性能等级不会落入比较低的等级范围。一般来说,高强混凝土的耐久性能可以达到表 10-4 的指标范围。

(2) 高强混凝土早期抗裂试验的单位面积的总开裂面积不宜大于 $700\text{mm}^2/\text{m}^2$。

(3) 用于受氯离子侵蚀环境条件的高强混凝土的抗氯离子渗透性能宜满足电通量不大于 1000C 或氯离子迁移系数(D_{RCM})不大于 $1.5 \times 10^{-12}\text{m}^2/\text{s}$ 的要求;用于盐冻环境条件的高强混凝土的抗冻等级不宜小于 F350;用于滨海盐渍土或内陆盐渍土环境条件的高强混凝土的抗硫酸盐等级不宜小于 KS150。

(4) 高强混凝土长期性能与耐久性能的试验方法应符合现行《普通混凝土长期性能和耐久性能试验方法标准》(GB/T 50082)的规定。

高强混凝土可达到的耐久性能指标范围　　　　表10-4

耐久性项目	技术要求	
	≥C60	≥C80
抗冻等级	≥F250	≥F50
抗渗等级	>P12	>P12
抗硫酸盐等级	≥KS150	≥KS150
28d 氯离子渗透(库伦电量,C)	≤1500	≤1000
84d 氯离子迁移系数 D_{RCM}（RCM 法，$\times 10^{-12} m^2/s$）	≤2.5	≤1.5
碳化深度(mm)	≤1.0	≤0.1

四 倒置坍落度筒排空试验方法

（1）本方法适用于倒置坍落度筒中混凝土拌合物排空时间的测定。

（2）倒置坍落度筒排空试验应采用下列设备：

①倒置坍落度筒：材料、形状和尺寸应符合现行《混凝土坍落度仪》（JG/T 248）的规定，小口端应设置可快速开启的封盖。

②台架：当倒置坍落度筒支撑在台架上时，其小口端距地面不宜小于500mm，且坍落度筒中轴线应垂直于地面；台架应能承受装填混凝土和插捣。

③捣棒：应符合现行《混凝土坍落度仪》（JG/T 248）的规定。

④秒表：精度0.01s。

⑤小铲和抹刀。

（3）混凝土拌合物取样与试样的制备应符合现行《普通混凝土拌合物性能试验方法标准》（GB/T 50080）的有关规定。

（4）倒置坍落度筒排空试验测试应按下列步骤进行：

①将倒置坍落度筒支撑在台架上，筒内壁应湿润且无明水，关闭封盖。

②用小铲把混凝土拌合物分两层装入筒内，每层捣实后高度宜为筒高的1/2。每层用捣棒沿螺旋方向由外向中心插捣15次，插捣应在横截面上均匀分布，插捣筒边混凝土时，捣棒可以稍稍倾斜。插捣第一层时，捣棒应贯穿混凝土拌合物整个深度；插捣第二层时，捣棒应插透到第一层表面下50mm。插捣完后，刮去多余的混凝土拌合物，用抹刀抹平。

③打开封盖，用秒表测量自开盖至坍落度筒内混凝土拌合物全部排空的时间（t_{sf}），精确至0.01s。从开始装料到打开封盖的整个过程应在150s内完成。

试验应进行两次，并应取两次试验测得排空时间的平均值作为试验结果，计算应精确至0.1s。

倒置坍落度筒排空试验结果应符合下式规定：

$$|t_{sf1} - t_{sf2}| \leq 0.05 t_{sf,m} \tag{10-1}$$

式中：t_{sf1}、t_{sf2}——两次试验分别测得的倒置坍落度筒中混凝土拌合物排空时间，s；

$t_{sf,m}$——两次试验测得的倒置坍落度筒中混凝土拌合物排空时间的平均值，s。

任务五 高强混凝土配合比设计

高强混凝土配合比设计应符合现行《普通混凝土配合比设计规程》（JGJ 55）的规定，并应满足设计和施工要求。

一、确定配制强度

高强混凝土的配制强度应按下式确定：

$$f_{cu,0} = 1.15 f_{cu,k} \qquad (10\text{-}2)$$

式中：$f_{cu,0}$——混凝土配制强度，MPa；
　　　$f_{cu,k}$——混凝土立方体抗压强度标准值，MPa。

二、确定组成材料

高强混凝土配合比应经试验确定，在缺乏试验依据的情况下宜符合下列规定：
（1）水胶比、胶凝材料用量和砂率可按表10-5选取，并应经试配确定。

水胶比、胶凝材料用量和砂率　　　　表10-5

强度等级	水胶比	胶凝材料用量（kg/m³）	砂率（%）
≥C60,<C80	0.28~0.34	480~560	35~42
≥C80,<C80	0.26~0.28	520~580	
C100	0.24~0.26	550~600	

（2）外加剂和矿物掺合料的品种、掺量，应通过试配确定；矿物掺合料掺量宜为25%~40%；硅灰掺量不宜大于10%。

（3）对于有预防混凝土碱集料反应设计要求的工程，高强混凝土中最大碱含量不应大于3.0 kg/m³；粉煤灰的碱含量可取实测值的1/6，粒化高炉矿渣粉和硅灰的碱含量可分别取实测值的1/2。

三、试配与调整

（1）配合比试配应采用工程实际使用的原材料，进行混凝土拌合物性能、力学性能和耐久性能试验，试验结果应满足设计和施工的要求。

（2）大体积高强混凝土配合比试配和调整时，宜控制混凝土绝热温升不大于50℃。

（3）高强混凝土设计配合比应在生产和施工前进行适应性调整，应以调整后的配合比作为施工配合比。

（4）高强混凝土生产过程中，应及时测定粗、细集料的含水率，并应根据其变化情况及时调整称量。

任务六 高强混凝土的工程应用

一、工程概况

新建长沙至昆明铁路客运专线湖南段 CKTJ–Ⅶ标段正线起讫里程 DK287+747~DK324+

218.25,全长 34.538km,位于湖南省怀化市。其中,沅江大桥全长 404.94m。特点是深水、高墩、大跨,地形为典型的 V 形深切沟谷,地势陡峭,环境艰险,桥跨组成为 88m + 168m + 88m + 40m 双线预应力混凝土刚构连续梁,主体结构设计寿命 100 年,梁跨结构混凝土强度等级采用 C60。施工要求高,安全风险较大。

二 混凝土配合比设计要求及参数

根据《客运专线高性能混凝土暂行技术条件》(科技基〔200〕101 号)、现行《铁路混凝土工程施工质量验收标准》(TB 10424)和《铁路混凝土结构耐久性设计规范》(TB 10005)的规定,该悬灌梁 C60 高性能混凝土设计寿命 100 年,碳化环境类别为 T2,无氯盐环境、化学侵蚀环境、盐类结晶破坏环境、磨蚀环境、冻融破坏环境的作用。同时根据设计图纸和混凝土施工工艺要求,确定混凝土设计参数如下:①混凝土强度等级:C60。②混凝土电通量:小于 1000C。③混凝土抗渗等级:大于 P20。④混凝土冻融:200 次快速冻融,相对动弹模量不小于 60%,质量损失不大于 5%。⑤混凝土施工坍落度:160~200mm。混凝土初凝时间不小于 7h,含气量在 2%~4% 之间。⑥混凝土 7d 张拉抗压强度不小于设计强度的 95%,即不小于 57MPa,7d 张拉弹性模量不小于设计值 36.5GPa。

三 配合比设计思路

沅江大桥主体工程设计寿命 100 年,混凝土最大泵送高度达 70m。采用高性能混凝土。高性能混凝土配合比设计以耐久性为主要设计指标,在满足耐久性的前提下再考虑强度、水化热、工作性及体积稳定性。因此,采用"双掺技术 + 高性能减水剂"的思路,在混凝土中掺加 F 类一级粉煤灰、S95 级矿渣粉和聚羧酸高性能减水剂。

为了保证耐久性要低水胶比,大流动性和良好的和易性则要较大的浆集比和砂率,减少碎石的用量则会影响混凝土的弹性模量,增加混凝土的徐变和干缩。这就要合理选择各项参数,采用优质的原材料。根据《铁路混凝土工程施工技术指南》(铁建设〔2010〕241 号)要求,混凝土配合比设计用最大密实度,最小浆集比理论,按照绝对体积法计算。即新拌混凝土有良好的工作性,且浆体刚好包裹住集料,在混凝土内粗集料之间的空隙由砂填补,砂中的空隙由水泥填补,粉煤灰和矿渣粉填补水泥留下的空隙,这样形成最密实的结构。采用这种方法设计的混凝土更合理、更科学。

四 混凝土用原材料的选择

1. 水泥

选用强度较高、水化热低、C_3A 含量低、标准稠度用水量低的水泥。试配时,采用湖南海螺水泥有限公司生产的雪峰牌 P·O52.5 级水泥。其物理力学性能见表 10-6。

水泥的物理力学性能指标　　　　　表 10-6

检验项目	比表面积 (m²/kg)	凝结时间 (min)		安定性	3d 强度(MPa)		28d 强度(MPa)	
		初凝时间	终凝时间		抗压强度	抗折强度	抗压强度	抗折强度
检测结果	342	185	275	合格	31.4	6.7	54.5	9.5

2. 粉煤灰

该工程确定使用湖南华天能环保科技开发有限公司(金竹山电厂)F类I级粉煤灰,各指标中,细度影响用水量,烧失量对减水剂的适应性有较大的影响。检测结果见表10-7。

粉煤灰检测结果　　　　　　　　　　表10-7

检测项目	细度(45μm方孔筛筛余)(%)	烧失量(%)	需水量(%)
检测结果	8.5	2.9	93

3. 矿渣粉

矿渣粉采用湖南泰基建材有限公司S95级,矿粉比水泥细,可以填充水泥中的空隙,并且可提高混凝土的流动度,改善混凝土的耐久性。检测结果见表10-8。

矿渣粉检测结果　　　　　　　　　　表10-8

检测项目	比表面积(m^2/kg)	流动度比(%)	7d活性指数(%)	28d活性指数(%)
检测结果	429	98	88	109

4. 细集料

泸溪浦市砂场中砂,细度模数 $M_x = 2.8$。砂要严格控制含泥量和0.315mm筛上的通过量。砂的性能见表10-9。

砂的技术指标检测结果　　　　　　　　　　表10-9

检测项目	颗粒级配	含泥量(%)	泥块含量(%)	云母含量(%)	轻物质含量(%)	有机质含量	吸水率(%)	坚固性(%)	硫化物及硫酸盐含量(%)	碱活性	氯离子含量(%)
检测结果	符合II区要求	1.9	0.1	0.1	0.1	浅于标准色	0.7	0.4	0.24	试件长度膨胀率0.02	0.001

5. 粗集料

碎石采用仇家碎石场5~10mm和10~20mm两种规格碎石,岩体轴心抗压强度为131MPa。5~10mm碎石与10~20mm的碎石按2:8合成5~20mm的连续级配,粗集料的松散堆积密度是1510kg/m^3,振实堆积密度为1720kg/m^3,在此条件下搭配的粗集料空隙率最小(38%),振实堆积密度较大,其级配比较理想。其性能指标见表10-10。

碎石的技术指标检测结果　　　　　　　　　　表10-10

检测项目	针片状颗粒含量(%)	含泥量(%)	泥块含量(%)	压碎值(%)	母岩抗压强度(MPa)	颗粒级配	吸水率(%)	紧密空隙率(%)	坚固性(%)	硫化物及硫酸盐含量(%)	碱活性 岩相法	碱活性 快速砂浆棒法	氯离子含量(%)
检测结果	3	0.4	0.1	95	131	5~10mm、10~20mm两种规格按2:8混合后符合5~20mm连续级配要求	0.7	38	0.6	0.16	未发现碱碳酸盐反应活性物质	0.03	0.001

6. 外加剂

对两种不同配方的减水剂选用不同掺量,分别测定 3min、30min、60min 的水泥净浆流动度。通过数据对比,最终选用与水泥适应性较好的山西凯迪建材有限公司 KDSP-1 型聚羧酸盐高性能减水剂,并重复流动度试验,确定最佳用量为 1.2%。具体试验数据见表 10-11。

聚羧酸减水剂检测结果 表 10-11

序号	检测项目		计量单位	检测结果
1	减水量		%	31
2	含气量		%	2.5
3	常压泌水率比		%	0
4	抗压强度比	7d	%	175
		28d		162
5	压力泌水率比		%	75
6	坍落度 1h 经时变化量		mm	45
7	凝结时间之差	初凝	min	+100
		终凝		—
8	甲醛含量		%	0.009
9	硫酸钠含量		%	0.09
10	氯离子含量		%	0.05
11	碱含量		%	4.36
12	收缩率比		%	101
13	pH		—	5.82
14	密度		g/cm³	1.080
15	含固量		%	30.31
16	水泥净浆流动度		mm	294
17	对钢筋的锈蚀作用		—	无锈蚀
18	相对耐久性指标(200 次)		%	96.9

7. 拌和用水

采用饮用水。

五 混凝土配合比设计

(1) 试配强度 $f_{cu,0}$ 按下式计算:

$$f_{cu,0} \geq 1.15 f_{cu,k} \tag{10-3}$$

式中: $f_{cu,0}$ ——混凝土试配强度;
$f_{cu,k}$ ——混凝土设计强度。

$$f_{cu,0} = 1.15 \times 60 = 69.0 (\text{MPa})$$

(2) 确定砂率。通过筛分试验确定 5~10mm 和 10~20mm 的碎石的组成比例是 2:8;采用四个不同的砂率 38%、39%、40%、41% 分别和碎石混合后做表观密度试验,经试验对比,当砂率为 39% 时,混合表观密度最大,为 2720kg/m³。取基准砂率为 39% 试拌,根据混凝土状态进行调整。

（3）根据原材料试验结果分析，依据配合比设计原则及工程施工的具体要求，结合类似工程的施工经验，相关参数确定如下：混凝土中浆体体积取 $V_p = 0.35$，基准水胶比取 0.27。混凝土中含气量 $\alpha = 3\%$。采用体积法计算得到：胶材总量 526kg，水 142kg，聚羧酸减水剂掺量为 1.2%、6.31kg。

（4）选用砂率为 39%。水胶比、粉煤灰和矿粉不同的掺量三个因素，每个因素三个不同的水平采用正交试验分析见表 10-12。三个水胶比为 0.25、0.27、0.29；粉煤灰和矿粉的掺量为 8%、10%、12%。

正交试验分析方案表　　　　　　　　　　　　　　　　表 10-12

编号	因素水平		
	水胶比	粉煤灰掺量（%）	矿粉掺量（%）
PHB60 1	0.25	10	10
PHB60 2	0.25	12	8
PHB60 3	0.25	8	12
PHB60 4	0.27	10	10
PHB60 5	0.27	12	8
PHB60 6	0.27	8	12
PHB60 7	0.29	10	10
PHB60 8	0.29	12	8
PHB60 9	0.29	8	12

从表 10-13 中可以看出：当水胶比是 0.25 时，混凝土的强度、弹模均能满足要求，但扩展度有些偏低。在试拌时粘底。水胶比是 0.29 时，28d 强度能满足要求，7d 张拉强度有些偏低。考虑到施工要求和经济性最终确定混凝土配比如下：每立方米混凝土材料用量（kg）水泥：粉煤灰：矿渣粉：细集料：粗集料：水：减水剂 = 420：64：42：677：1059：142：6.31。

正交试验结果　　　　　　　　　　　　　　　　表 10-13

序号	水胶比	砂率（%）	材料用量（kg）							混凝土拌合物性能			硬化混凝土性能			
			水泥	粉煤灰	矿粉	砂	碎石	水	减水剂	坍落度（mm）	扩展度（mm）	表观密度（kg/m³）	抗压强度（MPa）		弹性模量（MPa）	
													7d	28d	7d	28d
PHB60 1	0.25	39	454	57	57	668	1045	142	6.82	170	450	2430	59.2	70.6	37.1	41.2
PHB60 2	0.25	39	454	68	46	668	1045	142	6.82	180	500	2430	62.5	69.3	34.8	39.0
PHB60 3	0.25	39	454	46	68	668	1045	142	6.82	165	400	2430	64.2	69.4	34.1	40.3
PHB60 4	0.27	39	420	57	57	677	1059	142	6.31	180	550	2410	56.3	66.3	38.2	39.1
PHB60 5	0.27	39	420	68	46	677	1059	142	6.31	195	600	2410	63.8	70.6	36.9	40.3
PHB60 6	0.27	39	420	46	68	677	1059	142	6.31	175	500	2410	61.4	68.8	38.7	42.8
PHB60 7	0.29	39	392	57	57	687	1057	142	5.88	190	550	2400	54.3	63.2	35.1	43.5
PHB60 8	0.29	39	392	68	46	687	1057	142	5.88	185	550	2400	55.5	62.2	34.0	43.2
PHB60 9	0.29	39	392	46	68	687	1057	142	5.88	180	500	2400	56.8	62.6	33.2	41.6

(5)凝结时间和坍落度损失的测定。对该配合比进行凝结时间的测定,初凝 9h30min,终凝 13h20min。分别进行 30min、60min 坍落度损失测定,结果见表 10-14。

混凝土坍落度损失试验结果　　　　表 10-14

检测项目	混凝土出机坍落度（mm）	30min 后坍落度（mm）	60min 后坍落度（mm）
检测结果	195	195	190

(6)混凝土耐久性能校核。按照现行《铁路混凝土工程施工质量验收标准》(TB 10424)和《铁路混凝土结构耐久性设计规范》(TB 10005)的规定,对该配比进行耐久性校核,检验结果见表 10-15。

混凝土耐久性能对比表　　　　表 10-15

检测项目	56d 电通量（C）	56d 抗渗性能	56d 抗裂性能	56d 冻融	
				质量损失率(%)	相对弹模量(%)
标准规定值	小于 1000	大于 P20	无裂纹	小于 5	大于 60
检测结果	680	大于 P20	未发现裂纹	0.45	97.2

六 工程施工应用情况

从 2012 年 9 月到 2013 年 11 月,沅江大桥完成全部 C60 混凝土施工。施工过程中混凝土控制得较好,混凝土的工作性和硬化后的性能均能满足设计要求。在施工中出机坍落度控制在 180~200mm,施工现场坍落度控制在 160~180mm,泵送施工比较顺利。混凝土拆模后颜色均匀,有光泽,气泡较少。在现场随机抽取混凝土制作试件,同条件养护,7d 强度在 58.5~62.5MPa,7d 弹性模量在 37.2~42.0GPa。28d 强度在 63.0~72.5MPa。完全满足 7d 张拉和设计强度等级要求。

创新能力培养

住房和城乡建设部印发的《"十四五"建筑节能与绿色建筑发展规划》明确,到 2025 年,城镇新建建筑全面建成绿色建筑,建筑能源利用效率稳步提升,建筑用能结构逐步优化。近些年,现代建筑向高层化、大跨度和轻量化的迈进,高强、超高强高性能混凝土的研究和应用是未来发展的必然趋势。

高强高性能混凝土的抗压强度高,其他性能良好,它不仅具有可以减小混凝土结构尺寸、减轻结构自重和地基荷载、减少材料用量、节省资源和能源的优点,同时可以提高混凝土结构的耐久性能,延长建筑使用寿命,减少结构维护和修补费用。推广高强混凝土,可节省水泥,满足节能减排和可持续发展的战略要求。

据测算,以高强高性能混凝土代替普通强度混凝土,具有显著的技术经济效益。如果用强度等级 C60 混凝土代替强度等级 C30~C40 混凝土,可减少 40% 水泥、40% 混凝土和 39% 钢材用量,降低工程造价 20%~35%。混凝土预制构件每提高强度 10MPa,养生能耗减少标准煤 13kg/m³。当混凝土强度等级由 C40 提高到 C80 后,其构筑物体积、自重均可缩减 30% 左右。

请你查阅资料,并动手实践,以 C80 高强混凝土和 C40 普通混凝土为例,从原材料选用、配合比设计、混凝土性能、节能减排等方面因素考虑,对两种强度等级的混凝土进行成本分析。

 思考与练习

一、选择题

1. 根据我国规范，将强度等级不小于（　　）的混凝土称为高强混凝土。
   A. 60MPa　　　B. 50MPa　　　C. 70MPa　　　D. 80MPa
2. 在配制高强混凝土时，硅灰掺量不宜大于（　　）。
   A. 5.0%　　　B. 10%　　　C. 2.5%　　　D. 15%
3. 泵送高强混凝土拌合物的坍落度要求大于等于（　　）。
   A. 160mm　　　B. 200mm　　　C. 150mm　　　D. 220mm
4. 高强混凝土早期抗裂试验的单位面积的总开裂面积不宜大于（　　）mm^2/m^2。
   A. 500　　　B. 600　　　C. 700　　　D. 800
5. 用于盐冻环境条件的高强混凝土的抗冻等级不宜小于（　　）。
   A. F350　　　B. F450　　　C. F300　　　D. F450

二、简答题

1. 高强混凝土的特点有哪些？
2. 粉煤灰在高强混凝土中有什么作用？
3. 高强混凝土拌合物的技术性能指标有哪些？
4. 简述高强混凝土配合比的设计步骤。

项目十一

大体积混凝土

【项目概述】

本项目主要介绍了大体积混凝土的定义、大体积混凝土组成材料、大体积混凝土配合比设计、大体积混凝土施工温控等,以及大体积混凝土应用案例。

【学习目标】

1. 素质目标:培养学习者具有正确的环保意识、质量意识、职业健康与安全意识及社会责任感。

2. 知识目标:明确大体积混凝土配合比设计特点及大体积混凝土控温方式,理解控温原理。

3. 能力目标:利用相关规范,进行大体积混凝土配合比设计和性能检测,掌握大体积混凝土温度控制方法。

 课程思政

1. 思政元素内容

港珠澳大桥是一座大型跨海桥梁,主体岛隧工程西岛敞开段 OW1 侧墙采用清水混凝土施工,裂缝需要控制在 0.1mm 以下,不能出现需要修复的裂缝。西岛敞开段 OW1-1 段侧墙厚度 2.91m、高度 12m,属于大体积混凝土工程,敞开段侧墙具有厚度与高度大,底板与侧墙浇筑时间间隔长的特点,如不采取更加有效的裂缝控制技术措施,敞开段侧墙必然会开裂。为此,专家组应用有限元软件对侧墙大体积混凝土温度应力进行仿真分析,发现侧墙产生裂缝的主要原因有两方面,一是侧墙混凝土内表温差过大,二是由于底板浇筑完成近 9 个月后,才进行侧墙混凝土的浇筑施工,导致施工缝上下层混凝土收缩的不同步。为解决裂缝问题,专家组创造性地提出:仅在施工缝附近加密布置冷却水管(最小间距仅为0.3m),大幅度降低了侧墙混凝土内部相应区域温度,从而最大限度减小了混凝土降温收缩,这是侧墙裂缝能够得到控制的关键技术。同时辅以其他裂缝控制技术措施:比如在砂石料仓上方设置遮阴蓬,给搅拌水加冰块,改变原材料投料顺序,在水泥罐上设置环形冷却水管;在罐车罐体上包裹保温布,在拌和站下灰口附近设置冷却水管喷头,早上五六点钟温度最低时拌和混凝土,将初凝时间延长至20h;侧墙拆模后立即覆盖2层复合土工布(带1层塑料薄膜)进行密封保湿养护。通过这些措施,侧墙最终未出现需要修复的裂缝,达到了预期目的,为港珠澳大桥西人工岛敞开段墙体施工提供了有力的技术支持。

2. 课程思政契合点

随着水工结构、大型桥梁、超高层建筑等大型及超大型混凝土结构工程的快速发展和建筑质量管控要求的不断提升,大体积混凝土结构裂缝控制受到高度关注。混凝土开裂现象是多方面因素综合作用的结果,对于大体积混凝土而言,施工早期的温度裂缝控制是重中之重,这将直接影响工程结构的受力强度和耐久性指标。

3. 价值引领

党的二十大报告强调"人才是第一资源",要坚持"人才引领驱动",努力培养造就更多"大国工匠、高技能人才",这给产业工人极大的鼓舞。未来我国要继续弘扬工匠精神,攻坚克难用匠心雕琢精品,不断为中国基建这张亮丽名片增光添彩。

大体积混凝土裂缝控制一直都是大型建筑施工的难题,面对港珠澳大桥主体岛隧工程西岛敞开段OW1侧墙施工中的裂缝问题,我国专家组通过采用现代科学技术进行模拟分析,对传统工艺进行创新改造,创造性地改变冷水管布置间距,在原材料保存方式、混凝土施工、养护等工艺上不断进行优化设计,最终有效地解决了敞开段混凝土开裂问题。通过专家组的不懈努力,港珠澳大桥因其超大的建筑规模、空前的施工难度和顶尖的建造技术而闻名世界,彰显了大国工匠精神。

思政点　工匠精神

任务一　大体积混凝土认知

一　大体积混凝土的定义与特点

大体积混凝土，英文是 Mass Concrete，我国《大体积混凝土施工标准》(GB 50496—2018)中规定：混凝土结构物实体最小尺寸不小于 1m 的大体量混凝土，或预计会因混凝土中胶凝材料水化引起的温度变化和收缩而导致有害裂缝产生的混凝土，称之为大体积混凝土。

现代建筑中时常涉及大体积混凝土施工，如高层楼房基础、大型设备基础、水利大坝等。它的主要特点就是体积大，最小断面的任何一个方向的尺寸最小为 0.8m。它的表面系数比较小，水泥水化热释放比较集中，内部升温比较快。混凝土内外温差较大时，会使混凝土产生温度裂缝，影响结构安全和正常使用。所以必须从根本上分析它，来保证施工的质量。

美国混凝土学会(ACI)规定："任何就地浇筑的大体积混凝土，其尺寸之大，必须要求解决水化热及随之引起的体积变形问题，以最大限度减少开裂。"

大体积混凝土与普通混凝土的区别表面上看是厚度不同，但其实质的区别是由于混凝土中水泥水化要产生热量，大体积混凝土内部的热量不如表面的热量散失得快，造成内外温差过大，其所产生的温度应力可能会使混凝土开裂。因此判断是否属于大体积混凝土，既要考虑厚度这一因素，又要考虑水泥品种、强度等级、每立方米水泥用量等因素，比较准确的方法是通过计算水泥水化热所引起的混凝土的温升值与环境温度的差值大小来判别，一般来说，当其差值小于 25℃ 时，其所产生的温度应力将会小于混凝土本身的抗拉强度，不会造成混凝土的开裂，当差值大于 25℃ 时，其所产生的温度应力有可能大于混凝土本身的抗拉强度，造成混凝土的开裂，此时就可判定该混凝土属大体积混凝土。

高层建筑的箱形基础或片筏基础都有厚度较大的钢筋混凝土底板，高层建筑的桩基础则常有厚大的承台，这些基础底板和桩基承台均属大体积钢筋混凝土结构。还有较常见的一些厚大结构转换层楼板和大梁也属大体积钢筋混凝土结构。

大体积混凝土有以下特点：
(1) 浇筑方量比较大，施工过程中，为保证其整体性，一般要求进行连续的浇筑。
(2) 大体积混凝土浇筑条件比较复杂，一般都是地下现浇，对于浇筑技术的要求相对较高。
(3) 自身体积比较大，水泥产生的水化热不易散失，而混凝土外部的热量散发快形成了温差而产生应力，当应力大于混凝土抗拉力就会产生裂缝。
(4) 大体积混凝土的体积较大，在浇筑后容易产生裂缝，所以后期的养护工作必须要做好。

二　水泥

大体积混凝土用水泥应符合现行《通用硅酸盐水泥》(GB 175)的有关规定，当采用其他品种时，其性能指标应符合国家现行有关标准的规定；应选用水化热低的通用硅酸盐水泥，3d 水化热不宜大于 250kJ/kg，7d 水化热不宜大于 280kJ/kg；当选用 52.5 强度等级水泥时，7d 水化热宜小于 300kJ/kg；水泥在搅拌站的入机温度不宜高于 60℃。用于大体积混凝土的水泥进场时应检查水泥品种、代号、强度等级、包装或散装编号、出厂日期等，并应对水泥的强度、安定性、凝结时间、水化热进行检验，检验结果应符合现行《通用硅酸盐水泥》(GB 175)的相关规定。

三、集料

集料选择，除应符合现行《普通混凝土用砂、石质量及检验方法标准》(JGJ 52)的有关规定外，尚应符合下列规定：

(1) 细集料宜采用中砂，细度模数宜大于 2.3，含泥量不应大于 3%。
(2) 粗集料粒径宜为 5.0～31.5mm，并应连续级配，含泥量不应大于 1%。
(3) 应选用非碱活性的粗集料。
(4) 当采用非泵送施工时，粗集料的粒径可适当增大。

四、矿物掺合料

粉煤灰和粒化高炉矿渣粉，质量应符合现行《用于水泥和混凝土中的粉煤灰》(GB/T 1596)和《用于水泥、砂浆和混凝土中的粒化高炉矿渣粉》(GB/T 18046)的有关规定。

五、外加剂

外加剂质量及应用技术，应符合现行《混凝土外加剂》(GB 8076)和《混凝土外加剂应用技术规范》(GB 50119)的有关规定。外加剂的选择除应满足上述标准规定外，尚应符合下列规定：

(1) 外加剂的品种、掺量应根据材料试验确定。
(2) 宜提供外加剂对硬化混凝土收缩等性能的影响系数。
(3) 耐久性要求较高或寒冷地区的大体积混凝土，宜采用引气剂或引气减水剂。

六、水

混凝土拌和用水质量应符合现行《混凝土用水标准》(JGJ 63)的有关规定。

任务二　大体积混凝土配合比设计及养护认知

一、大体积混凝土配合比设计原则

(1) 混凝土的用水量与总胶凝材料之比不应大于 0.55，且总用水量不应大于 175kg/m³。
(2) 在保证混凝土各项工作性能满足规范要求的前提下，砂率最好在 38%～42% 之间，尽量提高每立方米混凝土中的粗集料占比。
(3) 在保证混凝土各项工作性能满足规范要求的前提下，应该减少总胶凝材料中的水泥用量，提高粉煤灰、磨细矿渣粉等矿物掺合料的掺入量。
(4) 在试配与调整大体积混凝土配合比时，控制混凝土绝热温升不大于 50℃。
(5) 大体积混凝土配合比设计应满足专项施工方案制订情况下对混凝土凝结时间的

要求。

二 大体积混凝土配合比设计思路

（1）配合比设计应严格按照现行《普通混凝土配合比设计规程》（JGJ 55）对大体积混凝土的各项要求进行设计和试配。

（2）大体积混凝土配合比不宜采用 28d 抗压强度作为评定标准，应采用 60d 或 90d 的抗压强度作为设计、评定及验收的依据。

（3）宜选用低掺量、低水化热的水泥来避免因水泥水化热过高而引起混凝土内外温差过大产生的细小裂缝。

（4）控制好混凝土配合比中总胶凝材料用量，通过加入大掺量矿物掺合料来降低大体积混凝土强度增长过程中的放热峰值。

三 大体积混凝土浇筑

大体积混凝土浇筑应符合下列规定：①混凝土浇筑层厚度应根据所用振捣器作用深度及混凝土的和易性确定，整体连续浇筑时宜为 300～500mm，振捣时应避免过振和漏振。②整体分层连续浇筑或推移式连续浇筑，应缩短间歇时间，并应在前层混凝土初凝之前将次层混凝土浇筑完毕。层间间歇时间不应大于混凝土初凝时间。混凝土初凝时间应通过试验确定。当层间间歇时间超过混凝土初凝时间时，层面应按施工缝处理。③混凝土的浇灌应连续、有序，宜减少施工缝。④混凝土宜采用泵送方式和二次振捣工艺。

当采取分层间歇浇筑混凝土时，水平施工缝的处理应符合下列规定：①在已硬化的混凝土表面，应清除表面的浮浆、松动的石子及软弱混凝土层；②在上层混凝土浇筑前，应采用清水冲洗混凝土表面的污物，并应充分润湿，但不得有积水；③新浇筑混凝土应振捣密实，并应与先期浇筑的混凝土紧密结合。

大体积混凝土底板与侧墙相连接的施工缝，当有防水要求时，宜采取钢板止水带等处理措施。在大体积混凝土浇筑过程中，应采取措施防止受力钢筋、定位筋、预埋件等移位和变形，并应及时清除混凝土表面泌水。应及时对大体积混凝土浇筑面进行多次抹压处理。

四 大体积混凝土养护

大体积混凝土应采取保温保湿养护。在每次混凝土浇筑完毕后，除应按普通混凝土进行常规养护外，应及时按温控技术措施的要求进行保温养护，并应符合下列规定：

（1）应专人负责保温养护工作，并应进行测试记录。

（2）保湿养护持续时间不宜少于 14d，应经常检查塑料薄膜或养护剂涂层的完整情况，并应保持混凝土表面湿润。

（3）保温覆盖层拆除应分层逐步进行，当混凝土表面温度与环境最大温差小于 20℃时，可全部拆除。

混凝土浇筑完毕后，在初凝前宜立即进行覆盖或喷雾养护工作。混凝土保温材料可采用塑料薄膜、土工布、麻袋、阻燃保温被等，必要时，可搭设挡风保温棚或遮阳降温棚。在保温养护中，应现场监测混凝土浇筑体的里表温差和降温速率，当实测结果不满足温控指标要求时，应及时调整保温养护措施。高层建筑转换层的大体积混凝土施工，应加强养护，侧模和底模的保温构造应在支模设计时综合确定。大体积混凝土拆模后,地下结构应及时回填土;地上结构不宜长期暴露在自然环境中。

五 特殊气候条件下的施工

大体积混凝土施工遇高温、冬期、大风或雨雪天气时,必须采用混凝土浇筑质量保证措施。当高温天气浇筑混凝土时,宜采用遮盖、洒水、拌冰屑等降低混凝土原材料温度的措施。混凝土浇筑后,应及时保湿保温养护;条件许可时,混凝土浇筑应避开高温时段。当冬期浇筑混凝土时,宜采用热水拌和、加热集料等提高混凝土原材料温度的措施。当大风天气浇筑混凝土时,在作业面应采取挡风措施,并应增加混凝土表面的抹压次数,应及时覆盖塑料薄膜和保温材料。雨雪天不宜露天浇筑混凝土,需施工时,应采取混凝土质量保证措施。浇筑过程中突遇大雨或大雪天气时,应及时在结构合理部位留置施工缝,并应中止混凝土浇筑;对已浇筑还未硬化的混凝土应立即覆盖,严禁雨水直接冲刷新浇筑的混凝土。

任务三　大体积混凝土施工温控

大体积混凝土施工前,应根据施工时的气候条件、混凝土的几何尺寸和混凝土的原材料、配合比,按现行《大体积混凝土施工规范》(GB 50496)有关规定进行混凝土的热工计算,估算混凝土中心最高温度;并应测定和绘制混凝土试样的温度时间曲线,根据混凝土的热工计算结果和试样温度时间曲线,确定大体积混凝土的温度控制方法。大体积混凝土浇筑前,应根据混凝土的热工计算结果和温度控制要求,编制测温方案。测温方案应包括:测位、测点布置、主要仪器设备、养护方案、异常情况下的应急措施等;当采取水冷却工艺进行混凝土内部温度控制时,尚应编制专项方案。大体积混凝土浇筑后,应根据实测的试样混凝土温度曲线和实时温度监测结果,调整和改进保温、保湿养护措施。大体积混凝土温度监测与控制工作结束后,应编制大体积混凝土温度监测报告。

动画:大体积混凝土施工方案

动画:大体积施工工艺

一 最高绝热温升控制

大体积混凝土水化热是其开裂的主要原因。避免大体积混凝土产生温度开裂的问题,归根结底是控制大体积混凝土浇筑后从凝结硬化到结构发展各阶段温度变化的协调性。大体积混凝土防止温度开裂的问题即处理好大体积混凝土绝热温升的协调性,使其水化热阶段即均匀升温,水化热峰值过后均匀降温。对于大体积混凝土凝结硬化时内部的最高温升,是由混凝土入模温度、胶凝材料水化反应放热引起的绝热温升和混凝土的散热量三部分决定的。混凝土入模温度由混凝土原材料温度、拌和温度、混凝土运输中热交换系数决定,对于亚热带季风气候,采用冰块或冰屑降温,成本太大,实际混凝土生产量大,可操作性太差,不可能采用;喷水冷却集料效果不大,因为工程用水温度也在23℃以上;单方水泥冷却,大量资料显示,虽然可明显降低混凝土出料温度,但与水泥的水化绝热温升相比也是杯水车薪,因而未被采用。胶凝材料水化反应放热引起的绝热温升是主要因素,只能减弱或延缓。因此采用大掺量前期水化放热更低的粉煤灰和矿粉代替部分水泥以及使用缓凝型外加剂对混凝土水化作用进行延缓可直接有效地降低胶凝材料的水化反应的放热量。混凝土的散热量是通过水管冷却法实现的,是现场施工单位最常采用且最经济的措施。但由于现场施工水平参差不齐,导致大体积混凝土降温效果不理想。

二 蓄热养护控制

混凝土在浇筑后,环境温度降温的快慢,意味着混凝土应力变化的快慢,其对混凝土力学性能影响较大。气温骤降可以导致混凝土的极限拉伸大减和混凝土拉应力大增,因此极易发生温度裂缝。混凝土表面温度降温幅度过快,可使混凝土内部温度梯度急剧增加,从而增大混凝土开裂的概率。对于大体积混凝土来说,混凝土中心温度较高,表层温度为环境温度,在施工过程中,尤其是夏季施工,往往忽视混凝土的表面绝热。在实际施工中,虽然外部环境温度也有30℃,但是混凝土内部水化绝热温升已经达到70℃以上,远远超出规范要求范围,这在很大程度上造成混凝土的开裂。

因此,要避免大体积混凝土由于内外温差过大而开裂,要做好混凝土的表面绝热。混凝土表面绝热的目的不是限制温度的上升,而是调节温度下降的速率,使由于混凝土表面与内部之间急剧的温度梯度引起的应力差得以减小。混凝土已经硬化且获得相当的弹性后,降低环境温度和提高内部温度,两者共同作用会增加温度梯度与应力差。因此,对于大体积混凝土来说,混凝土内部降温的同时,一定要做好外部的表面绝热。

三 大体积混凝土温度监测

1. 基本要求

大体积混凝土浇筑体里表温差、降温速率及环境温度的测试,在混凝土浇筑后,每昼夜不应少于4次;入模温度测量,每台班不应少于2次。大体积混凝土浇筑体内监测点布置,应反映混凝土浇筑体内最高温升、里表温差、降温速率及环境温度,可采用下列布置方式:

(1)测试区可选混凝土浇筑体平面对称轴线的半条轴线,测试区内监测点应按平面分层布置。

(2)测试区内,监测点的位置与数量可根据混凝土浇筑体内温度场的分布情况及温控的规定确定。

(3)在每条测试轴线上,监测点位不宜少于4处,应根据结构的平面尺寸布置。

(4)沿混凝土浇筑体厚度方向,应至少布置表层、底层和中心温度测点,测点间距不宜大于500mm。

(5)保温养护效果及环境温度监测点数量应根据具体需要确定。

(6)混凝土浇筑体表层温度,宜为混凝土浇筑体表面以内50mm处的温度。

(7)混凝土浇筑体底层温度,宜为混凝土浇筑体底面以上50mm处的温度。

应变测试宜根据工程需要进行。测试元件的选择应符合下列规定:

(1) 25℃环境下,测温误差不应大于0.3℃。
(2) 温度测试范围应为 -30~120℃。
(3) 应变测试元件测试分辨率不应大于 $5\mu\varepsilon$。
(4) 应变测试范围应满足 $-1000 \sim 1000\mu\varepsilon$ 要求。
(5) 测试元件绝缘电阻应大于 500MΩ。

温度测试元件的安装及保护,应符合下列规定:
(1) 测试元件安装前,应在水下1m处经过浸泡24h不损坏。
(2) 测试元件固定应牢固,并应与结构钢筋及固定架金属体隔离。
(3) 测试元件引出线宜集中布置,沿走线方向予以标识并加以保护。
(4) 测试元件周围应采取保护措施,下料和振捣时不得直接冲击和触及温度测试元件及其引出线。

测试过程中宜描绘各点温度变化曲线和断面温度分布曲线。发现监测结果异常时应及时报警,并应采取相应的措施。温控措施可根据下列原则或方法,结合监测数据实时调控:
(1) 控制混凝土出机温度,调控入模温度在合适区间。
(2) 升温阶段可适当散热,降低温升峰值,当升温速率减缓时,应及时增加保温措施,避免表面温度快速下降。
(3) 在降温阶段,根据温度监测结果调整保温层厚度,但应避免表面温度快速下降。
(4) 在采用保温棚措施的工程中,当降温速率过慢时,可通过局部掀开保温棚调整环境温度。

2. 一般规定

大体积混凝土温度的控制涉及混凝土的原材料、配合比等方面,施工中还应符合现行《大体积混凝土施工标准》(GB 50496)中的有关规定。

对大体积混凝土采用水冷却的条件界定,主要是取决于混凝土中心最高温度。通过大量的大体积混凝土温度控制的工程实践可以看出,并非所有大体积混凝土都要采用水冷却工艺来控制其降温过程。由于水冷却工艺成本相对比较高,钢管埋入混凝土后是不能取出重复利用;当混凝土最高温度不高、厚度不大时,一旦采用了水冷却工艺,会使混凝土内部热量散失过快,导致混凝土结构降温过快,不利于均匀缓慢消除混凝土内部应力,水冷却系统启动几天就停止使用,导致施工成本上升。为此提出了大体积混凝土需要进行水冷却的条件,其理由是:

(1) 根据有关单位的研究,当大体积混凝土内掺入膨胀剂,在凝结硬化过程中产生的硫铝酸钙(钙矾石)在80℃以上脱水分解。当脱水后的组分再次遇水时,就会重新发生水化反应,生成有膨胀性的钙矾石,称之为延迟钙矾石反应。对已形成的混凝土结构有破坏作用。为此,大体积混凝土的中心温度不能高于80℃。

(2) 当大体积混凝土内部温度超过80℃时,要使其下降到与环境温度相差不大时,需花费的时间长,在这一阶段,若由于天气变化,混凝土内外温差过大,出现温差应力裂缝的概率大大增加。

(3) 从大体积混凝土最高温度计算公式可以看出:

$$T_{中心} = T_{绝缘} + T_{拌合物} = \frac{W \cdot Q}{C \cdot \rho}(1 - e^{-mt}) + T_{拌合物} \tag{11-1}$$

混凝土最高温度的影响因素有:水泥水化热(Q)、胶凝材料用量(W)、混凝土结构类型(m)、养护时间(t)及拌合物温度。这些因素既相互叠加,又相互抵消,但最终还是反映到$T_{中心}$温度上来。如在夏季,拌合物温度高,水泥用量和水化热不高时,$T_{中心}$温度也可达到80℃以上;相反,在冬季,尽管混凝土中水泥用量较高,水化热也较高,结构厚度较大,但拌合物温度低,混凝土温度也不一定会超过80℃,这就需要具体情况具体分析,才能决定是否采用水冷却工艺。有些混凝土结构工程对混凝土热变形有特殊严格要求,故可不受中心温度限制,决定是否采用水冷却工艺。

(4)混凝土的浇筑厚度大于2500mm、混凝土强度等级C50以上、混凝土拌合物入模温度大于30℃时,一般混凝土的水化热大,散热条件差,其中心的温度较高,应进行强制的水冷却降温。对于有些有严格温度控制要求和混凝土中心最高温度要求的大体积混凝土,也应该进行强制水冷却。

大体积混凝土采用预埋冷却水管的强制降温方法。应根据混凝土的施工条件和端面构造,预先进行水冷却管的计算和设计,布置水冷却管的埋设方案及水冷却系统进出水温度的温控方案。

四 大体积混凝土温度控制

1. 保温保湿养护

大体积混凝土浇筑前应根据规范要求的测定结果,依据现行《大体积混凝土施工标准》(GB 50496)计算保温层厚度。结合混凝土的几何尺寸,准备足够的保温、保湿材料,成立专人负责的养护作业班组,实施养护方案。养护分为保湿养护和保温养护,针对筏板、承台基础类和转换层、屋盖等,应根据采取自然降温和强制温控采取不同的养护措施,从人员组织、材料保障、养护措施实施及应对异常情况等方面编制专项养护方案。

保温养护的目的是降低混凝土表面和中心温度的梯度,保湿养护的目的是为混凝土中水泥的水化提供充分的水分。保湿养护主要是采用各类不透水薄膜等,保温养护采用保温毡、毯、板等。混凝土筏板、承台和转换层等不同的构件其升温和降温速率是不同的,应根据各自的特点,采用保温保湿材料,对混凝土表面进行覆盖、悬挂、粘贴、捆扎养护。

保湿养护应从混凝土抹面结束即可开始。由于施工温度过低,混凝土表面散热较大,因此,当环境温度低于5℃时,应在保湿的同时进行保温覆盖,必要时可搭建保温棚。气温较高时,应推迟保温覆盖,使混凝土表面有一个较好的散热面。电梯井、集水坑的混凝土较厚,内部的发热量和散热量都大,必要时可以采用彩条布等覆盖上口,并做好安全标识。根据环境温度的变换,及时调整降温速率。

保温养护作业,根据结构体内部升降温度情况增减保温层。混凝土浇筑的早期水化反应很快,水化热较大。遇到强降雨时,应增加防雨水设施。在整个养护过程中,应根据混凝土内部温度的变化情况和环境温度,及时调整保温层的厚度。

大体积混凝土一般掺合料掺量较大,需要较长的水化时间才能充分水化,因此,其养护时间不应少于14d。特殊条件下混凝土的养护,应制定相应技术措施。电梯井、集水坑可作为散热通道,封闭或打开坑上覆盖物调节混凝土结构体内部散热速率。对高、厚墙结构,应控制墙中心和侧面表层温差,应严格控制墙中心混凝土的降温速率,不应大于2℃/d。冬、春季大风天气宜在迎风面墙外搭挡风设施。对于混凝土内部最高预计温度和环境温度之差大于20℃,或作业环境温度低于5℃时,非密封腔体结构体底模和侧模安装时均应布置保温材料。

基础梁承台、筏板及墙板当裸露混凝土与外界环境最低气温之差小于20℃时,可拆除侧模,拆模后不用覆盖保温材料,有保湿要求的应继续保湿养护。混凝土浇捣作业完成后5d内,遇强降水前,保温层上应增加一层不透水覆盖物。

2. 水冷却系统温度控制

用于大体积混凝土冷却的水管可以采用钢管或塑料管。钢管散热条件好,以前常被采用。但是,钢管重量大,成本高,安装时比较麻烦,接头多,容易漏水。塑料管单根长度长,无接头,铺设方便,价格低廉,已被广泛采用。管材的直径一般为15~50mm,如果管径太大,则安装不便;如果管径太小,则水流速度太快,后期水泥浆不易填充。

水冷却系统设计参数计算如下:

(1)单位体积混凝土发热量可按下式计算:

$$Q_{co} = k \cdot Q_o \cdot W \tag{11-2}$$

式中:Q_{co}——混凝土的总发热量,kJ/m³;

Q_o——水泥的水化热,kJ/kg;

k——不同掺量掺合料水化热调整系数,可按现行《大体积混凝土施工标准》(GB 50496)的规定取值;

W——混凝土的胶凝材料用量,kg/m³。

(2)混凝土绝热温升可按下式计算:

$$T(t) = \frac{W \cdot Q_{co}}{C_{co} \cdot \rho}(1 - e^{-m \cdot t}) \tag{11-3}$$

式中:$T(t)$——混凝土龄期为t时的绝热温升,℃;

W——每立方米混凝土的胶凝材料用量,kg/m³;

Q_{co}——胶凝材料水化热,kJ/kg;

C_{co}——混凝土的比热,一般为0.92~1.0kJ/(kg·℃);

ρ——混凝土密度,kg/m³;

m——与水泥品种、浇筑温度等有关的系数,一般取0.3~0.5;

t——混凝土龄期,d。

(3)混凝土t时段冷却放热量可按下式计算:

$$Q_t = C_{co} \cdot \rho \cdot V_{co} \cdot \Delta T \tag{11-4}$$

式中:Q_t——水冷却期间混凝土散热量,kJ;

C_{co}——混凝土的比热容,一般为0.92~1.0kJ/(kg·℃);

ρ——混凝土密度,kg/m³;

V_{co}——混凝土体积,m³;

ΔT——t时段混凝土温差,℃。

(4)水冷却带走热量可按下式计算:

$$Q_{cool} = k_c \cdot Q_t \tag{11-5}$$

式中:Q_{cool}——冷却水带走的总热量,kJ;

k_c——总热量中被水冷却带走的热量系数，取 0.3~0.4；

Q_t——t 龄期的混凝土累计总发热量，kJ。

（5）冷却水总量可按下式计算：

$$m_w = \frac{Q_{cool}}{C_w \cdot (T_{out} - T_{in})} \tag{11-6}$$

式中：m_w——冷却水总质量，kg；

Q_{cool}——冷却水带走的总热量，kJ；

C_w——水的比热容，取 4.18kJ/(kg·℃)；

T_{out}——冷却水出口温度，℃；

T_{in}——冷却水进口温度，℃。

（6）单回路冷却水管管径可按下式计算：

$$d = 2 \cdot \sqrt{\frac{m_w}{\pi \cdot v_w \cdot t_c \cdot \rho_w}} \cdot 10^3 \tag{11-7}$$

式中：d——冷却水管内径，mm；

m_w——冷却水总质量，kg；

v_w——冷却水的流速，取 0.8~1.0m/s；

t_c——预计混凝土冷却时间，s；

ρ_w——水的密度，取 1000kg/m³。

根据冷却水流量，确定水泵额定流量，水泵扬程宜为 20~25m，选择水泵型号。根据大体积混凝土结构形式，选择水冷却回路的分布。

3．水冷却系统组成

水冷却管水平布置时，水管距混凝土边缘距离宜为 1500~2000mm，管间距按规范选用；单层多回路水冷却管宜布置在浇筑混凝土的同一水平面，各回路之间应并联，与主管道相连，每回路宽度宜为 5000~10000mm，如图 11-1 所示。

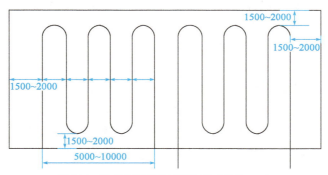

图 11-1　冷却水管平面布置图（尺寸单位：mm）

水冷却管竖向单层布置时，冷却管宜布置在混凝土的中间部位；竖向多层布置时，层间距宜为 1500mm。如图 11-2、图 11-3 所示。

图 11-2　水冷却系统单层布置图

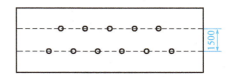

图 11-3　水冷却系统双层布置图（尺寸单位：mm）

水冷却循环系统组由下列部分组成(图11-4):
(1)水箱:容量 5～10m³;
(2)循环水泵:可采用管道泵、潜水泵、离心泵等;
(3)稳压装置:宜采用 300mm 钢管,长 $L = 2～5.0m$;
(4)温度计:量程 0～100℃;
(5)压力表:量程 0～0.5MPa;
(6)回水管:管径 20mm;
(7)冷却水管:按规范选用;
(8)进水管:外来水源调节管,水箱温度过高时,可放入冷水,调节进水温度;
(9)溢流管:调节稳压装置压力;

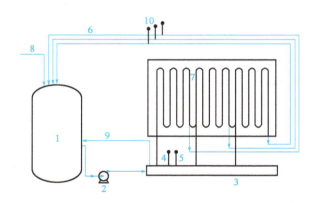

图 11-4 水冷却系统图
1-水箱;2-循环水泵;3-稳压装置;4-温度计;5-压力表;6-回水管;7-冷却水管;8-进水管;9-溢流管;10-温度计

混凝土中的冷却水管冷却半径为 0.5～1.0m,厚度小于 3m 的混凝土采用单层布置可以满足大体积混凝土水冷却要求,厚度大于 3m 的混凝土宜多层布置冷却水管。冷却水管过长时,供水压力较大,热交换时间过长,进出口水温差较大,不易控制。水管中水的流速为 0.8～1.0m/s,热交换过程为 100～150s。对于多回路的冷却水管应在进水端增加冷却水的稳压装置,以保证各个多回路单元中水压的相对稳定。

冷却水管应按照设计要求进行选材布置,并应固定牢靠。布置完毕应采用加压试水。检查漏水点,发现问题及时修复,不得使冷却水管渗漏水。混凝土浇筑前应预先在冷却水管中充满水,使冷却水管中的水在混凝土升温的同时被加热,以保证开启冷却水管时,其冷却水的温度和混凝土的温差不会过大。如果不预先加水,会导致冷却水管周围的混凝土出现放射状的裂纹,影响混凝土的质量。

混凝土初凝后,开始启动水冷却系统,同时控制进水温度和出水温度。进水温度控制要求:一般情况下,混凝土最高温度可以达到 70～80℃。若采用未加热的自来水(20℃左右)或者井水直接通入水冷却系统,则使管壁附近的混凝土与中心混凝土的温差较大,就可能会导致以水管为圆心的外圆混凝土出现放射形的温差应力裂缝,所以必须控制进水温度。进水温度与混凝土中心最高温度之差小于 25℃,就可以防止混凝土内部温差应力裂缝的产生。如果施工现场不能满足这一条件,可对冷却水进行加热。因此严格的做法是用热水去冷却更热的混凝土,不能把水冷却理解为用冷水去冷却热的混凝土。

出水温度控制要求：出水温度是指进入水冷却系统的水在混凝土中流动，通过热交换使水温逐渐升高，流出冷却水管时的水温。当接近混凝土温度时，水温不再上升。为防止水温与混凝土内部温差过大，可通过改变冷却水流量，调节冷却水带出的热量，以此控制混凝土的降温速率。在 100～200m 的管道中，水的流速约为 1m/s，即冷却水从进入到流出的时间为 100～200s。水温升高 3～6℃比较合适。混凝土在水冷却过程中，表面应保持湿润，加强养护，保温材料覆盖应满足混凝土表里温差小于 25℃。

当混凝土最高温度与环境温度之差小于 15℃时，可暂时关闭冷却水系统。有时因为季节不同，混凝土的温度会有较频繁的变化，这时就需要反复多次进行开启和关闭水冷却系统，直至满足要求。

水冷却结束后，应采用水泥浆封堵灌满，压浆材料水灰比不大于 0.6。待水泥浆凝固后，拆除水冷却系统所有的外用管道和设施。

任务四　大体积混凝土的工程应用

一、工程概况

新建 108 国道禹门口黄河公路大桥线路的总体走向为由东向西，起点位于山西省运城市河津市超限检测站南侧，终点位于陕西省渭南市韩城市龙门镇上峪口超限检测站西侧，全长 4.45km，双向六车道标准。新建禹门口黄河大桥主桥全长 1660.4m，分为山西侧东引桥、横跨黄河主桥、陕西侧西引桥三部分。其中山西侧东引桥形式为 2×(3×40)m+1×(4×42.5)m 装配式预应力混凝土组合箱梁桥，横跨黄河主桥为 (245+565+245)m 三跨双塔双索面钢—混结合梁斜拉桥，陕西侧西引桥为 (50+85+50)m 双幅预应力混凝土变截面转体连续箱梁桥。主桥 11 号索塔单桩直径为 2.0m，桩长 65m，共 60 根；12 号索塔单桩直径为 2.0m，桩长 58m，共 50 根。11 号、12 号采用群桩基础，承台为整体式矩形承台，11 号承台尺寸为 49m×29m×6m，承台浇筑量为 8526m³；12 号承台尺寸为 49m×24m×6m，承台混凝土浇筑量为 7056m³，均为 C40 大体积混凝土。

二、原材料

1. 水泥

大体积混凝土所用水泥宜采用中、低热硅酸盐水泥或者低热矿渣硅酸盐水泥，如果采用普通硅酸盐水泥时，宜掺加矿物掺合料例如粉煤灰和矿渣粉等。由于禹门口黄河大桥处于陕西和山西交界处，地理位置较偏，附近区域没有生产中、低热硅酸盐水泥和低热矿渣硅酸盐水泥的厂家，所以采用山西龙门五色石建材有限公司生产的 P·O42.5 普通硅酸盐水泥，经过试验检测，其物理性能如下：密度为 3.04g/cm³，比表面积为 332m²/kg，标准稠度用水量为 27.4%；初凝时间为 220min，终凝时间为 301min；雷氏夹法测定安定性合格；3d 抗折、抗压强度分别为 5.3MPa、25.4MPa；28d 抗折、抗压强度分别为 8.2MPa、45.4MPa。

2. 粉煤灰

通过粉煤灰超量或等量取代的方法来降低大体积混凝土中水泥的用量，不仅可以大大降低混凝土整体水化热,增加大体积混凝土施工的和易性,而且能够大幅度提高混凝土密实度和耐久性。本项目采用河津市龙辉建材有限公司生产的 F 类 I 级粉煤灰,经过检测,其性能如下:细度(0.045mm 方孔筛通过百分率)为 6%;烧失量为 0.14%;需水量比为 94%。

3. 磨细矿渣粉

磨细矿渣粉作为大体积混凝土中的矿物掺合料,不仅可超量或等量替代水泥,改善混凝土胶凝材料体系中的颗粒级配,增加大体积混凝土施工过程中的和易性,还可以延长水泥水化热产生时间,推迟大体积混凝土凝结时间,降低其早期过程水化热。本项目选用西安德龙粉体工程有限公司生产的 S95 级磨细矿渣粉。经过试验检测,其物理性能如下:比表面积为 428 m^2/kg;烧失量为 1.4%;需水量比为 98.1%;7d 活性指数为 78%。

4. 集料

集料是混凝土的骨架,直接关系到混凝土的质量。级配较好的集料不仅可以有效提高混凝土的抗压、抗弯拉等强度,提高混凝土的各项工作性能,减少混凝土早期成型过程中的干燥收缩、徐变、细小裂纹等不利影响,还可以大大提高混凝土的耐久性。

对于细集料,规范规定一级公路大体积混凝土用细集料宜采用中砂,含泥量不应大于 3.0%。本项目选用临潼区新丰镇春光砂场生产的 II 区中砂。其技术指标如下:细度模数为 2.77;表观密度为 2592kg/m^3;堆积密度为 1600kg/m^3;含泥量为 1.6%;泥块含量为 0.4%。对于粗集料,规范规定一级公路大体积混凝土用粗集料宜为连续级配,最大公称粒径不宜小于 31.5mm,含泥量不应大于 1.0%。本项目选用河津石佳石场的 5~31.5mm 连续级配碎石,其技术指标如下:表观密度为 2718kg/m^3;堆积密度为 1610kg/m^3;含泥量为 0.6%;泥块含量为 0.2%;压碎值为 1.3%;针片状颗粒含量为 5.4%。

5. 外加剂

缓凝型聚羧酸高性能减水剂能有效延缓混凝土水化热的释放,降低及推迟混凝土水化热的放热最高值,使混凝土水化热释放过程更加平缓,避免混凝土最中心部位温度上升过快导致内部与外部温差增大从而产生微观裂缝,引起混凝土耐久性降低。本项目选用山西黄河新型化工有限公司生产的 HJSX-A(缓凝型)聚羧酸高性能减水剂,经过试验检测,其各项工作性能如下:减水率为 28.0%;7d 抗压强度比为 146%;28d 抗压强度比为 135%;泌水率比为 17%;含气量为 2.6%;28d 收缩率比为 103%。

混凝土配合比

1. 配合比的试配

首先根据试验规程、规范和设计文件要求对大体积混凝土用各种原材料进行自检和委外检测,各项指标均合格后,依据现行《普通混凝土配合比设计规程》(JGJ 55)、《混凝土泵送施工技术规程》(JGJ/T 10)的有关规定进行大体积混凝土配合比设计。设计混凝土坍落度为 160~200mm,混凝土表观密度为 2400kg/m^3,计算配制强度为 48.2MPa,依据施工经验,水灰比选择为 0.35。根据设计规程,依据外加剂减水率确定单位用水量为 150kg/m^3,得出总胶凝材料用量为 429kg/m^3,选取矿物掺合料总量占胶凝材料总和为 37%,分别得出水泥、粉煤灰、矿渣粉掺入量,选取砂率为 41%,从而计算得出粗、细集料用量。依据试验规程进行配合比试拌及比对。

2. 确定配合比

依据现行《普通混凝土拌合物性能试验方法标准》(GB/T 50080)和《普通混凝土力学性能试验方法标准》(GB/T 50081)的有关规定对新拌混凝土的各项工作性能进行检测。经多次试配优选,确定采用编号为 C 的配合比,其水胶比为 0.35,1m^3 混凝土用水量为 150kg,砂率为 41%,水泥、粉煤灰、矿渣粉、细集料、粗集料、水、外加剂的比例为 270∶100∶59∶747∶1074∶150∶4.29。

四 工程应用效果

经检测该混凝土配合比初始坍落度为 190mm,1h 后坍落度为 185mm,混凝土初凝时间为 960min,终凝时间为 1110min,28d 抗压弹性模量达到设计规范要求(3.25×10^4N/mm^2)的 118.5%,60d 抗压弹性模量达到设计规范要求的 134.0%,表观密度实测值为 2410kg/m^3,与计算值之差的绝对值未超过计算值的 2%,依据现行《普通混凝土配合比设计规程》(JGJ 55)的规定,配合比可维持不变。经检验该混凝土的工作性符合规范及施工设计要求,可以用于本项目施工中。

创新能力培养

基于混凝土内外温差引起的温度应力是否足够导致混凝土表面开裂,各个国家和地区根据自身区域特征,对大体积的标准进行了限定。国内外对大体积混凝土水化热温度场和温度应力进行了长期的研究工作,结论普遍认为,大体积混凝土的内外温度值和约束作用是引起其开裂的主要因素。约束作用往往是结构本身的需要,无法改变,因此,降低大体积混凝土内外温差和增强混凝土抗拉强度是防止混凝土开裂的主要方法。通过在浇筑的大体积混凝土中设置冷却水管是目前降低混凝土内部温度的主要方法之一。

目前,工程界对大体积混凝土的温度场及温度效应进行了大量的研究工作,在大体积混凝土的试验研究、温度场和应力场仿真、热学参数反演、温控和防裂措施等方面进行了大量的研究。大体积混凝土温度场和温度应力的变化受到混凝土材料、外界环境等因素的影响,目前在这方面的研究主要还处在定性分析方面,对于各个影响因素对大体积混凝土温度场和温度应力的定量影响规律,尤其考虑冷水管冷却下的影响规律,还鲜有报道。后期研究中应关注各个影响因素对大体积混凝土温度场和温度应力的影响规律,从而为大体积混凝土施工过程中的温控和抗裂提供参考。

请想一想,如果要进行相关因素分析,除了上面给出的因素,我们还应该考虑哪些影响因素?

思考与练习

一、填空题

1. 大体积混凝土配合比应采用_____d 或_____d 的抗压强度作为设计、评定及验收的依据。

2. 大体积混凝土保温覆盖层拆除应分层逐步进行,当混凝土表面温度与环境最大温差小于_____℃时,可全部拆除。

3. 大体积混凝土配合比设计时,在保证混凝土各项工作性能满足规范要求的前提下,砂率最好在_____之间。

4. 大体积混凝土用细集料宜采用_____,细度模数宜大于_____,含泥量不应大于_____。

5. 大体积混凝土用粗集料粒径宜为_____,并应连续级配,含泥量不应大于_____。

二、选择题

1. 大体积混凝土施工常用的外加剂是(　　)。
   A. 缓凝剂　　　　B. 减水剂　　　　C. 引气剂　　　　D. 早强剂
2. 大体积混凝土的用水量与总胶凝材料之比不应大于(　　)。
   A. 0.45　　　　B. 0.50　　　　C. 0.55　　　　D. 0.60
3. 大体积混凝土浇筑体里表温差、降温速率及环境温度的测试,在混凝土浇筑后,每昼夜不应少于(　　)次。
   A. 2　　　　B. 3　　　　C. 4　　　　D. 5
4. 大体积混凝土的保湿养护持续时间不宜少于(　　)d。
   A. 7　　　　B. 14　　　　C. 28　　　　D. 30
5. 在试配与调整大体积混凝土配合比时,控制混凝土绝热温升不大于(　　)℃。
   A. 20　　　　B. 30　　　　C. 40　　　　D. 50

三、简答题

1. 什么是大体积混凝土?
2. 大体积混凝土与普通混凝土有什么区别?
3. 大体积混凝土养护中需要注意哪些问题?

项目十二

喷射混凝土

【项目概述】

本项目主要介绍了喷射混凝土的分类,湿喷混凝土的组成材料,湿喷混凝土的主要技术性能,速凝剂凝结时间、抗压强度等指标的检测方法,以及湿喷混凝土抗压强度、黏结强度等主要性能的测试方法。

【学习目标】

1. 素质目标:培养学习者具有正确的环保意识、质量意识、职业健康与安全意识及社会责任感。

2. 知识目标:能区分喷射混凝土类型,理解湿喷混凝土及速凝剂的主要技术性能含义及意义。

3. 能力目标:利用相关规范,迁移水泥净浆、水泥胶砂强度相关知识与技能,能够独立完成掺速凝剂水泥净浆凝结时间测试及水泥胶砂强度检测;迁移普通混凝土抗压强度性能相关知识与技能,合作完成湿喷混凝土抗压强度及黏结强度测试。

 课程思政

1. 思政元素内容

为了预防、控制和消除职业病危害,防治职业病,保护劳动者健康及其相关权益,促进经济社会发展,《中华人民共和国职业病防治法》于 2001 年 10 月 27 日第九届全国人民代表大会常务委员会第二十四次会议通过,当前版本为 2018 年 12 月 29 日修正(第四次修订)。该法所称职业病,是指企业、事业单位和个体经济组织等用人单位的劳动者在职业活动中,因接触粉尘、放射性物质和其他有毒、有害因素而引起的疾病。职业病防治工作坚持预防为主、防治结合的方针,建立用人单位负责、行政机关监管、行业自律、职工参与和社会监督的机制,实行分类管理、综合治理。劳动者依法享有职业卫生保护的权利。国家鼓励和支持研制、开发、推广、应用有利于职业病防治和保护劳动者健康的新技术、新工艺、新设备、新材料,加强对职业病的机理和发生规律的基础研究,提高职业病防治科学技术水平;积极采用有效的职业病防治技术、工艺、设备、材料;限制使用或者淘汰职业病危害严重的技术、工艺、设备、材料。

2. 课程思政契合点

喷射混凝土由干喷发展到目前的湿喷为主流,湿喷在提高施工质量的同时可有效降低空气中的粉尘含量,优化施工作业环境,降低职业病发生率。

3. 价值引领

党的二十大报告提出,弘扬社会主义法治精神,传承中华优秀传统法律文化,引导全体人民做社会主义法治的忠实崇尚者、自觉遵守者、坚定捍卫者。《中华人民共和国职业病防治法》的施行,是坚持人民至上的具体体现;是维护劳动者健康权益的法律保障;是促进国民经济可持续发展和社会文明进步的重要条件;也是我国职业卫生与国际接轨,企业参与国际市场竞争的时代要求。

思政点　职业病防治视频

任务一　喷射混凝土的发展认知

喷射混凝土(Shotcrete)是借助于喷射机械,利用压缩空气或其他动力,将按一定配合比例的混凝土拌合料经管道输送以高速喷射到受喷面上凝结硬化而成的一种混凝土。喷射混凝土以其施工速度快、工艺简单(不需振捣、不用或只用单面模板)、施工作业方式灵活(可在高空、深坑或狭小的工作区间向任意方位制作薄壁或不规则造型的结构)的优势在隧道、煤矿井巷、护坡及修护工程中被广泛运用(图 12-1)。

视频:喷射混凝土
施工(人工操作)

视频:喷射混凝土
施工(机械手操作)

图 12-1　喷射混凝土在隧道内的应用

1907 年,Carl E. Akeley 首次将喷射混凝土用于修复芝加哥菲尔德哥伦比亚博物馆的外表,这种喷射混凝土实际是喷射砂浆(Gunite),其喷射程序属于干喷工艺。在此后的百年历史中,喷射混凝土在北美及世界各地被广泛使用,在修复或加固工程及新建工程的使用中逐渐成熟。

自 1955 年湿喷射混凝土技术诞生以来,喷射混凝土的组成材料不断发展,速凝剂、硅灰、引气剂、纤维等材料逐步应用于湿喷射混凝土,湿喷射混凝土逐渐向高性能湿喷射混凝土发展。全世界约 70% 的喷射混凝土都是采用湿喷法施工,挪威、瑞典、日本及加拿大等很多国家的湿喷射混凝土应用已占主导地位,斯堪的纳维亚半岛诸国、意大利等几乎是 100% 地采用湿喷法施工。美国、加拿大等国已形成了掺矿物外加剂、化学外加剂及纤维等材料的整套湿喷方法。

我国从 20 世纪 50 年代开始使用喷射水泥砂浆作为矿山井巷围岩表面的隔离防护层,20 世纪 60~70 年代,我国主要推广使用干式喷射混凝土,由于我国国情以及技术、资金、喷射机配套设备、喷射混凝土性能及外加剂等因素的影响,干(潮)式喷射混凝土目前仍有应用。湿式喷射混凝土在我国是 20 世纪 80 年代初发展起来的,并逐渐被人们所重视。21 世纪以来,随着人们对施工质量要求的提高、环保意识的加强,以及国家、行业标准的强制要求,湿喷射混凝土在我国得到越来越广泛的使用。《岩土锚杆与喷射混凝土支护工程技术规范》(GB 50086—2015)规定大断面隧道及大型洞室喷射混凝土支护,应采用湿拌喷射法施工;矿山井巷、小断面隧洞及露天工程喷射混凝土支护,可采用集料含水率 5%~6% 的干拌(半湿拌)喷射法施工。

任务二 喷射混凝土的分类认知

从拌和方法、压送方式看,喷射混凝土大体上分干式和湿式两种,两者的区别在于水完全与干混合料混合的时间不同,其他新的喷射方式源自干喷或湿喷。

一 干喷射混凝土

干喷射混凝土(Dry Shotcrete)原理简单而有效,通常将水泥、胶凝材料、砂、石子、粉状速凝剂(如果用专用的喷射水泥,则可不加速凝剂)等按一定比例混合搅拌均匀后,利用干式混凝土喷射机,用压缩空气压送,在喷嘴前方加水混合后喷射到受喷面。固体混合料可以在现场拌制,也可以提前预拌好。干喷工艺流程图如图12-2所示。

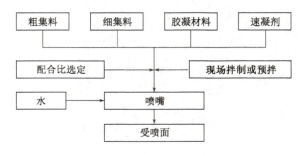

图12-2 干喷混凝土施工工艺流程图

干喷最重要的特点是喷射手通过喷嘴处的计量阀控制加入混合料中的用水量,其最大优势在于:由于水是在喷嘴处才添加,干喷混凝土程序可以随时启动和停止,而不用考虑混凝土的凝结硬化;根据喷射面的情况,喷射手能够随时调节混凝土稠度,例如在涌水多的地段,相对来说需要干硬的混凝土。干喷混凝土的质量受喷射手的技术和经验影响程度很大,其致命的弱点是粉尘大及回弹率大导致的高材料损失量。

二 湿喷射混凝土

针对干法喷射存在粉尘大、回弹率大、混凝土均质性差等问题,湿喷技术在1955年应运而生,湿喷射混凝土(Wet Shotcrete)是指将传统的新拌混凝土通过管道压送或风压压送至喷嘴处,并以高速喷射至受喷面的混凝土。为了增加一次喷射厚度及提高混凝土的早期强度,在喷嘴有时会添加速凝剂。如图12-3所示为湿喷射混凝土的工艺流程。

湿喷射混凝土不仅降低了回弹率,更重要的是湿喷射混凝土质量能够得到更好的控制,因为在压送之前所有水都加入混凝土中。正因为如此,湿喷射混凝土的组成材料以及硬化后性能相对来说更加均匀、可预测性更强。由于湿喷工艺喷射的是成品塑性混凝土,因此在高性能混凝土的基础上发展高性能喷射混凝土,乃至绿色喷射混凝土都有重要意义。因此,湿喷射混凝土已成为世界各国喷射技术的发展方向。

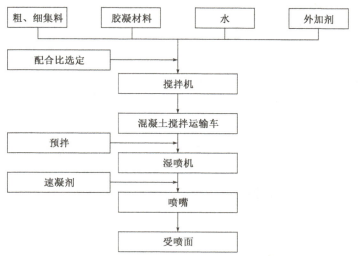

图 12-3 湿喷射混凝土施工工艺流程图

其他喷射混凝土

20 世纪 70 年代末，日本首创了造壳喷射混凝土技术，该技术是将喷射混凝土分为砂浆和干集料两部分，分别以压缩空气压送至喷嘴附近的混合管处合流，再由喷嘴喷出。水泥裹砂法，又称 SEC(Sand Enveloped with Cement) 法，以及在 SEC 法基础上发展的双裹并列法喷射混凝土、潮料掺浆法喷射混凝土，其实质都是造壳喷射混凝土技术。造壳喷射混凝土需增设一台砂湿度控制器，对砂进行处理，使处理后的砂表面含水率为 4% ~ 6%，然后将砂分成两部分，一部分作为干集料与石子按比例混合；另一部分送入砂浆搅拌机配制造壳砂浆。如图 12-4 所示为水泥裹砂法喷射混凝土施工工艺图。

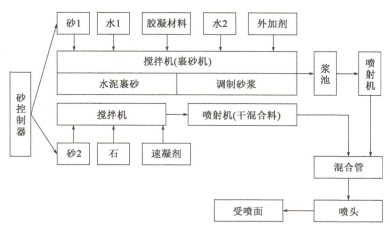

图 12-4 水泥裹砂法施工工艺流程

造壳喷射混凝土技术吸取了干喷法和湿喷法两者的优点，具有输出量大、效率较高、压送距离长、喷射质量较均匀、强度高、回弹率较低、粉尘量较少、利于在涌水条件下进行作业等优点。但是造壳喷射混凝土工艺系统复杂，由两条线路组成，两条供料路线混合后施喷，因此存在两路物料分料比例良好设计和充分混合的问题。在控制好分料比的同时，还要控制好两条输料线物料流量同步，如有一方供料不连续或混合管的结构不合理，喷混凝土即不能均匀混合。当水灰比略大于最佳造壳水灰比时即容易发生堵管。此外,造壳喷射混凝土中间环节较多,对施工人员的技术水平、相互配合与协作工作的能力提出了较高要求。

潮式喷射工艺是用少量水对砂、石、水泥、粉状速凝剂组成的干混合料进行润湿处理,剩余用水量在喷嘴前方添加,其所用喷射机械与干喷十分相似,其实质还是干喷工艺。相对于干喷,潮喷降低了喷射时的粉尘浓度,但潮料必须随拌随喷,混凝土最终用水量还是不能精确控制,因而混凝土的质量不能达到令人满意的效果。

任务三　湿喷射混凝土的组成材料认知

由于湿喷射混凝土是世界各国喷射技术的发展方向,因而后面的内容主要针对湿喷射混凝土。

水泥

喷射混凝土通常优先选用硅酸盐系列水泥中的硅酸盐水泥或普通硅酸盐水泥,并尽可能使用较新鲜的水泥,因为这两种水泥的 C_3S 和 C_3A 含量较高,同速凝剂的相容性好,能速凝、快硬,后期强度也较高。

集料

粗集料应选用坚硬耐久的卵石或碎石,粒径不宜大于12mm;当使用碱性速凝剂时,不得使用含活性二氧化硅的石料。

细集料应选用坚硬耐久的中砂或粗砂,细度模数宜大于2.5;干拌法喷射时,细集料的含水率应保持恒定并不大于6%。

喷射混凝土的集料级配宜控制在表12-1的范围内。

集料通过各筛径的累计重量百分数　　　　表12-1

集料粒径(mm)	0.15	0.30	0.60	1.20	2.50	5.00	10.00	15.00
优(%)	5~7	10~15	17~22	23~31	34~43	50~60	78~82	100
良(%)	4~8	5~22	13~31	18~41	26~54	40~70	62~90	100

注:本表引自《岩土锚杆与喷射混凝土支护工程技术规范》(GB 50086—2015)。

微课:揭开
速凝剂的面纱

化学外加剂

1. 速凝剂

1) 速凝剂的发展

速凝剂是一种能使混凝土迅速凝结硬化的外加剂。速凝剂是喷射混凝土中的核心外加剂,主要作用是增加喷射厚度、缩短两次喷覆之间的间隔时间、加速混凝土早期强度的发展。自20世纪30年代瑞士Sika公司最早研制出粉体速凝剂以来,速凝剂的发展大致经历了粉体高碱、粉体低碱、液体高碱、液体低碱、有机高分子复合和液体无碱几个阶段。无碱液体速凝剂降低了发生碱集料反应的可能性,有效提升了混凝土的后期强度比。然而,无碱液体速凝剂的发展现处于起步阶段,技术并不成熟,存在的普遍问题有:掺量较大(6%~12%)、存储稳定性不够好、价格和成本较传统的碱性速凝剂偏高等。无碱、无腐蚀、无毒、无刺激性是速凝产品的发展方向,也是工程应用的必然趋势。

2)速凝剂分类

速凝剂的品种繁多,按产品形态可分为粉体(固态)和液体速凝剂两种;按碱含量可分为碱性速凝剂和无碱速凝剂,将 Na_2O 当量 $<1\%$ 的速凝剂称为无碱速凝剂;按主要促凝成分可分为铝氧熟料(工业铝酸盐)型、碱金属碳酸盐型、水玻璃(硅酸盐)型、硫酸铝型、氢氧化物以及有机类速凝剂。其他具有速凝作用的无机盐包括氟铝酸钙、氟铝酸镁或氟铝酸钠、氯化物、氟化物等。可作为速凝作用的有机物有烷基醇胺类和聚丙烯酸、聚甲基丙烯酸、丙烯酸盐等。

3)速凝剂的作用机理

由于速凝剂是由复合材料制成,同时又与水泥的水化反应交织在一起,其作用机理较为复杂,关于速凝剂的速凝机理众说纷纭。

(1)铝酸盐型、碳酸盐型速凝剂

对于铝酸盐型、碳酸盐型速凝剂的促凝机理,普遍理解是由于速凝剂中的碳酸钠或铝酸钠与水作用都生成 NaOH,氢氧化钠与水泥中的石膏反应,生成 Na_2SO_4,降低浆体中的 SO_4^{2-},反应方程式如下。

$$Na_2CO_3 + CaO + H_2O \rightarrow CaCO_3 + 2NaOH$$

$$NaAlO_2 + 2H_2O \rightarrow Al(OH)_3 + NaOH$$

$$2NaAlO_2 + 3CaO + 7H_2O \rightarrow 3CaO + Al_2O_3 + 6H_2O + 2NaOH$$

$$NaOH + CaSO_4 \rightarrow Na_2SO_4 + Ca(OH)_2$$

石膏起缓凝作用,但石膏被消耗,使水泥中的 C_3A 成分迅速溶解进入水化反应,C_3A 的水化又迅速生成钙矾石而加速了凝结硬化。另外,大量生成的 NaOH、$Al(OH)_3$、Na_2SO_4 都具有促凝、早强作用。速凝剂中的铝氧熟料及石灰,在水化初期就产生强烈的放热反应,使整个水化体系温度大幅度升高,促进了水化反应的进程和强度的发展。

(2)水玻璃型速凝剂

以硅酸钠为主要成分的速凝剂,主要是硅酸钠与氢氧化钙反应,即

$$Na_2O + nSiO_2 + Ca(OH)_2 \rightarrow (n-1)SiO_2 + CaSiO_3 + 2NaOH$$

反应中生成大量的 NaOH,如上所述促进了水泥水化,从而迅速凝结硬化。

(3)有机高分子复合型速凝剂

有机高分子复合型速凝剂基本不参与水泥的水化反应,而是利用高分子材料的物理性能改变混凝土喷料的黏稠度,达到让混凝土快速凝结的效果,速凝机理是有机高分子吸附"架桥"和液相膜空间网络综合作用。

2. 高性能减水剂

高性能减水剂具有较高的减水性能,在保持水灰比不变时,能在减少用水量的条件下较好地分散细料,因此可以提高混凝土的流动性及黏聚力;或者能在保持混凝土流动性不变的条件下,降低水灰比提高湿喷射混凝土的强度及耐久性,因此高性能减水剂成为发展高性能湿喷射混凝土不可或缺的材料。

四 矿物掺合料

1. 硅灰

20 世纪 70 年代,挪威首次在喷射混凝土中使用硅灰,此后加拿大、美国等国家将不同形

式的硅灰(凝聚硅灰、非凝聚硅灰、浆状硅灰)应用于干喷、湿喷射混凝土中。研究表明,硅灰对喷射混凝土性能有显著的改善作用,主要体现在以下几个方面:硅灰增加了混凝土的黏聚性,降低了混凝土的泌水及离析,提高了混凝土的可压送性,增大了喷射混凝土的一次喷射厚度,降低了回弹率,提高了混凝土的抗裂性、抗冻性、抗渗性等耐久性能。欧美国家75%的喷射混凝土都掺入硅灰,而在挪威和瑞典,硅灰是喷射混凝土的必备材料。在我国,硅灰的品质应符合现行《电炉回收二氧化硅微粉》(GB/T 21236)的要求,且硅灰的比表面积应≥15000m^2/kg,二氧化硅含量应≥85%。

2. 其他矿物掺合料

与普通混凝土出于相同的原因,粒化高炉矿渣粉、粉煤灰等应用于湿喷射混凝土。粉煤灰品质应符合现行《用于水泥和混凝土中的粉煤灰》(GB/T 1596)的有关规定,粉煤灰的级别不应低于Ⅱ级,烧失量不应大于5%。粒化高炉矿渣粉的品质应符合现行《用于水泥和混凝土中的粒化高炉矿渣粉》(GB/T 18046)的有关规定。

五 纤维

纤维喷射混凝土中主要使用钢纤维和合成纤维。试验研究与工程实践表明,采用抗拉强度不小于1000MPa、直径为0.4~0.8mm、长度为25~35mm,并不得大于混合料输送管内径的0.7倍,长径比为35~80的钢纤维配制而成的喷射钢纤维混凝土具有不易结团、掺量少、技术性能高等优点。合成纤维的抗拉强度不应低于280MPa,直径宜为0.01~0.1mm,长度宜为0.004~0.025mm。

任务四 喷射混凝土主要技术性能认知

一 湿喷射混凝土拌合物的性能

普通模筑混凝土的工作性是指新拌混凝土(通常指加水开始计时至拌和24 h之内的混凝土)易于施工操作并能获得质量均匀和成型密实的性能。新拌混凝土加入速凝剂后,混凝土拌合物性能在短时间内迅速变化,因此喷射混凝土工作性是指从加水搅拌开始直到混凝土终凝前的性能,包含可压送性(也称作可泵性)、可喷性两方面。

1. 可压送性

喷射混凝土的可压送性是指混凝土拌合物在压送压力或气流作用下,具有顺利通过管道、摩阻力小、不离析、不堵塞和黏聚性良好的性质。

2. 可喷性

喷射混凝土的可喷性,是指混凝土拌合物连续喷射后,回弹率低,在喷射面上不滑移、不脱落能达到一定的喷射厚度(一次喷射厚度)的性质。

为提高喷射混凝土的一次喷射厚度,防止喷射混凝土滑移或脱离黏结面,喷射混凝土拌合物应当具有尽可能低的流动性,然而流动性太低会增大新拌混凝土在输料管内的压送阻力,甚至堵管。因此喷射混凝土拌合物应当是可压送性与可喷性协调、统一。如图12-5所示。

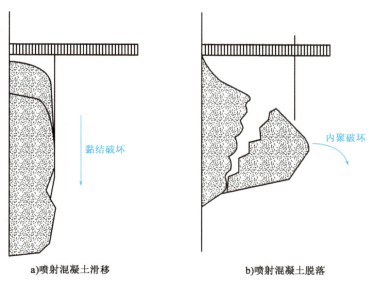

图 12-5 喷射混凝土的可喷性示意图

3. 回弹率

喷射混凝土的回弹率通常情况采用平均回弹率（Average Rebound）表示，即受喷面上溅落的混凝土的总质量与所喷射的混凝土总质量比值的百分率，见式（12-1）：

$$R_{avg} = \frac{m_r}{m_s} \times 100 \qquad (12-1)$$

式中：R_{avg}——平均回弹率，%；

m_r——回弹混凝土质量，kg；

m_s——喷射混凝土的总量，kg。

喷射混凝土的回弹率在喷射的最初时间或喷层厚度较低时较大，随着喷射时间的延长或喷层厚度的增大，回弹量迅速下降并趋于稳定，因此"回弹率比"能更准确地反映回弹量的大小。所谓回弹率比，是指在短时间内（或特定时间段内）受喷面溅落的混凝土质量与喷射混凝土质量的比值，见式（12-2）。

$$R_r = \frac{R_t}{S_t} \times 100 \qquad (12-2)$$

式中：R_r——回弹率比，%；

R_t——单位时间回弹混凝土质量，kg/s；

S_t——单位时间内喷射混凝土的总量，kg/s。

湿喷射混凝土硬化后的性能

普通浇筑混凝土通过振捣排除空气获得一定的密实度，喷射混凝土则借助于集料对喷射面的冲击作用获得一定的密实度。与普通浇筑混凝土相比，湿喷射混凝土硬化后并没有特别的性能要求，用于检测普通浇筑混凝土硬化后性能的方法几乎全部可以用来检测喷射混凝土。然而，完全相同的混凝土，普通浇筑成型与喷射成型硬化后性能差异却很大，良好的组成材料、配合比及喷射设备并不能确保喷射混凝土的性能良好，喷射技术，诸如工作风压、喷射距离、混凝土的输送率等对喷射混凝土性能及质量影响很大。喷射作用使混凝土内部的组成材料排布并不相同,特别是回弹引起附着混凝土的水泥含量较高,进而影响混凝土的强度及耐久性。因此研究附着在喷射面上的混凝土硬化后的性能更具有意义。

任务五　湿喷射混凝土的试验检测

速凝剂是湿喷射混凝土特有的组成材料,因而在这里只介绍速凝剂的性能检测,依据的规范是现行《喷射混凝土用速凝剂》(GB/T 35159)。喷射混凝土与普通浇筑混凝土主要的区别在于成型方式不同,主要技术性能的试验检测方法依据现行《岩土锚杆与喷射混凝土支护工程技术规范》(GB 50086)。

微课:喷射混凝土质量检测

 速凝剂性能试验检测

1. 速凝剂的技术要求

速凝剂的通用要求符合表 12-2 的要求。掺加速凝剂的净浆及砂浆的性能应符合表 12-3 的要求。

速凝剂的通用要求　　　　　　　　　　　　　　　表 12-2

项目	指标	
	液体速凝剂 FSA-L	粉状速凝剂 FSA-P
密度(g/cm³)	$D>1.1$ 时,应控制在 $D\pm0.03$ $D\leqslant1.1$ 时,应控制在 $D\pm0.02$	—
pH 值	$\geqslant2.0$,且应在生产厂控制值的 ±1 之内	—
含水率(%)	—	$\leqslant2.0$
细度(80μm 方孔筛筛余,%)	—	$\leqslant15$
含固量(%)	$S>25$ 时,应控制在 $0.95S\sim1.05S$ $S\leqslant25$ 时,应控制在 $0.90S\sim1.10S$	—
稳定性(上清液或底部沉淀物体积,mL)	$\leqslant5$	—
氯离子含量(%)	$\leqslant0.1$	
碱含量(按当量 Na_2O 含量计,%)	应小于生产厂控制值,其中无碱速凝剂$\leqslant1.0$	

注:1. 生产厂应在相关的技术资料中明示产品密度、pH 值、含固量和碱含量的生产厂控制值。
2. 对相同和不同编号产品之间的匀质性和等效性的其他要求,可由供需双方商定。
3. 表中 D 和 S 分别为密度和含固量的生产厂控制值。

掺加速凝剂的净浆及砂浆性能　　　　　　　　　　　　表 12-3

项目		指标	
		无碱速凝剂 FSA-AF	有碱速凝剂 FSA-A
净浆凝结时间	初凝时间(min)	$\leqslant5$	
	终凝时间(min)	$\leqslant12$	
砂浆强度	1d 抗压强度(MPa)	$\geqslant7.0$	
	28d 抗压强度比(%)	$\geqslant90$	$\geqslant70$
	90d 抗压强度保留率(%)	$\geqslant100$	$\geqslant70$

2. 液体速凝剂稳定性试验检测

1) 试验方法

将一定量的液体速凝剂试样放入量入式具塞量筒中,在一定温度下静置一段时间,测试上清液体积或者底部沉淀物体积。

2) 仪器设备

(1) 量入式具塞量筒:100mL。

(2) 烧杯:500mL。

3) 试验步骤

(1) 充分摇匀被测试样,倒入烧杯中,将烧杯中的试样小心倒入 3 个 100mL 具塞量筒中。每个具塞量筒液面在临近 100mL 刻度线时,改用滴管滴加至 100mL,精确到 1mL,盖紧筒塞。

(2) 将 3 个具塞量筒置于温度为 20℃±2℃的环境条件下水平静置,避免太阳直射,28d 后直接读取上清液体积 $V_{上浮}$(悬浮液型)或者底部沉淀物体积 $V_{沉淀}$(溶液型)。

4) 试验结果评定

当溶液型液体速凝剂静置 28d 后,底部沉淀物太少无法直接读取时,将溶液倒至另一个 100mL 量筒中,量出溶液体积 V,按照下式计算出底部沉淀物体积:

$$V_{沉淀} = 100 - V \tag{12-3}$$

式中:$V_{沉淀}$——底部沉淀物体积,mL;

V——溶液体积,mL。

悬浮液型液体速凝剂以读取三个 $V_{上浮}$ 的中间值表示;溶液型液体速凝剂以读取或计算的三个 $V_{沉淀}$ 的中间值表示。

3. 净浆凝结时间试验检测

1) 试验方法

将一定掺量的速凝剂试样加入水泥净浆中,测试净浆初凝时间和终凝时间。

2) 仪器设备

(1) 天平:分度值不大于 0.5g。

(2) 塑料注射器:50mL。

(3) 秒表:分度值不小于 1s。

(4) 凝结时间测定仪:符合现行《水泥净浆搅拌机》(JC/T 729) 要求。

(5) 净浆搅拌机:符合现行《水泥净浆搅拌机》(JC/T 729) 要求。

视频:速凝剂的凝结时间

3) 净浆配比

基准水泥 400g±1g;用水量 140g±1g(包含液体速凝剂所含的水量);速凝剂按生产厂提供的推荐检验掺量掺加,且该掺量分别应在下述范围内:粉状速凝剂 4%~6%,液体无碱速凝剂 6%~9%,液体有碱速凝剂 3%~5%。

4) 试验步骤

(1) 掺粉状速凝剂的净浆:将称量好的 400g 水泥、粉状速凝剂放入搅拌锅内,启动搅拌机低速搅拌 10s 后停止。一次加入 140g 水,低速搅拌 5s,再高速搅拌 15s,搅拌结束,立即装入原模中,用小刀插捣,轻轻振动数次,刮去多余的净浆,抹平表面。从加水时算起,全部操作时间不应超过 50s。操作流程如图 12-6 所示。

图 12-6　掺粉状速凝剂的净浆制备与入模流程

（2）掺液体速凝剂的净浆：将称量好的水（140g 减去液体速凝剂中的水量）、400g 水泥放入搅拌锅内，启动搅拌机低速搅拌 30s 停止。用 50mL 注射器一次加入称量好的液体速凝剂，低速搅拌 5s，再高速搅拌 15s，搅拌结束，立即装入原模中，用小刀插捣，轻轻振动数次，刮去多余的净浆，抹平表面。从加入液体速凝剂时算起，全部操作时间不应超过 50s。操作流程如图 12-7 所示。

图 12-7　掺液体速凝剂的净浆制备与入模流程

（3）按现行《水泥标准稠度用水量、凝结时间、安定性检验方法》（GB/T 1346）的方法测定初凝时间和终凝时间。每隔 10s 测试一次，直至初凝和终凝为止。粉状速凝剂的凝结时间从加水时算起；液体速凝剂从加入速凝剂算起。

5）试验结果评定

凝结时间单位为分（min），试验结果以分：秒（min：s）形式表达。同一试样须进行两次测定，试验结果以两次测定值的算术平均值表示。如两次测定值的差值大于 30s，则试验作废。

4. 掺速凝剂的砂浆强度试验检测

1）试验方法

将一定掺量的速凝剂试样加入水泥砂浆中，测定水泥砂浆 1d、28d 和 90d 的抗压强度，并计算抗压强度比和抗压强度保留率。

2）仪器设备

（1）天平：分度值不大于 0.5g。

（2）塑料注射器：100mL。

（3）秒表：分度值不小于 1s。

（4）行星式水泥胶砂搅拌机：符合现行《行星式水泥胶砂搅拌机》（JC/T 681）的要求。

（5）水泥胶砂振动台：符合现行《水泥胶砂振动台》的（JC/T 723）要求。

（6）200～300kN 压力机。

3）砂浆配比

基准砂浆：基准水泥 900g±2g，标准砂 1350g±5g，水 450g±2g。

受检砂浆：基准水泥 900g±2g，标准砂 1350g±5g，水 450g±2g（包括液体速凝剂中的水），速凝剂按生产厂提供的推荐检验掺量掺加，且该掺量分别应在下述范围内：粉状速凝剂 4%～

6%,液体无碱速凝剂6%~9%,液体有碱速凝剂3%~5%。

4) 试验步骤

(1) 基准砂浆制备和入模方法按现行《水泥胶砂强度试验》(GB/T 17671)进行。

(2) 掺粉状速凝剂的受检砂浆制备和入模方法。将称量好的900g水泥、粉状速凝剂放入搅拌锅内,开动搅拌机低速搅拌30s至混合均匀。在第二个30s低速搅拌过程中均匀地将标准砂加入。加入450g水,低速搅拌5s,再高速搅拌15s,搅拌结束。尽快将拌制好的砂浆装入水泥砂浆试模中,从加水到砂浆入模全部操作时间不应超过50s。操作流程如图12-8所示。

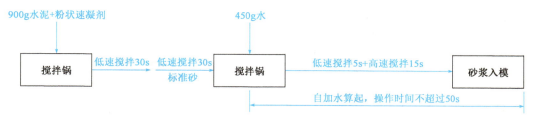

图12-8 掺粉状速凝剂的受检砂浆制备流程图

(3) 掺液体速凝剂的受检砂浆制备和入模方法。将称量好的水(450g减去液体速凝剂中的水量)、900g水泥依次放入搅拌锅内,开动搅拌机低速搅拌30s然后在第二个30s低速搅拌过程中均匀地将标准砂加入,接着高速搅拌30s。停拌90s,停拌的第一个15s内用胶皮刮具将叶片和锅壁上的砂浆刮入搅拌锅中。再继续高速搅拌30s,然后立即用100mL注射器加入推荐掺量的液体速凝剂,低速搅拌5s,再高速搅拌15s,搅拌结束。尽快将拌制好的砂浆装入水泥砂浆试模中,从加入液体速凝剂到砂浆入模全部操作时间不应超过50s。操作流程如图12-9所示。

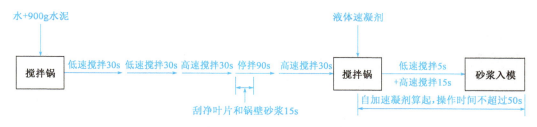

图12-9 掺液体速凝剂的受检砂浆制备流程图

(4) 试件制备。试件尺寸为40mm×40mm×160mm,使用振动台振动成型,振动时间为30s。将搅拌好的全部砂浆均匀地装入下料漏斗中,开启振动台,砂浆通过下料漏斗流入试模。振动30s停车。取下试模,刮出高出试模的砂浆并抹平表面。在试模上做标记后送养护箱或养护室。每个速凝剂试样试验时,需成型受检砂浆试件3组和基准砂浆试件1组,每组3个试件。

(5) 试件养护。按照现行《水泥胶砂强度试验》(GB/T 17671)进行。强度试体的临期计算起点:粉状速凝剂从加水时起,液体速凝剂从加入速凝剂起。不同龄期抗压强度试验应在下列时间中进行:1d±15min;28d±8h;90d±24h。

(6) 抗压强度测定。按现行《水泥胶砂强度试验》(GB/T 17671)进行。

5) 试验结果评定

抗压强度按式(12-4)计算:

$$f = \frac{F}{A} \qquad (12\text{-}4)$$

式中：f——1d、28d 或 90d 抗压强度，MPa；
F——1d、28d 或 90d 试体受压破坏荷载，N；
A——试件受压面积，mm²。

28d 抗压强度比按式(12-5)计算：

$$R_{28} = \frac{f_{t,28}}{f_{r,28}} \times 100\% \qquad (12\text{-}5)$$

式中：R_{28}——28d 抗压强度比，%；
$f_{t,28}$——受检砂浆 28d 抗压强度，MPa；
$f_{r,28}$——基准砂浆 28d 抗压强度，MPa。

90d 抗压强度保留率按式(12-6)计算：

$$R_{r,90} = \frac{f_{t,90}}{f_{r,28}} \times 100\% \qquad (12\text{-}6)$$

式中：$R_{r,90}$——90d 抗压强度保留率，%；
$f_{t,90}$——受检砂浆 90d 抗压强度，MPa；
$f_{r,28}$——基准砂浆 28d 抗压强度，MPa。

以 1 组 3 个试件上得到的 6 个抗压强度测定值的算术平均值为试验结果；如 6 个测定值中有一个超出 6 个平均值的 ±10%，就应剔除这个结果，而以剩下 5 个的平均值作为结果；如果 5 个测定值中再有超过它们的平均数 ±10% 的，则此组结果作废。

二、喷射混凝土主要性能试验检测

结构性喷射混凝土应进行抗压强度和黏结强度试验，必要时，尚应进行抗弯强度、残余抗弯强度(韧性)、抗冻性和抗渗性试验。

1. 喷射混凝土的抗压强度

喷射混凝土抗压强度标准试块应采用从现场施工的喷射混凝土板件上切割或钻芯法制取。最小模具尺寸为 450mm × 450mm × 120mm(长×宽×高)，模具一侧边为敞开状。标准试块制作应符合下列步骤：

微课：喷射混凝土抗压强度与黏结强度检测

(1) 在喷射作业面附近，将模具敞开一侧朝下，以 80°(与水平面的夹角)左右置于墙脚。

(2) 先在模具外的边墙上喷射，待操作正常后将喷头移至模具位置由下而上逐层向模具内喷满混凝土。

(3) 喷满混凝土后，将喷射板移至安全地方，用三角抹刀刮平混凝土表面。

(4) 在潮湿环境中养护 1d 后脱模。将混凝土板件移至试验室，在标准养护条件下养护 7d，用切割机去掉周边和上表面(底面可不切割)后加工成边 100mm 的立方体试块或钻芯成高为 100mm 直径为 100mm 的圆柱状试件。立方体试块的边长允许偏差应为 ±10mm，直角允许偏差应为 ±2°。喷射混凝土周边 120mm 范围内的混凝土不得用作试件。

(5) 加工后的试块应继续在标准条件下养护至 28d 龄期进行抗压强度试验。

2. 喷射混凝土的黏结强度

喷射混凝土与岩石或硬化混凝土的黏结强度试验可在现场采用对被钻芯隔离的混凝土试

件进行拉拔试验完成,也可在试验室采用对钻取的芯样进行拉力试验完成。

(1)钻芯隔离试件拉拔法及芯样拉力试验示意图如图12-10所示。

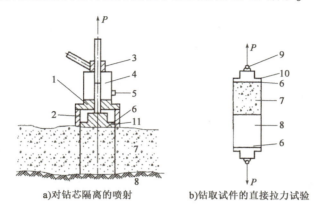

a)对钻芯隔离的喷射 b)钻取试件的直接拉力试验

图 12-10　混凝土试件的拉拔试验

1-基座;2-支撑装置;3-螺母;4-千斤顶;5-泵;6-黏结剂;7-喷射混凝土;8-基岩;9-接头;10-支架;11-托架

(2)试件直径尺寸可取 50～60mm,加荷速率应为 1.3～3.0MPa/min;加荷时应确保试件轴向受拉。

(3)喷射混凝土黏结强度试验报告应包含试块编号、试件尺寸、养护条件、试验龄期、加荷速率、最大荷载、测算的黏结强度以及对试件破坏面和破坏模式的描述。

任务六　喷射混凝土的工程应用

一、工程概况

秦岭天华山隧道位于陕西省宁陕县境内,全长约 15.989km,最大埋深超过 1000m,是西(安)成(都)高铁长大密集隧道群中最长的一条,也是目前亚洲最长单洞双线高铁隧道。这条隧道绵延长、海拔高、山势厚、横切秦岭,属于Ⅰ级高风险类别。

中铁十二局一工区承建出口端 DgK121+325～DgK124+877 段 3.52km。出口段以Ⅱ、Ⅲ级围岩为主,占出口段全长的 85%,以全断面开挖为主,部分围岩稍差的采用两台阶或三台阶施工法,根据设计,Ⅱ、Ⅲ级围岩采用 C25 湿喷射混凝土。选用中铁五新重装 CHP30C 车载式混凝土湿喷机,配备了液态速凝剂计量添加装置 SED12 泵机,该设备能够精确设定速凝剂添加量,根据混凝土流量同步控制速凝剂流量,确保速凝剂掺量的精确性。湿喷混凝土由拌和站集中拌制,由混凝土运输罐车运送至现场,随喷锚进度放至机械手的输送泵料斗内,现场坍落度控制在 90～120 mm 范围内。

二、原材料

秦岭天华山隧道湿喷混凝土主要有:尧柏 P·O42.5(低碱)水泥;机制砂,细度模数为2.8,经筛洗后含泥量和泥块含量均能满足要求;粗集料选用 5～10mm 碎石;山西格瑞特速凝剂,初凝时间 2.5min、终凝时间 7min;山西黄腾聚羧酸系高性能减水剂。

三、混凝土配合比

水泥∶砂∶碎石∶减水剂∶水 =442∶1020∶791∶4.42∶190，速凝剂掺量3%~5%。喷射分不同区域选用不同的混凝土流量和速凝剂掺量，一般拱墙位置混凝土流量控制在20 m³/h，速凝剂掺量3%；拱部混凝土流量控制在15m³/h，速凝剂掺量5%。

四、工程应用效果

对比传统的干喷工艺，秦岭天华山隧道湿喷混凝土在提高喷锚施工效率、降低喷锚施工成本、提高喷锚质量、改善作业环境、满足职业健康安全等方面都有显著的效果。

创新能力培养

目前，国内人力资源紧张且人工成本逐年增加，传统的劳动密集型施工组织模式已不能适应隧道工程建设的需要，隧道机械化施工是隧道施工发展的趋势。隧道实施机械化作业不仅提高了施工的速度，缩短了工期，保证了施工人员的身体健康，且确保了工程的质量及安全，同时也提升了效益。为保证隧道建设工程安全、高质量、高效率完成，2013年9月国家交通运输部出台《关于进一步加强隧道工程质量和安全监管工作的若干意见》，要求广泛应用隧道施工新型机械设备。

相对于传统人工小湿喷作业，采用喷射机械手极大地减少作业面的人数，由原来的6~8人小湿喷作业人员减为2~3人的湿喷机械手工作人员；同时，施工人员远离喷射面遥控作业，为施工人员提供了一个相对良好的作业环境，降低了施工风险，保障了施工人员的安全。小型湿喷机，其喷射方量小，喷射速度慢，混凝土在搅拌车中等待时间长，容易发生变质；且小湿喷机的速凝剂掺量的添加是通过人工添加，容易导致添加比例不稳定，进而导致混凝土强度不达标。采用机械手湿喷工艺可以克服以上的不足，极大地改善混凝土的品质，初期支护混凝土的密实度、抗压和抗剪强度、抗渗性能得到充分保证；同时还可以避免传统人工喷射时空洞和强度不达标等问题的发生，大幅度减少隧道后期出现的质量缺陷和病害，保障了隧道工程质量的安全。

目前国内湿喷机的研发水平与国外相比确实相差很多，国内湿喷机厂家在学习国外的湿喷机生产工艺的基础上增加了自己的特色。在这样的条件下，每种湿喷机的喷射性能都是有很大区别的，设计配合比时不能仅考虑混凝土的性能，还要综合考虑湿喷机的性能。

请想一想，喷射混凝土如何适应移动式湿喷机械手的要求呢？

一、填空题

1. 喷射混凝土大体分为_____和_____两种类型，其他类型源于这两种。
2. 干喷混凝土与湿喷混凝土的区别在于_____完全与_____混合的时间不同。
3. 喷射混凝土中碎石的粒径通常不大于_____mm。
4. 喷射混凝土抗压强度标准试块应采用_____喷射混凝土板件上切割或钻芯法制取。

5. 一定量的液体速凝剂试样放入量入式具塞量筒中,在一定温度下静置一段时间,测试上清液体积或者_____。

二、选择题

1. 湿喷混凝土速凝剂是在( )加入。
   A. 喷嘴处　　　　　　　　　　　　B. 混凝土搅拌过程中
   C. 喷射后　　　　　　　　　　　　D. 混凝土泵送过程中

2. 掺入液体无碱速凝剂的水泥净浆,初凝凝结时间应当( )。
   A. 不早于45min　　　　　　　　　　B. 不迟于45min
   C. 不早于5min　　　　　　　　　　D. 不达于5min

3. 掺入液体无碱速凝剂的水泥净浆,终凝结时间应当( )。
   A. 不迟于360min　　　　　　　　　B. 不迟于600min
   C. 不迟于30min　　　　　　　　　 D. 不迟于12min

4. 喷射混凝土抗压强度试件,在潮湿环境中养护1d后脱模,其后将混凝土板件移至试验室,在标准养护条件下养护至( )切割。
   A. 3d　　　　　　B. 7d　　　　　　C. 14d　　　　　　D. 28d

5. 掺速凝剂的水泥砂浆需要分别检测1d、28d、90d的抗压强度,评价指标为( )。
   A. 1d 抗压强度、28d 抗压强度、90d 抗压强度
   B. 1d 抗压强度、28d 抗压强度比、90d 抗压强度比
   C. 1d 抗压强度、28d 抗压强度保留率、90d 抗压强度保留率
   D. 1d 抗压强度、28d 抗压强度比、90d 抗压强度保留率

三、简答题

1. 简述湿喷混凝土的工艺流程。
2. 什么是喷射混凝土的回弹率?
3. 简述喷射混凝土抗压强度检测方法。
4. 画图说明测试凝结时间的掺液体速凝剂净浆的制备方法。

项目十三

轻集料混凝土

【项目概述】

本项目主要介绍了轻集料混凝土的分类,轻集料混凝土的组成材料,轻集料混凝土的主要技术性能,轻集料混凝土拌合物和易性、干密度、含水率、导热系数、蓄热系数、干燥收缩值及抗冻性等试验检测方法,轻集料混凝土的配合设计方法及轻集料混凝土的工程应用案例。

【学习目标】

1. 素质目标:培养学习者具有正确的规范意识、环保意识、质量意识、创新意识、职业健康与安全意识、社会责任感及科学严谨的学习和工作态度。

2. 知识目标:了解轻集料混凝土的分类,熟悉轻集料混凝土的组成材料和配合比设计方法,掌握轻集料混凝土的主要技术性能及其试验检测方法。

3. 能力目标:能根据强度等级、密度等级及使用用途,会轻集料混凝土的原材料选用和配合设计;能利用相关现行规范、标准及规程,会轻集料混凝土的拌合物和易性、干密度、含水率、导热系数、蓄热系数、干燥收缩值及抗冻性等技术性能试验检测和质量评定。

 课程思政

1. 思政元素内容

轻集料是用粉煤灰、矿渣、煤渣等工业废渣加工而成的工业废料轻集料,或以粉煤灰、尾矿粉和污泥为主要原料的陶粒轻集料,轻集料的生产实现了固废的变害为利,同时减少天然集料的开采,利于环境保护。轻集料较为传统的应用方式是用于生产轻集料混凝土砌块,截至2021年10月,全国的轻集料混凝土砌块产量约5000万 m^3,是非常有竞争优势的节能墙体材料。北京市住建委发布的数据显示:2019年北京市墙材生产累计利用固废约62万t,同比增加12.6%,其中轻集料混凝土砌块生产固废利用量最大约为54万t,包含建筑废弃物20余万t。除了轻集料混凝土砌块外,轻集料混凝土墙板制品发展较为迅速,广泛应用于装配式建筑中。据不完全统计,2020年上半年全国各类陶粒墙板及砌块制品近1300万m^2,成为重要的隔墙材料。另外其他的轻集料混凝土装配式构件也不断地应用于装配式建筑中。除了砌块和墙板类较为成熟的应用,基于陶粒混凝土特性的新的应用不断涌现。

2. 课程思政契合点

轻集料混凝土具有自重轻、保温隔热和耐火性能好等特点。生产轻集料可以实现固废的变害为利,减少天然集料的开采,利于环境保护;使用轻集料混凝土可以减轻结构自重,减少承重结构的钢材用量,节省钢材资源的消耗;使用轻集料混凝土做成的墙体,可获得良好的保温隔热效果,能够实现建筑节能减排。

3. 价值引领

《中华人民共和国固体废物污染环境防治法》已由第十三届全国人民代表大会常务委员会第十七次会议于2020年4月29日修订通过,自2020年9月1日起施行。当前我国经济的高速发展,使得我国的能源、环境面临巨大的考验。为了可持续性发展,必须考虑到对能源的利用要充分、合理、节约,同时也要达到建筑节能减排的基本要求;所以我们必须推动绿色发展,促进人与自然和谐共生。

思政点　绿色发展

任务一　轻集料混凝土的发展认知

轻集料混凝土(Lightweight Aggregate Concrete)是指用轻粗集料、轻细集料(或普通砂)、胶凝材料和水配制而成,其表观密度不大于 1900kg/m³ 的混凝土。轻集料混凝土具有轻质、高强、保温和耐火等特点,并且变形性能良好,弹性模量较低,在一般情况下收缩和徐变也较大。目前,常用的轻集料混凝土制品有蒸压加气混凝土砌块、陶粒混凝土砌块、泡沫混凝土砌块等,分别如图 13-1a) ~ 图 13-1c) 所示。

 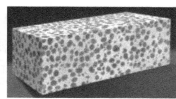 

a)蒸压加气混凝土砌块　　　b)陶粒混凝土砌块　　　c)泡沫混凝土砌块

图 13-1　常用的轻集料混凝土制品

视频:蒸压加气混凝土砌块优缺点　　视频:陶粒砖隔音效果测试　　视频:红砖与陶粒砌块对比

从 20 世纪 50 年代中期开始,对轻集料混凝土的研究与应用已逐步展开,人造轻集料的研制及其在保温绝热墙体中的应用已受到重视,但生产和应用水平都是很低的。到 70 年代末 80 年代初,人造轻集料的年产量长期徘徊在 40 万 m³ 左右;最高强度等级为 CL30 的轻集料混凝土在工程上应用还很少。至 90 年末人造轻集料的年产量已迅速发展到 300 多万 m³,且在应用水平上也有显著提高。以应用量达 80% 以上的轻集料混凝土的保温性能都大大优于 80 年代以前的水平。当前,CL30 ~ CL40 的高强轻集料混凝土已在高层、大跨的土木工程中应用。

20 世纪 60 ~ 70 年代以来,我国轻集料混凝土在工业与民用建筑、桥梁等工程中逐步应用,并在此基础上编制了相应的技术标准和规程、规范。到 80 年代末已初步形成了从原材料到混凝土材料及结构设计、施工所必要的标准化体系。其中,有的已在 90 年代又进行了修编,使之更为完善。当时主要相关规范包括《天然轻骨材》(GB 2841—1981)、《轻骨材实验方法》(GB 2842—1981)、《轻集料混凝土技术规程》(JGJ 51—1990)、《轻集料混凝土小型空心砌块》(GB 15229—1994)、《轻集料及其试验方法》(GB/T 17431—1998)、《轻集料混凝土技术规程》(JGJ 51—2002)。

由于轻集料混凝土具有质轻、比强度高、保温隔热性好,耐火性好、抗震性好等特点,因此与普通混凝土相比,更适合用于高层、大跨结构、软土地基上要求减轻结构自重、耐火等级要求高、节能、抗震结构、旧建筑加层的建筑等。1960 年我国在河南平顶山建成了第一座轻集料混凝土大桥——洛河大桥。此后,在宁波和上海之间又建造了 30 多座中、小型预制箱形预应力公路桥,南京长江大桥和九江、黄河大桥的部分桥面板先后也应用了轻集料混凝土;珠海国际会议中心应用了 CL30 泵送高强轻集料混凝土;南京宁波高速公路桥面施工中应用了 CL40 高强轻集料混凝土。在国外,休斯敦贝壳广场大厦建造时间为 1967 ~ 1969 年,52 层,高 218m,建筑面积130000m²。原设计为35层的筒中筒结构体系,梁、板、柱墙体钢筋网基础改为轻集料混凝土后,建成52层的大厦,有效地提高了土地的利用率,取得了显著的经济效益。

任务二　轻集料混凝土的分类认知

微课:轻集料的分类

轻集料混凝土按细集料不同,又分为全轻混凝土和砂轻混凝土。采用轻砂做细集料的,称为全轻混凝土;采用普通砂或部分轻砂做细集料的,称为砂轻混凝土。轻集料混凝土按其在建筑工程中的用途不同,分为保温轻集料混凝土、结构保温轻集料混凝土及结构轻集料混凝土。

一、按所用轻集料的品种分类(表13-1)

轻集料混凝土按所用轻集料品种分类　　　　　表13-1

类别	轻集料品种	轻集料混凝土		
		名称	堆积密度(kg/m³)	抗压强度范围(MPa)
天然轻集料混凝土	浮石	浮石混凝土	1200~1800	15.0~20.0
	火山灰	火山灰混凝土		
	多孔凝灰岩	多孔凝灰岩混凝土		
工业废料轻集料混凝土	炉渣	炉渣混凝土	1600~1800	20.0~30.0
	碎砖	碎砖混凝土		
	自然煤矸石	自然煤矸石混凝土		
	膨胀矿渣珠	膨胀矿渣珠混凝土		
人造轻集料混凝土	粉煤灰陶粒	粉煤灰陶粒混凝土	1600~1800	40.0~50.0
	膨胀珍珠岩	膨胀珍珠岩混凝土	800~1400	10.0~20.0
	页岩陶粒	页岩陶粒混凝土	800~1400	30.0~50.0
	黏土陶粒	黏土陶粒混凝土		

二、按所用细集料品种分类(表13-2)

轻集料混凝土按所用细集料品种分类　　　　　表13-2

混凝土名称	细集料品种
全轻混凝土	细集料全部用轻砂,如粉煤灰砂、岩粉与陶砂等
砂轻混凝土	细集料部分或全部采用铺天然砂

三、按其在建筑工程中的用途分类(表13-3)

轻集料混凝土按用途分类　　　　　表13-3

类别分类	混凝土强度等级的合理范围	混凝土强度等级的合理范围	用途
保温轻集料混凝土	LC5.0	≤800	主要用于保温的围护结构或热工构筑物
结构保温轻集料混凝土	LC5.0、LC7.5、LC10、LC15	800~1400	主要用于既承重又保温的围护结构
结构轻集料混凝土	LC15、LC20、LC25、LC30、LC35、LC40、LC45、LC50、LC55、LC60	1400~1900	主要用于承重构件或构筑物

任务三 轻集料混凝土的组成材料认知

一、水泥

轻集料混凝土对水泥无特殊要求。选择水泥品种和水泥的强度等级仍要根据混凝土强度、耐久性的要求，可以参照表13-4选择水泥的品种和等级。

轻集料混凝土水泥品种和强度等级的选择　　表13-4

混凝土强度等级	水泥强度等级	水泥品种	混凝土强度等级	水泥强度等级	水泥品种
CL5.0					
CL7.5					
CL10	32.5	火山灰硅酸盐水泥 矿渣硅酸盐水泥 粉煤灰硅酸盐水泥 普通硅酸盐水泥	CL30 CL35 CL40 CL50	42.5	矿渣硅酸盐水泥 普通硅酸盐水泥 硅酸盐水泥
CL15					
CL20					
CL20	42.5				
CL25					
CL30					

二、轻集料

（一）轻集料的种类

轻集料是指堆积密度不大于1200kg/m³的集料。轻集料通常由天然多孔岩石破碎加工而成，或用地方材料、工业废渣等原材料烧制而成。

1. 按粒径分类

轻粗集料：粒径在5mm以上，堆积密度小于1000kg/m³。

轻细集料：粒径不大于5mm，堆积密度小于1200kg/m³。

2. 按集料来源分类

天然轻集料：主要有浮石，经破碎成一定粒度即可作为轻质集料。

人造轻集料：主要有陶粒和膨胀珍珠岩等。

工业废渣轻集料：主要有矿渣、膨胀矿渣珠、煤矸石等。

视频：轻集料生产
材料——陶粒

（二）轻集料的技术要求

1. 结构表面特征及颗粒形状

轻集料的结构应符合两个基本要求：一是要多孔；二是要有一定的强度。

2. 颗粒级配及最大粒径

轻粗集料级配是用标准筛的筛余值控制的，而且用途不同，级配要求也不同，同时还要控制最大粒径。级配要求及最大粒径要求见表13-5。

视频：陶粒砌块
生产流程

轻粗集料级配及最大粒径要求　　　　表 13-5

用途	筛孔尺寸(mm)						最大粒径 d_{max}(mm)	$2d_{max}$(mm)
	5	10	15	20	25	30		
	累计筛余(%)							
保温用(含结构保温)	≥90	—	30~70	—	—	≤10	≤30	不允许
结构用	≥90	30~70	—	≤10	—	—	≤20	不允许

3. 堆积密度

堆积密度指轻集料以一定高度自由落下、装满单位体积的质量。与其表观密度、粒径、粒型颗粒级配有关，同时还与集料的含水率有关。一般情况下，轻集料的堆积密度约为表观密度的 1/2。堆积密度分成 12 个密度等级，具体见表 13-6。

轻集料密度等级　　　　表 13-6

轻粗集料		轻砂	
密度等级	堆积密度范围(kg/m³)	密度等级	堆积密度范围(kg/m³)
300	<300	200	150~200
400	310~400		
500	410~500	400	210~400
600	510~600		
700	610~700	700	410~700
800	710~800		
900	810~900	1100	710~1100
1000	910~1000		

三　掺合料

为改善轻集料混凝土拌合物的工作性，调节水泥强度等级，配制混凝土时可以掺入一些具有一定火山灰活性的掺合料，如粉煤灰、矿渣粉等。其中粉煤灰最常用，效果也较好。

四　水

轻集料混凝土对拌和及养护用水的要求与普通混凝土相同。

五　外加剂

在必要时，配制轻集料混凝土可以掺加减水剂、早强剂及抗冻剂等各种外加剂。

任务四　轻集料混凝土主要技术性能认知

动画：轻集料混凝土技术性能特点

由于轻集料混凝土具有质轻、比强度高、保温隔热性好、耐火性好、抗震性好等特点，因此与普通混凝土相比，更适合用于高层、大跨结构、软土地基上要求减轻结构自重、耐火等级要求高、节能、抗震结构、旧建筑加层的建筑等。

一、干表观密度

轻集料混凝土的表观密度主要取决于其所用轻集料的表观密度和用量,其干表观密度在 760~1950kg/m³ 之间。轻集料混凝土按其干表观密度分为 14 个密度等级,见表 13-7。

表 13-7 轻集料混凝土的密度等级

密度等级	干表观密度的变化范围(kg/m³)	密度等级	干表观密度的变化范围(kg/m³)
600	560~650	1300	1260~1350
700	660~750	1400	1360~1450
800	760~850	1500	1460~1550
900	860~950	1600	1560~1650
1000	960~1050	1700	1660~1750
1100	1060~1150	1800	1760~1850
1200	1160~1250	1900	1860~1950

二、强度

轻集料混凝土的强度等级的确定方法与普通混凝土一样,按立方体(标准尺寸为 150mm×150mm×150mm)抗压强度标准值划分为 LC5.0、LC7.5、LC10、LC15、LC20、LC25、LC30、1C35、LC40、LC45、LC50 和 LC60 共 12 个等级。符号"LC"表示轻集料混凝土(Light Weight Concrete)。

影响轻集料混凝土的因素有很多,除了与普通混凝土相同的以外,轻集料的强度、堆积密度、颗粒形状、吸水率和用量等也是重要的影响因素。与普通混凝土不同,轻粗集料因表面粗糙且与水泥之间有化学结合,轻集料混凝土的薄弱环节不是粗集料的界面,而是粗集料本身。因此,轻粗集料混凝土的破坏主要发生在粗集料中,有时也发生在水泥石中。当配制高强度轻集料混凝土时,即使混凝土中水泥用量很大,混凝土的强度也提高不了多少。

轻集料混凝土的轴心抗压强度与立方体抗压强度的关系与普通混凝土基本相似,立方体抗压强度的尺寸换算系数也与普通混凝土相同。

三、弹性模量

轻集料混凝土的弹性模量较小,为 $0.3×10^4~2.2×10^4$ MPa,一般为同强度等级普通混凝土的 30%~70%。这有利于控制建筑构件温度裂缝的发展,也有利于改善建筑物的抗震性能和提高抵抗动荷载的能力。

四、收缩和徐变

轻集料混凝土的收缩和徐变分别比普通混凝土大 20%~50% 和 30%~60%,泊桑比为 0.15~0.25,平均为 0.20,热膨胀系数比普通混凝土小 20% 左右。

五 保温性能

轻集料混凝土干表观密度从760kg/m³至1950kg/m³变化,其导热系数从0.23W/(m·K)至1.01W/(m·K)变化,因此轻集料混凝土具有优良的保温性能。

任务五 轻集料混凝土试验检测

依据现行《轻骨料混凝土应用技术标准》(JGJ/T 51)对轻集料混凝土的和易性、干密度、含水率、强度、导热系数、蓄热系数、干燥收缩值、抗冻性等技术性能进行试验检测。

一 和易性

轻集料混凝土拌合物易于施工操作且成型后质量均匀密实的性质,包括流动性、黏聚性、保水性。流动性是指轻集料混凝土拌合物在自重或机械振捣作用下,能产生流动,并均匀密实地填满模板的性能。黏聚性是轻集料指混凝土拌合物在施工过程中,其组成材料之间有一定的黏聚力,不致发生分层和离析的现象。保水性是轻集料指混凝土拌合物在施工过程中,具有一定的保水能力,不致产生严重的泌水现象。

流动性用坍落度与坍落扩展度法和维勃稠度来表示。轻集料混凝土的工作性规范要求见表13-8。

轻集料混凝土的和易性要求　　　　　　　　　　　　　　表13-8

轻集料混凝土用途	稠　度	
	维勃稠度(s)	坍落度(mm)
预制构件及制品: (1)振动台成型; (2)振捣棒或平板震动器振实	5~10 —	0~10 30~50
现浇混凝土: (1)机械振捣 (2)人工振捣或钢筋密集	— —	50~70 60~80

1)坍落度试验

适用于轻集料公称最大粒径$D \leq 31.5$mm、坍落度$H \geq 10$mm的新拌混凝土。在坍落度试验时,新拌水泥混凝土混合料分三层装入坍落筒内,每层捣实25次,测定坍落度H(mm)。流动性、黏聚性、保水性的评定方法如下:

流动性评定:坍落度越大,混凝土拌合物的流动性越大。

黏聚性评定:用捣棒在已坍落的混凝土锥体侧面轻轻敲打,若锥体逐渐下沉,则表示黏聚性良好;如果锥体倒塌,部分崩裂或出现离析现象,则表示黏聚性不好。

保水性评定:坍落度筒提起后,如有较多稀浆从底部析出,锥体部分混凝土拌合物也因失浆而集料外露,则表明混凝土拌合物的保水性能不好;无稀浆或仅有少量稀浆自底部析出,则表示保水性良好。

2)维勃稠度试验

适用于轻集料公称最大粒径 $D \leq 31.5 mm$,维勃稠度在 $5 \sim 30s$ 之间的干硬性混凝土的稠度测定。在维勃稠度试验时,采用维勃稠度测定维勃时间,维勃时间指从开始振动至透明圆盘底面被水泥浆布满的瞬间止,所经历的时间(以 s 计)。将轻集料混凝土分 4 级:超干硬性($\geq 31s$);特干硬性($21 \sim 30s$);干硬性($11 \sim 20s$);半干硬性($5 \sim 10s$)。

二、干密度

1. 试验检测方法

(1)取试件一组 3 块,逐块量取长、宽、高三个方向的轴线尺寸方向,精确至 1mm,并计算试件的体积 V;称取试件质量 M,精确至 1g。

(2)将试件放入电热鼓风干燥箱内,在(60 ± 5)℃下保温 24h,然后在(80 ± 5)℃下保温 24h,再在(105 ± 5)℃下烘干至恒质(M_0)。恒质,指在烘干过程中间隔 4h,前后两次质量差不超过试件质量的 0.5%。

2. 结果计算与评定

(1)结果计算

干密度按下式计算:

$$\gamma_0 = \frac{M_0}{V} \times 10^6 \qquad (13-1)$$

式中:γ_0——干密度,kg/m^3;

M_0——试件烘干后质量,g;

V——试件体积,mm^3。

(2)结果评定

试验结果按 3 块试件试验值的算术平均值进行评定,干密度的计算精确至 $1kg/m^3$,含水率结果精确至 0.1%。

三、吸水率试验

1. 试验检测方法

(1)试件的制备采用机械切割,沿长度方向每个砌块切割 3 块试件,试件应距离制品表面 30mm 或 30mm 以上。制品高度不同,试件间隔略有不同,以高度为 600mm 的制品为例,试件锯取位置如图 13-2 所示。

(2)将试件放入电热鼓风干燥箱内,在(60 ± 5)℃下保温 24h,然后在(80 ± 5)℃下保温 24h,再在(105 ± 5)℃下烘干至恒质(M_0)。

(3)试件冷却至室温后,放入水温为(20 ± 5)℃恒温水槽中,然后加水至试件高度的三分之一,保持 24h,再加水至试件高度的三分之二,经 24h 后,加水面应高出试件 30mm 以上,保持 24h。

(4)将试件从水中取出,用湿布抹去表面水分,立即称量每块质量(M_g)并精确至 1g。

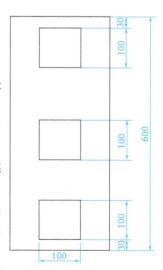

图 13-2 立方体试件锯取示意图
(尺寸单位:mm)

2. 结果计算与评定

（1）结果计算

吸水率按下式计算：

$$\omega_g = \frac{M_g - M_0}{M_0} \times 100\% \tag{13-2}$$

式中：ω_g——吸水率，%；

M_g——试件吸水后质量，g；

M_0——试件烘干后质量，g。

（2）结果评定

试验结果按3块试件试验值的算术平均值进行评定，吸水率结果精确至0.1%。

四 抗压强度

1. 试验检测方法

1）试件含水状态

（1）试件含水率在8%~12%下进行试验。

（2）如果含水率超过上述范围，则在(60±5)℃下烘至所要求的含水率。

2）仪器设备

（1）材料试验机：精度（示值的相对误差）应不低于±2%，其量程选择应能使试件的预期最大破坏荷载处在全量程的20%~80%范围内。

（2）托盘天平或磅秤：称量2000g，感量1g。

（3）电热鼓风干燥箱：最高温度200℃。

（4）钢板直尺：规格为300mm，分度值为0.5mm。

3）试验步骤

（1）检查试件外观。

（2）用钢直尺测量试件的尺寸，精确至1mm，并计算受压面积（A_1）。

（3）将试件放在材料试验机的下压板的中心位置，试件的受压方向应垂直于制品的发气方向。

（4）以(2.0±0.5)kN/s的速度连续而均匀地加荷，直至试件破坏，记录破坏荷载（P_1）。

（5）将试验后地试件全部或部分立即称取质量，然后在(105±5)℃下烘干至恒质，计算其含水率。

2. 结果计算与评定

1）结果计算

抗压强度按下式计算：

$$f_{cc} = \frac{P_1}{A_1} \tag{13-3}$$

式中：f_{cc}——试件的抗压强度，MPa；

P_1——破坏荷载，N；

A_1——试件受压面积，mm²。

2)结果评定

抗压强度计算精确至 0.1MPa。

五 导热系数

1. 试验检测方法

(1)试件制备:在砌块中心部分锯取,试件尺寸为 200mm×200mm×20mm 或 300mm×300mm×30mm,其锯取位置如图 13-3 所示。其中冷板温度 15℃、热板温度 35℃。试验结果有争议时,仲裁试验按现行《绝热材料稳态热阻及有关特性的测定 防护热板法》(GB/T 10294)的规定进行。

(2)试验步骤:按现行《绝热材料稳态热阻及有关特性的测定 防护热板法》(GB/T 10294)或现行《绝热材料稳态热阻及有关特性的测定 热流计法》(GB/T 10295)规定,启动检测装置进行测试。

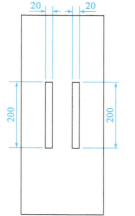

图 13-3 导热系数试件锯取示意图
(尺寸单位:mm)

2. 结果计算与评定

(1)结果计算

导热系数按下式计算:

$$\lambda = \frac{Qa}{(T_1 - T_2)At} \tag{13-4}$$

式中:λ——导热系数,W/(m·K);

Q——传递的热量,J;

a——试件的厚度,m;

$T_1 - T_2$——试件两面的温差,K;

A——试件传热面的面积,m²;

t——传热的时间,h。

(2)结果评定

导热系数以两组试件试验值的平均值进行评定,精确至 0.01W/(m·K)。

六 蓄热系数

1. 试验检测方法

(1)试件制备:取 1 块砌块,在其中部锯取 200mm×200mm×60mm 的试件 2 块、200mm×200mm×20mm 的试件 1 块,其锯取位置如图 13-4 所示。将制取的试件置于(60±5)℃的烘箱中干燥 24h,然后在(80±5)℃下干燥 24h,再在(105±5)℃下烘至恒质。

(2)按现行《膨胀玻化微珠保温隔热砂浆》(GB/T 26000)中 6.4 规定,启动检测装置进行测试。

2. 结果计算与评定

1)结果计算

蓄热系数按下式计算:

$$S_{24} = 0.51\sqrt{\lambda \cdot c \cdot \rho} \tag{13-5}$$

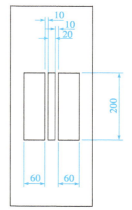

图 13-4 蓄热系数试件锯取示意图
(尺寸单位:mm)

式中：S_{24}——波动周期为 24h 试件的蓄热系数，$W/(m^2 \cdot K)$；
　　　λ——导热系数，$W/(m \cdot K)$；
　　　c——材料的比热容，$J/g \cdot ℃$；
　　　ρ——材料的密度，kg/m^3。

2）结果评定

蓄热系数以两组试件试验值的平均值进行评定，精确至 $0.01W/(m^2 \cdot K)$。

七　干燥收缩值

1. 试验检测方法

1）试件制备

（1）按现行《蒸压加气混凝土性能试验方法》(GB/T 11969)有关规定进行。

（2）试件尺寸和数量为 40mm×40mm×160mm 立方体试件 3 块（需从不同大块上制取）。

（3）在试件的两个端面中心，各钻一个直径 6~10mm、深度 13mm 的孔洞。在孔洞内灌入水玻璃水泥浆（或其他黏结剂），然后埋置收缩头，收缩头中心线应与试件中心线重合，试件端面必须平整。2h 后，检查收缩头安装是否牢固，若不牢固则重装。

2）试验步骤

（1）试件放置 1d 后，浸入水温为 (20±2)℃ 的恒温水槽中，水面应高出试件 30mm，保持 72h。

（2）将试件从水中取出，用湿布抹去表面水分，并将收缩头擦干净，立即称取试件的质量。

（3）用标准杆调整仪表原点（一般取 5.00mm），然后按标明的测试方向立即测定试件初始长度，记下初始百分表读数。

（4）试件长度测试误差为 ±0.01mm，称取质量误差为 ±0.1g。

（5）将试件放在温度为 (65±5)℃、(85±5)℃、(105±5)℃ 的烘箱中，各干燥 24h。

（6）每天从箱内取出试件测长度一次。当试件取出后应立即放入干燥器中，在 (20±2)℃ 的房间内冷却 3h 后进行测试。测前须校准仪器的百分表原点，要求每块试件在 10min 内测完。

（7）每次测量长度后，应称取试件的质量。

2. 结果计算与评定

（1）结果计算

干燥收缩值的计算按下式计算：

$$S = \frac{L_1 - L_2}{L_0 - (M_0 - L_1) - L} \times 1000 \tag{13-6}$$

式中：S——干燥收缩值，mm/m；
　　　L_1——试件初始长度（百分表读数），mm；
　　　L_2——试件干燥后长度（百分表读数），mm；
　　　L_0——标准杆长度，mm；
　　　M_0——百分表的原点，mm；
　　　L——两个收缩头长度之和，mm。

（2）结果评定

干燥收缩值以 3 块试件试验值的算术平均值进行评定，精确至 0.01mm/m。

 抗冻性

1. 试验检测方法

1）试件制备

（1）按现行《蒸压加气混凝土性能试验方法》（GB/T 11969）有关规定进行。

（2）试件尺寸和数量为 100mm×100mm×100mm 立方体试件三组 9 块。

2）试验步骤

（1）将试件分别在 (65±5)℃、(85±5)℃、(105±5)℃ 下各干燥 24h，升温速度为上升到 45℃ 后每 1h 升 3℃，3h 升 10℃，达到所需温度后恒定。在干燥至恒质后称其质量 M_0，精确至 1g。

（2）将冻融试件放在水温为 (20±5)℃ 恒温水槽中，水面应高出试件 30mm，保持 48h。

（3）将试件放入预先降温至 -15℃ 以下的低温箱或冷冻室中，其间距不小于 20mm，当温度降至 -18℃ 时记录时间。在 (-20±2)℃ 下冻 6h 取出，放入水温为 (20±5)℃ 的恒温水槽中，融化 5h 以上作为一次冻融循环，如此冻融循环 15 次为止。

（4）每隔 5 次循环检查并记录试件在冻融过程中的破坏情况。

（5）冻融过程中，发现试件呈明显的破坏即质量损失超过 5%，应取出试件，停止冻融试验，并记录冻融次数。

（6）将经 15 次冻融后的试件，按 GB/T 11969 中的方法称量试件冻融后的质量 M。

（7）将冻融后试件静置 24h 后，按 GB/T 11969 有关规定，将试件在 (65±5)℃ 下烘至所要求的含水率，进行抗压强度试验。

2. 结果计算与评定

1）结果计算

质量损失率按下式计算：

$$M_m = \frac{M_0 - M}{M_0} \times 100 \tag{13-7}$$

式中：M_m——质量损失率，%；

M_0——冻融试件试验前的干质量，g；

M——经冻融试验后试件的干质量，g。

2）结果评定

抗冻性按冻融试件的质量损失率平均值和冻后的抗压强度平均值进行评定，质量损失率精确至 0.1%。

任务六　轻集料混凝土的配合比设计

由于轻集料种类繁多，性质差异很大，加之轻集料本身的强度对混凝土强度影响较大，故至今仍无像普通混凝土那样的强度公式。对轻集料混凝土的配合比设计大多是参照普通配合比设计方法，并结合轻集料混凝土的特点，更多的是依靠经验和试验、试配来确定。轻集料混凝土配合比设计的基本要求除了和易性、强度、耐久性和经济性外，还有表观密度的要求。

轻集料混凝土配合比设计方法分为绝对体积法和松散体积法两种。

绝对体积法计算配合比步骤

（1）根据设计要求的轻集料混凝土的强度等级、密度等级和混凝土的用途，确定粗、细集料的种类和粗集料的最大粒径。

（2）测定粗集料的堆积密度、颗粒表观密度、筒压强度和1h吸水率，并测定细集料的堆积密度和相对密度。

（3）计算混凝土试配强度 $f_{cu,0}$。

轻集料混凝土的试配强度确定方法与普通混凝土的不同，按下式确定：

$$f_{cu,0} \geq f_{cu,k} + 1.645\sigma \tag{13-8}$$

式中：$f_{cu,0}$——混凝土的配制强度，MPa；

$f_{cu,k}$——设计强度等级，MPa；

σ——强度标准差，MPa。

生产单位有轻集料混凝土抗压强度的历史数据资料时按标准差公式计算，无强度资料时按表13-9取用。

轻集料混凝土强度标准差 σ 取值表 表13-9

强度等级	低于 LC20	LC20～LC35	高于 LC35
σ(MPa)	4.0	5.0	6.0

（4）选择水泥用量 m_c。

不同试配强度的轻集料混凝土的水泥用量可参照表13-10选用。

轻集料混凝土的水泥用量（单位：kg/m³） 表13-10

混凝土试配强度(MPa)	轻集料密度等级						
	400	500	600	700	800	900	1000
<5.0	260～320	250～300	230～280				
5.0～7.5	280～360	260～340	240～320	220～300			
7.5～10		280～370	260～350	240～320			
10～15			280～350	260～340	240～330		
15～20			300～400	280～380	270～370	260～360	250～350
20～25				330～400	320～390	310～380	300～370
25～30				380～450	370～440	360～430	350～420
30～40				420～500	390～490	380～480	370～470
40～50					430～530	420～520	410～510
50～60					450～550	440～540	430～530

注：1. 表中蓝线以上为采用32.5级水泥时的水泥用量值；蓝线以下为采用42.5级水泥时的水泥用量值。

2. 表中下限值适用于圆球型和普通型轻集料；上限适用于碎石型轻粗集料及全轻混凝土。

3. 最高水泥用量不宜超过550kg/m³。

（5）确定用水量 m_{wn}。

轻集料有吸水率较大的特点，加到混凝土中的水部分将被轻集料吸收，余下部分供水泥水化和起润滑作用。混凝土总用水量中被轻集料吸收的那一部分水称为"附加水量"，其余部分则称为"净用水量"。根据制品生产工艺和施工条件要求的混凝土稠度指标选用混凝土的净用水量，见表13-11。

轻集料混凝土的净用水量选用表 表 13-11

轻集料混凝土用途	稠　　度		净用水量（kg/m³）
	维勃稠度（s）	坍落度（mm）	
预制构件及制品： (1) 振动加压成型； (2) 振动台成型； (3) 振捣棒或平板振动器振实	10～20 5～10	0～10 30～50	45～140 140～180 165～215
现浇混凝土： (1) 机械振捣 (2) 人工振捣或钢筋密集		50～70 60～80	180～225 200～230

注：1. 表中值适用于圆球型和普通型轻粗集料，对于碎石型轻粗集料，宜增加10kg左右的用水量。
2. 掺加外加剂时，宜按其减水率适当减少用水量，并按施工的稠度要求进行调整。
3. 表中值适用于砂轻混凝土；若采用轻砂时，宜取轻砂1h吸水量为附加水量；若无轻砂吸水数据时，也可以适当增加用水量，并按施工的稠度要求进行调整。

(6) 确定砂率（S_p）。

轻集料混凝土的砂率以体积砂率表示，即细集料体积与粗、细集料总体积之比。体积可用密实体积或松散体积表示，其对应的砂率即密实体积砂率或松散体积砂率。根据轻集料混凝土的用途，按表 13-12 选用体积砂率。

轻集料混凝土的砂率 表 13-12

轻集料混凝土用途	细集料品种	砂率（%）
预制构件用	轻砂普通砂	35～50 30～40
现浇混凝土用	轻砂普通砂	35～45

注：1. 当混合使用普通砂和轻砂作细集料时，砂率宜取中间值，宜按普通砂和轻砂的混合比例进行插入计算。
2. 采用圆球型轻集料时，宜取表中值下限，采用碎石型时，则取上限。

(7) 计算粗细集料的用量（绝对体积法）。

绝对体积法是将混凝土的体积（1m³）减去水泥和水的绝对体积，求得每立方米混凝土中粗细集料所占的绝对体积，然后根据砂率分别求得粗集料和细集料的绝对体积，再乘以各自的表观密度，则可求得粗、细集料的用量。计算公式如下：

$$V_s = \left[1 - \left(\frac{m_c}{\rho_c} + \frac{m_{wn}}{\rho_w}\right) \div 1000\right] \cdot S_p \tag{13-9}$$

$$M_s = V_s \cdot \rho_s \cdot 1000 \tag{13-10}$$

$$V_a = \left(1 - \frac{m_c}{\rho_c} + \frac{m_{wn}}{\rho_w} + \frac{m_s}{\rho_s}\right) \div 1000 \tag{13-11}$$

$$m_a = V_a \times \rho_{ap} \tag{13-12}$$

式中：V_s——1m³ 混凝土的细集料绝对体积，m³；

m_c——1m³ 混凝土的水泥用量，kg；

m_{wn}——1m³ 混凝土的净用水量，kg；

ρ_c——水泥的密度，g/cm³，可取 2.9～3.1；

ρ_w——水的密度，g/cm³；

S_p——密实体积砂率，%；

ρ_s——细集料的密度,g/cm³,当用普通砂时,为砂的视密度(有些资料将砂的视密度混同为表观密度ρ_{as}),可取 2.6;当用轻砂时,为轻砂的颗粒表观密度;

V_a——1m³ 混凝土的粗集料绝对体积,m³;

m_s——1m³ 混凝土的细集料用量,kg;

m_a——1m³ 混凝土的粗集料用量,kg;

ρ_{ap}——粗集料的颗粒表观密度,kg/m³。

(8)确定总用水量 m_{wt}。

根据净用水量和附加水量的关系,按下式计算总用水量:

$$m_{wt} = m_{wn} + m_{wa} \tag{13-13}$$

式中:m_{wt}——1m³ 混凝土的总用水量,kg;

m_{wn}——1m³ 混凝土的净用水量,kg;

m_{wa}——1m³ 混凝土的附加水量,kg。

在气温 5℃ 以上的季节施工时,可根据工程需要,对轻粗集料进行预湿处理。根据粗集料预湿处理方法和细集料的品种,附加水量按表 13-13 所列公式计算。

附加水量的计算方法　　　　表 13-13

项　目	附加水量 m_{wa}
粗集料预湿,细集料普砂	$m_{wa} = 0$
粗集料不预湿,细集料为普砂	$m_{w,ad} = m_a \cdot W_a$
粗集料预湿,细集料为轻砂	$m_{w,aw} = m_s \cdot W_s$
粗集料不预湿,细集料为轻砂	$m_{w,a} = m_a \cdot W_a + m_s \cdot W_s$

注:1. W_a、W_s 分别为粗、细集料的 1h 吸水率。

2. 当轻集料含水时,必须在附加水量中扣除自然含水率。

(9)计算混凝土干表观密度 ρ_{cd}。

计算完各材料用量后,应计算混凝土干表观密度,并与设计要求的干表观密度进行对比,如其误差大于 3%,则应重新调整和计算配合比。

$$\rho_{cd} = 1.15 m_c + m_a + m_s \tag{13-14}$$

 松散体积法计算配合比步骤

松散体积法与绝对体积法的不同之处有三个方面:砂率为松散体积砂率;粗、细集料的体积用松散体积来表示;粗、细集料的密度数据为堆积密度。

(1)~(6)同绝对体积法。

(7)确定粗、细集料总体积(V_t),计算粗、细集料用量(m_s、m_a)。

根据粗、细集料的类型,确定 1m³ 混凝土的粗、细集料在自然状态下的松散体积之和,然后按松散体积砂率求得粗集料的松散体积(V_a)和细集料的松散体积(V_s),再根据各自的堆积密度求得质量。当采用松散体积法设计配合比时,粗、细集料松散总体积按表 13-14 选用,每立方米混凝土的粗、细集料用量按相应公式计算。

粗、细集料松散总体积选用表　　　　　　　表 13-14

轻粗集料粒型	细集料品种	粗、细集料总体积（m³）
圆球型	轻砂 普通砂	1.25～1.50 1.10～1.40
普通型	轻砂 普通砂	1.30～1.60 1.10～1.50
碎石型	轻砂 普通砂	1.35～1.65 1.10～1.60

注：1. 当采用膨胀珍珠岩时，宜取表中上限值。
　　2. 混凝土强度等级较高时，宜取表中下限值。

$$V_s = V_t \times S_p \tag{13-15}$$

$$m_s = V_s \times \rho_{os} \tag{13-16}$$

$$V_a = V_t - V_s \tag{13-17}$$

$$m_a = V_a \times \rho'_{oa} \tag{13-18}$$

式中：V_s、V_a、V_t——细集料、粗集料和粗细集料松散体积，m³；

m_s、m_a——细集料和粗集料的用量，kg；

S_p——松散体积砂率，%；

ρ_{os}、ρ'_{oa}——细集料和粗集料的堆积密度，kg/m³。

（8）同绝对体积法。

（9）同绝对体积法。

三　轻集料混凝土配合比设计实例

【例 13-1】　某现浇混凝土工程要求采用强度等级为 LC20，密度等级为 1800 级的轻集料混凝土，坍落度为 60～70mm，搅拌机搅拌，用绝对体积法设计其配合比。

解：

（1）根据工程实际情况，选用粉煤灰陶粒作轻粗集料，其最大粒径不大于 10mm，细集料选用普通砂。

（2）经测定原材料的性能指标如下：

粉煤灰陶粒堆积密度 $\rho'_o = 730 \text{kg/m}^3$，颗粒表观密度 $\rho_{ap} = 1410 \text{km/m}^3$，筒压强度 $f_a = 4.1 \text{MPa}$，吸水率 $W_a = 20\%$；普通砂的表观密度 $\rho_{os} = 2.56 \text{g/cm}^3$，堆积密度 $\rho'_{os} = 1460 \text{kg/m}^3$；32.5 级水泥的密度 $\rho_c = 3.10 \text{g/cm}^3$。

（3）计算配制强度 $f_{cu,0}$。

按表 13-9 取 $\sigma = 4.0 \text{MPa}$，则配制强度为：

$$f_{cu,0} = f_{cu,k} + 1.645\sigma = 20 + 1.645 \times 4.0 = 26.58 (\text{MPa})$$

（4）选择水泥用量。

因陶粒属 800 级，圆球型，$f_{cu,0} = 26.58 \text{MPa}$，水泥为 32.5 级矿渣水泥。

按表 13-10 选用水泥用量，$m_c = 370 \text{kg}$。

(5)确定净用水量。
根据工程要求坍落度为 60~70mm,按表 13-11 选取用水量,$m_{wt} = 180$kg。
(6)确定砂率。
因为粉煤灰陶粒属圆球形,对现浇混凝土按表 13-12 选取砂率,$S_p = 40\%$。
(7)计算粗、细集料用量。
细集料密实体积：

$$V_s = \left[1 - \left(\frac{370}{3.1} + \frac{180}{1.0}\right) \div 1000\right] \times 0.4 = 0.2804 \, (\text{m}^3)$$

细集料用量：

$$m_s = 0.2803 \times 2.56 \times 1000 = 717 \, (\text{kg})$$

粗集料密实体积：

$$V_a = 1 - \left(\frac{370}{3.1} + \frac{180}{1.0} + \frac{717}{2.56}\right) \div 1000 = 0.421 \, (\text{m}^3)$$

粗集料用量：

$$m_a = 0.421 \times 1410 = 594 \, (\text{kg})$$

(8)计算总用水量。
施工中预湿粗集料,按表 13-13 选取 $m_{wa} = 0$,总用水量 $m_{wt} = 180 + 0 = 180$(kg)。
(9)计算干表观密度。
干表观密度：$\rho_{cd} = 1.15 \times 370 + 594 + 717 = 1736 \, (\text{kg/m}^3)$。

与设计 1800kg/m³ 的误差为(1800-1736)/1800 = 3.56% > 3%,即干表观密度太小,可能导致强度不能满足设计要求,因此必须重新调整计算参数。可采取提高砂率或增加水泥用量的方法。

若将砂率提高到 43%,轻集料混凝土的干表观密度为 1760kg/m³,与设计值 1800kg/m³ 的误差为 2.2% < 3%,即满足要求。

若试配后强度不能满足要求,则保持砂率 40% 不变,将水泥用量提高至 400kg,于是可得轻集料混凝土的干表观密度 1750kg/m³,与设计值 1800kg/m³ 的误差为 2.8% < 3%,即满足要求。

【例 13-2】 利用 600 级页岩陶粒和膨胀珍珠岩砂配制 LC10 级的全轻混凝土,要求其干表观密度为 1000kg/m³。在台座上振动成型,混凝土拌合物的坍落度为 30~40mm。用松散体积法设计该混凝土配合比。

解：
(1)根据设计要求,采用 32.5 级矿渣水泥,采用最大粒径不大于 40mm 的页岩陶粒和膨胀珍珠岩砂。经测定原材料的性能指标如下：页岩陶粒堆积密度 $\rho_{oa} = 520$kg/m³,筒压强度 $f_a = 3.3$MPa,吸水率 $W_a = 10\%$；膨胀珍珠岩砂的堆积密度 $\rho_{os} = 180$kg/m³,吸水率 $w_s = 120\%$。
(2)计算配制强度 $f_{cu,0}$。
(3)按表 13-9 取 $\sigma = 4.0$MPa,则配制强度为：

$$f_{cu,0} = 10 + 1.645 \times 4.0 = 16.58 \, (\text{MPa})$$

(4)选择水泥用量。

因陶粒属 600 级,全轻混凝土,$f_{cu,0}=16.58\text{MPa}$,水泥为 32.5 级矿渣水泥。

按表 13-10 选用水泥用量,$m_c = 380\text{kg}$。

(5)确定净用水量。

根据工程要求坍落度为 30~40mm,页岩陶粒为普通型,全轻混凝土,按表 13-11 选取用水量,$m_{wn} = 200\text{kg}$。

(6)确定砂率。

因用于预制墙板,页岩陶粒为普通型,按表 13-12 选取砂率,$S_p = 45\%$。

(7)确定粗细集料的松散总体积,并计算粗、细集料的用量。

因页岩陶粒粒型属普通型,膨胀珍珠岩砂做细集料,按表 13-14 取 $V_t = 1.6\text{m}^3$,细集料松散体积和用量:

$$V_a = V_t \times S_p = 1.6 \times 0.45 = 0.72(\text{m}^3)$$
$$m_s = V_a \times \rho'_{os} = 0.72 \times 180 = 130(\text{kg})$$

粗集料松散体积和用量:

$$V_a = V_t - V_s = 1.6 - 0.72 = 0.88(\text{m}^3)$$
$$m_a = V_a \times \rho'_{os} = 0.88 \times 520 = 485(\text{kg})$$

(8)计算总用水量。

施工时粗集料不预湿时,按表 13-13 可得总用水量。

$$m_{wt} = 200 + 458 \times 0.1 + 130 \times 1.2 = 402(\text{kg})$$

(9)计算轻集料混凝土的干表观密度。

$$\rho_{cd} = 1.15 \times 380 + 458 + 130 = 1025(\text{kg/m}^3)$$

与设计表观密度 1000kg/m³ 的误差为 (1025 - 1000)/10000 = 2.5% < 3%,设计计算可以接受。

任务七　轻集料混凝土的工程应用

一　工程应用

由于轻集料混凝土具有质轻、比强度高、保温隔热性好、耐火性好、抗震性好等特点,因此与普通混凝土相比,更适合用于高层、大跨结构、软土地基上要求减轻结构自重、耐火等级要求高、节能、抗震结构、旧建筑加层的建筑等。

二　施工注意事项

(1)对强度低而易破碎的轻集料,搅拌时尤要严格控制混凝土的搅拌时间。膨胀珍珠岩、超轻陶粒等轻集料配制的轻集料混凝土,在搅拌混凝土拌合物时,会使轻集料粉碎,这样不仅改变了原集料的颗粒级配(细粒增多,粗粒减少),而且轻集料破碎后使原来封闭的孔隙变成了开口孔隙,使吸水率大增。这些都会影响混凝土的和易性及硬化后的强度。

(2)集料可用干燥轻集料,也可将轻粗集料预湿至水饱和。采用预湿集料拌制的拌合物,和易性和水胶比较稳定;采用干燥集料可省去预湿处理工序,但拌和混凝土时必须根据集料的吸水率正确增加用水量。露天存放的轻集料,其含水率受气候的变化而变化,施工时必须经常测定集料含水率,以调整用水量。

(3)掺外加剂时,应先将外加剂溶于水中并搅拌均匀,将拌合物搅拌一定时间后,轻集料已预湿时,再加入溶有外加剂的水一起搅拌,这样可避免部分外加剂被吸入轻集料内部而失去作用。

(4)轻集料混凝土拌合物中轻集料与其他组成材料间的密度差别较大,在运输、振动成型过程中受到不同程度的颠簸、振动时,容易发生离析现象(轻集料上浮,砂浆下沉)。运输时应减少颠簸,振捣成型时间应适宜。

(5)拌合物从搅拌机卸料起到浇筑入模止的延续时间不宜超过45min。这是因为轻集料吸水,轻集料混凝土拌合物的和易性损失速度比普通混凝土快,为了方便轻集料混凝土的运输和浇筑,拌合物搅拌后不宜久延。轻集料混凝土拌合物运输距离应尽量短,在停放或运输过程中,若产生拌合物稠度损失或离析较大等现象,浇筑前应采用人工二次拌和。

(6)轻集料混凝土易产生干缩裂缝,浇筑成型后,应及时覆盖或喷水养护。

 创新能力培养

轻集料混凝土大量应用于工业与民用建筑及其他工程,可收到减轻结构自重,提高结构的抗震性能,节约材料用量,提高构件运输和吊装效率,减少地基荷载及改善建筑功能(保温隔热和耐火等)等效益。目前,我国大力推进改革肥梁、胖柱、重盖、深基的结构体系,这正是发展轻集料及轻集料混凝土等的大好机遇,也是轻集料及轻集料混凝土在我国发展过程中遇到的第一个机遇。同时,在墙体改革、发展新型墙体材料政策下,轻集料及轻集料混凝土又遇到了可自身发展的大好机遇。另外,积极提倡绿色低碳材料的研发和应用,要求充分利用工业废料等,由此大量的工业废料为生产轻集料提供了充足原材料。

经过多年的研究和应用,轻集料混凝土及其应用技术得到了迅速发展,为轻集料混凝土逐渐开辟了广泛的应用领域。一般强度等级的结构轻集料混凝土将高性能化,CL40以上的高强性能陶粒混凝土广泛应用;结构轻集料混凝土泵送施工将普及;绿色超轻陶粒混凝土小砌块和轻质条板在墙改材料将占主导地位;结构轻集料混凝土在多、高层房屋建筑的楼板及墙体工程中应用较多;高强、高性能轻集料混凝土在桥梁工程中有更多的应用,特别是在旧桥的改造、修补、加固和扩建中应用将更为广泛;高性能陶粒混凝土在采油平台、水上漂浮物、船坞等特殊工程中已应用较多。

虽然,轻集料混凝土有优异的技术性能,也取得了长足的发展。但是,轻集料混凝土也存在一定的不足之处。在拌和与浇筑阶段,由于轻集料的多孔、吸水性质会影响轻集料混凝土的工作性能;在混凝土硬化阶段,较高的水泥用量,良好的保温性能则会引起较高的水化温升;轻集料中的水分会在很大范围影响硬化水泥石组成和结构以及轻集料与水泥石的界面组成与结构。因此,在早期的硬化过程中混凝土体积稳定性与轻集料中水分的变化有很大的关系;轻集料混凝土硬化后由于收缩变形大,易于开裂,会严重影响混凝土的使用寿命。为了不断提高轻集料混凝土的技术性能,在轻集料混凝土的原材料、配合比、生产工艺等方面的科研、设计及标准化工作还要进一步深化。

请想一想,作为科研、生产、应用人员如何对轻集料混凝土进行优化和创新?

思考与练习

一、填空题

1. 轻集料混凝土的表观密度不大于_____。
2. 目前,常用的轻集料混凝土制品有蒸压加气混凝土砌块、_____、泡沫混凝土砌块等。
3. 轻集料是指堆积密度不大于_____的集料。
4. 一般情况下,轻集料的堆积密度约为表观密度的_____。
5. 轻集料混凝土的弹性模量较小,为_____。

二、选择题

1. 轻集料混凝土按细集料不同分为(　　)。
   A. 全轻混凝土　　　　　　　　　B. 保温轻集料混凝土
   C. 结构保温轻集料混凝　　　　　D. 结构轻集料混凝土
2. 轻集料混凝土的强度等级(　　)个等级,用符号(　　)表示。
   A. 7,C　　　　B. 12,C　　　　C. 12,LC　　　　D. 14,LC
3. 轻集料混凝土按其干表观密度分为(　　)个密度等级。
   A. 7　　　　　B. 12　　　　　C. 13　　　　　D. 14
4. 轻集料混凝土的收缩和徐变分别比普通混凝土大(　　)和(　　)。
   A. 30%~60%,20%~50%　　　　B. 20%~50%,30%~60%
   C. 30%~60%,40%~60%　　　　D. 40%~60%,30%~60%
5. 轻集料混凝土干表观密度范围在 760~1950 kg/m³ 时,其导热系数范围为(　　)。
   A. 0.23~1.01 W/(m·K)　　　　B. 0.25~1.05 W/(m·K)
   C. 0.30~1.10 W/(m·K)　　　　D. 0.33~1.11 W/(m·K)

三、简答题

1. 轻集料混凝土的主要技术性质有哪些?
2. 轻集料混凝土与普通混凝土相比,具有什么特点?
3. 轻集料混凝土施工时应注意哪些事项?

四、计算题

利用 800 级页岩陶粒和膨胀珍珠岩砂配制 LC15 级的全轻混凝土,要求其干表观密度为 1200 kg/m³。在台座上振动成型,混凝土拌合物的坍落度为 30~40 mm。用松散体积法设计该混凝土配合比。

项目十四

泡沫混凝土

【项目概述】

本项目主要介绍了泡沫混凝土的认知、分类和标记方式,泡沫混凝土的特点、用途和配合比设计,性能检测、外观质量检测和试验方法,以及泡沫混凝土填注的施工技术及注意事项。

【学习目标】

1. 素质目标:培养学习者具有正确的环保意识、质量意识、职业健康与安全意识及社会责任感。

2. 知识目标:能区分泡沫混凝土类型,理解泡沫混凝土及泡沫剂的主要技术性能。

3. 能力目标:利用相关规范,能够完成泡沫混凝土配合比设计,能够完成泡沫混凝土及其工程制品的性能检测。

课程思政

1. 思政元素内容

党的二十大报告提出,要全面推进乡村振兴。随着乡村振兴的全面推进,"三农"问题解决步伐不断加快,农村人居环境改善,农村住宅升级改造问题成为绕不开的课题。国家要求推广应用农房现代建造方式,为响应这一要求,绿色、环保、快速、安全的装配式建造方式开始进入农村市场,根据国家装配式建筑发展目标,2020年,我国装配式建筑占新建建筑面积的比例达到15%,2025年将达到30%。建筑变革,建材先行,由于装配式建筑是将建筑构件、部品以所谓"搭积木"的模式进行拼装建造,构件的运输、吊装、拼接就成为关键的施工步骤,对整个工程的造价、质量影响极大。因此,在保证性能的前提下,研发轻量化的建筑构件和部品必将成为极具现实意义的发展方向。泡沫混凝土具有天然的轻质性优势,通过与钢筋网架、硬质面板、钢网模等增强材料复合后制成的复合墙板、楼板、屋面板,不仅具有满足应用要求的力学性能,而且大大降低建筑荷载和吊装成本,具有较好的经济效益;复合板材具有自保温效果,可以简化装配式建筑围护结构的保温构造;建造过程中大量使用成品构件安装,整个建造过程大大减少了废水、废尘和固体废弃物的排放,有利于环境的保护。

2. 课程思政契合点

泡沫混凝土装配式建筑与传统现浇建筑相比,在质量和性能上更胜一筹,实现了绿色、环保、安全、节能等新突破,具有居住舒适、保温、隔热、隔声、防火、拆迁可回收等特点,符合党的十九大报告关于乡村振兴战略的要求。

3. 价值引领

全面推进乡村振兴是习近平同志2022年10月16日在党的二十大报告中提出的战略。党的二十大报告指出,坚持农业农村优先发展,巩固拓展脱贫攻坚成果,加快建设农业强国,扎实推动乡村产业、人才、文化、生态、组织振兴,全方位夯实粮食安全根基,牢牢守住十八亿亩耕地红线,确保中国人的饭碗牢牢端在自己手中。

思政点　绿色建筑-装配式建筑

任务一　泡沫混凝土的认知与分类

一　泡沫混凝土的认知

泡沫混凝土(Foamed Concrete)指以水泥基胶凝材料、掺合料等为主要胶凝材料,加入外加剂和水制成料浆,也可加入部分颗粒状轻质集料制成料浆,经发泡剂发泡,在施工现场或工厂浇筑成型、养护而成的含有大量的、微小的、独立的、均匀分布气泡的轻质混凝土材料。

这里的"发泡剂发泡"包括物理发泡和化学发泡,此外,特别强调了"大量的、微小的、独立的、均匀分布气泡",这是高质量泡沫混凝土的技术保证。传统的泡沫混凝土是用物理方法将泡沫剂制备成泡沫,再将泡沫加入以水泥基胶凝材料、掺合料、外加剂和水制成的料浆中,在工厂或施工现场浇筑成型、养护而成的轻质混凝土材料。化学发泡的多孔混凝土称为加气混凝土。鉴于泡沫混凝土板制作过程中化学发泡板的强度远大于物理发泡板的强度,加上我国部分地方标准已将"按发泡原理的不同,可分为物理发泡型和化学发泡型"作为泡沫混凝土板定义的一部分,并已推广应用,考虑到质量为上的原则,广义的泡沫混凝土包括物理发泡和化学发泡。如图14-1所示为泡沫混凝土。

图14-1　泡沫混凝土

二　泡沫混凝土的分类

泡沫混凝土种类繁多,依据现行《泡沫混凝土》(JG/T 266),泡沫混凝土性能可按干密度、强度等级、吸水率和施工工艺对其进行分类。

1. 按干密度分类

泡沫混凝土按干密度可分为11个等级,分别为A03、A04、A05、A06、A07、A08、A09、A10、A12、A14和A16。

2. 按强度等级分类

泡沫混凝土的强度等级应按抗压强度平均值划分,采用符号FC与立方体抗压强度平均值表示,分为 11 个等级,分别为 FC0.3、FC0.5、FC1、FC2、FC3、FC4、FC5、FC7.5、FC10、FC15 和 FC20。

3. 按吸水率分类

泡沫混凝土按吸水率可划分为 8 个等级,分别为 W5、W10、W15、W20、W25、W30、W40 和 W50。

4. 按施工工艺分类

按泡沫混凝土施工工艺分为现浇泡沫混凝土和泡沫混凝土制品两类,分别用符号 S、P 表示。

三 泡沫混凝土的标记

泡沫混凝土标记方式如图 14-2 所示,参数无要求的可缺省。标记示例如下:

(1) 干密度等级为 A03、强度等级为 C0.3、吸水率等级为 W10 的现浇泡沫混凝土,其标记应为:FC A03-C0.3-W10-S-JG/T 266—2011。

(2) 干密度等级为 A05、强度等级为 C0.5、吸水率等级为 W15 的泡沫混凝土制品,其标记应为:FC A05-C0.5-W15-P-JG/T 266—2011。

(3) 干密度等级为 A12、强度等级为 C8、吸水率无要求的泡沫混凝土制品,其标记应为:FC A12-C8-P-JG/T 266—2011。

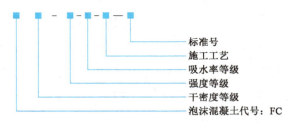

图 14-2 泡沫混凝土标记方式

任务二 泡沫混凝土的特点与用途

一 泡沫混凝土的特点

近年来泡沫混凝土得到飞速发展,成为广泛应用的材料,主要是由于泡沫混凝土具有许多优异的性能和特点。归纳起来主要有以下几个方面:

泡沫混凝土的生产工艺比较简单,通常是不采用蒸压养护的。因为很多泡沫混凝土都是模制品,如专用墙板等,现浇施工的泡沫混凝土更是无法进行蒸压养护。因此它采用的工艺大多数为自然养护,也有在塑料大棚或阳光板养护车间的所谓太阳能养护。少数墙板等制品为提高模具周转率,采用蒸汽养护。

泡沫混凝土的体积密度小。我国传统建筑的"肥梁胖柱"和"秦砖汉瓦"的改革需要新的材料,泡沫混凝土的体积密度在 120~700kg/m³,相当于黏土砖的 1/10~1/3,相当于普通混凝土的 1/10~1/4,比一般的轻集料混凝土也低很多。因此,泡沫混凝土成为我国墙体材料改革的重要材料之一。泡沫混凝土的墙体和屋面大大减轻了建筑物的自重,与此同时,设计中建筑物的基础、梁、柱等结构的尺寸得到减少,节约了建筑材料和工程费用,减少了工程量,缩短了工期。

泡沫混凝土的热工性能好。泡沫混凝土内部含有大量的密闭气泡和微孔,因此具有很好的绝热性能,其导热系数也比较低,干体积密度为 $120 \sim 700 kg/m^3$ 的泡沫混凝土,其导热系数为 $0.047 \sim 0.17 W/(m \cdot K)$,比黏土砖和普通混凝土墙体好得多。实践证明,在中国北方地区,用 200mm 厚的泡沫混凝土外墙,其保温效果优于 490mm 厚的黏土砖墙,增加了建筑使用面积。外墙外保温系统中,100mm 厚的 $120kg/m^3$ 的超轻泡沫混凝土完全可以顶替 80mm 厚的聚苯乙烯(EPS 或 XPS)保温板,泡沫混凝土的燃烧性能为 A1 级,是安全的建筑保温材料。

泡沫混凝土抗震性能好。通常地基荷载越小,其结构的抗震性就越强。地基的荷载与墙体材料的质量直接相关,墙体密度越小,建筑物的地基荷载就越小,因为墙体材料的质量占建筑物总重量的 70%。泡沫混凝土自重在 $700kg/m^3$ 以下,与传统建筑材料相比,建筑物的自重可减轻 1/3 ~ 2/5,因此,泡沫混凝土建筑具有很好的抗震性。

泡沫混凝土能够较好地减少噪声污染。泡沫混凝土具有良好的气孔结构,在建筑物中能起到良好的隔声作用,如隔墙板等。泡沫混凝土的多数气孔为封闭的,作为吸声材料,其性能受到影响,但泡沫混凝土具有良好的可加工性,表面加工成异形后可以达到中等效果的吸声作用,加上泡沫混凝土的耐火、耐潮湿、强度较高、成本低等优点,作为吸声材料也得到了广泛应用。甚至有些铁路和公路的隔声壁都使用了泡沫混凝土。

二 泡沫混凝土的用途

近五年来,我国泡沫混凝土行业步入了稳步发展阶段,年均增长率为 15% ~ 20%,2020 年,全国泡沫混凝土总产量估算超过 6000 万 m^3,远高于全球其他国家。

如图 14-3 所示是泡沫混凝土材料的主要用途,详细分解一下,可以归纳为以下几个方面:建筑工程的屋面保温、市政工程的河道护坡、基础工程的回填、住宅工程的外墙外保温和地暖绝热层、乡镇建设的整体节能房屋、环境景观的假山和园艺材料、环境治理的生态植草泡沫混凝土地面、农田水利、水电工程、铁路工程、公路工程的基础填充、国防工程的特殊保温隔热、机场建设的跑道阻滞系统。可见,泡沫混凝土的进一步深入开发和拓展,在国民经济的各领域有着广阔的应用前景。

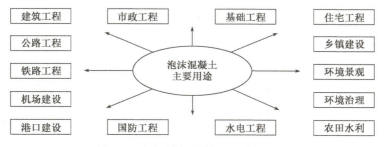

图 14-3 泡沫混凝土材料的主要用途示意

1. 建筑节能

中国的建筑产业规模巨大,它的发展模式直接影响国家节能减排计划的实施和对国际社会承诺的减排目标的实现。建筑外墙外保温技术为我国建筑节能技术的主导方向,迅速开发适合中国国情的建筑外墙外保温材料体系迫在眉睫。

长期以来,我国节能保温隔热材料体系由于有机材料在保温效果等方面的优势一直牢牢占据着市场的主导地位,有机类保温材料具有密度小、可加工性好、保温隔热效果好的优点,但产品易燃,安全性能差,变形系数大,不耐老化,透气性差,使用寿命短。传统的无机类保温材料防火性能好、使用寿命长,缺点是密度大、保温隔热效果差、施工烦琐、质量稳定性差。两类材料都有各自的显著优势和严重的缺陷。

泡沫混凝土由于其特有的优势,在建筑节能方面有着巨大的应用前景,在建筑节能方面,按建筑的部位分,主要有:

1) 墙体保温隔热

墙体材料改革多年,我国在有机外墙外保温材料上发展很快,设计、施工及工程验收已成体系。泡沫混凝土外墙外保温进入市场时间不长,目前泡沫混凝土外墙外保温系统有粘贴泡沫混凝土保温板系统、泡沫混凝土保温板大模内置外保温系统、钢丝网模板现浇泡沫混凝土外保温系统、免拆硬质模板现浇泡沫混凝土外保温系统、现浇保温层大模内置外保温系统和幕墙现浇泡沫混凝土外保温系统,图 14-4 为现浇泡沫混凝土墙体。在泡沫混凝土墙体制品中有泡沫混凝土砌块、各种泡沫混凝土内外墙板、泡沫混凝土的自保温砌块等。泡沫混凝土现浇墙体材料有现浇泡沫混凝土整体材料、夹心墙内部现浇泡沫混凝土、外保温现浇泡沫混凝土,在外保温现浇泡沫混凝土除前面所述,还有纤维水泥板饰面、装饰板材饰面、钢丝网抹灰的现浇泡沫混凝土。

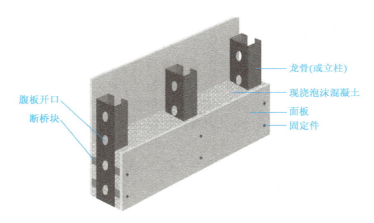

图 14-4　现浇泡沫混凝土墙体

2) 屋面保温隔热

屋面保温是我国应用比较早的泡沫混凝土工程。屋面保温泡沫混凝土工程有预制和现浇之分。预制的有预制泡沫混凝土隔热砖(图 14-5)、保温隔热板、菱镁泡沫夹心波瓦、泡沫混凝土彩色水泥瓦等;现浇的有水泥泡沫混凝土屋面保温隔热层(图 14-6)、聚苯颗粒泡沫混凝土现浇保温隔热层。

3) 地面保温隔热

地面保温隔热主要适用于地暖工程,主要分为预制和现浇两种工艺。预制主要是在工厂生产泡沫混凝土板,在现场铺装;现浇主要是通过专用机械将发泡剂制备成泡沫,并加入搅拌好的水泥浆中,经搅拌制成低密度的泡沫混凝土浆料,并浇筑到地面,经自然养护形成具有规定的密度等级、强度等级和规定的导热系数的构造层,图 14-7 为泡沫混凝土地暖的结构及施工。

图 14-5　泡沫混凝土隔热砖

图 14-6　屋面保温隔热层

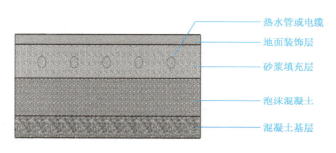

图 14-7　泡沫混凝土地暖的结构及施工

2. 土建工程

泡沫混凝土在土建(公路扩建、高铁路基、桥梁减跨、治理桥头跳车、地下结构减载等)、矿山及采空区回填等领域的应用日趋成熟,工程应用量逐年上升。

1) 回填工程

在土建工程中,一些狭小的地下空间如建筑基坑及地下管道工程的周边空隙,由于人和机械无法进行作业或作业空间过于狭小,无法回填密实,而成为工程建设的一大难点,现浇泡沫混凝土为解决空洞回填难题提供了一种全新的技术手段。泡沫混凝土可由软管泵送,浇筑施工点所占空间极小,具有浇筑时流动性高、浇筑完成后可固化且不需机械碾压或振捣的优势,回填这些特殊空洞,可达到施工简便且能回填密实的效果。此外,还可用于城市地面塌陷治理、软土路基换填、溶洞、地下洞穴填充、管线回填、旧防空洞填充等。

2) 地基工程

主要用于补偿地基、机场跑道、抗冻地基、运动跑道的泡沫混凝土填充。图 14-8 为泡沫混凝土用于路基工程。

3) 挡土墙工程

泡沫混凝土挡土墙工程主要用于公路护坡、路基、引桥、地基、河岸和港口,图 14-9 为泡沫混凝土用于桥台挡土墙工程。泡沫混凝土不仅能够满足基床顶面抗滑稳定要求,而且能够满足对挡土墙前趾的抗倾覆稳定要求,同时泡沫混凝土挡土墙基底应力更小,对承载力较小的地基、尺寸较大的挡土墙具有较好的应用性。

图 14-8 路基工程

图 14-9 泡沫混凝土挡土墙工程

4) 环境工程

泡沫混凝土在环境工程中主要用于垃圾灭菌无害化覆盖、生态植草泡沫混凝土地面、沙区蓄水覆盖等。

3. 工业应用

泡沫混凝土在工业应用方面较早的是管道保温,近年来在工业很多领域中都得到了应用,且应用范围日益扩大。

1) 管道保温

泡沫混凝土在管道保温的耐热方面优于聚氨酯等材料,虽说保温效率不如聚氨酯材料,但成本远低于聚氨酯,其保温效率可通过结构设计解决。目前主要用于生产管道保温外壳或管道保温喷涂层,在蒸汽管道、供热管道等方面已取得良好的应用效果。

2) 化工工程

带有连通孔隙的泡沫混凝土具有很好的过滤作用,作为化工工程的滤质材料非常适宜。作为填充材料,泡沫混凝土还可用于化工储罐底角的浇筑等。

3) 耐火工程

泡沫混凝土作为耐火保温隔热材料在工程中应用具有重要的价值,可以显著提高其附加值,但用于耐火保温隔热工程的泡沫混凝土材料必须具有很好的耐高温性能。耐火泡沫混凝土主要用于窑炉现浇保温层、喷涂保温层、泡沫混凝土耐火砖等。

4) 陶瓷工业

混凝土材料在国际上有低技术陶瓷之称,同种工艺制作的高性能泡沫混凝土人工石可以实现泡沫陶瓷的功能,而且具有很好的热工性能。

4. 园林景观

泡沫混凝土在园林景观方面的应用是一个新兴的领域,许多配套技术尚待开发,但是发展的势头非常好。

1) 景观造型

景观造型需要大量的填充材料,假山石的制作、起伏变化的坡地效应都可以通过泡沫混凝土来实现。泡沫混凝土具有成型快、易加工的特点。此外,许多细微的制品也非常有趣,如盆景用的微型景观材料等。

2) 漂浮材料

泡沫混凝土很容易制作轻质的水上漂浮制品,如漂浮景观、漂浮植物、漂浮假山等。

3）彩色泡沫混凝土

彩色泡沫混凝土装饰园艺陶粒、发泡的仿木材料、无土栽培的轻质材料等都是泡沫混凝土用武之地。

任务三　泡沫混凝土的制备

不论是超轻保温型泡沫混凝土、承重保温型泡沫混凝土还是填充型泡沫混凝土，大多均含有胶凝材料、矿物掺合料、超轻集料、专用外加剂等，其种类和含量随应用部位和场合不同而变化。通常，泡沫混凝土的胶凝材料分为无机胶凝材料和有机胶凝材料。无机胶凝材料包括水泥、石灰、石膏、镁质胶凝材料等，有机胶凝材料包括聚合物乳液、可再分散胶粉和水溶性聚乙烯醇等，有机胶凝材料因掺量不大，可以看作泡沫混凝土的外加剂。外加剂包括发泡剂（如化学发泡的过氧化氢等）、泡沫剂（物理发泡用，图14-10）、稳泡剂、减水剂、缓凝型减水剂、引气型减水剂、早强剂、憎水剂、膨胀剂、增稠材料（纤维素醚、稠化粉）等；掺合料有粉煤灰、硅灰、磨细矿渣粉等；超轻集料主要有聚苯乙烯颗粒（图14-11）、膨胀珍珠岩、玻化微珠等。为防止开裂和增加泡沫混凝土的抗拉强度，掺用一定数量的纤维材料，如天然木质纤维、抗碱玻璃纤维、聚乙烯醇纤维、聚丙烯腈纤维、聚丙烯纤维、聚酰胺纤维和聚酯纤维等。

图14-10　泡沫剂发出泡沫

图14-11　聚苯乙烯颗粒

泡沫混凝土种类较多，本章及后续主要介绍泡沫混凝土填注方面所用的材料。

泡沫混凝土质量轻，强度比普通回填材料高，施工时是流动的可塑体，便于施工；成型后具有自立性强、耐久性高、隔声减震、施工速度快等诸多优势。在基坑填注、高速公路路基、治理桥台背跳车现象、特殊构筑物造型等领域推广使用，取得了良好的效果，成为填注领域的首选材料之一。

一　主要材料组成

1. 主要原材料

（1）水泥应符合现行《通用硅酸盐水泥》（GB 175）的规定。

（2）发泡剂：采用无污染的高性能发泡剂，性能符合现行《泡沫混凝土》（JG/T 266）附录A的规定。

（3）外加剂：外加剂应符合现行《混凝土外加剂》（GB 8076）的规定。

(4)水:应符合现行《混凝土用水标准》(JGJ 63)的规定,不含有影响泡沫稳定性、水泥强度及耐久性的有机物、油垢等杂质。

(5)掺合材料:粉煤灰等级不宜低于Ⅱ级,矿渣粉等级不宜低于S95级。粉煤灰和矿渣粉应分别符合现行《用于水泥和混凝土中的粉煤灰》(GB/T 1596)和《用于水泥和混凝土中的粒化高炉矿渣粉》(GB/T 18046)的规定。硅灰应符合现行《高强高性能混凝土用矿物外加剂》(GB/T 18736)的规定。泡沫混凝土用掺合料的放射性应符合现行《建筑材料放射性核素限量》(GB 6566)的规定。

2. 原材料对质量的影响

1) 水泥

水泥是构成泡沫混凝土材料的主要胶凝材料,普通硅酸盐水泥、硫铝酸盐水泥、铁铝酸盐水泥、氯氧镁水泥、火山灰质复合胶凝材料等均可作为泡沫混凝土的胶凝材料。泡沫混凝土是一种大水灰比的流态混凝土,采用普通硅酸盐水泥时,水泥完成水化的理论水灰比为0.227左右。由于发泡剂所产生泡沫的稳定时间有限,为保证气泡不破碎就必须缩短胶凝材料的凝结时间,提高泡沫混凝土的性能,采用普通硅酸盐水泥制备泡沫混凝土,需掺入促凝剂来调整水泥浆的凝结时间,使水泥浆料硬化时间与泡沫的稳定时间相一致。

2) 外加剂

(1)减水剂:采用聚羧酸高性能减水剂,掺用量一般在水泥质量的1.0%~2.5%之间。它的化学结构含有羧基负离子斥力,以及多个醚侧链与水分子反应生成的强力氢键所形成的亲水性立体保护膜产生的立体效应,使它具有极强的水泥分散效果和分散稳定性。它的减水率高达30%~40%,在保持强度不变时节约水泥25%,在保持水泥用量不减时可提高混凝土强度30%以上。

(2)促凝剂:是能使混凝土迅速凝结硬化的外加剂。促凝剂的主要种类为无机盐类和有机物类。我国常用的促凝剂是无机盐类。无机盐类促凝剂按其主要成分大致可分为三类:以铝酸钠为主要成分的促凝剂,以铝酸钙、氟铝酸钙等为主要成分的促凝剂,以硅酸盐为主要成分的速凝剂。促凝剂掺入泡沫混凝土后,能使泡沫混凝土在5min内初凝,10min内终凝,1h就可产生强度,1d强度提高2~3倍,但后期强度会下降,28d强度为不掺时的80%~90%。温度升高,促凝效果提高更明显。泡沫混凝土水灰比增大则降低促凝效果,掺用促凝剂的泡沫混凝土水灰比一般为0.4左右。掺加促凝剂后,泡沫混凝土的干缩率有增加趋势,弹性模量、抗剪强度、黏结力等有所降低。

(3)发泡剂:试验室制备泡沫混凝土的发泡方式为机械高速搅拌,搅拌时间约为5min,泡沫现搅现用。所制得的泡沫大小均匀、泡径较小、稳定性好。泡沫混凝土在现场浇筑中发泡方式为压缩气体发泡。发泡剂质量的好坏直接影响到泡沫混凝土的质量。能产生泡沫的物质有很多,但并非所有能产生泡沫的物质都能用于泡沫混凝土的生产。只有发泡倍数合适、在泡沫和料浆混合时薄膜不致破坏具有足够的稳定性、对胶凝材料的凝结和硬化不起有害影响的发泡剂,才适合用来生产泡沫混凝土。

配合比设计

1. 一般规定

(1)泡沫混凝土的配合比设计应满足抗压强度、密度、和易性以及保温性能的要求,并应以合理使用材料和节约水泥为原则。

(2) 泡沫混凝土的配合比应通过计算和试配确定。配合比设计应采用同厂家、同产地、同品种、同规格的原材料。

(3) 泡沫混凝土配合比设计指标应包括干密度、新拌泡沫混凝土的流动度及抗压强度,并应符合下列规定:

①干密度应符合相关规定。

②新拌泡沫混凝土的流动度不应小于 400 mm。

③试配抗压强度应大于设计抗压强度的 1.05 倍;当有实际统计资料时,可按实际统计资料确定。

2. 配合比设计与调整

1) 配合比设计

泡沫混凝土的配合比宜按设计所需干密度配制,并应按干密度计算材料用量,泡沫混凝土设计干密度和泡沫混凝土用水量可按下列公式计算:

$$\rho_d = S_a(m_c + m_m) \tag{14-1}$$

$$m_w = B(m_c + m_m) \tag{14-2}$$

式中: ρ_d ——泡沫混凝土设计干密度,kg/m^3;

S_a ——泡沫混凝土养护 28d 后,各基本组成材料的干物料总量与成品中非蒸发物总量所确定的质量系数,普通硅酸盐水泥取 1.2;

m_c ——$1m^3$ 泡沫混凝土的水泥用量,kg;

m_m ——$1m^3$ 泡沫混凝土的掺合料用量,kg;

m_w ——$1m^3$ 泡沫混凝土的用水量,kg;

B ——水胶比,用水量与胶凝材料质量之比,未掺外加剂时,水胶比可按 0.5~0.6 选取;掺入外加剂时,水胶比应通过试验确定。

$1m^3$ 泡沫混凝土中,由水泥、掺合料、集料和水组成料浆总体积和泡沫添加量可按下列公式计算:

$$V_1 = \frac{m_c}{\rho_c} + \frac{m_m}{\rho_m} + \frac{m_s}{\rho_s} + \frac{m_w}{\rho_w} \tag{14-3}$$

$$V_2 = K(1 - V_1) \tag{14-4}$$

式中: V_1 ——由水泥、掺合料、集料和水组成料浆总体积,m^3;

m_s ——$1m^3$ 泡沫混凝土的集料用量,kg;

ρ_c ——水泥密度,kg/m^3,取 $3100kg/m^3$;

ρ_m ——掺合料的密度,kg/m^3,粉煤灰密度取 $2600kg/m^3$;矿渣粉密度取 $2800kg/m^3$;

ρ_s ——集料表观密度,kg/m^3;

ρ_w ——水的密度,kg/m^3,取 $1000kg/m^3$;

V_2 ——泡沫添加量,m^3;

K ——富余系数,视泡沫剂质量、制泡时间及泡沫加入料浆中再混合时的损失等而定,对于稳定性好的泡沫剂,取 1.1~1.3。

物理发泡泡沫剂的用量可按下列公式计算:

$$m_f = \frac{m_y}{\beta + 1} \tag{14-5}$$

$$m_y = V_2 \rho_f \qquad (14\text{-}6)$$

式中：m_f——1m³ 泡沫混凝土的泡沫剂用量，kg；

m_y——形成的泡沫液质量，kg；

β——泡沫剂稀释倍数；

ρ_f——实测泡沫剂密度，kg/m³，测试方法应符合现行《混凝土外加剂匀质性试验方法》(GB/T 8077)的规定。

在泡沫混凝土配合比中加入的发泡剂、化学外加剂或矿物掺合料的品种、掺量以及对水泥的适应性，应通过试验确定。

2）配合比调整

计算出的泡沫混凝土配合比应通过试配予以调整，调整应按下列步骤进行：

（1）以计算的泡沫混凝土配合比为基础，再选取与之相差 ±10% 的相邻两个水泥用量，用水量不变，掺合料适当增减，分别按三个配合比拌制泡沫混凝土拌合物；测定拌合物的流动度，调整用水量，以达到要求的流动度为止。

（2）按校正后的三个泡沫混凝土配合比进行试配，检验泡沫混凝土拌合物的流动度和湿密度，制作 100mm×100mm×100mm 立方体试块，每种配合比至少制作一组 3 块。

（3）试块标准养护 28d 后，测定泡沫混凝土抗压强度和干密度；以泡沫混凝土配制强度和干密度满足设计要求，且具有最小水泥用量的配合比作为选定的配合比。

（4）应对选定的配合比进行质量校正，校正系数应按下列公式计算：

$$\rho_{cc} = m_c + m_m + m_s + m_f + m_w \qquad (14\text{-}7)$$

$$\eta = \frac{\rho_{co}}{\rho_{cc}} \qquad (14\text{-}8)$$

式中：η——校正系数；

m_f——配合比计算所得的 1m³ 泡沫混凝土的泡沫剂用量，kg；

ρ_{co}——按配合比各组成材料计算的湿密度，kg/m³；

ρ_{cc}——泡沫混凝土拌合物的实测湿密度，kg/m³。

选定配合比中的各项材料用量均应乘以校正系数作为最终的配合比设计值。泡沫混凝土使用过程中，应根据材料的变化或泡沫混凝土质量动态信息及时进行配合比调整。

3）配合比设计例题

为了方便理解泡沫混凝土配合比设计方法，特以实际数字计算无粉煤灰和掺粉煤灰的泡沫混凝土。

（1）无粉煤灰情况下，生产 1m³ 的干密度为 300kg/m³ 泡沫混凝土，设计出配比并计算出用量。

$$普通硅酸盐水泥质量 = 300/1.2 = 250(\text{kg/m}^3)$$

$$用水量 = 0.5 \times 250 = 125(\text{kg/m}^3)$$

$$净浆体积 = (250/3.1 + 125)/100 = 0.206(\text{m}^3)$$

$$泡沫体积 = 1.1 \times (1 - 0.206) = 0.873(\text{m}^3)（假设富余系数 K 取 1.1）$$

如泡沫密度实测为 34(kg/m³)，泡沫剂使用时稀释倍数为 20 倍，则：

$$泡沫液质量 = 0.873 \times 34 = 29.68(\text{kg})$$

$$泡沫剂质量 = 29.68/(20+1) = 1.41(\text{kg})$$

从而可以计算出生产 1m³ 干密度为 300kg/m³ 的泡沫混凝土需要 250kg 普通硅酸盐水泥、125kg 水和 1.41kg 泡沫剂。

(2) 粉煤灰占干粉料总量的 25% 情况下,生产 1m³ 的干密度为 250kg/m³ 泡沫混凝土,设计出配比并计算出用量。

$$普通硅酸盐水泥与粉煤灰总质量 = 250/1.2 = 208(kg/m^3)$$
$$粉煤灰质量 = 25\% \times 208 = 52(kg/m^3)$$
$$普通硅酸盐水泥质量 = 208 - 52 = 156(kg/m^3)$$
$$用水量 = 0.5 \times 208 = 104(kg/m^3)$$
$$净浆体积 = (52/2.6 + 156/3.1 + 104)/1000 = 0.174(m^3)$$
$$泡沫体积 = 1.1 \times (1 - 0.14) = 0.909(m^3)(假设富余系数 K 取 1.1)$$

如泡沫密度实测为 34kg/m³,泡沫剂使用时稀释倍数为 20 倍,则:

$$泡沫液质量 = 0.90 \times 34 = 30.91(kg)$$
$$泡沫剂质量 = 30.91/(20 + 1) = 1.47(kg)$$

从而可以计算出生产 1m³ 干密度为 250kg/m³ 的泡沫混凝土需要 52kg 粉煤灰、156kg 普通硅酸盐水泥、104kg 水和 1.47kg 泡沫剂。

普通硅酸盐水泥和粉煤灰—普通硅酸盐水泥泡沫混凝土配合比见表 14-1、表 14-2。

普通硅酸盐水泥泡沫混凝土配合比 表 14-1

泡沫混凝土干体积密度级别 (kg/m³)	普通硅酸盐水泥 (kg/m³)	水($W/C=0.5$) (kg/m³)	发泡剂(按1:20加水稀释,发泡倍数30倍计算)(kg/m³)
300	250	125.0	1.41
400	333	166.5	1.29
500	417	208.5	1.17

粉煤灰—普通硅酸盐水泥泡沫混凝土配合比 表 14-2

泡沫混凝土干体积密度级别(kg/m³)	粉煤灰 (kg/m³)	普通硅酸盐水泥 (kg/m³)	水 ($W/C=0.5$) (kg/m³)	发泡剂(按1:20加水稀释,发泡倍数30倍计算)(kg/m³)
300	62	188	125.0	1.41
400	83	250	166.5	1.29
500	105	312	208.5	1.17

任务四 泡沫混凝土性能检测

一 泡沫混凝土性能

1. 干密度和导热系数

泡沫混凝土干密度不应大于表 14-3 中的规定,其容许误差应为 ±5%;导热系数不应大于表 14-3 中的规定。

泡沫混凝土干密度和导热系数 表14-3

干密度等级	A03	A04	A05	A06	A07	A08	A09	A10	A12	A14	A16
干密度(kg/m³)	300	400	500	600	700	800	900	1000	1200	1400	1600
导热系数[W/(m·K)]	0.08	0.10	0.12	0.140	0.18	0.21	0.24	0.27	—	—	—

2. 强度等级

泡沫混凝土每组立方体试件的强度平均值和单块强度最小值不应小于表14-4 的规定。

泡沫混凝土强度等级 表14-4

强度等级		C0.3	C0.5	C1	C2	C3	C4	C5	C7.5	C10	C15	C20
强度(MPa)	每组平均值	0.30	0.50	1.00	2.00	3.00	4.00	5.00	7.50	10.00	15.00	20.00
	单块最小值	0.225	0.425	0.850	1.700	2.550	3.400	4.250	6.375	8.500	12.760	17.000

3. 吸水率

泡沫混凝土吸水率不应大于表14-5 的规定。

泡沫混凝土吸水率 表14-5

吸水率等级	W5	W10	W15	W20	W25	W30	W40	W50
吸水率(%)	5	10	15	20	25	30	40	50

4. 吸水率

泡沫混凝土为不燃烧材料，其建筑构件的耐火极限应按符合现行《建筑设计防火规范》(GB 50016)的规定确定。

尺寸偏差和外观

1. 现浇泡沫混凝土

现浇泡沫混凝土的尺寸偏差和外观质量应符合表14-6 的规定。

现浇混凝土的尺寸偏差和外观 表14-6

项目			指标
表面平整度允许偏差(mm)			±10
裂纹	裂纹长度率(mm/m³)	平面	≤400
		立面	≤350
	裂纹宽度(mm)		≤1
厚度允许偏差(%)			±5
表面油污、层裂、表面疏松			不允许

2. 制品

泡沫混凝土制品不应有大于30mm 的缺棱掉角，尺寸允许偏差应符合表14-7 的规定，外观质量应符合表14-6 中除厚度允许偏差、表面平整度偏差以外的所有规定，表面平整度允许偏差不应大于3mm。

泡沫混凝土制品的尺寸允许偏差（单位：mm）　　表14-7

项 目 名 称	指　　标
长度	±4
宽度	±2
高度	±2

试验方法

1. 试件尺寸和数量

干密度、抗压强度、吸水率试验的试件应为 100mm×100mm×100mm 立方体试件，每组试件的数量应为 3 块，导热系数试验的试件尺寸和数量应符合现行《绝热材料稳态热阻及有关特性的测定　防护热板法》（GB/T 10294）的规定，耐火极限试验的试件尺寸和数量应符合现行《建筑设计防火规范》（GB 50016）的规定。

2. 试件制备

泡沫混凝土的干密度、抗压强度、吸水率试件应采用符合现行《混凝土试模》（JG 237）规定的规格为 100mm×100mm×100mm 的立方体混凝土试模，应在现场浇筑试模，24h 后脱模，并标准养护28d。

泡沫混凝土制品的干密度、抗压强度、吸水率试件也可在随机抽样的制品中采用机锯或刀锯切取，试件应沿制品的长方向的中央位置均匀切取，试件与试件、试件表面距离制品端头表面的距离不宜小于 30mm。试件表面应平整，不应有裂缝或明显缺陷，尺寸允许偏差应为 ±2mm；试件应逐块编号，并应标明取样部位。抗压强度试件受压面应平行，其表面平整度不应大于 0.5mm/100mm。

导热系数试验的试件制作应符合现行《绝热材料稳态热阻及有关特性的测定　防护热板法》（GB/T 10294）的规定，耐火极限试验的试件制作应符合现行《建筑设计防火规范》（GB 50016）的规定。

3. 性能试验

1）干密度试验

取一组试件，应逐块量取长、宽、高的长度值，每一方向的长度值应在其两端和中间各测量 1 次，再在其相对的面上再各测 1 次，共测 6 次，并应精确至 1mm，6 次测量的平均值作为该方向的长度值。计算每块试件的体积 V。

将 3 块试件放在温度为 $(60±5)$℃干燥箱内烘干至前后两次相隔 4h 的质量差不大于 1g，取出后试件应放入干燥器内并在试件冷却至室温后称取试件烘干质量，精确至 1g。干密度应按式（14-9）计算，干密度值应为 3 块试件干密度的平均值，精确至 $1kg/m^3$。

$$\rho_0 = \frac{m_0}{V} \times 10^6 \tag{14-9}$$

式中：ρ_0——干密度，kg/m^3，精确至 0.1；

m_0——试件烘干质量，g；

V——试件的体积，mm^3。

2）导热系数

导热系数试验方法应符合现行《绝热材料移态热阻及有关特性的测定　防护热板法》

（GB/T 10294）的规定。

3）抗压强度

压力试验机除应符合现行《试验机通用技术要求》（GB/T 2611）中技术要求的规定外,其测量精度应为±1%,试件破坏荷载应大于压力机全量程的20%且小于压力机全量程的80%。在试验前,3块试件应放在温度为（60±5）℃干燥箱内烘干至前后两次相隔4h质量差不大于1g时的恒质量,试件受压面尺寸的测量应精确至1mm,并应按测量得到的尺寸计算试件的受压面积。

在抗压强度试验时,试件的中心应与试验机下压板中心对准,试件的承压面应与成型时的顶面垂直。开动试验机,当上压板与试件接近时,应调整球座,并应使之接触均匀。当强度等级为C0.3~C1时,其加压速度应为0.5~1.5kN/s;当强度等级为C2~C5时,其加压速度应为1.5~2.5kN/s;当强度等级为C7.5~C20时,其加压速度应为2.5~4.0kN/s。加压应连续而均匀地加荷,直至试件破坏,记录最大破坏荷载。抗压强度按式（14-10）计算：

$$f = \frac{F}{A} \tag{14-10}$$

式中：f——试件的抗压强度,MPa,精确至0.001;

F——最大破坏荷载,N;

A——试件受压面积,mm^2。

该组试件的抗压强度应为3块试件抗压强度的平均值,精确至0.01MPa。

4）吸水率

试验前应将3块试件放入电热鼓风干燥箱内,试件应在（60±5）℃下烘干至前后两次间隔4h,质量差小于1g,并应确定其恒质量。当试件冷却至室温后,应放入水温为（20±5）℃的恒温水槽内,然后加水至试件高度的1/3,保持24h。再加水至试件高度的2/3,经24h后,加水高出试件30mm以上,保持24h。将试件从水中取出,用湿布抹去表面水分,应立即称取每块质量（m_g）,精确至1g。吸水率应按式（14-11）计算：

$$W_R = \frac{m_g - m_0}{m_0} \times 100 \tag{14-11}$$

式中：W_R——吸水率,%,计算精确至0.1;

m_g——试件吸水后质量,g;

m_0——试件烘干后质量,g。

该组试件的吸水率应为3块试件吸水率的平均值,并应精确至0.1%。

5）耐火极限

泡沫混凝土制成的建筑物构件的耐火极限试验方法应符合现行《建筑设计防火规范》（GB 50016）的规定。

4. 尺寸偏差和外观

1）现浇泡沫混凝土

（1）表面平整度

用量程为2000mm的靠尺,靠在泡沫混凝土的表面,再用分度值不大于1mm的塞尺测量靠尺与泡沫混凝土表面的最大距离。

（2）裂纹长度率与宽度

有裂纹控制要求的工程项目,泡沫混凝土应在潮湿养护14d后再隔5d以上并在表面干燥的状况下,用分度值为 1mm 的钢板尺测量泡沫混凝土裂纹的长度,在一检验批的面积内,裂纹长度率用式(14-12)计算,用放大倍数至少 40 倍的刻度放大镜测量裂纹的最大宽度。

$$r_L = \frac{L}{A} \tag{14-12}$$

式中:r_L——裂纹长度率,mm/m^2;
$\quad L$——裂纹长度,mm;
$\quad A$——检验批的面积,m^2。

(3) 厚度偏差

用钢针或其他方法,测量泡沫混凝土的厚度,用式(14-13)计算泡沫混凝土厚度偏差:

$$\nabla h = \left| \frac{h_1 - h_2}{h_2} \right| \times 100 \tag{14-13}$$

式中:∇h——厚度偏差,%,精确至 1;
$\quad h_1$——厚度设计值,mm;
$\quad h_2$——厚度测量值,mm。

(4) 表面油污、层裂、表面疏松

采用目测方法进行。

2) 泡沫混凝土制品

(1) 缺棱掉角

用分度值为 1mm 的钢板尺测量泡沫混凝土制品的缺棱或掉角的最大长度,如图 14-12 所示。

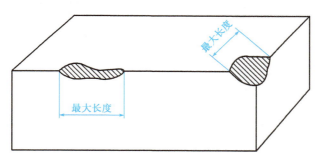

图 14-12 测量缺棱掉角示意图

(2) 尺寸偏差

用分度值为 1mm 的钢板尺测量泡沫混凝土制品的长度、宽度和高度,然后分别计算其尺寸偏差。

(3) 表面平整度

用量程不小于制品长度的靠尺,靠在泡沫混凝土的表面,再用分度值不大于 1mm 的塞尺测量靠尺与泡沫混凝土表面的最大距离。

(4) 尺寸偏差和外观质量

尺寸偏差和外观质量的试验方法按照现浇混凝土规定方法进行。

任务五　泡沫混凝土填注的工程应用

一、泡沫混凝土填注生产工艺

泡沫混凝土填注生产工艺流程如图 14-13 所示。常见填注工序分为施工作业前检查、泡沫混凝土浇筑和铺设钢丝网。

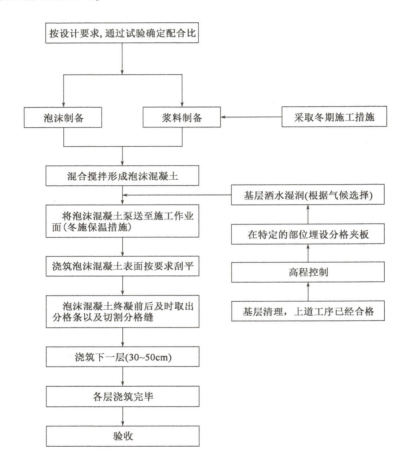

图 14-13　泡沫混凝土填注生产工艺流程

1. 施工作业前检查

(1) 在浇筑泡沫混凝土之前应做好基底防水、排水工作,坑槽开挖好后应在最低处开挖宽度不超过 1m 的泄水口,防止槽内积水。

(2) 清理施工区域基坑底部积水、杂物,保证在浇筑时基坑底部无杂物、无积水。做好基层清洁,不能有油污、浮浆、残灰等。

(3) 需模板辅助的工程,施工前模板工程应全部完成并验收合格。

(4) 作业层的隐蔽验收手续要办好。

（5）施工前应复核±50cm水平控制墨线。施工过程中,不允许有其他工种在场穿插进行施工。

（6）测量放线:应根据设计施工图在围护结构上弹出±50cm水平高程线及设计规定的厚度,往下量出各层水平高程,并弹在四周围护结构上。在基层上弹出泡沫混凝土的施工范围。

2.泡沫混凝土浇筑

（1）泡沫混凝土的生产过程包括泡沫制备、泡沫混凝土混合料制备、浇筑成型、养护、检验。如图14-14所示为生产工艺流程。

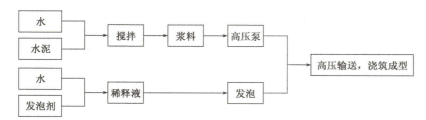

图14-14 泡沫混凝土的生产工艺流程

（2）泡沫混凝土必须按一定的厚度分层浇筑,当下填注层终凝后方可进行上填注层填注。分层厚度一般控制在30~100cm,太薄不利于单层泡沫混凝土的整体性,太厚容易使下部泡沫混凝土中的气泡压缩影响密度,同时给施工操作带来不便。浇筑过程中,应注意气温、昼夜温差,合理安排每层浇筑厚度,避免因水化热聚积过大,产生温度裂缝,对泡沫混凝土性能产生影响。泡沫混凝土填注每层间隔10~14h浇筑1层为宜,适当控制竖向填注速度。

（3）当填注面积较大,在泡沫混凝土初凝前不能完成整层填注时,必须分块。分块面积的大小应首先参考沉降缝位置,根据泡沫混凝土的初凝时间、设备供料能力以及分层厚度确定(纵向填注分块以5~15m为宜,横向浇筑宽度大于15m也应进行分块)。

3.铺设钢丝网

为加强泡沫混凝土的整体性,在填注中一般应铺设钢丝网:

（1）钢丝网孔径尺寸为5~10cm×5~10cm的钢丝网片,钢丝直径不小于3mm。

（2）铺设前检查钢丝网外观,有明显锈迹的钢丝网不得采用。

（3）相邻幅的钢丝网,应重叠铺设5~10m,重叠部位采用钢丝扎或U形卡连接,相邻钢丝网网片间间距不超过10mm。

（4）在变形缝位置,钢丝网断开铺设。

（5）底面以上浇筑1~2层(50~100m位置)泡沫混凝土后铺设一层钢丝网。

（6）顶面以下80cm,不同密度泡沫混凝土搭接处,铺设一层钢丝网。

三 施工注意事项

1.一般注意事项

（1）应避免在雨天填注。在泡沫混凝土尚未凝结硬化时,如被雨水淋时,会导致严重的消泡现象及水泥浆流失,使泡沫混凝土密度和抗压强度难以控制;泡沫混凝土凝结硬化后,由于泡沫混凝土密度小(约为水的一半),质量轻,很容易被雨水冲走或浮在水面上。

（2）应避免在高温天气施工,必须在高温天气施工时必须加强养护工作。

(3)应避免在负温天气施工,必须在负温天气施工时,应首选快硬硫铝酸盐水泥作为固化剂。为防止消泡现象产生,应避免使用早强剂、防冻剂等外加剂,如必须使用此类外加剂时,应事先通过试验确定外加剂品种及配合比,试验结果应包括表观密度、湿密度、流值、抗压强度。

(4)泡沫混凝土专用发泡剂应避免在负温下使用,如必须在负温下使用时,应使用电加热棒预热,并使用温度计连续测量,液体温度达到5℃以上时,方可投入搅拌。测量温度时,温度计与加热棒应保持一定距离,且同一批次泡沫剂宜使用3个以上温度计测量,取温度平均值。

2. 其他注意事项

泡沫混凝土按换填厚度填注完成后,才在其侧面和顶面进行普通土的回填施工,由于其强度较混凝土低很多,且采用垂直填注,回填土时应注意以下事项:

(1)在进行泡沫混凝土顶面回填土施工前,侧面回填土顶面不得低于泡沫混凝土顶面。

(2)泡沫混凝土强度小于0.6MPa时,禁止回填普通土。

(3)泡沫混凝土层浇筑完成后7d内,严禁直接在泡沫混凝土顶面行驶车辆和其他施工机械。路面施工必须在顶层泡沫混凝土养护7d以后进行。

(4)如果在泡沫混凝土内有后埋管线,在开挖沟槽时对钢丝网应进行切割,防止大范围破坏钢丝网。

创新能力培养

随着隧道技术的进步及推广,隧道已成为现代交通不可或缺的一部分。一般而言,地下结构的抗震性能优于地上结构,但高烈度区地下结构特殊位置在地震作用下可能发生严重破坏。

我国位于世界两大地震带——环太平洋地震带和欧亚大陆地震带之间,区域地震十分活跃和频繁,基本地震烈度在6度以上的地区占全国总面积的60%以上。近年来,许多地区经历的一些大地震也对地下结构造成不同程度的震害。隧道的震害可分为洞口破坏、洞门裂损、衬砌及围岩坍塌、衬砌开裂及错位、底板开裂及隆起、初期支护变形及开裂等。

泡沫混凝土中含有大量细小的封闭气孔,它的多孔性使其具有较低的弹性模量,从而使其对冲击力荷载具有良好的吸收和分散作用。同时,泡沫混凝土轻质高强的特性,可有效减小20%~40%的建筑物荷载,建筑物荷载越小,抗震能力越强。因此泡沫混凝土是一种比较理想的隔震材料。表14-8为正常养护条件下,泡沫混凝土与普通混凝土物理力学性能的比较。另外,由于泡沫混凝土中含有大量封闭的细小孔隙,因此具有良好的热工性能,即良好的保温隔热性能,这是普通混凝土所不具备的,可以用来保护二次衬砌不被冻坏。高性能泡沫混凝土轻质、弹模低、吸水率低,具有一定的强度,而且具有一定的柔性和延性,从而可以吸收和耗散相当的地震能量。

泡沫混凝土与普通混凝土性能比较　　　　表14-8

检测项目	泡沫混凝土	普通混凝土
干密度(kg/m³)	400~1600	2200~2400
抗压强度(MPa)	0.5~10.0	30~80
弯曲强度(MPa)	0.1~0.7	3.0~8.0

续上表

检测项目	泡沫混凝土	普通混凝土
弹性模量(GPa)	0.30~1.20	20~30
干燥系数(×10^{-6})	1500~3500	600~900
导热系数[W/(m·K)]	0.11~0.30	≈2.0
抗冻融性(%)	90~97	90~97
新拌流动性(mm)	>200	≈180

思考与练习

一、填空题

1. 泡沫混凝土填注施工中,原材料配合比主要根据具体项目要求的_____、_____、_____所决定,关键参数包括_____、_____及_____。
2. 泡沫混凝土的生产过程包括_____、_____、_____、_____和_____。
3. 泡沫混凝土常见填注工序分为_____、_____和_____。

二、简答题

1. 制约泡沫混凝土应用和发展的主要因素有哪些?
2. 泡沫混凝土的用途有哪些?

项目十五

透水混凝土

【项目概述】

本项目主要介绍了透水混凝土的发展,透水混凝土的分类,透水混凝土的组成材料,透水混凝土的主要技术性能,透水混凝土的试验检测,透水混凝土的工程应用。

【学习目标】

1. 素质目标:培养学习者具有正确的规范意识、环保意识、质量意识、创新意识、职业健康与安全意识、社会责任感及科学严谨的学习和工作态度。

2. 知识目标:了解透水混凝土的分类,熟悉透水混凝土的组成材料,掌握透水混凝土的主要技术性能及其试验检测方法。

3. 能力目标:能够进行透水混凝土的原材料选用;能利用相关现行规范、标准及规程,能够进行透水混凝土的技术性能试验检测和质量评定。

 课程思政

1. 思政元素内容

生态环境是指影响人类生存与发展的水资源、土地资源、生物资源以及气候资源数量与质量的总称,生态环境是人类赖以生存的根基。人类的任何行为都会对环境产生影响,反之,环境的任何改变也直接影响到人类的生存与发展。我国是一个降水不均的国家,总体为"南多北少,夏多冬少",不均匀的降水易造成干旱、饮水困难、内涝等各类灾害;在干旱半干旱的北方,抽取地下水进行生产,直接导致地下水位逐年下降,从而引起一系列沉降等地质问题。随着我国城镇化的推进,大规模的城市扩张,引起一系列生态环境问题。透水混凝土有透气、透水和重量轻的特点,是一种环境负荷减少型混凝土。

2. 课程思政契合点

透水混凝土是一种能让雨水流入地下,有效补充地下水,缓解城市的地下水位急剧下降等一些城市环境问题;并能有效地消除地面上的油类化合物等对环境污染的危害;同时,也是保护地下水、维护生态平衡、能缓解城市热岛效应优良的铺装材料。

3. 价值引领

中华人民共和国国务院办公厅2015年10月印发《关于推进海绵城市建设的指导意见》,部署推进海绵城市建设工作。指出建设海绵城市,统筹发挥自然生态功能和人工干预功能,有效控制雨水径流,实现自然积存、自然渗透、自然净化的城市发展方式,有利于修复城市水生态、涵养水资源,增强城市防涝能力,扩大公共产品有效投资,提高新型城镇化质量,促进人与自然和谐发展。明确通过海绵城市建设,最大限度地减少城市开发建设对生态环境的影响,将70%的降雨就地消纳和利用。

思政点　推进生态文建设　全面建设美丽中国

任务一　透水混凝土的发展认知

透水混凝土又称多孔混凝土、无砂混凝土、透水地坪,是由集料、水泥、增强剂和水拌制而成的一种多孔轻质混凝土,它不含细集料。透水混凝土由粗集料表面包覆一薄层水泥浆相互黏结而形成孔穴均匀分布的蜂窝状结构,故具有透气、透水和重量轻的特点。透水混凝土路面如图 15-1 所示。

图 15-1　透水混凝土路面

透水混凝土是由欧美、日本等国家针对原城市道路路面的缺陷,开发使用的一种铺装材料。这种铺装材料能让雨水流入地下,有效补充地下水,缓解城市的地下水位急剧下降等一些城市环境问题,能有效地消除地面上的油类化合物等对环境污染的危害,同时能保护地下水、维护生态平衡、缓解城市热岛效应。在人类生存环境的良性发展及城市雨水管理与水污染防治等工作上,具有特殊的重要意义。

透水混凝土系统拥有系列色彩配方,配合设计的创意,针对不同环境和个性要求的装饰风格进行铺设施工。这是传统铺装石材和一般透水砖不能实现的特殊铺装材料。

透水混凝土的应用始于 100 多年前,据 VMMalhortra 记载:1852 年英国在建造工程中开发了不含细集料的混凝土,即透水混凝土。美国从 20 世纪 60 年代就开始了对透水混凝土设计方法的研究。20 世纪中期,美国将高渗透性混凝土引入公路与机场跑道建设领域,用以改善机场跑道和公路的排水能力和安全性能。20 世纪 80 年代,透水混凝土在美国实现商业化;1991 年底,佛罗里达州成立水泥混凝土协会,为透水混凝土进一步发展提供持续性引导和建议。1995 年,南伊利诺伊大学的 Nader Ghafoori 阐述了透水混凝土作为路面铺装材料的使用技术,并对其物理性能进行了探讨研究。后来,日本、德国等也开始对透水混凝土进行研究和开发,20 世纪 60 年代后期,日本实施"雨水返还地下战略",该举措积极推动了透水混凝土的研究开发工作;日本学者在 1987 年还为以有机高分子树脂为胶凝材料制造的透水混凝土路面材料申请了专利;2000 年初,日本透水混凝土累计建设面积达到 10 万 m^2。德国从 20 世纪 80 年代起就致力于对不透水路面的改造,预期要在短期内将 90% 的道路改造成透水混凝土,改变过去破坏城市生态的地面铺设,使透水混凝土路面取得广泛的社会效益。

我国于 1993 年开始进行透水混凝土与透水性混凝土路面砖的研究,并于 1995 年成功研制出透水混凝土。随着透水混凝土应用范围的扩大,从 2009 年开始我国出台了一系列规范和标准,如《透水水泥混凝土路面技术规程》(CJJ/T 135—2009)和国家建筑标准设计图集10MR204《城市道路—透水人行道铺设》(10MR204)等。一些地区也出台了一些地方标准,如2007年8月北京市路政局出台了《北京市透水人行道设计施工技术指南》,2007年深圳推广的《彩色环保透水透气混凝土和透水透气沥青路面(地坪)新技术》等。2015年江苏省出台了《透水水泥混凝土路面技术规程》(DGJ/T J61—2015)。

任务二 透水混凝土的分类与铺装认知

 一 透水混凝土分类

透水混凝土根据材料组成的结构通常可以分为:水泥透水混凝土、沥青透水混凝、聚合物透水混凝土、透水砖等。

1. 水泥透水混凝土

透水混凝土是由一系列相连相通的孔隙和混凝土实体部分骨架构成的具有透气性的多孔结构的混凝土,从主要组成材料来看,和传统的混凝土有区别,透水混凝土不含有砂,只有粗集料和水泥,从各相黏结来看,主要靠包裹在粗集料表面的胶结剂浆体硬化后将集料颗粒胶结在一起。以水泥为胶结材料的透水混凝土称为水泥透水混凝土,因其使用率最高,所以一般简称透水混凝土,透水混凝土的空隙率一般为15%~25%,抗压强度在10~30MPa。

透水混凝土路面是采用透水混凝土混合料,通过特定工艺铺装施工,形成的整体结构,既有均匀分布的贯通性孔隙,又能满足路用强度和耐久性要求。由于透水混凝土的配比和性能不同于传统混凝土,所以在铺装施工时的工艺也有些差异。透水混凝土混合料的坍落度较低,一般不超过50mm,为同时保证孔隙率和强度,不能和传统混凝土施工一样采用强力振捣密实方法,主要采用刮平、微振、碾压抹平和表面修整的施工方法,由于坍落度较低,工作性损失快,从混凝土搅拌出料到现场摊铺间隔的时间尽量越短越好,具体来说,夏天不可超过30min,冬天不可超过50min。

2. 沥青透水混凝土

沥青透水混凝土是以沥青为胶结材,天然石子为粗集料,并加入很少量的细集料与沥青形成黏结性和稳定性的基材,将间断级配的粗集料黏结在一起做成的多孔混凝土,主要用于道路路面的铺装。沥青透水混凝土主要靠粗集料形成骨架,同时掺用少量细集料调整混合物的黏性,沥青包裹于集料表面,形成黏结层,将集料颗粒黏结在一起。

就目前来看,沥青透水混凝土路面面临最大的问题是:在炎热的夏天路面会变软,软化后再受到重压会造成挤压,使路面的孔隙堵塞,从而失去透水的功能。另一个问题是沥青路面受到阳光照射和空气的氧化的作用,表面逐渐变脆,再受到轮胎的碾压、摩擦后脱落,这种路面材料强度高,成本也高,对温湿度变化敏感,耐候性差、易老化。

3. 聚合物透水混凝土

聚合物透水混凝土是以树脂为胶结材,又称胶黏石透水混凝土,靠树脂聚合硬化将集料胶结成的多孔混凝土,由于树脂对集料的包裹层较薄,可以利用堆积孔隙率较低的集料,甚至用连续级配的集料。树脂透水混凝土一般多用于景观广场、高档场合。由于树脂透明,石子多用彩色石子,以显露石子本色,增加景观效果,但树脂透水混凝土硬化后比较脆,耐冲击性能差,且容易老化。

4.透水砖

透水砖是由水泥作为胶结材,天然石子作为集料,另外加入一些添加剂,经过工厂化生产的预制混凝土透水砖,在施工现场直接铺于透水基层上,形成透水性铺装,为增加装饰效果,还可以做成各种形状,表面具有纹理和各种颜色的透水砖,便于搭配图案。

透水混凝土路面铺装

采用透水混凝土混合物摊铺施工或以透水砖铺设的透水性路面称为透水混凝土路面铺装,根据断面结构,透水性铺装可分为:

视频:透水混凝土施工工艺

1.直渗型

将透过路面的雨水通过透水基层渗回地下的铺装结构,由透水面层、透水结构层和透水基层构成。

（1）透水面层:是透水混凝土路面的表面层,作为承受荷载的主要结构之一,它不仅应具有装饰效果,而且应达到规定的平整度,具有较高的结构强度、抗变形能力和耐磨性能。

（2）透水结构层:是在透水面层和透水基层之间的路面结构层,是垂直荷载的主要承载层,它的另一个作用是将透过面层的水再透到基层。

（3）透水基层:是在土基与透水结构层之间,主要由级配石子、再生混凝土集料或少量胶结材的大孔混凝土等材料摊铺碾压而成的透水层,它的功能是作为透水混凝土层的排水通道或融水空间,并阻止泥土进入透水结构层。

2.导向渗透型

通过导向型结构把透过路面的水排到路基以外的部分再渗回地下的铺装结构,以传统混凝土路面或沥青混凝土为基层,铺设超过10cm厚的透水混凝土层,雨水通过中间层的表面排走,在离开路基、路床一定距离后渗回地下,避免雨水对路基、路床的浸透和侵蚀,例如路基为湿陷性的黄土或是对既有道路进行修缮,在旧路面上加修一层透水混凝土面层的情况下可采用导向渗透型。

3.雨水收集型

将透水混凝土路面和雨水收集利用系统集成,能够将透过路面的雨水进行收集、储存、净化和利用的透水混凝土路面系统。

任务三　透水混凝土的组成材料认知

透水混凝土在满足强度要求的同时,还需要保持一定的贯通孔隙来满足透水性的要求,因此在配制时要选择合适的原材料。

视频:透水混凝土制作

水泥应采用强度等级不低于42.5级的硅酸盐水泥或普通硅酸盐水泥,质量应符合现行《通用硅酸盐水泥》(GB 175)的要求。不同等级、厂牌、品种、出厂日期的水泥不得混存、混用。

二 集料

粗集料多采用单粒级或间断粒级,必须使用质地坚硬、耐久、洁净、密实的碎石料,碎石的性能指标应符合《建筑用卵石、碎石》(GB/T 14685—2011)中的二级要求,并应符合表15-1的规定。

集料的性能指标　　　　　　　表15-1

项 目	计量单位	指　　标		
		1	2	3
尺寸	mm	2.4~4.75	4.75~9.5	9.5~13.2
压碎值	%	<15.0		
针片状颗粒含量(按质量计)	%	<15.0		
含泥量(按质量计)	%	<1.0		
表观密度	kg/m³	>2500		
紧密堆积密度	kg/m³	>1350		
堆积孔隙率	%	<47.0		

三 化学外加剂

根据工程需要可添加其他材料,如高性能减水剂、透水混凝土增强剂、彩色路面颜料、面层保护剂等。

1. 高性能减水剂

高性能减水剂具有较高的减水性能,在保持水灰比不变时,能在减少用水量的条件下较好地分散细料,因此可以提高混凝土的流动性及黏聚力;或者能在保持混凝土流动性不变的条件下,降低水灰比提高透水混凝土的强度及耐久性,因此高性能减水剂成为发展透水混凝土不可或缺的材料。

2. 透水混凝土增强剂

透水混凝土增强剂可以参与水泥的水化反应从而形成高分子聚合物水泥水化体,从而保障混凝土没有沙子的参与后仍然能保证一定的抗压强度,达到轴载40kN以下轻荷载道路车辆行驶的城镇、停车场、小区景观等道路的使用要求。

透水混凝土增强剂在透水地坪铺装中的核心作用有:
(1)增强混凝土的和易性和黏稠度。
(2)增加水泥的表面活性、转化水泥基的分散性。
(3)保持混凝土的浆体包裹的集料表面的稳定性。
(4)大幅提高水泥水化体的抗压强度和黏结强度。
(5)提高混凝土的抗冻融性、耐久性和耐候性。

3. 彩色路面颜料

彩色透水道路中的颜色是通过石子、水泥、透水混凝土增强剂搅拌时添加色粉来实现,色粉是一种工业原料,是一种氧化铁颜料,主要指以铁的氧化物为基本物质的氧化铁红、铁黄、铁黑和铁棕四类着色颜料,其中以氧化铁红为主。在透水混凝土中,色粉主要用于面层上色,以提高路面的综合美观度。

4. 面层保护剂

透水混凝土保护剂又称罩面漆、罩面剂、封闭剂等,具有比传统路面保护剂更好地增强和增亮效果,能满足路面结构的力学性能、使用功能以及延长使用年限的要求;具有保护透水混凝土路面性能,使得路面有更强的耐久、耐磨、耐冲刷的作用。面层保护剂施工完毕后,透水混凝土路面的表面强度和光泽度有很大的提升,且不影响路面的孔隙。

透水混凝土保护剂是一种独特结构的杂化聚氨酯体系。能够有效提高透水混凝土面层耐久性与美化效果,颜色可调,施工简单,每平方用量约为 0.2kg。透水混凝土保护剂为裸露混凝土提供防护,是延长混凝土耐久性的材料,专门用于彩色强固透水混凝土或露集料透水混凝土干燥后的密封处理。

5. 矿物掺合料

掺合料可选用硅灰、粉煤灰、矿渣微粉等,以硅灰效果为佳,但掺量一般不超过 10%;粉煤灰应使用 Ⅰ 级粉煤灰,掺量一般不超过 15%;矿渣微粉的比表面积应在 4000cm²/g 以上,掺量一般不超过 20%。

任务四　透水混凝土主要技术性能认知

一　透水混凝土拌合物的性能

对于普通混凝土而言,工作性主要指混凝土拌合物易于施工操作(拌和、运输、浇筑、捣实)并能获得质量均匀和成型密实的性能,通常针对加水开始拌和至 24h 之内的新拌混凝土。透水混凝土坍落度要求 5～50mm;凝结时间规定初凝不少于 2h;浆体包裹程度要求包裹均匀,手攥成团,有金属光泽。

视频:透水混凝土功能介绍

二　透水混凝土硬化后的性能

透水混凝土的性能应符合表 15-2 的规定。

透水混凝土的性能　　　　　　表 15-2

项　目		计量单位	性能要求	
耐磨性(磨坑长度)		mm	≤30	
透水系数(15℃)		mm/s	≥0.5	
抗冻性	25 次冻融循环后抗压强度损失率	%	≤20	
	25 次冻融循环后质量损失率	%	≤5	
连续孔隙率		%	≥10	
强度等级			C20	C30
抗压强度(28d)		MPa	≥20.0	≥30.0
弯拉强度(28d)		MPa	≥2.5	≥3.5

注:本表引自《透水水泥混凝土路面技术规程》(CJJ/T 135—2009)。

透水混凝土的特点：

(1) 高透水性：透水混凝土拥有15%~25%的孔隙，能够使透水速度达到31~52L/(m·h)，远远高于最有效的降雨在最优秀的排水配置下的排出速率。

(2) 高承载力：透水混凝土的承载力完全能够达到C20~C30混凝土的承载标准，高于一般透水砖的承载力。

(3) 装饰效果：透水混凝土拥有色彩优化配比方案，能够配合设计师独特创意，实现不同环境和个性所要求的装饰风格。这是一般透水砖很难实现的。

(4) 抗冻融性：透水性铺装比一般混凝土路面拥有更强的抗冻融能力，不会受冻融影响而断裂，因为它的结构本身有较大的孔隙。

(5) 耐用性：透水混凝土的耐用耐磨性能优于沥青，接近于普通的地坪，避免了一般透水砖存在的使用年限短、不经济等缺点。

(6) 高散热性：材料的密度本身较低(15%~25%的孔隙)，降低了热储存的能力，独特的孔隙结构使得较低的地下温度传入地面，从而降低整个铺装地面的温度，这些特点使透水铺装系统在吸热和储热功能方面接近于自然植被所覆的地面。

(7) 疲劳强度：由于采用开级配混合料，抗疲劳强度较低。

视频：透水混凝土透水演示试验

任务五　透水混凝土的试验检测

透水混凝土各性能试验应符合现行国家标准的规定，这里重点介绍连续孔隙率和透水系数的测试方法。

 一　透水混凝土的孔隙率测试方法

按照《再生集料透水混凝土应用技术规程》(CJJ/T 253—2016)附录A规定采用质量法测试混凝土的连续孔隙率。每组采用3块150mm×150mm×150mm的立方体试件。试件水中测试示意图如图15-2所示。

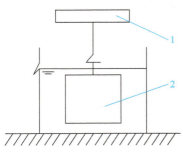

图15-2　试件水中测试示意图
1-电子天平；2-试件

(1) 将试件放入(105±5)℃的烘箱中烘至恒重，取出放在干燥器里冷却至室温，用直尺量出试件的尺寸，并计算出其体积 V。

(2) 将试件完全浸泡在水中，待无气泡出现时测量试件在水中的重量 m_1。

(3) 取出试件，放在60℃烘箱中烘24h后称量试件的重量 m_2。

(4) 试件的连续孔隙率 C_{void} 应按下式计算：

$$C_{void} = \left(1 - \frac{m_2 - m_1}{\rho V}\right) \times 100\% \tag{15-1}$$

式中：C_{void}——连续孔隙率，%，精确到0.1%；

m_1——试件在水中的重量，g；

m_2——试件在烘箱中烘 24h 后的重量,g;

ρ——水的密度,g/cm³;

V——试件体积,cm³。

(5)试验结果评定方法为:测试每组试件连续孔隙率,取平均值作为测试结果,测试结果精确到 0.1%。三个测定值中的最大值或最小值中,如有一个与中间值之差超过中间值的 5%,则取中间值为测定值;如最大值和最小值与中间值之差都超过中间值的 5%,则该组测试结果无效。

三 透水混凝土的透水系数测试方法

按照《透水水泥混凝土路面技术规程》(CJJ/T 135—2009)附录 A 规定,应分别在样品上制取三个直径为 100mm、高度 50mm 的圆柱作为试样。

试验宜按下列步骤进行:

(1)用钢直尺测量圆柱试样的直径(D)和厚度(L),分别测量两次,取平均值,精确至 1mm,计算试样的上表面面积(A)。

(2)将试样的四周用密封材料或其他方式密封好,使其不漏水,水仅从试样的上下表面进行渗透。

(3)待密封材料固化后,将试样放入真空装置,抽真空至(90±1)kPa,并保持 30min,在保持真空的同时,加入足够的水将试样覆盖并使水位高出试样 100mm,停止抽真空,浸泡 20min,将其取出,装入透水系数试验装置,将试样与透水圆筒连接密封好。放入溢流水槽,打开供水阀门,使无气水进入容器中,等溢流水槽的溢流孔有水流出时,调整进水量,使透水圆筒保持一定的水位(约 150mm),待溢流水槽的溢流口和透水圆筒的溢流口的流水量稳定后,用量筒从出水口接水,记录 5min 流出的水量(Q),测量 3 次,取平均值。如图 15-3 所示。

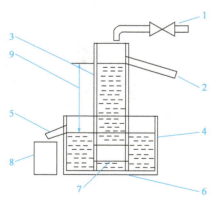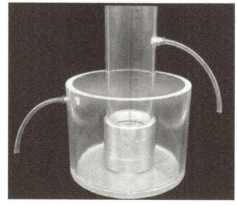

图 15-3 透水系数试验装置示意图

1-供水系统;2-圆筒的溢流口;3-水圆筒;4-溢流水槽;5-水槽的溢流口;6-支架;7-试样;8-量筒;9-水位差

(4)透水系数应按下式计算:

$$k_T = \frac{QL}{AHt} \tag{15-2}$$

式中:k_T——水温为 T℃时试样的透水系数,mm/s;

Q——时间 t 内渗出的水量,m³;

L——试样的厚度，mm；
A——试样的上表面积，mm^2；
H——水位差，mm；
t——时间，s。

试验结果以 3 块试样的平均值表示，计算精确至 1.0×10^{-2} mm/s。

(5) 本试样以 15℃ 水温为标准温度，标准温度下的透水系数应按下式计算：

$$k_T = k_{15}\frac{\eta_T}{\eta_{15}} \qquad (15\text{-}3)$$

式中：k_{15}——标准温度时试样的透水系数，mm/s；
η_T——T℃ 时水的动力黏滞系数，kPa·s；
η_{15}——15℃ 时水的动力黏滞系数，kPa·s；
η_T/η_{15}——水的动力黏滞系数比。

任务六　透水混凝土的工程应用

2008 年，北京在奥运会广场、停车场铺设透水混凝土面积约 11.7 万 m^2。利用在赛道周边设置截水沟等措施将经过透水混凝土过滤的雨水排入赛道内，实现场馆内雨洪利用，平均每年利用雨水约 12 万 mm^3，雨水利用率约为 85%，节约了赛道补水。

2010 年，在整个世博园区，60% 以上的路面采用了透水混凝土，例如世博中心广场、A13 广场、世博公园、世博园区内地坪、C08 广场和非洲广场等。多次降雨监测表明，雨水能迅速渗入地下，路面无积水，夜间不反光，增加了路面通行的安全性、舒适性。

郑州在位于郑东新区的国际会展中心停车场工程中，采用彩色透水混凝土进行铺装，广场面积达 $17000m^2$，面层为 40mm 厚橄榄绿透水混凝土，透水系数为 1mm/s。这种彩色铺装不仅增加了广场的美观度，对于预防雨洪也起到了非常关键的作用。

  创新能力培养

在我国，透水混凝土路面铺装主要用于园区道路、步行道、停车场、广场等如图 15-4 所示，相对于传统混凝土，透水混凝土路面具有以下效应：

视频：彩色透水混凝土
标准化施工流程

视频：彩色透水混凝土
施工工艺流程

1. 削减地表径流

相对于不透水路面，透水混凝土路面可以增大雨水的入渗量，使城市地表径流系数减小，雨水汇流速度减慢，从而使城市降雨径流总量减少、径流洪峰延后，使洪水过程线从之前的峰高坡陡改变为峰低坡缓，对于防止城市内涝有着举足轻重的作用。

2. 补充地下水并保障水质

地下水是城市供水水源的重要补充，而降雨又是地下水的重要来源，但是不透水路面却阻断了降雨下渗，使得大部分降雨通过城市排水管网排出，造成地下水得不到有效的补充，使地下水水位不断降低，形成了地质学上的"漏斗形"地下水位，进而引发地面下降，沿海地区还会导致海水倒灌。另外，地表径流过程中会携带大量污染物，其进入自然水体后，必定会加重自然水体的污染程度。而透水混凝土路面通过自身与地面下垫层相连通的渗水路径使径流渗入下部土壤,以维持地下水水位稳定,防止水位下降,从而避免了由于地下水位下降而引发的地面下降的问题。通过下渗,路面径流污染也可以得到削减,Tennis 等通过 2 项试验研究表明透水混凝土有很高的污染物去除率,弗吉尼亚州的污染物去除率达到了 82%,而马里兰州的污染物去除率高达 95%。可见,透水混凝土路面对于补充地下水和保障水质起到了重要作用。

a)沈阳全运会-沈抚运河项目

b)绥中滨海广场项目

c)山东日照大型停车场(承载达60t)

d)沈阳长白岛森林公园项目

图 15-4　透水混凝土的应用场景

3. 改善生态环境

城市不透水路面铺装破坏了原有的自然生物环境,而透水混凝土路面铺装因具有良好的渗水性及保湿性,既兼顾了人类活动对于硬化地面的使用要求,又能通过自身性能接近天然草坪和土壤地面的生态优势,减轻了对大自然的破坏程度,使透水混凝土路面以下的动植物及微生物的生存环境得到有效的保护。

4. 改善城市热环境

透水混凝土路面由于具有与外部空气及下部透水垫层相连通的多孔构造,其地面下垫层土壤中丰富的毛细水通过自然蒸发和蒸腾作用能够使地表的温度降低,从而有效地缓解了"热岛效应"。

5. 吸声降噪

根据 Hendrickx 的研究,透水混凝土路面具有显著的吸声降噪作用。由于透水混凝土特有的多孔结构,当声波打在其表面时,声波引起小孔或间隙内的空气运动,紧靠孔壁表面的空气运动速度较慢,在摩擦力和空气运动黏滞阻力的作用下,一部分声能转变为热能,从而使声波衰减。此外,小孔中空气和孔壁的热交换引起的热损失,也能使声能衰减。

透水混凝土现存的主要问题有:

1. 耐久性差

透水混凝土的蜂窝状结构,使其抗压、抗折性能较差;透水混凝土表面孔隙率大,容易受到空气、阳光和水的侵蚀,所以其耐久性也有待提高。

2. 易堵塞

由于透水混凝土结构松散,孔隙率大,因此易被颗粒物堵塞。然而其各种优良性状都是依靠孔隙渗水来实现的,一旦孔隙被堵塞,其优点将得不到有效的发挥。

3. 不易维护

透水混凝土铺装作为新型措施,从技术层面来看还没有有效的维护方法。如当遭遇风沙天气后,细小的沙尘将透水混凝土孔隙占据,铺装渗透效果大大降低,但缺乏相应维护措施。

4. 推广力度不足

目前,透水混凝土路面已在一线城市得到有效推广应用,但在二、三线城市还没有得到充分重视,还需要进一步加大推广力度。

对这些问题进行深入的研究与技术改进,是未来相关研究者应开展的工作重点,这对于透水混凝土道路大范围的推广应用有着重要的作用。相信随着研究的深入和关键问题的解决,透水混凝土道路的应用前景将会更加广阔。

针对透水混凝土存在的问题,你能提出一些有效措施加以解决吗?

思考与练习

一、填空题

1. 海绵城市是新一代城市雨洪管理概念,是指城市能够像海绵一样,在适应环境变化和应对雨水带来的自然灾害等方面具有良好的弹性,也可称之为"_____"。

2. 透水混凝土又称多孔混凝土,_____,透水地坪,是由集料、水泥、增强剂、和水拌制而成的一种多孔轻质混凝土,它不含细集料。

3. 透水水泥混凝土路面施工完毕后,宜采用塑料薄膜覆盖等方法养护。养护时间应根据透水水泥混凝土强度增长情况确定,养护时间不宜少于_____。

4. 透水水泥混凝土路面的强度,应以透水水泥混凝土_____强度为依据。

二、选择题

1. 下面哪个选项不是透水混凝土的优势?(　　)
   A. 扩大城市的透气、透水面积　　B. 降低城市的噪声污染
   C. 净化地表水体　　D. 抗压强度高

2. 下面哪个选项不是透水混凝土的别称?(　　)
   A. 多孔混凝土　　B. 无砂混凝土
   C. 轻质高强混凝土　　D. 透水地坪

3. 2010 年,在整个世博园区,60%以上的路面采用了(　　)。
   A. 透水混凝土　　　　　　　　B. 轻集料混凝土
   C. 高性能混凝土　　　　　　　D. 再生混凝土
4. 透水混凝土从搅拌机出料到浇筑完毕允许的最长时间是(　　)。
   A. 0.5h　　　　B. 1.5h　　　　C. 2.5h　　　　D. 3.5h
5. 水泥出厂超过(　　)个月时,应进行复验,复验合格后方可使用。
   A. 1　　　　　B. 2　　　　　C. 3　　　　　D. 4

三、简答题

1. 简述透水混凝土的功能。
2. 简述透水混凝土透水系数检测方法。

项目十六

纤维混凝土

【项目概述】

本项目主要介绍了纤维混凝土的分类,钢纤维混凝土的组成材料,钢纤维混凝土的主要技术性能,以及钢纤维混凝土抗拉强度、抗压强度、抗弯强度等主要性能的测试方法。

【学习目标】

1. 素质目标:培养学习者具有正确的环保意识、质量意识、职业健康与安全意识及社会责任感。

2. 知识目标:能区分纤维混凝土类型,理解钢纤维混凝土的主要技术性能含义及意义。

3. 能力目标:利用相关规范,迁移普通混凝土抗压强度性能相关知识与技能,合作完成钢纤维混凝土抗拉强度、抗压强度及抗弯拉强度测试。

 课程思政

1. 思政元素内容

利用纤维改善复合材料性能的想法起源于民间。早在古代,人们就有将稻草或毛发等物掺入泥巴中增强土坯或土墙的经验。混凝土问世以后,人类开始尝试向其中掺入各种各样的纤维。1910年,美国人Porter把薄钢片掺入混凝土中改善混凝土的抗拉强度和抗冲击性并申请了专利。此后,美、英、法、德、日等国先后公布了许多有关用钢纤维混凝土补强结构方面的专利,钢纤维的研制和应用工作也逐步展开。20世纪70年代,廉价钢纤维的成功研制为钢纤维的实际应用创造了有利条件,并使钢纤维混凝土的开发和研究工作逐步走向高潮。

南京江心洲长江大桥是南京道路网横跨长江的第五座大桥，主桥全长1796m，桥面的混凝土采用了创新技术——钢纤维混凝土，是目前世界上最大跨度的钢混组合三塔斜拉索桥。大桥巨大的跨度对桥梁的重量提出了严苛的限制，大桥至少要瘦身一半的重量才能实现桥梁力学与美学的完美组合，工程师们要解决一项看似不可能完成的难题。在不断地尝试与创新下，一款新型的混凝土材料在此诞生，活性粉末、钢纤维、细砂、碎石等，研究人员掌握了它们的精确配比，破解了大桥瘦身的秘密，这种新型粗集料活性粉末混凝土与传统活性粉末高性能混凝土相比成本减少一半，结构抗压强度却达到普通混凝土的2.5倍。这样的桥面板仅需17cm即可满足设计要求，而传统混凝土则需要28cm。高强材料实现了更大的承载力，整座大桥因此减重高达15000吨，瘦身近40%。

2. 课程思政契合点

纤维混凝土是一种新型的复合材料，是当代混凝土改性研究的一个重要领域，近年来，以钢纤维、合成纤维、碳纤维及玻璃纤维为代表的纤维在混凝土中应用得到了迅速的发展，纤维混凝土是继钢筋混凝土、预应力混凝土之后的又一次重大创新突破。

3. 价值引领

从古人用稻草、毛发做土墙到南京江心洲长江大桥的建造，无不体现了令人振奋的创新精神。"大众创业、万众创新"出自2014年9月夏季达沃斯论坛上李克强总理的讲话，李克强提出，要在960万平方公里土地上掀起"大众创业""草根创业"的新浪潮，形成"万众创新""人人创新"的新势态。此后，他在首届世界互联网大会、国务院常务会议和2015年《政府工作报告》等场合中频频阐释这一关键词。每到一地考察，他几乎都要与当地年轻的"创客"会面。他希望激发民族的创业精神和创新基因。

思政点　守正创新

任务一 纤维混凝土的发展认知

纤维混凝土(图16-1)是以水泥净浆、砂浆或混凝土作基材,以非连续的短纤维或连续的长纤维作增强材,均匀地掺和在混凝土中而组成的一种新型水泥基复合材料的总称,通常简称为"纤维混凝土"。纤维与混凝土基材相结合,改善了混凝土的固有弱点,对混凝土性能起到多方面的影响。

 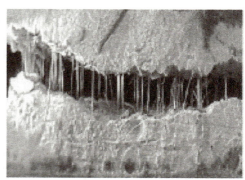

图16-1 纤维混凝土

纤维混凝土研究与应用的实质性进展,得益于合成纤维生产技术的发展。进入20世纪60年代前期,美国人S. Goldfein开始探索使用合成有机纤维——聚丙烯纤维作为水泥混凝土的掺加料,并建议用于美军部队制作防爆结构件。70年代初期,英国将聚丙烯纤维掺入混凝土中制作管件、薄板等制品,并在建筑行业中制定了相关的标准。以往人们掺入混凝土当中的纤维大多数是植物纤维,大多无法耐受混凝土基体材料中很强的碱性,或因其无法在混凝土中均匀分散,或不具有一定的耐高温性能而达不到抗裂、增强的预期效果。合成纤维生产技术的进步使这些问题逐一获得解决。近年来,合成纤维被掺加到混凝土中,同时还对混凝土的抗渗性、抗冻性、抗冲击性、延性、耐磨性等有所改善,并且由于施工的和易性好、易操作、价格适中,已在建筑领域得到了广泛应用。

20世纪70年代,纤维混凝土技术传入我国。我国的高等院校、科研院(所)和施工单位,开始了在混凝土中掺用合成纤维的研究工作,并逐步在若干建筑工程中取得了应用,之后随着国产建筑用合成纤维的成功开发,合成纤维在混凝土中的应用取得了快速发展。

纤维混凝土可广泛应用于房建工程中的墙板、楼板、地下室以及建筑外墙的抹面;水利工程的水坝、蓄水池、水渠、薄壁水管;路桥工程的路面、桥面铺装层;隧道、军事工程的掩体、防空洞、防护门;港口工程中的码头、防洪堤以及混凝土的预制板材、管材等。随着纤维混凝土各种设计规范、施工规范和标准的制定和出台,纤维混凝土的应用必将会有更大的发展。

任务二 纤维混凝土的组成材料认知

 水泥

水泥应符合现行《通用硅酸盐水泥》(GB 175)和《道路硅酸盐水泥》(GB 13693)的规定。

钢纤维混凝土宜采用普通硅酸盐水泥和硅酸盐水泥。

二、集料

粗、细集料应符合现行《普通混凝土用砂、石质量及检验方法标准》(JGJ 52)的规定,并宜采用 5~25mm 连续级配的粗集料以及级配Ⅱ区中砂。钢纤维混凝土不得使用海砂,粗集料最大粒径不宜大于钢纤维长度的 2/3;喷射钢纤维混凝土的集料最大粒径不宜大于 10mm。钢纤维混凝土不应采用海砂,钢纤维混凝土应采用连续级配粗集料,其最大公称粒径不宜大于 25mm 和钢纤维长度的 3/4,当粗集料公称粒径大于 25mm 时,应选用适宜的钢纤维,通过试验检验达到设计要求的增强、增韧指标后,方可使用;喷射钢纤维混凝土的粗集料最大公称粒径不宜大于 10mm。

三、外加剂

1. 化学外加剂

在钢纤维增强混凝土拌和过程中,为了改善拌合料的和易性,减少水泥用量或提高强度,可掺入一定量的外加剂。外加剂按使用效果分为减水剂、引气剂、防冻剂、膨胀剂、促凝剂等。

外加剂应符合现行《混凝土外加剂》(GB 8076)和《混凝土外加剂应用技术规范》(GB 50119)的规定,并不得使用含氯盐的外加剂。速凝剂应符合现行《喷射混凝土用速凝剂》(JC 477)的规定,并宜采用低碱速凝剂。

2. 矿物掺合料

根据需要和可能,在纤维增强混凝土中还可掺入一定量的粉煤灰或硅灰等掺合料,以改善拌合料的和易性,节约水泥用量以及提高强度。其拌和材料性能应符合现行《用于水泥和混凝土中的粉煤灰》(GB/T 1596)和《用于水泥中的火山灰质混合材料》(GB/T 2847)的规定,其掺量可通过试验确定。

四、纤维

1. 纤维的分类

纤维的分类可以按照不同的准则、不同的分类体系或分类依据进行。表 16-1 列出了常见的纤维混凝土中所用纤维的分类情况。

常见纤维混凝土中所用纤维的分类　　　　　　　　　　表 16-1

分类依据	类　别
按材质分类	(1) 金属纤维(如碳钢纤维、不锈钢纤维、金属玻璃纤维等); (2) 无机纤维: ①天然矿物纤维(如温石棉、青石棉、铁石棉等); ②人造矿物纤维(如抗碱玻璃纤维、抗碱矿棉等); ③碳纤维; (3) 有机纤维: ①合成纤维(如聚丙烯纤维、尼龙纤维、聚乙烯纤维、高模量聚乙烯醇纤维、改型聚丙烯腈纤维、芳基聚酰亚胺纤维等); ②植物纤维(如西沙尔麻、剑麻、黄麻、象草等)

续上表

分类依据	类　别
按弹性模量分类	（1）高弹模纤维（弹性模量高于水泥基体的纤维，例如钢纤维、石棉、玻璃纤维、碳纤维、高模量聚乙烯醇纤维、芳基聚酰亚胺纤维等）； （2）低弹模纤维（弹性模量低于水泥基体者，如聚丙烯纤维、尼龙纤维、聚乙烯纤维以及绝大多数植物纤维）
按纤维长度分类	（1）非连续的短纤维（如钢纤维、石棉、短切玻璃纤维无捻粗纱、聚丙烯单丝纤维、膜裂纤维、尼龙纤维、杜拉纤维等）； （2）连续的长纤维（如连续的玻璃纤维无捻粗纱、玻璃纤维网格布、纤化聚丙烯薄膜等）

2.纤维的作用

纤维在混凝土中的作用，取决于纤维自身的性质以及它在混凝土基体当中散布的混合状态。纤维加入水泥基体中主要有以下6种作用：

（1）阻裂。阻止水泥基体中原有缺陷（微裂缝）的扩展并有效延缓新裂缝的出现。尽管从更微观的形态上说，以水泥为基材的混凝土当中必定存在裂隙，但是由于纤维的存在，可以大大减少甚至彻底消除宏观（肉眼可见的）裂缝产生。

（2）防渗。提高水泥基体的密实性，阻止外界水分侵入。

（3）耐久。改善水泥基体抗冻、抗疲劳等性能，提高其耐久性。

（4）抗冲击。提高水泥基体的耐受变形的能力，从而改善其韧性和抗冲击性。

（5）抗拉。在使用高弹性模量纤维的前提下，可以提高基体的抗拉强度。

（6）美观。改善水泥构造物的表观形态，使其更加致密、细润、平整、美观。

在混凝土中，并非所有的纤维都能起到完全相同的作用，这是由不同的纤维分别具有的个性所决定的，例如纤维的弹性模量。由于纤维自身物理化学性能以及力学性能不同，以不同的纤维与混凝土复合构成的纤维混凝土在性能上亦有不同，或者说各有侧重，例如钢纤维混凝土和合成纤维混凝土就有各自的特点。另一方面，我们也要看到"纤维"所具有的共性。例如，所有的纤维在混凝土中都有一定的抗裂作用。除此之外，值得特别关注的应该是水泥基体以及混凝土中其他材料所共同构成的、对纤维具有约束性的要求。

选用弹性好、抗多次形变能力强、吸水性好、快速分散性好、化学稳定性好等特点的纤维。这里主要介绍钢纤维和合成纤维。

1）钢纤维

钢纤维是由细钢丝切断、薄钢片切削、钢锭铣削或由熔钢抽取等方法制成的纤维。钢纤维属人造无机类金属纤维。目前，钢纤维混凝土是作为工程结构材料用途最广、用量最大的一种纤维混凝土。

钢纤维是混凝土可采用碳钢纤维、低合金钢纤维或不锈钢纤维。钢纤维的形状可为平直形或异形，异形钢纤维又可为压痕形、波形、端钩形、大头形等，如图16-2～图16-5所示。试验研究和工程实践表明，钢纤维的长度为20～60mm，直径或等效直径宜为0.3～0.9mm，长径比在30～100，其增强效果和工艺性能可满足要求，如超出范围，经试验，在增强效果和工作性能方面能满足要求时，也可根据需要采用。钢纤维的几何参数宜符合表16-2的规定。

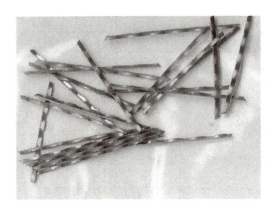

图 16-2　压痕形钢纤维　　　　　　　　图 16-3　波形钢纤维

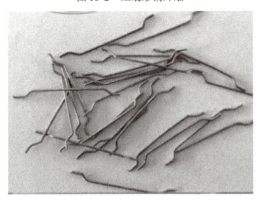
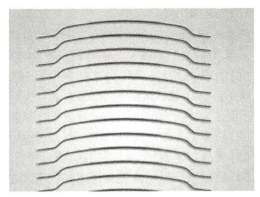

图 16-4　端钩形钢纤维　　　　　　　　图 16-5　大头形钢纤维

钢纤维的几何参数　　　　　　　　　　　　　　表 16-2

用　途	长度(mm)	直径(当量直径)(mm)	长径比
一般浇筑钢纤维混凝土	20~60	0.3~0.9	30~80
钢纤维喷射混凝土	20~35	0.3~0.8	30~80
钢纤维混凝土抗震框架节点	35~60	0.3~0.9	50~80
钢纤维混凝土铁路轨枕	30~35	0.3~0.6	50~70
层布式钢纤维混凝土复合路面	30~120	0.3~1.2	60~100

通常情况下,钢纤维增强混凝土的钢纤维体积率不宜小于0.5%,也不宜大于3%,以1%~2%为宜。

钢纤维抗拉强度等级及其抗拉强度应符合表16-3的规定。当采用制作钢纤维的母材做试验时,试件抗拉强度等级及其抗拉强度也应符合表16-3的规定。

钢纤维抗拉强度等级　　　　　　　　　　　　　　表 16-3

钢纤维抗拉强度等级	抗拉强度(MPa)	
	平均值	最小值
380 级	$380 \leq R < 600$	342
600 级	$600 \leq R < 1000$	540
1000 级	$R \geq 1000$	900

2）合成纤维

合成纤维混凝土可采用聚丙烯腈纤维、聚丙烯纤维、聚酰胺纤维或聚乙烯醇纤维等。合成纤维可为单丝纤维（图16-6）、束状纤维（图16-7）、膜裂纤维（图16-8）和粗纤维（图16-9）等。合成纤维应为无毒材料。

图16-6　聚丙烯单丝纤维

图16-7　束状纤维

图16-8　膜裂纤维

图16-9　粗纤维

合成纤维的规格宜符合表16-4的规定。

合成纤维的规格　　表16-4

外　形	公称长度（mm）		当量直径（μm）
	用于水泥砂浆	用于水泥混凝土	
单丝纤维	3～20	6～40	5～100
膜裂纤维	5～20	15～40	—
粗纤维	—	15～60	>100

合成纤维的性能应符合表16-5的规定。

合成纤维的性能　　表16-5

项　目	防裂抗裂纤维	增韧纤维
抗拉强度（MPa）	≥270	≥450
初始模量（MPa）	$\geq 3.0 \times 10^3$	$\geq 5.0 \times 10^3$
断裂伸长率（％）	≤40	≤30
耐碱性能（％）	≥95.0	

合成纤维的分散性相对误差、混凝土抗压强度比和韧性指数应符合表 16-6 的规定。

合成纤维的分散性相对误差、混凝土抗压强度比和韧性指数　　表 16-6

项　　目	防裂抗裂纤维	增韧纤维
分散性相对误差	−10% ~ 10%	
混凝土抗压强度比	≥90%	
韧性指数 I_5		≥3

合成纤维主要性能的试验方法应符合现行《水泥混凝土和砂浆用合成纤维》(GB/T 21120)的规定。

任务三　纤维混凝土的基本性能认知

一、力学性能

1. 抗拉强度

视频：纤维混凝土特点

普通混凝土由于具有较高的脆性,在没有任何预兆的情况下很容易出现脆性破坏,并且还有可能会给周围的环境带来影响。此外,普通混凝土的弹性模量较低,因此很有可能加速裂纹的出现。由于混凝土的裂缝出现会影响建筑结构持久性,在混凝土中添加钢纤维能够提高其混凝土的强度以及延展性。根据开裂分原理,钢纤维在具有一定的连接作用,当纤维从钢纤维混凝土中抽出时,会减少裂纹的出现,并约束其裂纹的扩展。脱粘以及拔出纤维需要具有较高的能量,从而才能提高其混凝土的韧性以及延展性,韧性是钢纤维混凝土最显著的特征。

2. 抗压强度

钢纤维混凝土强度等级按立方体抗压强度标准值确定,采用符号 CF 与立方体抗压强度标准值(以 MPa 计)表示,立方体抗压强度标准值应为按照标准方法制作和养护的边长为 150mm 的立方体试件,用标准试验方法在 28d 龄期测得的具有 95% 保证率的抗压强度。钢纤维混凝土的强度等级不应小于 CF25;喷射钢纤维混凝土的强度等级不宜小于 CF30,合成纤维混凝土的强度等级不应小于 C20。

钢纤维混凝土强度等级划分为 CF20、CF25、CF30、CF35、CF40、CF45、CF50、CF55、CF60、CF65、CF70、CF75、CF80、CF85、CF90、CF95、CF100。

3. 抗弯强度

钢纤维的抗弯强度较高,能够有效地提高其混凝土的抗弯性。这是因为钢纤维的具有较长的长度,对限制裂纹的扩展有一定的作用。经过相关的试验研究发现,在混凝土中加入不同含量的钢纤维能够有效地提高其抗弯强度。由于钢纤维混凝土还具有较好的黏结性能,因此在钢纤维的拉出长度方面提供了较多的阻力,并且能够有效地阻止裂缝的延展。因此,加入一定量的钢纤维,会加大钢纤维混凝土的荷载值,减少裂缝的加剧,从而加大钢纤维混凝土的抗弯性能。

纤维与水泥基材的复合作用

1. 增强机理

阐明纤维对水泥基材的增强机理的学说基本上有两类,即"纤维间距理论"与"复合材料理论"。

1) 纤维间距理论

纤维间距理论又称"纤维阻裂机理",是 Romualdi、Batson 与 Mandel 提出的,其主要论点如下:

(1) 按图 16-10 中的模型,设在一纤维混凝土块体中有许多细钢丝沿着拉应力作用方向,按棋盘状均匀分布。细钢丝的平均中间距为 $\bar{S}$ 值。由于拉力作用,水泥基材中的凸透镜状裂缝的端部产生应力集中系数 K_δ。当裂缝扩展到基材界面时,在界面上会产生对裂缝起约束作用的剪应力并使裂缝趋于闭合。此时在裂缝端部会有与 K_δ 方向相反的另一应力集中系数 K_F,故总的应力集中系数降为 $K_\delta - K_F$。

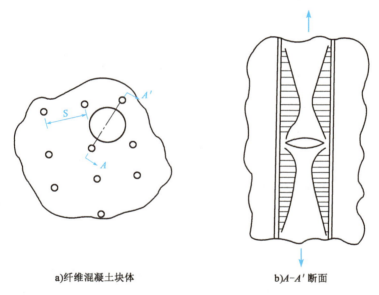

a) 纤维混凝土块体　　　　b) $A-A'$ 断面

图 16-10　Romualdi 模型

(2) 当纤维混凝土块体中的裂缝长度等于细钢丝的平均中心间距 $\bar{S}$ 时,纤维混凝土的抗拉初裂强度可按式(16-1)计算:

$$R_{fc}^{cr} = \frac{K_c}{\sqrt{\beta \bar{S}}} \tag{16-1}$$

式中:K_c——纤维混凝土的断裂韧性;
　　　β——常数;
　　　$\bar{S}$——纤维的平均中心间距。

Romualdi 等的理论分析与试验结果均证明,当纤维的平均中心间距小于 7.6mm 时,纤维混凝土的抗拉或抗弯初裂强度均得以显著提高。

Romualdi 等提出了在纤维混凝土中纤维呈三维乱向排列时的纤维平均中心间距计算公式。

2)复合材料理论

该理论将复合材料视为一多相系统,其性能是各个相的性能的加和值。当该理论应用于纤维混凝土时,有如下几个假设前提:

(1)纤维与水泥基材均呈弹性变形。
(2)纤维沿着应力作用方向排列,并且是连续的。
(3)纤维、基材与纤维混凝土产生相同的应变值。
(4)纤维与水泥基材的黏结良好,二者间不发生滑动。

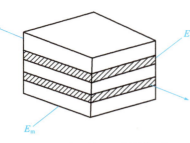

图 16-11　纤维混凝土的弹性模量推导

根据图 16-11,可得出计算纤维混凝土弹性模量的公式(16-2):

$$E_{fc} = E_m \cdot V_m + E_f \cdot V_f \tag{16-2}$$

式中:E_{fc}、E_m、E_f——纤维混凝土、水泥基材与纤维的弹性模量;
V_m、V_f——水泥基材与纤维的体积率。

2. 临界纤维体积率

用各种纤维制成的纤维混凝土均存在一临界纤维体积率。当实际纤维体积率大于此临界值时,才可使纤维混凝土的抗拉极限强度较之未增强的水泥基材有明显的增高。临界纤维体积率可按下式计算:

$$V_c = \frac{R_m^u}{R_f^u + R_m^u - E_f \varepsilon_m^u} \tag{16-3}$$

式中:V_c——临界纤维体积率;
R_f^u——普通混凝土的抗拉初裂强度;
R_m^u——纤维混凝土的抗拉初裂强度;
E_f——纤维的弹性模量;
ε_m^u——水泥基材的极限延伸率。

若使用定向的连续纤维,且纤维与水泥基材的黏结较好,用钢纤维、玻璃纤维与聚丙烯膜裂纤维制备的三种纤维混凝土临界纤维体积率的计算值分别为 0.31%、0.40% 与 0.75%。使用非定向的短纤维,且纤维与水泥基材的黏结不够好时,临界值尚应增大。

3. 临界纤维长径比

使用短纤维制备纤维混凝土时,存在一临界长径比,此值按下式计算:

$$\frac{l_c}{d} = \frac{R_f^u}{2\tau} \tag{16-4}$$

式中:$\frac{l_c}{d}$——纤维临界长径比;
R_f^u——普通混凝土的抗拉初裂强度。

图 16-12 表示纤维混凝土中不同长径比的纤维的拉应力与界面黏结应力沿纤维长度的分布状况。

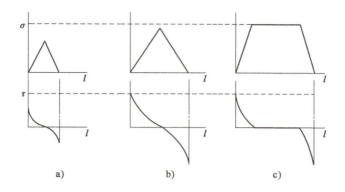

图 16-12 纤维混凝土中不同长径比的纤维的拉应力与界面黏结应力沿纤维长度的分布

由图可知：

(1) 图 16-12a)：若纤维的实际长径比小于临界长径比，则纤维混凝土破坏时，纤维由水泥基材中拔出。

(2) 图 16-12b)：若纤维的实际长径比等于临界长径比，只有基材的裂缝发生在纤维中央时纤维才能拉断；否则纤维的短方向将从基材中拔出。

(3) 图 16-12c)：若纤维的实际长径比大于临界长径比，则纤维混凝土破坏时纤维可拉断。

任务四　钢纤维增强混凝土的试验检测

一、钢纤维混凝土配合比

钢纤维混凝土配合比设计的试配抗压强度应符合现行《普通混凝土配合比设计规程》(JGJ 55)的规定，当采用抗压强度与抗拉强度双控时，钢纤维混凝土试配抗拉强度的确定应采用与抗压强度相同的变异系数。钢纤维混凝土试配弯拉强度，可根据工程的重要性，按弯拉强度设计值的 1.10~1.15 倍确定。

钢纤维混凝土配合比设计应符合下列规定：

(1) 根据试配抗压强度，按照 JGJ 55 规定计算水胶比并选取单位体积用水量和砂率，其中砂率宜选取同等条件下普通混凝土砂率范围的上限值。

(2) 根据试配抗拉强度、弯拉强度或耐久性的要求，经计算或根据已有资料确定钢纤维体。

(3) 按假定质量法或体积法计算材料用量，确定初步配合比。

① 按假定质量法确定钢纤维混凝土配合比材料用量时，按式(16-5)、式(16-6)和式(16-7)计算：

$$m_{c0} + m_{a0} + m_{w0} + m_{s0} + m_{g0} = (1 - \rho_f) m_{cp} \tag{16-5}$$

$$\beta_s = \frac{m_{s0}}{m_{s0} + m_{g0} + m_{f0}} \tag{16-6}$$

$$m_{f0} = 7850 \rho_f \tag{16-7}$$

式中：m_{c0}、m_{a0}、m_{w0}、m_{s0}、m_{g0}、m_{f0}——$1m^3$ 钢纤维混凝土中所用水泥、矿物掺合料、水、砂、石和钢纤维的质量，kg；

m_{cp}——$1m^3$ 新拌钢纤维混凝土的假定质量，kg；

β_s——新拌钢纤维混凝土的砂率；

ρ_f——钢纤维体积率。

②按体积法确定钢纤维混凝土配合比材料用量时，按式（16-6）、式（16-7）和式（16-8）计算。

$$\frac{m_{c0}}{\rho_c} + \frac{m_{a0}}{\rho_a} + \frac{m_{w0}}{\rho_w} + \frac{m_{s0}}{\rho_s} + \frac{m_{g0}}{\rho_g} + \rho_f + 0.01\alpha = 1 \quad (16-8)$$

式中：ρ_c、ρ_a、ρ_w、ρ_s、ρ_g——水泥密度、矿物掺合料密度、水密度、砂的表观密度和石的表观密度，kg/m^3；

α——钢纤维混凝土的含气量百分数。

钢纤维混凝土配合比试配应采用工程实际使用的原材料，进行钢纤维混凝土拌合物性能、力学性能和耐久性能试验，并按现行《普通混凝土配合比设计规程》（JGJ 55）规定进行配合比的调整，满足设计和施工要求的配合比可确定为设计配合比。应根据工程要求对设计配合比进行调整以确定钢纤维混凝土施工配合比。

 试验方法

1. 试件的制作与养护

浇筑成型的钢纤维混凝土试件的制作与养护应符合现行《混凝土物理力学性能试验方法标准》（GB/T 50081）的规定，且应符合下列规定：

（1）试件的最小边长应不小于钢纤维长度的 2.5 倍。

（2）测定材料性能的试件应根据拌合物的稠度确定成型方法：坍落度不大于 50mm 的钢纤维混凝土用振动台振实，坍落度大于 50mm 的用木制或橡胶制振锤振实。

（3）用振锤振实时，截面为 150mm×150mm 的试件分两层将拌合物装入试模，截面为 100mm×100mm 的试件一次性将拌合物装入试模，装料时应用抹刀沿试模内壁略加插捣，用振锤敲击试模外侧壁，每层 30 次，将凹凸不平的上表面振平，然后刮去多余拌合物并用抹刀抹平，严禁用振棒插入模内振或用铁棒模内捣。

喷射成型钢纤维混凝土试件的制作与养护应符合下列规定：

①喷射钢纤维混凝土试件应由喷射成型的大板经切割加工制作，喷射成型大板的试模尺寸应根据试件的尺寸要求确定，平面尺寸可取 1000mm×1000mm 或 800mm×800mm，厚度可根据需要取 100mm 或 150mm，尺寸允许偏差不应超过 ±5mm。

②喷射前，应先将试模模板支撑稳定，受喷面与水平面成 135°夹角；喷射时，喷枪应垂直试模，与喷射面的距离应保持在 1m 左右，自上而下逐次射；喷射完毕后，应迅速使用刮刀将高出试模的钢纤维混凝土刮去并抹平。

③喷射成型的大板应覆盖塑料薄膜，1~2d 后连同底模一起移入标准养护室养护，14d 时按照试验要求切割加工成试件，试件切割边缘距离大板外边缘不应小于 100mm，试件顶面与底面应进行磨平或修补处理。

④加工后的试件应继续按标准养护至规定龄期进行相应试验，梁式试件试验时，应使喷射

成型的顶面朝下。

⑤在工程现场喷射的试件应和工程进行同条件养护。

2. 拌合物中钢纤维的含量

钢纤维混凝土拌合物中钢纤维含量试验应采用水洗法。

(1) 钢纤维含量试验设备：

①电子天平：称量 1kg，感量不应低于 1g。

②容量筒：容积 5L。

③振动台：频率宜为 50Hz±3Hz，空载时振幅宜为 0.5mm±0.1mm。

④不锈钢丝筛网：网孔尺寸应为 2.5mm×2.5mm。

⑤其他：振锤、铁铲、容器和磁铁等。

(2) 钢纤维含量测定步骤：

①应把容量筒内外擦拭干净。

②对坍落度不大于 50mm 的拌合物，可用振动台振实，应一次性将拌合物灌到高出容量筒口，装料时用振锤稍加敲振，振动过程中如拌合物沉落低于筒口，应随时添加，直至表面出浆。

③对坍落度大于 50mm 的拌合物，可用振锤振实，容量筒应按 100m 高度分层装入拌合物，每层应沿容量筒侧壁用钢棒均匀敲振 30 次。敲振完毕后，应将直径 16mm 的钢棒垫在筒底左右交替将容量筒击地面各 15 次。

④刮去多余的拌合物，并填平表面凹陷部分。

⑤应将拌合物倒入不小于 10 倍拌合物体积的大容器中，加水搅拌，将稀浆慢慢倒出，在剩余的砂石及钢纤维残渣中用磁铁收集钢纤维，并仔细洗净黏附在钢纤维上的异物。

⑥必要时，可将收集的钢纤维倒入另外的容器中二次加水搅拌，重新收集。

将收集的钢纤维在 105℃±5℃ 的温度下烘干至恒重，烘干时间应不少于 4h，然后每隔 1h 称量一次，直到连续同次称量之差小于较小值的 0.5% 时为止，冷却至室温后称其质量，精确至 1g。

(3) 钢纤维含量结果处理

钢纤维含量应按式(16-9)计算：

$$W_f = \frac{m_f}{V} \tag{16-9}$$

式中：W_f——钢纤维含量，kg/m³；

m_f——容量筒中钢纤维质量，g；

V——容量筒容积，L。

试验应进行两次，取两次测定值的平均值作为钢纤维含量试验结果。

钢纤维含量试验结果应符合式(16-10)的规定：

$$|W_{f1} - W_{f2}| \leq 0.05 W_{fm} \tag{16-10}$$

式中：W_{f1}、W_{f2}——两次试验分别测得的钢纤维含量，kg/m³；

W_{fm}——两次测定钢纤维含量的平均值，kg/m³。

钢纤维体积率应按式(16-11)计算确定：

$$\rho_f = \frac{W_f}{\gamma_f} \times 100\% \tag{16-11}$$

式中：ρ_f——钢纤维体积率；

γ_f——钢纤维的质量密度，kg/m³。

钢纤维混凝土性能检测

1. 钢纤维混凝土抗拉强度

钢纤维混凝土的强度、模量、弯曲韧性等力学性能应满足工程设计要求。

钢纤维混凝土的立方体抗压强度、轴心抗压强度和抗拉强度等试验应按现行《混凝土物理力学性能试验方法标准》(GB/T 50081)的规定执行,弯拉强度试验应按现行 GB/T 50081 的抗折强度试验规定执行。混凝土轴心抗压强度试验如图 16-13 所示。

图 16-13　混凝土轴心抗压强度试验

钢纤维混凝土抗拉强度标准值可按式(16-12)和式(16-13)计算确定:

$$f_{ftk} = f_{tk}(1 + \alpha_t \lambda_f) \quad (16\text{-}12)$$

$$\lambda_f = \rho_f l_f / d_f \quad (16\text{-}13)$$

式中:f_{ftk}——纤维混凝土抗拉强度标准值,MPa;

f_{tk}——混凝土抗拉强度标准值,MPa,根据钢纤维混凝土强度等级,取用同强度等级的普通混凝土抗拉强度标准值,应符合现行《混凝土结构设计规范》(GB 50010)的规定;

α_t——钢纤维对混凝土抗拉强度的影响系数,宜通过试验确定,当缺乏试验资料时,对于强度等级为 CF20~CF80 的钢纤维混凝土,可按照表 16-7 采用;

λ_f——钢纤维含量特征值;

ρ_f——钢纤维体积率;

l_f——钢纤维长度或等效长度,mm;

d_f——钢纤维长度或等效直径,mm。

钢纤维对混凝土抗拉强度和弯拉强度的影响系数　　表 16-7

钢纤维品种	钢纤维形状	强度等级	α_t	α_{tm}
冷拉钢丝切断型	端钩形	CF20~CF45 CF50~CF85	0.76 1.03	1.13 1.25
薄板剪切型	平直形	CF20~CF45 CF50~CF80	0.42 0.46	0.68 0.75
	异形	CF20~CF45 CF50~CF80	0.55 0.63	0.79

续上表

钢纤维品种	钢纤维形状	强度等级	α_t	α_{tm}
钢锭铣削型	异形	CF20~CF45 CF50~CF80	0.70 0.84	0.92 1.10
低合金钢熔抽型	大头形	CF20~CF45 CF50~CF80	0.52 0.62	0.73 0.91

2. 钢纤维混凝土抗压强度

钢纤维混凝土的抗压强度计算可参照普通混凝土抗压强度计算。

钢纤维混凝土强度试验宜采用标准尺寸试件,当采用非标准尺寸试件时,钢纤维混凝土的强度换算系数宜通过试验确定,当缺乏试验资料时,对于强度等级在 CF20~CF80 范围内的钢纤维混土非标准试件换算系数符合下列规定:

(1) $100\text{mm} \times 100\text{mm} \times 100\text{mm}$ 非标准试件相对于 $150\text{mm} \times 150\text{mm} \times 150\text{mm}$ 标准试件的立方体抗压强度换算系数,宜取为 0.90。

(2) $100\text{mm} \times 100\text{mm} \times 300\text{mm}$ 非标准试件相对于 $150\text{mm} \times 150\text{mm} \times 300\text{mm}$ 标准试件的轴心抗压强度换算系数,宜取为 0.90。

(3) $100\text{mm} \times 100\text{mm} \times 100\text{mm}$ 非标准试件相对于 $150\text{mm} \times 150\text{mm} \times 150\text{mm}$ 标准试件的劈裂抗拉强度换算系数,宜取为 0.80。

(4) $100\text{mm} \times 100\text{mm} \times 400\text{mm}$ 非标准试件相对于 $150\text{mm} \times 150\text{mm} \times 550\text{mm}$ 标准试件的弯拉强度换算系数,宜取为 0.82。

3. 钢纤维混凝土弯拉强度

钢纤维混凝土弯拉强度标准值可按式(16-14)计算确定:

$$f_{ftmk} = f_{tmk}(1 + \alpha_{tm}\lambda_f) \tag{16-14}$$

式中:f_{ftmk}——钢纤维混凝土弯拉强度标准值,MPa;

f_{tmk}——混凝土弯拉强度标准值,MPa,根据钢纤维混凝土强度等级,取用同强度等级的普通混凝土弯拉强度标准值;

α_{tm}——钢纤维对混凝土弯拉强度的影响系数,宜通过试验确定。

钢纤维混凝土弯拉疲劳强度设计值可根据结构设计,使用年限内设计的累积重复作用次数按式(16-15)计算确定。

$$f_{ftm}^f = f_{ftm}(0.885 - 0.063\lg N_e + 0.12\lambda_f) \tag{16-15}$$

式中:f_{ftm}^f——钢纤维混凝土弯拉疲劳强度设计值,MPa;

f_{ftm}——钢纤维混凝土弯拉强度设计值,MPa;

N_e——设计使用年限内,钢纤维混凝土结构所经历的累计重复作用次数。

强度等级为 CF30~CF55 的喷射钢纤维混凝土弯拉强度标准值应不低于表 16-8 的规定。

喷射钢纤维混凝土弯拉强度标准值(单位:MPa)   表 16-8

强度等级	CF30	CF35	CF40	CF45	CF50	CF55
弯拉强度	3.8	4.2	4.4	4.6	4.8	5.0

4. 钢纤维混凝土的弯曲韧性

钢纤维混凝土弯曲韧性试验应符合下列规定:

当纤维长度不大 40mm 时,可采用截面为 10m×10m 的梁式试件,当纤维长度大于 40mm 时,应采用截面为 150mm×150mm 的梁式试件,支座跨度应为截面边长的 3 倍,试件长度应比试件支座跨度至少长 100mm,每组试验应为 3 个试件。

图 16-14、图 16-15 分别为刚性试验机及挠度测量装置。

图 16-14 刚性试验机

图 16-15 挠度测量装置

任务五 聚丙烯纤维混凝土认知

聚丙烯纤维是国际上最早用于混凝土的合成纤维。此种纤维的原料来源较广,生产成本较低,抗碱性好。目前聚丙烯纤维在全世界用于混凝土工程的年耗量仅次于钢纤维估计已达 5 万 t 左右。聚丙烯纤维的直径为 60pm(0.06mm)以下,长度为 20mm 以下,在混凝土中掺加的体积率一般不超过 0.1%,主要起着减少混凝土早期的塑性收缩裂缝与沉降裂缝的作用,常称之为"聚丙烯细纤维",为了减少混凝土的干缩裂缝,大幅度地提高混凝土的延性、韧性与抗冲击性,开发了直径 0.1mm 以上、长度 40mm 以上的"聚丙烯粗纤维",此种粗纤维在混凝土中掺加的体积率达 0.5% 以上,可起到与钢纤维类似的作用。

一 聚丙烯细纤维混凝土

聚丙烯细纤维又可称为 PP 细纤维或丙纶细纤维,是用等规聚丙烯作为主要原料制成的,有利于提高纤维的结晶度并增进其刚度。

1. 拌合物性能

根据国内外经验,在混凝土中掺加体积率不大于 1% 的聚丙烯纤维,一般不必改变混凝土的配合比。

2. 纤维混凝土的塑性收缩

混凝土在浇灌后的最初 6~12h 内,若其所含水分急剧蒸发,则极易产生裂缝,这主要是由于尚处于塑性状态的混凝土因失水而引起收缩,在收缩受到限制的情况下,混凝土内产生的拉应力超过其抗拉强度极限值时,则混凝土不可避免地会开裂,通常称之为"塑性收缩裂缝"。如果所用混凝土的配合比合适、施工方法正规,并且养护期间的温湿度均得以保证,则可减少或防止塑性收缩裂缝。但在不利的施工条件下,尤其是在较恶劣的气候环境中,在混凝土中掺加少量聚丙烯细纤维是减少或防止塑性收缩裂缝的一项有效的技术措施。

聚丙烯细纤维的密度很低、直径较小，将直径为 48μm、长度为 19mm 的聚丙烯单丝纤维以体积率 0.1% 掺入混凝土中，在 1m³ 混凝土中纤维数量可达 2900 万根，数量如此之大的纤维均匀分布于混凝土中，可形成三维的"支承网络"，在浇灌后的混凝土中起到以下三方面的作用：

（1）阻止混凝土的离析，提高混凝土的均质性。
（2）减少与防止大体积混凝土早期的温度收缩裂缝。
（3）减少与抑制混凝土的塑性收缩裂缝，提高混凝土的耐久性。

3. 硬化体的性能

在混凝土中掺入体积率不超过 0.1% 的聚丙烯细纤维，对混凝土的抗压、抗拉与弯拉等强度指标无明显的影响。

在聚丙烯细纤维体积率不超过 0.1% 的范围内，纤维的作用主要在于适当改善混凝土的变形能力，而并非提高混凝土的抗拉强度。

聚丙烯细纤维掺入混凝土中，不仅可减少或防止混凝土的塑性收缩裂缝，还可适当增进硬化混凝土的延性。

二、聚丙烯粗纤维增强混凝土

聚丙烯粗纤维按形态基本上可分为单丝纤维与纤维束两种。在纤维束中，许多单丝纤维相互缠绕在一起，与混凝土拌和时再分散成为单丝。聚丙烯粗纤维在混凝土中的体积率在 0.3%~2.0% 之间。目前在工程中使用较多的有日本产的 Barchip 粗纤维、美国产的 FortaFerro 粗纤维与 HPP152 纤维和我国产的 DC 粗纤维。

粗合成纤维与钢纤维、细合成纤维相比，具有下列优点：①质轻；②易于均匀分散；③无腐蚀；④明显改善混凝土的韧性；⑤显著提高混凝土的抗冲击性能；⑥改善混凝土的抗疲劳性能；⑦更适合用作喷射混凝土。

粗合成纤维与钢纤维相比，其主要优点有：①纤维的表面凹凸不平，提高了纤维与混凝土的黏结力和摩擦力，在混凝土破坏过程中纤维不易被拔出；②表面经特别处理，与水泥基体有良好的亲和力；③生产过程中对纤维进行了拉伸，其抗拉强度与钢纤维相近；④在混凝土中的分散性好，纤维不会结团；⑤纤维不会损害搅拌器与搅拌车的筒壁；⑥纤维具有很强的耐蚀性能，不存在像钢纤维生锈的问题；⑦纤维混凝土遭火灾时，纤维有阻止混凝土膨胀爆裂的效用。

任务六　纤维混凝土的工程应用

一、纤维在混凝土工程中的作用

1. 保证混凝土的均质性

通常混凝土在浇灌后会发生离析现象，即相对密度较大的集料下沉与泥砂浆有所分离，同时混凝土表面出现析水，因而降低了混凝土的均质性，使混凝土上下部位的性能存在一定的差异，严重时还会使混凝土出现裂缝，即所谓"沉降裂缝"。当在混凝土中掺加适量的聚丙烯纤维后,均匀分布于混凝土中的纤维可以起到承托作用,阻止上述离析现象的发生,从而保证混凝土的均质性。

2. 提高混凝土的抗裂能力

在建筑实践中,聚丙烯纤维已经成为一种非常有效地提高混凝土抗裂能力的手段。下面一组是凯泰(CTA)聚丙烯纤维在不同掺量下混凝土提高抗裂性能的试验研究(表16-9)。

抗裂试验结果　　　　　　　　表16-9

试件编号	纤维掺加量 (kg/m³)	试件初始质量 (kg)	24h质量 (kg)	缩水率 (%)	裂缝面积总和 (mm²)	裂缝减少百分率 (%)
1	0	68.0	64.1	5.7	2511	—
2	0.5	67.9	66.0	2.8	230	89.56
3	0.8	68.6	66.9	2.5	89	96.40
4	1.0	69.8	67.7	3.0	43	95.76
5	1.2	67.7	65.3	3.5	26	93.20

原材料:水泥,采用42.5普通硅酸盐水泥,碎石为5~20mm连续级配,砂为中细砂,聚丙烯纤维为北京中纺纤建科技有限公司生产的凯泰(CTA)聚丙烯纤维。

试件配合比采用:水泥:碎石:砂=1:3.2:2,水灰比为0.4,掺加减水剂0.25%对不同掺加量的纤维混凝土抗裂性能进行研究。

从表16-9的试验数据可以看出,在混凝土中掺加适量微细纤维可有效地抑制其早期干缩微裂缝及离析裂纹的产生及发展。

3. 提高混凝土的抗渗防水能力

在混凝土中掺加适量微细纤维可有效地抑制其早期干缩微裂缝及离析裂纹的产生及发展,极大地减少了混凝土的收缩裂缝,尤其是有效抑制了连通裂缝的产生:均匀分布在混凝土中彼此相粘连的大量纤维起着"撑托"集料的作用,降低了混凝土表面的析水和与集料的离析,从而使混凝土中的孔含量大大降低,可以极大地提高抗渗能力。

4 增强混凝土的抗冲击能力

混凝土凝固后,包裹水泥的高强纤维丝相粘连成为致密的乱向分布的网状增强系统,有利于防止并控制微裂缝的产生和发展,增强混凝土的韧性。同时,由于改善了泌水性,对于早期养护也有益处,纤维独特的表面处理工艺使得纤维可以和水泥基料紧密地结合在一起,水泥水化反应更彻底,集料离析减少,级配更加均匀,极大地保持了混凝土的整体强度,混凝土受到冲击时,纤维吸收了大量能量,从而有效减少集中应力的作用,阻碍了混凝土中裂缝的迅速扩展,增强了混凝土抗冲击能力。

5. 增强混凝土的抗冻能力

影响纤维混凝土低温性能和抗冻性的主要因素有两个方面:一是温度、湿度、时间和冻融循环次数等外因;二是纤维混凝土本身的特性,如抗拉极限应变、韧性、含气量、气泡性质、纤维掺量和品种等内因。

纤维高性能混凝土的工程应用

1. 公路和城市道路路面工程

钢纤维混凝土在国内外公路和城市道路路面工程中
得到了广泛的应用,可用于新铺路面面层,也可用于铺筑路面的加厚层。如上海浦东新区东方路(图16-16),取消钢筋网,采用钢纤维混凝土路面,减薄厚度,节约造价16%。

图16-16 上海浦东新区东方路钢纤维混凝土路面

2. 机场道面

机场混凝土道面在重复荷载作用下性能较差,影响道面的使用寿命。为了克服这种弱点,提高道面的耐久性,采用机场钢纤维混凝土道面,如我国的烟台、静海、武功、厦门、徐州及义乌等机场(图16-17)。

图16-17 义乌机场钢纤维混凝土道面

(1)烟台机场道面。该机场是以起降MD82型飞机为主的机场,滑行道需要新建,道面板上层为16cm厚的普通混凝土,下层为16cm厚的钢纤维混凝土,这样可以充分发挥其优良的抗弯拉性能,其道面强度约比普通混凝土道面提高13%。

(2)武功机场道面。采用普通混凝土加厚层,道面厚度需24cm。采用钢纤维混凝土道面,接坡段道面的加厚层道面最小厚度为 8cm,最大厚度为 15cm。

3. 建筑结构工程

(1) 沈阳师范学院学术报告厅,建筑面积 2780m²,立体三层,局部四层,报告厅二层挑台 15m,梁体采用钢纤维混凝土以提高抗裂性和延性。沈阳商业城的建筑面积 6.6 万 m²,占地面积为 100m×100m。抽掉地上一、二层 3 根柱子,形成上部外挑 9.9m 和承托四层建筑的较大悬挑结构。采用钢纤维混凝土加强悬挑梁部分。通过实测证明,效果良好。

(2) 刚性防水屋面采用钢纤维代替钢筋或钢丝网做屋面刚性防水层取得了很好的效果。如黑龙江省黑河建委试验楼,采用钢纤维混凝土作为刚性屋面防水层,克服了北方地区温差变化大的特点,使用效果良好,未发现渗漏雨水的现象。浙江省海宁市硖石火车站售票大厅的屋面,采用钢纤维混凝土刚性屋面的厚度比钢筋网片细石混凝土屋面的厚度减少 1cm。

4. 桥梁结构及桥面

上海虹桥机场高架车道,为现浇钢筋混凝土梁板结构,桥底板厚 40cm,该道面铺装层用钢纤维混凝土取代沥青混凝土,增强了高架车道道面的抗裂性和耐久性。浇筑钢纤维混凝土道面 6400m²,浇筑厚度为 10~15cm。如图 16-18 所示为天津彩虹大桥,桥全长 500m,用铣削型钢纤维混凝土铺筑桥面面层。

图 16-18　天津彩虹大桥钢纤维混凝土桥面面层

5. 水工建筑

水工卸水建筑主要承受高速水流的冲刷、磨损和气蚀等作用。钢纤维混凝土较普通混凝土具有更好的耐侵蚀能力,对出现气蚀、冲刷和冲击工程,均可考虑使用钢纤维混凝土作为增强表层。

我国在大渡河支流南桠河石棉二级电站、浙江省文成县百丈示电厂、葛洲坝二江泄水闸、三门峡泄水排砂底孔、云南乌江渡水电站、江西大港水电站等修补工程中都试用过钢纤维混凝土,效果良好。

水工闸门及渡槽工程。杭州市德胜坝翻水站闸门,由于原闸门是两扇钢筋混凝土薄壳闸门,门宽 4m,高 2.5m,壳厚 6cm,使用后闸门中部出现一条裂缝,两上角亦有数条裂缝,后来改用钢纤维混凝土闸门,经使用后新闸门变形小,仅 0.5cm。

长江三峡临时船闸门槽如图 16-19 所示。

图 16-19　长江三峡临时船闸门槽

 创新能力培养

随着我国建筑行业的高速发展,对混凝土的相关特性有了更高的要求。由于钢纤维具有弯曲韧性、抗拉伸以及抗疲劳等相关的性能,因此使得钢纤维混凝土在建筑领域的应用更加广泛。水利、路以及桥梁等建筑过程中,钢纤维混凝土在其中占据着重要的角色。钢纤维混凝土作为一种最新的复合材料,在目前的建筑工程施工过程中,能够被广泛地应用到支护工程、管道工程等相关的建筑工程当中,并且具有一定的研究意义。

众所周知,纤维加入混凝土中主要是起增强、增韧和阻裂等作用,但纤维在混凝土中发挥作用与其掺率有着重要关系;纤维掺量是影响纤维混凝土抗裂、增强及增韧效果的关键参数,同时也会对混凝土的工作性能和成本产生影响。纤维掺量过低,无法发挥阻裂增韧作用;纤维掺量过高,又会导致分散性不好而影响混凝土的致密性和匀质性,同时使成本明显增加,因此如何确定混凝土中纤维的掺率则显得至关重要。对于纤维混凝土的增强机理现阶段研究主要依据两种理论:第一种是运用复合材料力学理论(混合率法则);第二种是建立在断裂力学基础上的纤维间距理论,现今其他理论都可以看成是这两种理论综合发展起来的。实现纤维在最小体积掺量下对混凝土发挥最显著的增韧、增强作用,对纤维混凝土在实际工程中的运用有极为重要的意义。一般情况下可采用临界纤维体积率来确定纤维最小单位用量。

请想一想,钢纤维混凝土在应用过程中应该如何调整钢纤维用量从而达到降低混凝土成本、提高工作性的目的?

 思考与练习

一、填空题

1. 纤维混凝土中的纤维按材质分类分为＿＿＿＿、＿＿＿＿、＿＿＿＿。
2. 纤维在混凝土中的作用有＿＿＿＿、＿＿＿＿、＿＿＿＿、＿＿＿＿、＿＿＿＿。

_____。

3. 纤维混凝土中的力学性能有_____、_____、_____、_____。

4. 当纤维的平均中心间距小于_____时,纤维混凝土的抗拉或抗弯初裂强度均得以显著提高。

5. 若纤维的实际长径比_____临界长径比,则纤维混凝土破坏时,纤维由水泥基材中拔出。

二、名词解释

1. 纤维增强混凝土
2. 钢纤维增强混凝土

三、选择题

1. 检测纤维混凝土稠度时采用的坍落度法适用于坍落度值(　　)的纤维混凝土拌合物的稠度测定。
   A. 小于20m　　　B. 不小于20m　　　C. 小于25m　　　D. 不小于25m

2. Romualdi等的理论分析与试验结果均证明,当纤维的平均中心间距小于(　　)时,纤维混凝土的抗拉或抗弯初裂强度均得以显著提高。
   A. 7.5mm　　　B. 7.6mm　　　C. 7.7mm　　　D. 7.8mm

3. 钢纤维混凝土的强度等级应采用CF表示,并不应小于(　　)。
   A. CF20　　　B. CF30　　　C. CF25　　　D. CF40

4. 纤维弹性模量所表征的是纤维所具的刚性,纤维与水泥基材的弹性模量比值越高,则受荷载的纤维所分担的应力(　　)。
   A. 无影响　　　B. 越小　　　C. 越大　　　D. 不确定

5. 纤维的极限延伸率越大,则越(　　)纤维增强水泥基复合材料韧性的提高。
   A. 根据材料而定　　B. 无影响　　　C. 不利于　　　D. 有利于

四、简答题

1. 纤维在混凝土工程中的作用有哪些?
2. 钢纤维在混凝土材料中的增强机理是什么?

参 考 文 献

[1] 缪昌文,穆松.混凝土技术的发展与展望[J].硅酸盐通报,2020,39(1):1-11.

[2] 水中和,魏小胜,王栋民.现代混凝土科学技术[M].北京:科学出版社,2013.

[3] 中华人民共和国国家质量监督检验检疫总局,中国国家标准化管理委员会.用于水泥和混凝土中的粉煤灰:GB/T 1596—2017[S].北京:中国标准出版社,2017.

[4] 中华人民共和国国家质量监督检验检疫总局,中国国家标准化管理委员会.水泥密度测定方法:GB/T 208—2014[S].北京:中国标准出版社,2014.

[5] 中华人民共和国国家质量监督检验检疫总局,中国国家标准化管理委员会.用于水泥、砂浆和混凝土中的粒化高炉矿渣粉:GB/T 18046—2017[S].北京:中国标准出版社,2017.

[6] 中华人民共和国国家质量监督检验检疫总局,中国国家标准化管理委员会.高强高性能混凝土用矿物外加剂:GB/T 18736—2017[S].北京:中国标准出版社,2017.

[7] 中华人民共和国住房和城乡建设部.矿物掺合料应用技术规范:GB/ 51003—2014[S].北京:中国建筑工业出版社,2015.

[8] 中华人民共和国国家质量监督检验检疫总局,中国国家标准化管理委员会.砂浆和混凝土用硅灰:GB/T 27690—2011[S].北京:中国标准出版社,2011.

[9] 中华人民共和国国家质量监督检验检疫总局,中国国家标准化管理委员会.用于水泥和混凝土中的钢渣粉:GB/T 20491—2017[S].北京:中国标准出版社,2017.

[10] 中国工程建设标准化协会.现浇泡沫轻质土技术规程:CECS 249—2008[S].北京:中国计划出版社,2009.

[11] 中华人民共和国国家质量监督检验检疫总局,中国国家标准化管理委员会.泡沫混凝土用泡沫剂:JC/T 2199—2013[S].北京:建材工业出版社,2013.

[12] 中华人民共和国住房和城乡建设部.泡沫混凝土:JG/T 266—2011[S].北京:中国标准出版社,2011.

[13] 中华人民共和国住房和城乡建设部.泡沫混凝土应用技术规程:JGJ/T 341—2014[S].北京:中国建筑工业出版社,2015.

[14] 唐明,徐立新.泡沫混凝土材料与工程应用[M].北京:中国建筑工业出版社,2013.

[15] 中华人民共和国住房和城乡建设部.混凝土泵送施工技术规程:JGJ/T 10—2011[S].北京:中国建筑工业出版社,2011.

[16] 中华人民共和国住房和城乡建设部.混凝土质量控制标准:GB 50164—2011[S].北京:中国建筑工业出版社,2012.

[17] 马保国.新型泵送混凝土技术及施工[M].北京:化学工业出版社,2006.

[18] 中华人民共和国住房和城乡建设部.混凝土外加剂应用技术规范:GB 50119—2013[S].北京:中国建筑工业出版社,2013.

[19] 中华人民共和国住房和城乡建设部.普通混凝土拌合物性能试验方法标准:GB/T 50080—2016[S].北京:中国建筑工业出版社,2017.

[20] 国家市场监督管理总局,国家标准化管理委员会.水下不分散混凝土絮凝剂技术要求:GB/T 37990—2019[S].北京:中国标准出版社,2019.

[21] 国家铁路局.铁路混凝土:TB/T 3275—2018[S].北京:中国铁道出版社,2019.

[22] 李化建,谢永江.我国铁路混凝土结构耐久性研究的进展及发展趋势[J].铁道建筑,2016(2):1-8.

[23] 中华人民共和国国家质量监督检验检疫总局,中国国家标准化管理委员会.建设用砂:GB/T 14684—2011[S].北京:中国标准出版社,2012.

[24] 蔡基伟.石粉对机制砂混凝土性能的影响及机理研究[D].武汉:武汉理工大学,2006.

[25] 赵有明,韩自力,李化建,等.我国铁路工程机制砂混凝土应用现状及存在问题[J].中国铁路,2019(08):1-7.

[26] 吴中伟,廉慧珍.高性能混凝土[M].北京:中国铁道出版社,1999.

[27] 冯乃谦,邢锋.高性能混凝土技术[M].北京:原子能出版社,2000.

[28] 姚艳,王玲,田培.高性能混凝土[M].北京:化学工业出版社,2006.

[29] 刘数华,冷发光,李丽华.混凝土辅助胶凝材料[M].北京:中国建材工业出版社,2010.

[30] 中华人民共和国住房和城乡建设部.普通混凝土长期性能和耐久性能试验方法标准:GB/T 50082—2009[S].北京:中国建筑工业出版社,2009.

[31] 中华人民共和国国家质量监督检验检疫总局,中国国家标准化管理委员会.自密实混凝土应用技术规程:JGJ/T 283—2012[S].北京:中国建筑工业出版社,2012.

[32] 于方,王嘉雄.国内外自密实混凝土工作性能测试方法及评价标准的对比分析[J].结构工程,2021(5):1316-1322.

[33] 住房和城乡建设部标准定额司,工业和信息化部原材料工业司.高性能混凝土应用技术指南[M].北京:中国建筑工业出版社,2015.

现代混凝土试验与检测

试验报告册

目　　录

(一) 水泥密度 ··· 1
(二) 水泥比表面积 ·· 2
(三) 粉煤灰密度 ··· 3
(四) 粉煤灰细度 ··· 4
(五) 粉煤灰需水量比和活性指数 ··· 5
(六) 外加剂固含量与溶液密度 ··· 6
(七) 胶砂减水率 ··· 7
(八) 外加剂与水泥相容性试验(净浆流动度法) ··· 8
(九) 集料石粉含量与 MB 值 ·· 9
(十) 集料快速碱—硅酸盐反应 ··· 10
(十一) 混凝土配合比选定 ··· 11
(十二) 混凝土凝结时间 ·· 15
(十三) 混凝土收缩试验—非接触法 ·· 17
(十四) 混凝土收缩试验—接触法 ··· 18
(十五) 混凝土动弹性模量 ··· 19
(十六) 混凝土抗冻性—慢冻法 ··· 20
(十七) 混凝土抗冻性—快冻法 ··· 21
(十八) 冻融试验记录 ·· 22
(十九) 混凝土抗渗性试验—逐级加压法 ··· 23
(二十) 混凝土抗渗性试验—渗水高度法 ··· 24
(二十一) 混凝土电通量快速测定记录 ·· 25
(二十二) 混凝土氯离子扩散系数(RMC 法) ·· 26

（一）水 泥 密 度

样品编号_____　　记录编号_____
品种等级_____　　包装种类_____
出厂编号_____　　厂名牌号_____
出厂日期_____　　代表数量_____
委托编号_____　　委托日期_____

仪器设备及环境条件	仪器设备名称	型号	管理编号	示值范围	分辨力	温度（℃）	相对湿度（%）

样品状态描述				采用标准		

序号	水泥试样质量 $G(g)$	李氏瓶中未加试样时无水煤油弯月面第一次读数 V_1（mL）	李氏瓶中加入试样后无水煤油弯月面第二次读数 V_2（mL）	水泥密度 $\rho(g/cm^3)$ $\rho = G/(V_2 - V_1)$	
				单值	平均值
1					
2					

计算过程：

结论_____

附注：

试验_____　　　　　计算_____　　　　　复核_____

（二）水泥比表面积

样品编号_____　　　记录编号_____
品种等级_____　　　包装种类_____
出厂编号_____　　　厂名牌号_____
出厂日期_____　　　代表数量_____
委托编号_____　　　委托日期_____

仪器设备及环境条件	仪器设备名称	型号	管理编号	示值范围	分辨力	温度（℃）	相对湿度（%）

样品状态描述		采用标准	
试样密度 ρ（g/cm³）		试样空隙率 ε	

K值标定	标准粉密度（g/cm³）	试料层体积 V（cm³）	标准粉空隙率	标准粉质量（g）	K值

比表面积测试	序号	试样质量 m（g）	比表面积 S（m²/kg）	
			单值	平均值

计算过程：

结论	

附注：

试验_____　　　　　　　计算_____　　　　　　　复核_____

(三) 粉煤灰密度

样品编号_____ 记录编号_____

品种等级_____ 包装种类_____

出厂编号_____ 厂名牌号_____

出厂日期_____ 代表数量_____

委托编号_____ 委托日期_____

仪器设备 及环境条件	仪器设备名称	型号	管理编号	示值范围	分辨力	温度（℃）	相对湿度（%）
样品状态描述				采用标准			

序号	粉煤灰试样质量 G（g）	李氏瓶中未加试样时无水煤油弯月面第一次读数 V_1（mL）	李氏瓶中加入试样后无水煤油弯月面第二次读数 V_2（mL）	粉煤灰密度 ρ（g/cm³） $\rho = G/(V_2 - V_1)$	
				单值	平均值
1					
2					

计算过程：

结论

附注：

试验_____　　　　计算_____　　　　复核_____

(四) 粉煤灰细度

样品编号_____　　　记录编号_____
品种等级_____　　　包装种类_____
出厂编号_____　　　厂名牌号_____
出厂日期_____　　　代表数量_____
委托编号_____　　　委托日期_____

仪器设备及环境条件	仪器设备名称	型号	管理编号	示值范围	分辨力	温度(℃)	相对湿度(%)

样品状态描述		采用标准	

修正系数标定						
试验次数	称取标准样品质量(g)	筛余物的质量(g)	方孔筛筛余百分数(%)	方孔筛筛余百分数平均值(%)	标准样品筛余标准值(%)	修正系数

标定结果判定	

样品检测					
试验次数	称取试样质量(g)	筛余物的质量(g)	方孔筛筛余百分数(%)	修正系数	修正后筛余百分数(%)

计算过程:

结论	
附注:	选用负压筛规格为:

试验_____　　　计算_____　　　复核_____

(五)粉煤灰需水量比和活性指数

样品编号_____　　记录编号_____
品种等级_____　　包装种类_____
出厂编号_____　　厂名牌号_____
出厂日期_____　　代表数量_____
委托编号_____　　委托日期_____

仪器设备及环境条件	仪器设备名称	型号	管理编号	示值范围	分辨力	温度（℃）	相对湿度（%）
样品状态描述				采用标准			

(1)需水量比					
胶砂种类	水泥（g）	标准砂（g）	粉煤灰（g）	需水量（mL）	需水量比 $L_1/125$（%）
对比胶砂	250	750	—	W	G（初始可用125）
试验胶砂	175	750	75	L_1	

(2)活性指数							
胶砂种类	水泥（g）	掺合料（g）	标准砂（g）	水（mL）	28d 破坏荷载（kN）	28d 抗压强度（MPa）		活性指数 $H_{28}=R_{28}/R_{028}\times100$
					单个值	单个值	平均值	
对比胶砂 R_0								
试验胶砂 R								

计算过程：

结论_____

附注：

试验_____　　　　　计算_____　　　　　复核_____

（六）外加剂固含量与溶液密度

样品编号_____　　　记录编号_____
品种等级_____　　　包装种类_____
出厂编号_____　　　厂名牌号_____
出厂日期_____　　　代表数量_____
委托编号_____　　　委托日期_____

仪器设备及环境条件	仪器设备名称	型号	管理编号	示值范围	分辨力	温度（℃）	相对湿度（%）
样品状态描述				采用标准			

（1）固体含量

试样编号	称量瓶的质量 m_0（g）	称量瓶加试样的质量 m_1（g）	称量瓶加烘干后试样的质量 m_2（g）	固体含量 $G_{固}$(%) $G_{固} = [(m_2 - m_0)/(m_1 - m_0)] \times 100$	
				单值	平均值

计算过程：

结论

（2）溶液密度

编号	20℃时纯水的密度(g/mL)	干燥的比重瓶质量 m_0(g)	比重瓶盛满20℃水的质量 m_1(g)	比重瓶装满20℃外加剂溶液后的质量 m_2(g)	20℃时外加剂溶液密度 ρ(g/mL) $\rho = [(m_2 - m_0)/(m_1 - m_0)] \times 0.9982$	
					单值	平均值

计算过程：

结论

附注：

试验_____　　　计算_____　　　复核_____

（七）胶砂减水率

样品编号_____　　记录编号_____

品种等级_____　　包装种类_____

出厂编号_____　　厂名牌号_____

出厂日期_____　　代表数量_____

委托编号_____　　委托日期_____

仪器设备及环境条件	仪器设备名称	型号	管理编号	示值范围	分辨力	温度（℃）	相对湿度（%）

样品状态描述				采用标准		

水泥

产地	品种	等级

砂浆减水率

砂浆种类	试样编号	水泥质量（g）	标准砂质量（g）	外加剂掺量（%）	外加剂质量（g）	流动度（mm）	用水量 M（g）		砂浆减水率（%）＝$[(M_0-M_1)/M_0]\times 100$
							单值	平均值	
基准砂浆 M_0									
掺外加剂砂浆 M_1									

计算过程：

结论_____

附注：

试验_____　　计算_____　　复核_____

（八）外加剂与水泥相容性试验（净浆流动度法）

样品编号_____　　记录编号_____
品种等级_____　　包装种类_____
出厂编号_____　　厂名牌号_____
出厂日期_____　　代表数量_____
委托编号_____　　委托日期_____

仪器设备及环境条件	仪器设备名称	型号	管理编号	示值范围	分辨力	温度（℃）	相对湿度（%）
样品状态描述				采用标准			

基准减水剂		进场减水剂		水泥	
产地、型号		产地、型号		生产厂家	
含固量(%)		含固量(%)		品种	
硫酸钠含量(%)		批号		批号	
pH 值		代表数量		等级	

0.8%基准减水剂掺量性能测试

初始流动度 F_{in}(mm)		60min 流动度 F_{60}(mm)		经时损失率 FL(%)	

受检减水剂性能测试

每锅浆体配合比				流动度	确定减水剂饱和掺量点(%)
胶凝材料(g)	水(mL)	水胶比	减水剂掺量(%)		

计算过程：

结论：

附注：

试验_____　　计算_____　　复核_____

(九)集料石粉含量与 MB 值

样品编号＿＿＿＿＿＿＿＿＿＿＿＿＿＿＿　　记录编号＿＿＿＿＿＿＿＿＿＿＿＿＿＿＿
品种等级＿＿＿＿＿＿＿＿＿＿＿＿＿＿＿　　包装种类＿＿＿＿＿＿＿＿＿＿＿＿＿＿＿
出厂编号＿＿＿＿＿＿＿＿＿＿＿＿＿＿＿　　厂名牌号＿＿＿＿＿＿＿＿＿＿＿＿＿＿＿
出厂日期＿＿＿＿＿＿＿＿＿＿＿＿＿＿＿　　代表数量＿＿＿＿＿＿＿＿＿＿＿＿＿＿＿
委托编号＿＿＿＿＿＿＿＿＿＿＿＿＿＿＿　　委托日期＿＿＿＿＿＿＿＿＿＿＿＿＿＿＿

仪器设备及环境条件	仪器设备名称	型号	管理编号	示值范围	分辨力	温度(℃)	相对湿度(%)

样品状态描述		采用标准	

亚甲蓝溶液			
含水率测定	亚甲蓝粉末 M_g(g)	烘干粉末质量 M_h(g)	含水率 W(%)

亚甲蓝值 MB 值测定		
试样质量 m_0(g)	所加入的亚甲蓝溶液的总量(mL)	亚甲蓝值 MB

亚甲蓝的快速测定		
试样质量 m_0(g)	所加入的亚甲蓝溶液的总量(mL)	是否明显色晕

计算过程：

结论

附注：

试验＿＿＿＿＿＿　　　　　计算＿＿＿＿＿＿　　　　　复核＿＿＿＿＿＿

(十) 集料快速碱-硅酸盐反应

样品编号_____　　　　记录编号_____
品种等级_____　　　　包装种类_____
出厂编号_____　　　　厂名牌号_____
出厂日期_____　　　　代表数量_____
委托编号_____　　　　委托日期_____

仪器设备及环境条件	仪器设备名称	型号	管理编号	示值范围	分辨力	温度（℃）	相对湿度（%）

样品状态描述				采用标准		

试件编号	龄期（d）	试件的基准长度(mm)	到龄期时试件长度(mm)	膨胀端口的长度(mm)	膨胀率测值（%）	膨胀率测定值（%）
	3					
	7					
	10					
	14					

14d 硅-碱反应判定	

计算过程：

结论_____

附注：

试验_____　　　　计算_____　　　　复核_____

(十一) 混凝土配合比选定

混凝土配合比选定记录 1

委托单位_____ 记录编号_____

工程名称_____ 委托编号_____

工程部位_____ 试验日期_____

仪器设备及环境条件	仪器设备名称	型号	管理编号	示值范围	分辨力	温度（℃）	相对湿度（%）
样品状态描述				采用标准			

(1) 环境类别及作用等级				
碳化环境	化学侵蚀环境	磨蚀环境	氯盐环境	冻融破坏环境

(2) 技术条件			
工程名称		使用部位		施工方法	
坍落度(mm)		强度等级		抗渗等级		抗冻等级	
最大胶凝材料限值(kg/m³)		电通量(C)			标准差(MPa)	
最小胶凝材料限值(kg/m³)		最大水胶比限值			配制强度(MPa)	

(3) 使用材料			
水泥	产地		品种		强度等级		报告编号	
掺合料1	产地		名称		掺量(%)		报告编号	
掺合料2	产地		名称		掺量(%)		报告编号	
砂子	产地		表观密度		细度模数		报告编号	
碎/卵石	产地		表观密度		紧密空隙率		报告编号	
			级配组成		最大粒径			
外加剂1	产地		名称		掺量(%)		报告编号	
外加剂2	产地		名称		掺量(%)		报告编号	
拌合用水	水源种类						报告编号	

(4) 初步理论配合比计算

基准水胶比计算：$W/J = \alpha_a \cdot f_{ce}/(f_{cu,0} + \alpha_a \cdot \alpha_b \cdot f_{ce}) =$

砂率 =   %,   外加剂1含固量 =   %,   外加剂2含固量 =   %,   假定密度 =   kg/m³

每方混凝土用料(kg/m³)

配比序号	水胶比	水泥	掺合料1	掺合料2	细集料	粗集料1	粗集料2	外加剂1	外加剂2	水

(5) 试拌校正

细集料含水率：   %, 粗集料含水率：   %, 外加剂1含水率：   %, 外加剂2含水率：   % 试拌体积：   L

配比序号	项目	水泥	掺合料1	掺合料2	细集料	粗集料1	粗集料2	外加剂1	外加剂2	水
	试拌用料(kg)									
	试拌加减料(kg)									
	校正后实际用料(kg)									
	试拌用料(kg)									
	试拌加减料(kg)									
	校正后实际用料(kg)									
	试拌用料(kg)									
	试拌加减料(kg)									
	校正后实际用料(kg)									

试验_____   计算_____   复核_____

混凝土配合比选定记录 2

(6) 拌合物表观密度

配比序号	容积筒质量(kg)	容积筒容积(L)	筒+样总质量(kg)	表观密度(kg/m³)

(7) 拌和物凝结时间

试验结果参见《混凝土拌合物凝结时间测定记录》——记录编号为：

(8) 泌水率

配比序号	试样筒质量 G_0（g）	试样筒及试样总质量 G_1（g）	试样质量 G_W（g）$G_W = G_1 - G_0$	混凝土拌合物总用水量 W（mL）	混凝土拌合物总质量 G（g）	泌水总量 V_W（mL）	泌水率 $B(\%)$ $B = \{V_W/[(W/G) \times G_W]\} \times 100$	
							单个值	平均值

(9) 压力泌水率

配比序号	加压至10s时的泌水量 V_{10}（mL）	加压至140s时的泌水量 V_{140}（mL）	压力泌水率 $B_V(\%)$ $B_V = (V_{10}/V_{140}) \times 100$

(10) 拌合物工作性能

配比序号	初始工作性能			停放30min工作性能			停放60min工作性能			工作性描述
	测试时间(h:min)	坍落度(mm)	扩展度(mm)	测试时间(h:min)	坍落度(mm)	扩展度(mm)	测试时间(h:min)	坍落度(mm)	扩展度(mm)	

(11) 拌合物含气量

配比序号	拌合物含气量 $A_0(\%)$			集料含气量 $A_g(\%)$			拌合物含气量代表值(%) $A = A_0 - A_g$
	单值 I	单值 II	平均值	单值 I	单值 II	平均值	

(12) 电通量

电通量试验结果参见《混凝土电通量快速测定记录》——记录编号为：

附注：

试验_____   计算_____   复核_____

混凝土配合比选定记录 3

(13) 抗压强度试验									
配比编号	试件编号	制件日期	试验日期	龄期 (d)	试件尺寸 (mm)	破坏荷载 (kN)	抗压强度 (MPa)	代表值	

附注：

试验_____   计算_____   复核_____

混凝土配合比选定记录4

(14) 抗裂性能										
抗裂性能试验结果参见《混凝土抗裂性试验记录》——记录编号为：										
(15) 确定理论配合比										
配比编号	项目	水泥	外掺料1	外掺料2	细集料	粗集料1	粗集料2	外加剂1	外加剂2	水	水胶比
	配比用料（kg/m³）										
	理论配合比比值	1.00									
(16) 混凝土中氯离子和碱含量计算										

水泥中氯离子和碱含量	水泥用量 W_c（kg/m³）	水泥 Cl^-含量 C_{Cl^-}（%）	水泥碱含量 K_c（%）	水泥提供的 Cl^-含量 L_C（%） $L_C = W_c \cdot C_{Cl^-}$	水泥提供的碱 A_c（kg/m³） $A_c = W_c \cdot K_c$
外加剂中氯离子和碱含量	外加剂掺量 W_α（%）	外加剂 Cl^-含量 $C_{Cl^-\sigma}$（%）	外加剂碱含量 $K_{c\alpha}$（%）	外加剂提供的 Cl^-含量 $L_{C\sigma}$（%） $L_{C\sigma} = W_\alpha \cdot W_c \cdot C_{Cl^-\sigma}$	外加剂引入混凝土的碱 $A_{c\alpha}$（kg/m³） $A_{c\alpha} = \alpha W_c \cdot W_\alpha \cdot K_{c\alpha}$
掺合料中氯离子和碱含量	掺合料用量 W_α（kg/m³）	掺合料 Cl^-含量 $C_{Cl^-\alpha}$（%）	掺合料有效碱含量占掺合料碱含量的百分率 β	掺合料碱含量 $K_{m\alpha}$（%）	掺合料提供的 Cl^-含量 $L_{C\alpha}$（%） $L_{C\alpha} = W_\alpha \cdot C_{Cl^-\alpha}$	掺合料提供的碱 $A_{m\alpha}$（kg/m³） $A_{m\alpha} = \beta W_\alpha \cdot K_{m\alpha}$
拌和水中氯离子和碱含量	拌和水用量 W_ω（kg/m³）	拌和水 Cl^-含量 $C_{Cl^-\omega}$（mg/L）	拌和水碱含量 $K_{\omega\alpha}$（%）	拌和水提供的 Cl^-含量 $L_{\omega\sigma}$（%） $L_{\omega\sigma} = W_\omega \cdot C_{Cl^-\omega}$	拌和水引入混凝土的碱 $A_{\omega\alpha}$（kg/m³） $A_{\omega\alpha} = W_\omega \cdot K_{\omega\alpha}$
砂、石中氯离子含量	砂用量 W_s（kg/m³）	砂中 Cl^-含量 C_{Cl^-s}（%）	石用量 W_g（kg/m³）	石中 Cl^-含量 C_{Cl^-g}（%）	砂中提供的 Cl^-含量 $L_{s\sigma}$（%） $L_{s\sigma} = W_s \cdot C_{Cl^-s}$	拌和水提供的 Cl^-含量 $L_{g\sigma}$（%） $L_{g\sigma} = W_g \cdot C_{Cl^-g}$

混凝土中氯离子含量 $L = L_C + L_{C\sigma} + L_{C\alpha} + L_{\omega\sigma} + L_{s\sigma} + L_{g\sigma} =$ （%）　　　混凝土中碱含量 $A = A_c + A_{c\alpha} + A_{m\alpha} + A_{\omega\alpha} =$ （kg/m³）

附注：

胶水比-抗压强度曲线

f_{cu}(MPa) 　　　 b/w

试验_____　　　计算_____　　　复核_____

(十二)混凝土凝结时间

混凝土凝结时间 1

配比编号_____ 记录编号_____
委托编号_____ 委托日期_____
结构部位_____ 测试日期_____

仪器设备及环境条件	仪器设备名称	型号	管理编号	示值范围	分辨力	温度(℃)	相对湿度(%)
样品状态描述				采用标准			

(1)技术条件

设计强度等级		配合比报告编号	
理论配合比		水胶比	
施工配合比		水胶比	
混凝土搅拌方法		水与水泥接触时刻(h:min)	
制件时坍落度(mm)		测试时环境温度(℃)	

(2)混凝土使用材料情况

材料名称	材料产地	品种规格	报告编号	施工拌和用料量(kg/m³)
水泥				
掺合料1				
掺合料2				
细集料				
粗集料				
外加剂1				
外加剂2				
拌合水				

(3)贯入阻力与时间关系曲线

试样1　　　　　　　　　　试样2　　　　　　　　　　试样3

(4)初终凝时间确定

试样编号	初凝时间(h:min)		终凝时间(h:min)	
	单个值	平均值	单个值	平均值

附注：

试验_____　　　　　计算_____　　　　　复核_____

混凝土凝结时间2

配比编号_____ 记录编号_____
委托编号_____ 委托日期_____
结构部位_____ 测试日期_____

(5)凝结时间测试记录									
试样编号	1			2			3		
初始重力(kN)									
测试时间	测针面积 $A(\text{mm}^2)$	贯入压力 $P(\text{N})$	贯入阻力 $f_{PR}(\text{MPa})$	测针面积 $A(\text{mm}^2)$	贯入压力 $P(\text{N})$	贯入阻力 $f_{PR}(\text{MPa})$	测针面积 $A(\text{mm}^2)$	贯入压力 $P(\text{N})$	贯入阻力 $f_{PR}(\text{MPa})$

附注：

试验_____   计算_____   复核_____

(十三) 混凝土收缩试验—非接触法

委托单位_____ 委托编号_____
工程名称_____ 记录编号_____
施工部位_____ 试件编号_____
代表数量_____ 试验日期_____

仪器设备及环境条件	仪器设备名称	型号	管理编号	示值范围	分辨力	温度（℃）	相对湿度（%）

样品状态描述			采用标准	
混凝土初凝时间(h)				
试件编号				
试件测量标距(mm)				
左侧位移传感器初始读数(mm)				
右侧位移传感器初始读数(mm)				

试件编号	测试期（h）	左侧位移传感器该测试(mm)	右侧位移传感器该测试(mm)	混凝土收缩率（×10^{-6}）	平均收缩率（×10^{-6}）
3d龄期测试得到的混凝土收缩率（×10^{-6}）					

附注：

试验_____ 计算_____ 复核_____

(十四)混凝土收缩试验—接触法

委托单位_____　　委托编号_____
工程名称_____　　记录编号_____
施工部位_____　　试件编号_____
代表数量_____　　试验日期_____

仪器设备及环境条件	仪器设备名称	型号	管理编号	示值范围	分辨力	温度(℃)	相对湿度(%)
样品状态描述				采用标准			

基本条件					
设计强度等级		设计收缩率要求		理论配合比报告编号	
理论配合比			施工配合比		
制件时坍落度(mm)		制件时扩展度(mm)		制件维勃稠度(s)	
制件日期		试件尺寸(mm)		养护方法	

收缩试验记录												
测定日期	龄期(d)	测量标距 L_{b1} (mm)	初始读数 L_{01} (mm)	t 天读数 L_t (mm)	单块收缩值 ε_{st1} (10×10^{-6})	测量标距 L_{b2} (mm)	初始读数 L_{02} (mm)	t 天读数 L_{t2} (mm)	单块收缩值 ε_{st2} (10×10^{-6})	测量标距 L_{b3} (mm)	初始读数 L_{03} (mm)	t 天读数 L_{t3} (mm)	单块收缩值 ε_{st3} (10×10^{-6})	平均收缩值 ε_{st} (10×10^{-6})

试件序号_____

结论	

附注：

试验_____　　　　计算_____　　　　复核_____

(十五)混凝土动弹性模量

委托单位_____ 委托编号_____
工程名称_____ 记录编号_____
施工部位_____ 试件编号_____
代表数量_____ 试验日期_____

仪器设备及环境条件	仪器设备名称	型号	管理编号	示值范围	分辨力	温度（℃）	相对湿度（%）

样品状态描述		采用标准	

试件编号				
试件截面边长(mm)				
试件长度(mm)				
试件质量(kg)				
基频振动频率测值(Hz)				
频率平均值(Hz)				
动弹性模量(MPa)				

计算过程：

结论_____

附注：

试验_____ 计算_____ 复核_____

(十六)混凝土抗冻性—慢冻法

委托单位_____ 委托编号_____
工程名称_____ 记录编号_____
施工部位_____ 试件编号_____
代表数量_____ 试验日期_____

仪器设备及环境条件	仪器设备名称	型号	管理编号	示值范围	分辨力	温度（℃）	相对湿度（%）
样品状态描述					采用标准		

达规定冻融循环试验次数时的检测

检测项目	冻融循环试验次数 N（次）							
	1	2	3	平均	1	2	3	平均
冻融循环试验前试件质量 G_0(g)								
冻融循环试验后试件质量 G_n(g)								
N 次冻融循环试验后试件质量损失率 $\Delta\omega_n$(%)，$\Delta\omega_n = [(G_0 - G_n)/G_0] \times 100$								
试件承压面积 A(mm^2)								
对比试件破坏荷载 P_0(kN)								
对比试件抗压强度 f_{c0}(MPa)，$f_{c0} = P_0/A$								
冻融循环试验后试件破坏荷载 P_n(kN)								
冻融循环试验后试件抗压强度 f_{cn}(MPa)，$f_{cn} = P_n/A$								
N 次冻融循环试验后抗压强度损失率 Δf_c(%)，$\Delta f_c = [(f_{c0} - f_{cn})/f_{c0}] \times 100$								
确定抗冻等级								

计算过程：

附注：

试验_____ 计算_____ 复核_____

(十七) 混凝土抗冻性—快冻法

委托单位_____　　委托编号_____
工程名称_____　　记录编号_____
施工部位_____　　试件编号_____
代表数量_____　　试验日期_____

仪器设备及环境条件	仪器设备名称	型号	管理编号	示值范围	分辨力	温度（℃）	相对湿度（%）
样品状态描述					采用标准		

达到规定冻融循环试验次数时的检测

检测项目	冻融循环试验次数 N（次）							
	1	2	3	平均	1	2	3	平均
冻融循环试验前试件质量 G_0（g）								
冻融循环试验后试件质量 G_n（g）								
N 次冻融循环试验后试件质量损失率 $\Delta\omega_n$（%），$\Delta\omega_n = [(G_0 - G_n)/G_0] \times 100$								
冻融循环试验前试件横向基频初始值 f_0（Hz）								
N 次冻融循环试验后试件横向基频值 f_n（Hz）								
N 次冻融循环试验后试件相对动弹性模量 P（%），$P = (f_n^2/f_0^2) \times 100$								
混凝土耐久性系数 $K = P \times N/300$								
确定抗冻等级								

计算过程：

附注：

试验_____　　计算_____　　复核_____

（十八）冻融试验记录

循环序号	试验日期	冻结时间	融化时间	循环序号	试验日期	冻结时间	融化时间

附注：

试验_____ 计算_____ 复核_____

(十九)混凝土抗渗性试验—逐级加压法

试件编号_____ 记录编号_____
代表数量_____ 委托编号_____
施工部位_____ 试件编号_____
委托日期_____ 试验日期_____

仪器设备及环境条件	仪器设备名称	型号	管理编号	示值范围	分辨力	温度(℃)	相对湿度(%)

样品状态描述				采用标准		

技术条件					
设计强度等级		设计抗渗等级		理论配合比报告编号	
理论配合比			施工配合比		
工地拌和方法		工地捣实方法		制件捣实方法	
制件时坍落度(mm)		制件时扩展度(mm)		制件维勃稠度(s)	
制件日期		试件尺寸(mm)		养护方法		龄期(d)	

混凝土使用材料情况			
材料名称	材料产地	品种规格	报告编号	施工拌和用料量(kg/m³)
水泥				
掺合料1				
掺合料2				
细集料				
粗集料				
外加剂1				
外加剂2				
拌和水				

抗渗记录							
加水压时间	水压 H (MPa)	试件透水情况记录						值班人
		1号	2号	3号	4号	5号	6号	

确定抗渗等级 $P(P=10H-1)$

附注:

试验_____ 计算_____ 复核_____

(二十)混凝土抗渗性试验—渗水高度法

试件编号_____　　　　记录编号_____
代表数量_____　　　　委托编号_____
施工部位_____　　　　试件编号_____
委托日期_____　　　　试验日期_____

仪器设备及环境条件	仪器设备名称	型号	管理编号	示值范围	分辨力	温度（℃）	相对湿度（％）

样品状态描述				采用标准	

技术条件

设计强度等级		设计抗渗等级		理论配合比报告编号	
理论配合比				施工配合比	
工地拌和方法		工地捣实方法		制件捣实方法	
制件时坍落度(mm)		制件时扩展度(mm)		制件维勃稠度(s)	
制件日期		试件尺寸(mm)		养护方法		龄期（d）	
水泥品种		外加剂		砂率(％)		水灰比	

混凝土渗水高度试验

试件编号	加恒压时间（h）	水压力（MPa）	渗水高度单值（mm）	相对渗透系数（mm/s）	平均渗水高度（mm）
1					
2					
3					
4					
5					
6					
确定抗渗等级					

计算过程：

附注：

试验_____　　　　计算_____　　　　复核_____

（二十一）混凝土电通量快速测定记录

试件编号_____　　记录编号_____

代表数量_____　　委托编号_____

施工部位_____　　试件编号_____

委托日期_____　　试验日期_____

仪器设备及环境条件	仪器设备名称	型号	管理编号	示值范围	分辨力	温度（℃）	相对湿度（%）

样品状态描述			采用标准	

与试件相关的技术条件

混凝土种类	强度等级	水泥品种等级	集料种类	水胶比	养护方法	养护温度（℃）

试件描述

芯样来源及编号	试件截取位置	试件尺寸(mm)	有无钢筋	有无覆盖层及其厚度

试验过程中通过的电量

试件序号	制件日期	龄期(d)	电流初始读数$I_初$（A）	测试经过时间t（min）	电流读数I_i（A）	测试经过时间t（min）	电流读数I_i（A）	测试经过时间t（min）	电流读数I_i（A）	通过电量值Q_x(C)

试验过程中通过的电量代表值	

电流I（A）与时间t（min）关系图：

附注：

试验_____　　计算_____　　复核_____

(二十二)混凝土氯离子扩散系数(RMC法)

试件编号_____ 记录编号_____
代表数量_____ 委托编号_____
施工部位_____ 试件编号_____
委托日期_____ 试验日期_____

仪器设备及环境条件	仪器设备名称	型号	管理编号	示值范围	分辨力	温度(℃)	相对湿度(%)

样品状态描述		采用标准	

与试件相关的技术条件

成型日期	混凝土种类	强度等级	水泥品种等级	养护方法	养护温度(℃)

试件尺寸(mm)	集料种类	集料最大粒径(mm)

硬化混凝土气泡间距系数

序号	直径(mm)	高度(mm)	电压(mm)	电流(mA)	溶液温度(℃)	持续时间(h)	显色深度(mm)												平均	氯离子扩散系数(m^2/s)	代表值
							1	2	3	4	5	6	7	8	9	10	11	12			

计算过程:

结论

附注:

试验_____ 计算_____ 复核_____